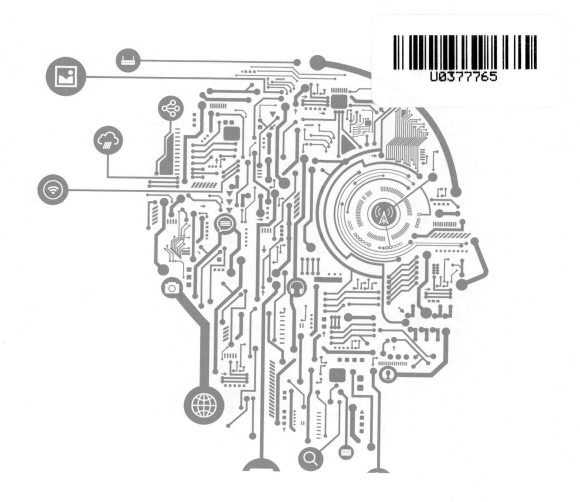

机器学习测试
入门与实践

艾　辉◎主编
融 360 AI 测试团队◎编著

人民邮电出版社
北　京

图书在版编目（CIP）数据

机器学习测试入门与实践 / 艾辉主编；融360 AI测
试团队编著. -- 北京：人民邮电出版社，2020.10
ISBN 978-7-115-54443-8

Ⅰ．①机… Ⅱ．①艾… ②融… Ⅲ．①机器学习
Ⅳ．①TP181

中国版本图书馆CIP数据核字(2020)第126098号

内 容 提 要

本书全面且系统地介绍了机器学习测试技术与质量体系建设，分为5部分，共15章。第一部分（第1～4章）涵盖了机器学习、Python编程、数据分析的基础知识；第二部分（第5～7章）介绍了大数据基础、大数据测试指南及相关工具实践；第三部分（第8～10章）讲解了机器学习测试基础、特征专项测试及模型算法评估测试；第四部分（第11～13章）介绍了模型评估平台实践、机器学习工程技术及机器学习的持续交付流程；第五部分（第14章和第15章）探讨了人工智能（Artificial Intelligence，AI）在测试领域的实践及AI时代测试工程师的未来。

本书能够帮助读者了解机器学习是如何工作的，了解机器学习的质量保障是如何进行的。工程开发人员和测试工程师通过阅读本书，可以系统化地了解大数据测试、特征测试及模型评估等知识；算法工程师通过阅读本书，可以学习模型评测的方法和拓宽模型工程实践的思路；技术专家和技术管理者通过阅读本书，可以了解机器学习质量保障与工程效能的建设方案。

◆ 主　　编　艾　辉
　　编　　著　融 360 AI 测试团队

　　责任编辑　张　涛
　　责任印制　王　郁　马振武

◆ 人民邮电出版社出版发行　　北京市丰台区成寿寺路 11 号
　　邮编　100164　　电子邮件　315@ptpress.com.cn
　　网址　https://www.ptpress.com.cn
　　北京九州迅驰传媒文化有限公司印刷

◆ 开本：787×1092　1/16
　　印张：22.5　　　　　　　　2020 年 10 月第 1 版
　　字数：545 千字　　　　　　2025 年 3 月北京第 9 次印刷

定价：118.00 元

读者服务热线：(010)81055410　印装质量热线：(010)81055316
反盗版热线：(010)81055315

本书编委会

主　　　编: 艾　辉

副 主 编: 叶大清　刘曹峰　张刚刚

编委会成员: 艾　辉　陈高飞　陈　花　方娟红　郭学敏

郝　嵘　雷天鸣　李曼曼　李　雪　孙金娟

张海霞　张　咪　张朋周

在此诚挚感谢所有为本书付出努力的每位作者（排名不分先后）。

作者简介

艾辉，中国人民大学统计学院硕士，融 360 高级技术经理。主要负责机器学习产品的质量保障工作，曾在饿了么公司担任高级技术经理，负责用户产品、新零售产品的质量保障工作。有 8 年多的测试开发工作经验，曾多次受邀在行业技术大会（如 MTSC、GITC、NCTS、TOP100、TiD、A2M 等）上做主题分享。对大数据、机器学习测试技术有深刻的理解，并长期专注于质量保障与工程效能研究。

陈高飞，东北大学计算机硕士，融 360 测试开发工程师。主要从事机器学习方面的测试开发工作。擅长白盒测试、大数据测试和模型测试，在工具平台开发方面有丰富的实践经验。

陈花，北京邮电大学信息通信工程学院硕士，融 360 高级测试开发工程师。主要从事服务器端测试开发工作，主导过多个大型项目的测试。擅长白盒测试、安全测试、自动化测试及工具开发。

方娟红，东北大学计算机硕士，融 360 测试开发工程师。主要从事服务器端测试开发工作。在企业级应用的测试和开发方面有着丰富的实践经验。

郭学敏，西安电子科技大学电子工程学院硕士，融 360 测试开发工程师。主要负责机器学习方面的测试开发工作，主导过多个大型项目的测试。擅长大数据测试、特征分析与模型评估，且在特征工程测试方面有着丰富的实践经验。

郝嵘，北京信息科技大学自动化学院硕士，融 360 测试开发工程师。从事 Python 开发、机器学习测试、大数据测试工作多年，在大数据的质量保障及测试工具开发方面有着丰富的实践经验。

雷天鸣，哈尔滨理工大学计算机科学与技术系硕士，融 360 测试开发工程师。主要从事机器学习方向的测试开发工作。擅长大数据测试、特征测试及模型算法评测等，且对金融风控业务有深刻的理解。

李曼曼，融 360 高级测试开发工程师。有近 10 年测试领域从业经验，擅长白盒测试、性能测试、自动化测试、持续集成及工程效能。在 AI 测试方面有一定的探索实践。

李雪，西安电子科技大学通信工程硕士，融 360 测试开发工程师。主要从事平台及机器学习方面的测试开发工作。擅长自动化测试、性能测试及安全测试，且对特征测试分析有着丰富的实践经验。

孙金娟，山西财经大学计算机科学与技术专业学士，融 360 测试开发工程师。有近 8 年 Java 开发、测试开发工作经验，擅长大数据测试及工具平台开发。

张海霞，中国人民大学统计学院硕士，融 360 高级测试开发工程师。有近 7 年测试领域从业经验，擅长白盒测试、性能测试及自动化测试。在测试平台开发方面有着丰富的实践经验，且对数据挖掘技术有深刻的理解。

张咪，北京交通大学通信学院硕士，融 360 高级测试开发工程师。主要负责用户产品的质量保障工作。曾负责基础架构、运维自动化等方面的测试、开发工作。在自动化测试、服务稳定性、专项测试、工程效能等方面有着丰富的实践经验，且对机器学习工程技术有深刻的理解。

张朋周，中国地质大学计算机硕士，融 360 高级测试开发工程师。曾在 RAISECOM 和百度从事测试开发工作，有近 8 年的测试工作经验。目前主要负责机器学习方面的测试开发工作，主导了多个工具平台的开发，在模型评估平台方面有着丰富的实践经验。

序　一

2020 年以来，"新基建"成为热词，可以预见，"新基建"将极大地释放科技革命和产业变革积蓄的能量，重构生产、分配、交换、消费各环节，催生新技术、新产品、新产业、新业态、新模式，带动产业质量变革、效率变革、动力变革，进而对经济发展、社会治理、人民生活产生重大影响。

人工智能是新一轮产业变革的核心驱动力量。目前，人工智能的基础层、技术层和应用层快速发展，诸多应用已经影响了许多行业的发展，以金融行业为例，人工智能已经广泛应用于风控、支付、理赔等方面。就拿融 360 来说，它在金融科技领域深耕多年，对人工智能在金融领域的应用有着丰富的经验，无论是独创的金融产品个性化智能推荐系统，还是行业领先的数字金融服务平台，都已经得到市场、合作伙伴和用户的认可，在降低金融服务门槛、帮助更多有需求的群体获取金融服务上发挥了重要作用。

作为一个开放、独立的平台，融 360 非常乐于同更多有识之士进行交流，分享各自领域所取得的成就，共同推动人工智能的发展，以促进"新基建"战略的落地。

在纽约证券交易所上市的融 360 对"人工智能 + 金融"的实践有着独到的心得，积累了丰富的经验，有责任、有能力促进行业技术发展。

过去 9 年，融 360 基于人工智能技术开发的个性化智能推荐系统、数字金融服务平台和智能机器人"融八牛"，都是依靠科研团队的共同努力和付出实现的，他们承受住了数不清的失败与挫折，经受住了别人的怀疑与嘲笑。作为融 360 的联合创始人，我对此感同身受，并始终以他们为傲，这也是促使我写下这篇序的原因之一。向所有探索未知、播撒科技种子的前行者致敬！

本书主要聚焦机器学习领域，机器学习是人工智能算法实践的核心，书中内容均是融 360 AI 测试团队在机器学习测试方面的实践和经验总结。希望通过这种有效的分享，可以更好地促进人工智能领域的技术交流，让思想在碰撞中迸出更多火花。

叶大清

融 360 联合创始人、CEO

序 二

很高兴看到本书出版，也很感激编写团队的邀请，作为融 360 工程师代表为本书写序，我深感与有荣焉。

近年来，随着谷歌 DeepMind、AlphaGo 等人工智能系统的横空出世，人工智能日益受到全社会的广泛关注。伴随着大数据、机器学习、深度学习、智能芯片等技术的成熟，以及政府的战略扶持和资本的持续投入，人工智能催生了许多新的业态和产品，如智慧城市、智慧金融、智能家居等，并驱动传统企业向数字经济转型升级。

金融行业的特性天然适合人工智能应用。作为国内领先的移动金融智选平台，融 360 致力于通过人工智能技术，赋能金融、助力普惠，在搜索、推荐、智能风控、精准营销、智能客服等领域均有人工智能技术的应用，对"人工智能 + 金融"有着深刻的认知与理解。

机器学习测试是一个较新的技术方向，有关图书相对较少。我们希望通过本书分享的机器学习测试实践知识，能起到抛砖引玉的作用，同时在机器学习测试方面给广大读者带来一定的收获。

不同于传统的机器学习理论方面的教科书，本书从测试人员的角度阐述了机器学习产品的质量保障与工程效能，并侧重于机器学习测试方法如何在真实业务场景中落地。本书内容丰富，通俗易懂，循序渐进地介绍了机器学习、数据质量、模型评测、模型工程、智能测试，并列举了金融风控、智能推荐、图像分类场景下的真实案例，有助于读者学习和应用。

最后，如果读者对本书有任何建议或者意见，欢迎与融 360 AI 测试团队联系。我们深信，交流和分享是推动技术进步的动力。

刘曹峰

融 360 联合创始人、CTO

序 三

机器学习技术已经越来越多地融入各大互联网企业的研发场景中，尤其是在近几年蓬勃兴起的人工智能行业里，用云计算提效，用大数据赋能，都离不开机器学习在其中发挥的至关重要的作用。广泛的商业应用已经将原先只是人工智能实验室里的独门"秘笈"变成了可以数量化、规模化和精准化的工程体系，并衍生出了大量可操作的规范流程。如何保障基础性研发过程中的工程质量，如何协助机器学习研发工程师快速高效地应用成熟模型，如何避免海量数据的复杂处理过程给评测系统带来的新问题，都值得我们不断深入思考和实践，并从中总结经验，进而推动机器学习在工业界取得更长足的进展。

本书结合作者在一线互联网企业的工程实践经验，根据机器学习领域的研发特点，全面系统地总结了在机器学习测试方面可能遇到的种种问题，有针对性地提出了一整套解决方法。这套方法既忠实地遵循了传统测试理论，又创新性地解决了机器学习在样本选择、特征抽取、模型构建及效果评估等方面遇到的新问题。我们从本书中可以学到机器学习测试的前沿技术。

闻道有先后，希望更多有志于精通机器学习技术、完善机器学习方法的工程师通过本书获得系统化的知识，体悟作者的经验之谈，并应用到日常工作中。

蒋凡

阿里巴巴本地生活高级科学家

序 四

　　人工智能时代的到来，意味着大量的人工智能系统（如智能音响、智能广告推荐、智能搜索引擎、智能呼叫中心和机器翻译等）需要测试和验证，这让测试面临新的挑战，因为许多传统的测试方法不再适用，需要采用新的测试方法和对策。例如，自动驾驶系统测试中的两个高层次（L3 和 L4）的测试，涉及的因素（行人、车辆、道路基础设施、交通信号灯等）和环境（光线、雨雪天气等）都很复杂，在道路上行驶碰到的各种各样的场景也数不胜数。研究人员经过计算和分析认为，自动驾驶汽车需要行驶数亿千米，才能验证出在减少交通事故方面的可靠性，而现有的自动驾驶汽车至少要几十年才能达到这么多测试里程。但我们基于深度学习、计算机视觉等一系列技术进行虚拟仿真测试，测试效率会提高许多倍，这样就可以大大缩短测试周期。

　　很高兴看到有这样一本书，告诉我们如何针对人工智能系统中的核心技术（机器学习）进行测试。例如，特征专项测试和模型算法评估是机器学习测试的核心，也是本书的关键内容。本书分别讨论了模型蜕变测试、模糊测试、鲁棒性测试、可解释性测试等，解读了 3 个典型业务场景（图像分类、智能推荐、金融风控）中的模型算法评测实践，让读者更好地理解模型算法评测流程和具体操作方法。

　　机器学习算法"忠实"于数据，数据质量决定着机器学习模型的质量，如果数据不"靠谱"，那机器学习模型也不"靠谱"。所以本书在介绍 Python 编程、数据分析和机器学习基础知识之后，用 3 章内容来介绍如何进行大数据的测试，通过一些典型的测试场景来进一步阐述大数据测试实践。另外，本书还针对数据采集、数据存储、数据加工、特征工程、模型构建、模型部署和监控等工程技术进行了全方位探讨，以便让读者全面了解机器学习测试知识。

　　上述测试技术及其实践，不仅来自作者对机器学习测试的深刻理解，而且在实际项目中也取得了良好效果，因此有助于读者完成机器学习测试。

朱少民

同济大学软件学院教授、知名软件质量专家

对本书的赞誉

机器学习测试不仅涵盖了传统测试人员关注的系统稳定性、功能正确性、吞吐量等问题，而且需要覆盖算法工程师关心的数据的准确性、模型精度、模型的线下计算和线上计算一致性等问题。本书介绍了作者在机器学习测试方面的实战技术，非常适合对机器学习测试感兴趣的读者阅读。

——邹宇，携程大数据与 AI 应用研发部负责人、VP

本书内容丰富、案例翔实，不仅阐述了数据分析、机器学习、大数据等基础知识，还对模型算法评估、特征测试分析、模型工程平台等做了原理讲解和案例分析。本书通俗易懂，具有很强的实用性，非常适合希望入门机器学习、大数据测试的读者阅读。

——沈剑，快狗打车 CTO、公众号"架构师之路"作者

在人工智能应用快速普及的当下，如何对机器学习进行测试？怎样衡量人工智能应用的"智商"？如何评估数据质量和模型精度？本书对这些问题都给出了解答。

——史海峰，贝壳金服 2B2C CTO、公众号"IT 民工闲话"作者

机器学习测试是一个较新的方向，测试体系建设尚在逐步完善的阶段。本书系统地介绍了机器学习测试的技术，并对机器学习模型与工程化测试等做了细致的介绍，为机器学习测试工程师指明了学习路线。读完本书读者必定会对机器学习测试工作有更加全面的了解，并能拓展视野和进行项目实战。

——徐明泉，顺丰同城科技人工智能中心负责人

随着大数据和人工智能的发展与普及，基于机器学习的解决方案在业务问题的建模和优化中发挥的作用越来越大，与机器学习相关的数据准确性和模型精度的测试也更加重要。与工程架构和产品功能的测试相比，非线性、敏感性导致机器学习模型的测试工作难度更大。作者把自己在相关领域的长期实践经验做了总结并以书的形式呈现出来，对测试人员有很好

的启发和借鉴意义。

——闫奎名，滴滴高级算法专家

做机器学习应用的公司很多，而专门做机器学习测试的团队凤毛麟角。艾辉和他带领的融360 AI测试团队把他们在机器学习测试方面的一线实战经验沉淀成书，在当下显得难能可贵。在人工智能应用正在爆发的今天，一本专门讲述机器学习测试技术的书的出现恰逢其时，所有渴望拥抱人工智能的测试同行的书架上，都应该摆上这本集合了融360 AI测试团队一线测试经验的书。本书对掌握人工智能测试方法很有帮助。

——徐琨，Testin云测总裁

10年前我在阿里巴巴工作的时候就开始接触机器学习模型的测试，当时针对算法模型测试的资料非常匮乏。10年过去了，大数据、机器学习和深度学习应用越来越普及。如何保证机器学习项目质量、评估机器学习项目效果已经是测试人员的工作方向了。但出于种种原因，这方面的学习资料很少，本书为读者进行机器学习测试提供了有益的指导，及时填补了这个空白。

——黄延胜（思寒），霍格沃兹测试学院创始人、
测吧（北京）科技有限公司测试架构师

本书系统地阐述了融360 AI测试团队在机器学习测试领域的探索和实践。本书采用由浅入深的知识结构和通俗易懂的语言，分析机器学习测试的关键技术，是读者进行机器学习测试技术入门和工程实践的一本好书。

——茹炳晟，Dell EMC（中国研发集团）资深架构师、
腾讯云最具价值专家、阿里云最具价值专家

近几年，各行各业的人都在思考如何利用机器学习解决自己所处领域的问题，目前机器学习技术已能够解决测试领域的一些问题。本书作者结合自身丰富的工作实践和经验积累，非常全面而系统地阐述了机器学习测试技术与质量体系建设，是开发工程师、测试工程师、技术专家及技术管理者了解人工智能测试的案头书。本书兼顾机器学习知识的广度和深度，涵盖了丰富的机器学习测试的内容，解决了很多技术人员在机器学习测试中"知其然，而不知其所以然"的困惑。

——童庭坚，PerfMa联合创始人兼首席技术官，
蚂蚁金服原全链路压测平台与性能回归体系建设负责人

机器学习算法和模型的错误可能给项目带来巨大损失，迫切需要系统化测试来保障项目质量。与传统软件不同，机器学习的自主性、进化性会导致输出结果的不确定性、难解释性，这对测试工程师是一个很大的挑战，机器学习测试的方法也必将与传统软件测试迥异。艾辉及其团队的著作基于融360的成功实践，总结了机器学习测试方法，给出了经验证的工程实践方案，提供了丰富的代码和工具示例，非常适合读者入门机器学习测试。

　　　　　　　　　　——丁国富，智联联盟智库专家、华为前测试架构师 / 测试部部长

艾辉及其团队将机器学习测试作为主战场，深耕于人工智能领域，在机器学习测试中积极探索，并以严谨的态度将实践经验归纳成书，实属难得，相信本书一定能够为读者带来新的测试思路。

　　　　　　　　　　　　　　　——吴骏龙，阿里巴巴本地生活高级测试经理

自从机器学习技术在许多行业应用以来，测试界就开始探讨如何把机器学习用在测试上，但是一些结论还停留在论文或者小规模应用中。本书无疑是这个领域的开山之作，从基础到大数据，到模型，再到融会贯通，本书包括了机器学习测试的方方面面。本书能给刚接触机器学习测试的读者带来帮助，是从业者进行机器学习测试的实践指南。

　　　　　　——张立华（恒温），测试开发专家、TesterHome 社区联合创始人

由于机器学习自身的复杂性，传统的软件测试方法无法完全适用于机器学习，需要为其单独设计一套质量保障方法。虽然在测试界的技术峰会中有专家做过相关技术的分享，但还没有一本书可以较全面地阐述保障机器学习质量的方法。本书涵盖了机器学习的多种质量保障方法，内容丰富，凝聚了作者多年的机器学习测试实践经验，非常适合对机器学习测试感兴趣的读者阅读。

　　　　　　　　　　　　　　　　　　——孙远，阿里巴巴测试开发专家

随着机器学习的应用，智能化已经是各行各业发展的主流趋势。机器学习在软件产品的研发和测试工程中，同样发挥着重要的作用。本书不仅讲解了机器学习的基本概念，还介绍了机器学习测试的实战技术，是一本充满"干货"的参考书。

　　　　　　　　　　　——蔡怡峰，腾讯 IEG 品质管理部测试开发负责人

作者基于对测试行业的深刻理解，高屋建瓴地分析了机器学习测试方面的痛点和难点，本

书是初学者不可或缺的案头资料，也是中级测试人员在测试领域继续探索的得力助手。

——邹静，百度资深测试工程师

随着软件产品越来越多地应用了大数据、机器学习等技术，传统领域的软件质量保障方法已经无法适应机器学习测试的实践需要，艾辉在这个时候推出机器学习测试的新书，恰逢其时，为测试人员从事机器学习测试工作提供了参考。希望更多的人可以通过阅读本书，理解机器学习，掌握机器学习质量保障技术，并将其应用到各自的测试项目中。

——王冬，360 技术中台质量工程部高级总监

机器学习技术在越来越多的领域中得到了应用，但有关机器学习测试和质量保障方法的书却少之又少，本书的出版正好迎合了读者这方面的学习需求。本书是作者对自己多年大数据和机器学习测试的实践总结。从工程质量到算法质量和模型评测，从测试方法到工具平台的应用，不管是机器学习的初学者还是资深的测试专家，都能从本书中受益。

——张涛，网易传媒测试总监

与 AI 相关的测试在国内也是一个较新的领域，各大公司都开始了相关的探索。艾辉是业内少有的低调且务实的实践者，本书是其团队在机器学习测试方面的实践总结。书中详尽地讲解了从机器学习测试到模型工程化等内容，具有很强的指导意义。希望对机器学习测试有兴趣的同行都能研读本书，一定会受益匪浅！

——董沐，小米技术经理

本书系统地讲述了机器学习的质量保障方法，从基础知识准备，到大数据测试、特征测试以及模型质量的各种评估测试等，内容丰富。此外，书中还包含大量的测试实践案例，推荐所有从事测试的技术人员阅读。

——郭静，知乎质量团队技术总监

机器学习作为人工智能的关键核心技术，已经在各大企业产品中被广泛使用，机器学习的质量也直接影响产品的性能，因此机器学习的质量保障显得尤为重要。本书是融 360 在搜索、推荐、风控等多个应用领域进行机器学习测试的实践总结，所有探索机器学习测试的读者都可以从本书中得到启发。

——徐实，知乎测试经理

在机器学习测试领域，艾辉是早期的探索和实践者。本书内容新颖、案例翔实、通俗易懂，如果你想了解机器学习测试技术，本书是首选。

——熊志男，京东数科高级软件开发工程师、测试窝社区联合创始人

本书不仅介绍了机器学习测试的方法和基于机器学习的模型评测实践，还深入解读了机器学习测试技术的原理和背后的逻辑。感谢作者为测试同行带来了这本具有全新视角的好书。

——薛亚斌，京东数科测试架构师、移动端测试负责人

随着人工智能技术的发展，机器学习产品的测试工作成为软件测试人员关注的重点，要做好相关产品的测试，对机器学习理论和实践技能的掌握必不可少。本书不仅有详细的理论基础介绍，还结合真实业务场景和持续交付的工程实践，全面介绍了机器学习产品的测试，是所有软件测试人员不容错过的好书。

——林冰玉，ThoughtWorks 资深软件质量咨询师

本书深入浅出、系统地介绍了机器学习和大数据的基础知识，以及进行机器学习测试的方法。这是一本很好的机器学习测试入门图书。

——刘冉，ThoughtWorks 资深软件质量咨询师

本书作者通过对工作经验及实践技术的总结，编写了这本机器学习测试的入门教程，帮助读者掌握机器学习测试的技术。本书内容丰富、案例翔实，是一本不容错过的好书。

——陈霁（云层），霁晦科技创始人、TestOps 架构师

艾辉及其团队把他们在机器学习测试的工作实践总结成书，为我们揭开了机器学习测试的神秘面纱。本书内容丰富、实战性强，如果你也对机器学习测试的相关技术感兴趣，就和我一起学习本书吧！

——陈磊，新奥云中台质量总监

随着机器学习在许多领域的广泛应用，相应的测试技术也逐渐成为测试从业人员学习的重点。本书是艾辉及其团队在机器学习测试方面的实践总结，深入浅出地讲解了机器学习测试的

技术，对想入门机器学习测试的读者来说，着实是一本难得的好书。

——李隆（debugtalk），HttpRunner 作者

这几年与人工智能和大数据相关的应用越来越普及，这给测试人员带来了新的课题。人工智能、大数据测试相对于传统测试而言有许多需要克服的难题，这使得测试人员对此束手无策。作为人工智能测试的入门书，本书系统地介绍了机器学习与大数据测试的方法，填补了国内在这个领域的空白。

——陈晓鹏，埃森哲中国卓越测试中心前负责人

前　言

写作背景

随着科学技术的发展，人工智能已逐步渗透到社会的各个领域，如智慧城市、智慧金融、智能家居等。人工智能技术正以前所未有的速度全方位地改变着我们的生活，并引领了新一轮产业变革。为了抓住人工智能发展的战略机遇，众多企业在积极地做数字化转型升级，这也对每一位人工智能领域的从业人员和有志之士的技术水平、专业知识提出了更高的要求。

机器学习是人工智能领域最重要的方向之一。随着机器学习应用的日益普及，机器学习技术本身的复杂性越来越高，机器学习应用的质量问题越来越突出。这主要体现在数据质量、特征工程、模型效果、产品功能等方面。例如，训练数据的质量问题会导致机器学习模型不可靠，最终可能得出错误的结论，做出错误的决定（预测），在带来质量风险的同时也将造成成本上升。由此可见，做好机器学习应用的质量保障工作特别重要。

对于传统软件、互联网产品的测试，测试方法及质量保障体系是相对成熟的，而机器学习测试是一个较新的方向，我们无法把传统软件及互联网产品的测试方法生搬硬套到机器学习测试中，测试行业里鲜有完整的机器学习质量保障体系可供借鉴。面对机器学习测试的技术挑战，我们在团队内组织了一系列技术攻坚，从3个方面着手：通过机器学习专业课程的培训，系统地学习机器学习技术，并熟悉建模训练的过程；通过专项技术主题实践（大数据自动化、特征分析、模型评测、工具平台建设等），不断积累机器学习测试的实践经验；逐步搭建机器学习应用的质量保障体系，并结合业务场景，进一步补充完善。

作为国内领先的、独立开放的金融产品搜索和推荐平台，融360结合自身的业务场景和数据，积极进行了人工智能领域的应用探索。融360在人工智能领域有着长期的技术投入，先后组建模型算法团队、AI研究院等，并始终致力于为客户提供高质量的服务及产品。融360在搜索、推荐、风控等领域，广泛应用了相关人工智能技术，并取得了不错的效果。

写作本书的主要目的就是与业界分享融360 AI测试团队在机器学习测试方面的实践经验，共同推进机器学习测试的发展。

本书结构

本书分为5部分，共15章，全面且系统地介绍了机器学习测试技术与质量保障体系建设。

第一部分：基础知识（第1～4章）。

第1章首先介绍机器学习的基本概念，之后简述机器学习的发展历程和当前的应用情况，最后就主流的应用场景举例说明。

第 2 章主要介绍 Python 的编程基础,包括平台搭建、语法基础等,同时,结合详细的代码示例讲解核心知识点。

第 3 章首先讲解数据分析的基本概念,然后解读数据分析库的用法,最后结合实际案例展示了数据分析的全流程。

第 4 章主要介绍机器学习的基础知识,包括基本概念、分类及训练方式等,并结合详细代码示例讲解机器学习库。另外,该章还对主流算法进行了解读。

第二部分:大数据测试(第 5 ~ 7 章)。

第 5 章主要介绍大数据基础知识,包括大数据的概念、Hadoop 生态系统、数据仓库与 ETL 流程等,并对 HDFS、MapReduce、Hive、HBase、Storm、Spark、Flink 的技术架构、特点、用法等进行概要解读。

第 6 章首先介绍大数据测试的基本概念,之后分析与传统数据测试的差异,并对大数据测试流程、大数据测试方法等进行详细解读,最后通过 3 个典型测试场景(HiveQL、MR、源到目标表)来阐述大数据测试实践。

第 7 章主要介绍大数据测试工具、数据质量监控平台、数据调度平台,重点阐述工具平台的架构设计、功能特性及应用场景。

第三部分:模型测试(第 8 ~ 10 章)。

第 8 章围绕机器学习的生命周期,剖析机器学习测试的重点和难点,给出机器学习端到端测试的思路,并解析 A/B 测试在机器学习测试中的应用。

第 9 章首先介绍特征工程基础知识(特征构建、特征选择等),并对特征测试的重要性给予说明,之后阐述特征测试的主要方法,最后就特征测试实践进行深入介绍(指标分析、可视化、稳定性等)。

第 10 章首先介绍模型算法评测基础知识,包括样本划分策略、常用评估指标等,然后详细讲解模型算法的测试方法,如模型蜕变测试、模糊测试、鲁棒性测试、可解释性测试等。

第四部分:模型工程(第 11 ~ 13 章)。

第 11 章结合金融风控业务的特点,分析模型评估测试的重点和难点,详细介绍模型评估平台的设计和架构,并对模型评估平台的发展进行总结与展望。

第 12 章首先概述机器学习平台的发展、主流的机器学习平台的建设思路,然后围绕机器学习生命周期(数据处理、建模与模型部署)依次展开,对数据采集、数据存储、数据加工、特征工程、模型构建、模型部署和监控等阶段的工程技术进行详细阐述。

第 13 章首先介绍机器学习持续交付的概念,并说明面临的主要挑战(组织流程、复杂技术），之后阐述如何构建机器学习 Pipeline（管道），并对 Pipeline 的设计及技术难点进行详细讲解。

第五部分：AI In Test（第 14 章和第 15 章）。

第 14 章介绍 AI 在测试领域的探索和实践，并结合主流的 AI 测试工具，进一步解读 AI 测试的前沿技术，然后总结 AI 在测试领域的应用现状和发展趋势。

第 15 章首先介绍 AI 对测试行业未来发展的影响，然后剖析在 AI 时代背景下测试工程师的定位，最后指明测试工程师的 AI 学习路线。

致谢

本书是集体智慧的结晶。在本书的创作过程中，各位作者占用了大量的休息时间以及本应与家人共享的假日，特此感谢各位作者的家人的理解和支持。

本书在创作过程中得到了领导的关怀、鼓励和支持，包括融 360 联合创始人、CEO 叶大清先生，融 360 联合创始人、CTO 刘曹峰先生，融 360 高级技术总监张刚刚先生等，在此一并表示感谢。

最后，本书在写作过程中参考了大量的文献，在此对这些文献的原作者一并表示衷心的感谢。

艾辉

目 录

第一部分 基础知识

第二部分　大数据测试

第三部分　模型测试

第四部分   模型工程

第五部分　AI In Test

第一部分　基础知识

第1章 机器学习的发展和应用

机器学习（Machine Learning，ML）是人工智能（Artificial Intelligence，AI）的一个核心子领域，它使计算机在没有人类干预的情况下自动预测结果。1952 年，IBM 的亚瑟·塞缪尔（Arthur Samuel，被誉为"机器学习之父"）设计了一款可以"主动学习知识"的跳棋程序，塞缪尔和这个程序进行多场"对弈"后发现，随着时间的推移，程序的棋艺变得越来越高。塞缪尔用这个程序推翻了"机器无法超越人类，不能像人一样写代码和学习"这一传统认识，并在 1956 年正式提出了"机器学习"这一概念。

1.1 什么是机器学习

那么到底什么是"机器学习"呢？机器学习实际上包含很多内容，这一领域相当庞大且发展得特别快，正在不停地细分成各种各样的机器学习分支。然而，这些分支存在共同点，它们最重要的一个共同特征便是塞缪尔对"机器学习"的定义："使计算机能够在没有显式编程的情况下学习的研究领域（Machine Learning is the field of study that gives computers the ability to learn without being explicitly programmed）"。

有着"全球机器学习教父"之称的汤姆·米切尔（Tom Mitchell）在 1997 年将机器学习定义为：对于某类任务 T 和性能度量 P，如果计算机程序在 T 上以 P 衡量的性能随着经验 E 而自我完善，就称这个计算机程序从经验 E 学习（A computer program is said to learn from experience E with respect to some class of tasks T and performance measure P if its performance at tasks in T, as measured by P, improves with experience E）。比如，如果想要我们的程序预测繁忙的十字路口的交通模式（任务 T），我们可以运行它，并通过机器学习算法和过去的交通模式数据（经验 E）交互，如果它成功地"学习"，那么它将会对未来的交通模式做出更好的预测（性能度量 P）。

简单来说，机器学习就是试图让机器具备像人类一样的学习能力——从经验数据中学习。机器学习最基本的做法是使用算法来分析数据并从中学习，然后对现实世界中的事件做出决策或预测。因此，机器学习是基于算法的，且这种算法可以从数据中学习，而不依赖于基于规则的编程。随着可用于学习的数据量的增加，算法会自适应地提高其性能。举一个简单的例子，当我们浏览网上商城时，经常会出现商品推荐的信息，这是商城根据我们以往的购物记录和冗长的收藏清单，识别出哪些是我们真正感兴趣、愿意购买的产品。这样的决策模型可以帮助商城为客户提供建议并促进产品销售，如图 1-1 所示。

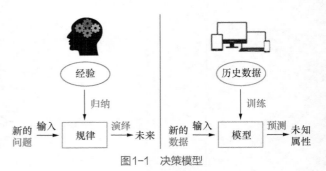

图1-1 决策模型

1.2　机器学习的发展

　　虽然机器学习的历史可以追溯到 1952 年，但作为一个独立的方向，机器学习在 20 世纪 80 年代才形成。20 世纪 90 年代和 21 世纪初，机器学习得到了快速发展，出现了大量的算法和理论。随着 2012 年深度学习技术的兴起，机器学习的应用领域也迅速拓展，成为现阶段解决很多人工智能问题的主要途径。

1.　机器学习和人工智能

　　机器学习是人工智能研究的核心内容。它的应用已遍及人工智能的各个分支，如专家系统、自动推理、自然语言理解、模式识别、计算机视觉、智能机器人等领域。

　　人工智能涉及对人本身的意识（consciousness）、自我（self）、心灵（mind）等哲学问题的探索。人唯一了解的智能是人本身的智能，这是普遍认同的观点。但是，我们对自身智能的理解非常有限，对构成人的智能的必要元素的了解也有限，就很难定义什么是"人工"制造的"智能"了。人工智能的研究往往涉及对人的智能本身的研究。其他关于动物或其他人造系统的智能也普遍被视为与人工智能相关的研究课题。图 1-2 展示了人工智能发展过程中的重要成就，机器学习是人工智能研究发展到一定阶段的必然产物，因此，随着人工智能的发展，机器学习的发展大致可归纳为 3 个阶段。

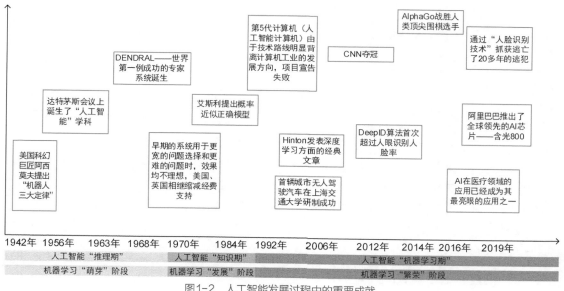

图1-2　人工智能发展过程中的重要成就

　　1）机器学习"萌芽"阶段

　　20 世纪 50 年代到 70 年代初，人工智能研究处于"推理"期，机器学习技术研究处于"萌芽"阶段。人们试图通过编程手段使机器（如大型计算机）最终具备逻辑推理能力，进而使机器具有一定的"智能思考"和"自我优化"的能力。然而，进一步的实践和研究证明，只具有逻辑并不能使机器具有"智能"，智能存在的前提还必须具有先验"知识"。

　　2）机器学习"发展"阶段

　　20 世纪 70 年代到 80 年代，人工智能的研究处于"知识期"，机器学习进入"发展"阶段。这个时期的主流为"专家系统"。但是，所谓"专家系统"也要面临"知识困境"，简单地说，对于近乎无限的信息，人类很难通过自身思维提取规则并将其赋予计算设备。机器自主学习的设想浮出水面。

3）机器学习"繁荣"阶段

从 20 世纪 80 年代至今，机器学习成为一个独立的学科领域并开始爆发式发展，各种机器学习技术不断涌现，机器学习算法呈现多样化。图 1-3 列举了 20 世纪 80 年代以来历史上出现的有代表性的机器学习算法。20 世纪 80 年代的典型成果是用于多层神经网络训练问题的反向传播算法，以及各种决策树（如分类和回归树）。20 世纪 90 年代是机器学习走向成熟和大规模发展的时代。这一时期出现了支持向量机、AdaBoost 算法、随机森林、循环神经网络 /LSTM 网络、流形学习等大量的经典算法。同时机器学习走向真正的应用，如垃圾邮件分类、车牌识别、人脸检测、文本分类、语音识别、搜索引擎网页排序等。

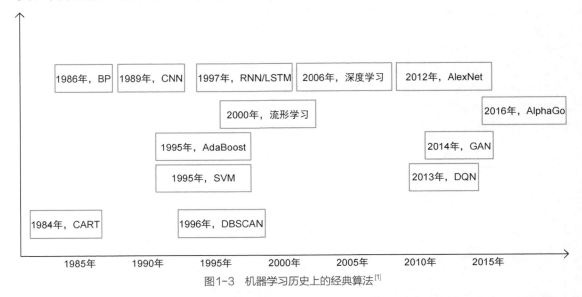

图 1-3　机器学习历史上的经典算法[1]

深度学习技术在 2006 年之后得到快速发展，目前较好地解决了计算机视觉、语音识别等领域的部分核心问题。在数据生成问题上，以生成对抗网络为代表的深度生成模型也取得了惊人的效果，可以生成复杂的数据（如图像、声音）。深度强化学习（深度学习技术与强化学习技术相结合的产物）在众多的策略、控制（如棋类游戏、自动驾驶、机器人控制等）问题上也取得了成功。

2．机器学习当前发展

2012 年以后，得益于数据量的增长、运算力的提升和机器学习新算法（深度学习）的出现，人工智能开始大爆发。据领英发布的《全球 AI 领域人才报告》，截至 2017 年第一季度，基于领英平台的全球 AI 领域技术人才数量超过 190 万，中国国内人工智能人才缺口达到 500 多万。

随着深度学习的兴起，人工智能在诞生 60 多年之后再次迎来复兴。无论是学术界还是工业界，深度学习和人工智能都取得了迅猛进展。深度学习技术首先在机器视觉、语音识别领域获得了成功，有效解决了大量感知类问题，随后又应用到自然语言处理、图形学、数据挖掘、推荐系统等领域。在图像识别、语音识别、自然语言处理等领域里重点问题的特定数据库上，深度学习算法已经接近或者超越人类的水平，达到或接近实用的标准。在语音识别、人脸识别、光学字符识别、自动驾驶、医学图形识别与疾病诊断等众多商业领域，深度学习和人工智能技术正在带来产业变革。

2020 年，北京地铁利用机器学习算法实现的"魔窗"系统为乘客动态呈现列车位置、路网图，及前方车站三维示意图，方便乘客了解下一个车站的洗手间、电梯、出口、周边商业设施等常用区域、场所的相关信息；车门上方的 4K 高清屏幕用于显示换乘路线及前后车厢拥挤度等信息；车厢内的感知设备利用图像识别智能算法实现异常情况监测和报警，通过高清摄像头对车厢内乘客的异常行为进行监控，如疫情期间可以监控乘客未佩戴口罩、挥手求助等行为；司机前方的感知设备利用司机面部特征推断驾驶状态，一旦检测到疲劳、分心，系统会有语音提示等。

1.3 机器学习的应用

机器学习的应用十分广泛，在日常生活中随处可见，例如，停车场出入口车牌识别、语音输入法、人脸识别、电商网站的商品推荐、新闻推荐等。接下来，我们简单介绍一些常见的应用。目前，对于机器学习的研究和应用主要集中于图 1-4 所示的一些领域。

事实上，无论是模式识别问题还是数据挖掘问题，它们所涉及的机器学习的问题在很多地方是相通的，只是在方法和侧重点上有所区别。模式识别是机器学习中通过数学方法来研究模式处理的一类问题；数据挖掘是从数据库管理、数据分析、算法的角度探索机器学习的一类问题；而统计学习则是站在统计学的视角来研究机器学习的一类问题。

计算机视觉、语音识别，以及自然语言处理（这里特指文本处理）目前是机器学习领域常见的几类应用。计算机视觉是一门研究如何让机器能够替代人的眼睛并把看到的图片进行分析、处理的学科。计算机视觉

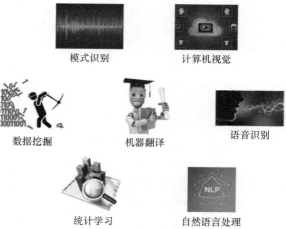

图1-4 研究和应用机器学习的领域

在图像分类、人脸识别、车牌识别、自动驾驶中的街景识别等场景中均有广泛应用。语音识别把语音处理、语义理解等技术和机器学习结合起来，常见的应用包括苹果公司的 Siri、小米公司的小爱同学等语音助手。此外，语音识别经常还会和自然语言处理技术中的机器翻译、语音合成等技术一起构建出更加复杂的应用，如语音翻译器。自然语言处理旨在使用自然语言处理技术使计算机能够"读懂"人类的语言，具体的应用包括谷歌翻译、垃圾邮件的识别、知识图谱等。

1.3.1 数据挖掘

数据挖掘是指从大量的数据中分析、找出有着特殊关系性信息的过程，数据挖掘通过统计、在线分析处理、情报检索、机器学习和模式识别等诸多方法实现。数据挖掘仅仅是一种思

考方式，用于从数据中找出模式，改善处理过程。大部分数据挖掘中的算法是机器学习算法在数据库中的优化。

作为一个全新的研究领域，数据挖掘代替了传统的数据分析，以新兴的方法和理论挖掘数据的潜在价值。数据挖掘主要是通过以下几个步骤来处理数据的。

（1）选取或构造数据集。为了方便后续的处理，关于数据集的格式、内容等的界定条件，需要慎重选取。

（2）数据预处理工作。这一步是为了统一数据集内部数据的格式和内容，具体包括数据清洗、数据集成、数据归约、数据离散化等，其中特征工程是数据处理中最重要的部分。

（3）数据建模和特征筛选阶段。综合考虑需求和模型等因素，通过模型的反馈，在调整参数的同时，对比、选取相对最优特征集。这个阶段的具体任务根据选取的模型不同而形式各异。

（4）得出结论。模型在实际测试数据中表现出的泛化能力，往往能定向地反馈出有价值的信息，因此需要数据工程师根据结果分析并得出结论，甚至可能会重新开始一轮挖掘过程的迭代。

数据挖掘利用机器学习提供的统计分析、知识发现等手段分析海量数据。机器学习在数据挖掘领域中拥有了无可取代的地位。博斯和马哈帕特拉将机器学习在数据挖掘中的商业应用分为 4 种任务类型。

- 分类（classification）。例如，从商业数据库中，应用数据挖掘进行有效信息的挖掘，依据统一偏好或者年贡献估计额等标准来进行全部客户的分类。
- 预测（prediction）。例如，当客户有贷款的需要时，银行系统应在第一时间对其信用状况进行审查，应用机器学习技术，就可在日常中对存在于数据库中的源数据不断进行学习和修正，得出的信息就是最具参考性的。
- 关联（association）。对潜在域实体间或属性间的连续规律进行关联性的分析。
- 侦查（detection）。寻找数据集中的异常现象、离群数据、异常模式等，并且寻找对这些异常原因的解释。客户流失管理是其中的一个例子。

Myrrix[①] 创始人 Owen 在其文章中提到"机器学习已经是一个有几十年历史的领域了"，为什么大家现在这么热衷于这项技术？因为大数据环境下，更多的数据使机器学习算法表现得更好，机器学习算法能从庞大的数据集中提取更多有用的信息；Hadoop 使收集和分析数据的成本降低，学习的价值提高。Myrrix 与 Hadoop 的结合是机器学习、分布式计算和数据挖掘的结合，这三大技术的结合让机器学习应用场景爆炸式地增长，这对于机器学习来说是一个千载难逢的发展机会。

1.3.2　人脸检测

人脸检测的目标是找出图像中所有的人脸，确定它们的大小和位置，使用算法输出图像中人脸外接矩形的坐标和大小，输出的信息可能还包括人脸姿态（如倾斜角度等信息），如图 1-5 所示。人脸检测是计算机视觉领域被深入研究的经典问题，在安防监控、人机交互、社交等领域都有重要的应用价值。数码相机和智能手机上已经使用人脸检测技术实现成像时对人脸自动对焦的功能。与人脸检测密切相关的一个概念是人脸识别，它的目标是确定一张人脸图像的

---

① Myrrix 最初是 Sean Owen（Mahout 的作者之一）基于 Mahout 开发的一个试验性质的推荐系统。目前 Myrrix 已经是一个完整的、实时的、可扩展的集群和推荐系统。

"身份"，即确定这个人是哪个人。人脸检测是人脸识别的第一步，要识别一张人脸图像的"身份"，首先要检测人脸在图像中的位置。

图1-5　人脸检测的结果

1.3.3　人机对弈

人机对弈属于策略类问题，它是人工智能领域的传统问题，在过去几十年中，人们用象棋、围棋等的对弈来检验人工智能的进展。在对弈问题中，AI用的经典方法是搜索树，用它枚举所有可能的棋步，确保每次落棋时选择最优的棋步，同时需要定义一个代价函数来评估每个棋步决策赢的可能性。随着棋步的增加，搜索树的规模会以指数级增长，因此，需要对树进行剪枝。

由于围棋的棋步变化太多，因此DeepMind（研究AlphaGo的公司）的AlphaGo在下围棋时没有采用穷举搜索的技术，而使用机器学习来寻找最优棋步。AlphaGo由多个神经网络组成，采用深度强化学习技术，它们联合起来实现关于最优棋步的决策。

1.3.4　机器翻译

机器翻译（Machine Translation，MT）可以实现类似于人类的语言翻译功能，它的目标是将一种语言的语句转换成另外一种语言的语句。机器翻译是自然语言处理领域中最重要、最有应用价值的应用之一。早期的机器翻译实现了大多采用基于规则的方法，后来逐渐过渡到了使用机器学习的方法。

循环神经网络和卷积神经网络被成功地应用于机器翻译，翻译的准确率不断提高。其中序列到序列（seq2seq）的学习是实现机器翻译的经典方案。目前Google、百度、搜狗等互联网公司已经提供了机器翻译的服务。

1.3.5　自动驾驶

自动驾驶是人工智能领域中非常具有挑战性的应用。自动驾驶的普及不但可以为人类驾驶员提供帮助，而且可以降低事故率。要实现车辆的自动驾驶，需要解决如下几个核心问题[1]。

- 定位：确定车辆当前所处的位置，这可以通过GPS、雷达、图像分析等手段结合高精度数字地图来实现。
- 环境感知：确定道路、车道线、路面上的物体。这不仅需要准确地检测道路、车道线、行人、车辆等物体或障碍物，还需要识别出交通标志、信号灯等重要信息，并给出车辆当前所处的环境。对环境的感知可以通过机器学习处理从现场环境中获取的声波、图像等多种数据实现。
- 路径规划：按照给定的车辆当前位置和目的地信息，规划出从起点到达目的地的一条可行的最优路径，在车辆行驶期间还要根据路况信息做出调整。最优路径的计算可以通过Dijkstra算法、A*算法实现。
- 决策与控制：根据车道占用情况、路况等环境信息确定车辆要执行的动作，并收集车辆在每个时刻的行驶速度、方向等参数。然而，我们无法穷举所有的路况信息并用规则来实现，为了解决此问题，人们通过机器学习的方法训练出一个模型，把当前的路况信息输入模型，同时模型输出当前时刻车辆要执行的动作，根据环境情况对车辆的运动进行控制。

深度卷积神经网络和深度强化学习技术被用于自动驾驶应用中，用于解决感知和决策控制问题。其中深度卷积神经网络用于实现图像和环境的感知理解，强化学习用于确定车辆的行为。

1.3.6　其他应用

机器学习还能应用于生物技术（可折叠的蛋白质预测和遗传因子的微型排列表示等）、天文物体分类、计算机系统性能的预测、银行业务（如信用卡盗用检测）、互联网应用（如文档自动分类与垃圾邮件过滤）等领域。

随着数据的积累，机器学习已经渗透到各行各业当中，并且在行业中发挥着巨大的作用。随着数据智能、数据驱动等思想的建立，机器学习正在成为一种基础能力并向外输出。我们可以预见，随着算法和计算能力的发展，未来机器学习应该会在金融、医疗、教育、安全等领域有更深层次的应用。

1.4　本章小结

本章首先介绍了机器学习的概念，让读者对机器学习有一个初步的了解，然后介绍了机器学习和人工智能的关系，以及机器学习研究和应用的当前状况，最后介绍了机器学习在当前社会的常见应用。

当前是人工智能发展的一个令人兴奋的时期，机器学习理论研究已经成为新的热点。随着机器学习、大数据、云计算及物联网的深度发展，真正的人工智能将成为现实。相信在不久的未来，在道路上奔驰着的是无人驾驶汽车，在危险岗位上工作的是拥有人工智能的机器人。同时，人工智能也将在医学、教育、服务等行业为每个人提供个性化的定制服务。机器学习终将推动人工智能真正改变世界，造福整个人类社会。

第 2 章　Python 编程基础

2.1　Python 概述

　　Python 是一种面向对象的动态编程语言，自 1991 年发布以来，它凭借简单易学、代码优雅、功能强大等优点，受到广大编程爱好者的欢迎，现已成为数据分析、机器学习、人工智能、科学计算等领域的重要编程语言之一。其实在数据分析、科学计算领域，还有一些其他的开源工具和编程语言，如 R、MATLAB、SAS、Stata 等，为何推荐读者使用 Python 呢？主要原因有以下几点。

　　（1）Python 具有自然语言的特性，简单易学，代码简洁易读、易维护，是一门"初学者语言"。

　　（2）Python 开源免费，有很多优秀的第三方库（如 Numpy、Pandas、Matplotlib、SciPy、Keras 等），读者使用 Python 开发的成本较低。

　　（3）Python 能够轻松地集成 C、C++、Fortran 等代码，被称为"胶水语言"，并且不受任何平台和操作系统的限制，这一优点方便我们将耗时较长的核心代码用 C/C++ 等高效率语言编写，然后使用 Python 来"黏合"，从而解决 Python 代码的运行效率问题。

　　（4）Python 具有强大的可嵌入性，可以将 Python 嵌入 C/C++ 程序中，使用户获得"脚本化"的能力。

　　本章主要介绍 Python 的基础知识，如何搭建开发运行环境，方便读者后续利用 Python深入学习数据分析、机器学习等内容。

2.2　Python 平台搭建

2.2.1　Python 环境部署

　　目前，Python 主要有两个版本——Python 2.x 和 Python 3.x。Python 3.x 引入了更多新特性，语法上部分与 Python 2.x 不兼容。本书部分章节（第 5 章及以后）的代码示例开发得较早，使用的是 Python 2.7。本章和第 3 章的代码示例将基于 Python 3.x。

1. 不同操作系统下的安装

　　作为一种跨平台的语言，Python 可以在不同的操作系统上运行，读者可根据自己的情况，参考下面的内容安装 Python。

1）在 Windows 系统上安装 Python

Windows 系统上的 Python 安装比较简单，读者直接到 Python 官网下载相应的安装包进行安装即可。Python 安装包有 32 位和 64 位之分，请读者自行选择合适的版本。

安装过程中注意勾选 Add Python 3.8 to PATH 选项，如图 2-1 所示，将 Python 安装路径添加到环境变量中，否则安装完成后还需手动添加环境变量。

图2-1   勾选 Add Python 3.8 to PATH选项

安装完成后，打开命令行窗口，输入 "python" 命令，看到图 2-2 所示的输出，即证明 Python 安装成功。

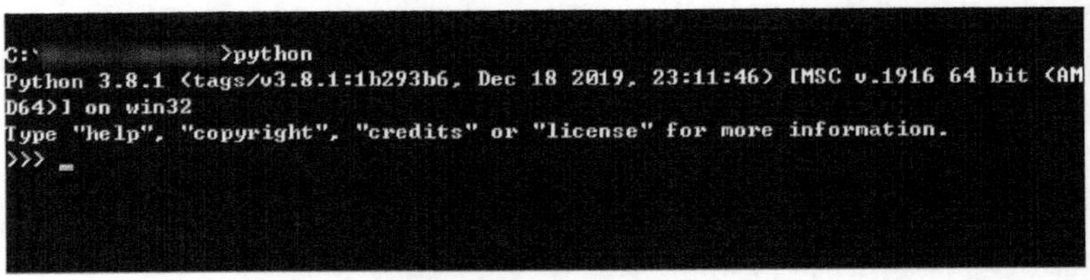

图2-2   Windows 环境下 Python 安装成功

2）在 macOS 上安装 Python

macOS 一般自带 Python 2.x 版本，若要安装 Python 3.x，需要从 Python 官网下载相应的安装包，安装过程和 Windows 环境下的操作类似，此处不赘述。

3）在 Linux 系统上安装 Python

大多数的 Linux 环境上也自带了 Python 2.x 的主程序，如果要安装 Python 3.x 版本，那么可参考以下步骤进行安装（以 Python 3.8.1 版本为例）。

（1）下载安装包的命令如下。

```
wget https://www.python.org/ftp/python/3.8.1/Python-3.8.1.tgz
```

（2）解压安装包的命令如下。

```
tar -zvxf Python-3.8.1.tgz  && cd Python-3.8.1
```

（3）编译和安装的命令如下。

```
./configure --prefix=/usr/local/python3
make
make install
```

（4）添加环境变量。打开文件 vi /etc/profile，添加如下内容。

```
export PYTHON3_HOME=/usr/local/python3
export PATH=${PATH}:${PYTHON3_HOME}/bin
```

使用 source /etc/profile 重载配置文件，使配置生效。

至此，Linux 环境下的 Python 便已安装完成。在命令行中输入"python3"，若看到图 2-3 所示的信息，证明 Python 3.8.1 已安装成功。

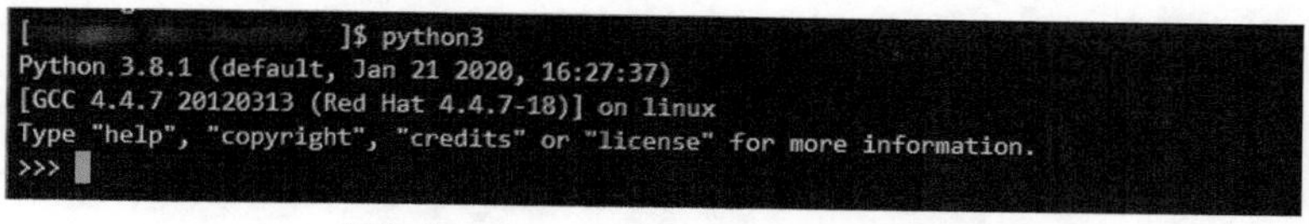

图2-3 Linux环境下Python安装成功

2. 依赖包安装

通常，为了用 Python 实现更加丰富的功能，用户还需要手动安装一些第三方依赖包。pip 是 Python 的包管理工具，它提供了对 Python 包的查找、下载、安装、卸载等功能。Python 3.4 及以上版本都自带 pip 工具。常用的 pip 命令如下。

```
pip --version              # 显示pip版本
pip --help                 # 获取帮助
pip list                   # 列举已安装的包
pip install xxx            # 安装依赖包
pip install xxx==1.0.1     # 安装依赖包的指定版本
pip install --upgrade xxx  # 升级指定包
pip uninstall xxx          # 卸载依赖包
pip search xxx             # 搜索包
pip show                   # 显示安装包信息
```

3. Anaconda

读者在学习数据分析、机器学习时，为了开发程序，通常会安装比较多的开发包，安装许多开发包对于读者来说会比较麻烦。作为一个开源的软件，Anaconda 包含了众多流行的 Python 依赖开发包，支持 Windows、macOS 和 Linux 多个平台，同时支持 Python 2.x 和 Python 3.x 版本，因此通过安装 Anaconda 软件可以解决上述问题。安装方式非常简单，只需到 Anaconda 官网下载安装包并安装即可。

安装完 Anaconda，单击 Anaconda Navigator 进行启动，可以看到如图 2-4 所示页面。

在安装 Anaconda 时也会附带安装一些其他常用的软件。

- Jupyter Notebook：一个交互式笔记本工具，支持 40 多种编程语言。它是一个开源的 Web 应用程序，支持实时代码（即在代码一步步执行时，可得到每一步的结果并保留下来）、可视化展示和 Markdown，通常用于数据转换、数值模拟、统计建模、数据可视化、机器学习等，更多相关信息可访问 Jupyter 官网。
- JupyterLab：可以看作进化版的 Jupyter Notebook。相比 Jupyter Notebook，它集成了更多功能，可以使用它编辑 Markdown 文本、打开交互模式、查看 csv 文件及图片等。
- Spyder：一个跨平台的科学运算集成开发环境。
- VSCode：一个开源、轻量级的源代码编辑器，支持 JavaScript、TypeScript 和 Node.js，同时支持安装插件扩展功能，为 Python、PHP、Go、Java 等其他语言也提供了编辑支持，受到很多开发者的欢迎。
- Glueviz：一个 Python 库，主要用于检查相关数据集内部和数据集之间的关系。

- Orange3：一个开源的机器学习和数据可视化工具。

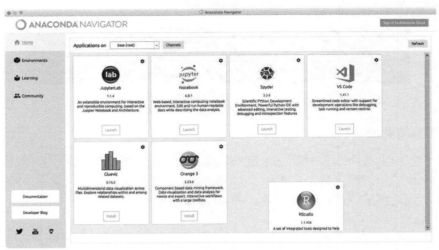

图 2-4   Anaconda Navigator 启动页面

Anaconda 也支持程序员在开发程序时安装、更新或卸载相关的开发包，它提供了
conda 作为包的管理工具，使用者可使用如下命令进行包的安装、更新或卸载操作。

```
conda --version                        # 查看conda版本
conda --help                           # 获取帮助
conda list                             # 列举当前环境下的所有包
conda list -n packagename              # 列举某个特定名称包
conda install packagename              # 为当前环境安装某包
conda install -n envname packagename   # 为某环境安装某包
conda search packagename               # 搜索某包
conda update packagename               # 更新当前环境下的某包
conda update -n envname packagename    # 更新某特定环境下的某包
conda remove packagename               # 删除当前环境下的某包
conda remove -n envname packagename    # 删除某环境下的某包
```

2.2.2   Python 运行方式

Python 代码运行有两种方式。

1. 交互式运行

Python 是解释性语言，也就是程序在运行之前不需要编译，而是在执行时由解释器将代码一行一行地翻译成 CPU 可理解的机器码。交互式运行方式指的是用户在命令行窗口中输入 python3 命令来启动官方自带的 CPython 解释器，并直接在命令行窗口中编写代码，命令行窗口会直接返回相应的结果，如图 2-5 所示。

```
[          ~]$ python3
Python 3.8.1 (default, Jan 21 2020, 16:27:37)
[GCC 4.4.7 20120313 (Red Hat 4.4.7-18)] on linux
Type "help", "copyright", "credits" or "license" for more information.
>>> print("hello world")
hello world
>>>
```

图 2-5   交互式运行方式

Python 的解释器不止一种，除了 CPython 之外，还有 IPython、PyPy、JPython、IronPython 等。

- IPython 是基于 CPython 的一个交互式解释器，交互方式较 CPython 有所增强。
- PyPy 是使用 Python 开发的 Python 解释器，它采用 JIT 技术，对 Python 代码进行动态编译（而非解释），可以显著提高 Python 代码的执行速度。
- JPython 是专为 Java 平台设计的 Python 解释器，它会将 Python 代码编译成 Java 字节码并执行。
- IronPython 和 JPython 类似，是为 .NET 平台设计的 Python 解释器，可将 Python 代码编译成 .NET 字节码。

Jupyter Notebook 和 JupyterLab 中使用的就是 IPython 解释器。打开 Anaconda Navigator，在图形面板中可直接启动 JupyterLab 或 Jupyter Notebook，也可以通过命令行输入"jupyter lab"或"jupyter notebook"启动 JupyterLab 或 Jupyter Notebook。启动后会默认打开浏览器，也可手动打开网页 http://localhost:8888。图 2-6 是启动 JupyterLab 后浏览器所展示的内容，在浏览器中可以选择新建 Python 3 文件。

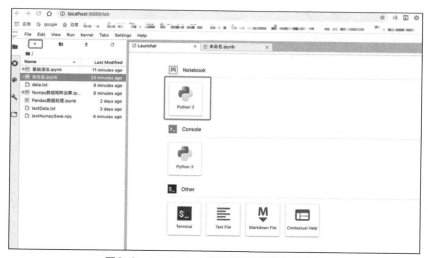

图2-6　JupyterLab启动后浏览器展示的内容

在创建的 Python 3 文件中输入相应的代码，单击"运行"按钮，就可以在浏览器中显示代码执行的结果，如图 2-7 所示。

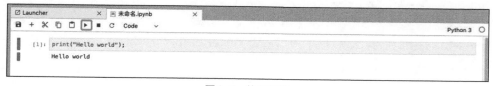

图2-7　执行结果

2. 通过命令行运行

用户也可将代码编写成以 .py 为扩展名的 Python 脚本文件，然后通过命令行来运行代码。例如，编辑一个 t.py 文件，在文件中输入以下内容。

```
1  # coding:utf-8
2  print("Hello World")
```

然后在命令行中输入"python3 t.py",就会运行 t.py 文件,运行结果如图 2-8 所示。

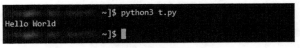

图2-8　运行结果

除了在命令行中直接运行 Python 文件之外,还可以使用一些集成开发环境(Integrated Development Environment,IDE)软件或代码编辑器开发和运行 Python 代码。常见的软件有 PyCharm、Spyder、PyDev、VSCode、Sublime Text、Atom、Vim 等。

2.3　Python 语法基础

安装完 Python 基础开发环境后,本节将带领读者了解 Python 的基本编程规范和语法基础,使读者快速入门 Python 开发。

2.3.1　Python 编程规范

Python 编程规范主要包括编码格式、标识符定义、行的结束和缩进、代码注释等内容,这些是读者在开始用编程语言之前需要掌握的基础内容。

1. 编码格式

默认情况下,Python 3 的源码文件以 UTF-8 编码,所有的字符串是 Unicode 字符串,如需指定其他编码方式,可在脚本文件头中进行自定义,如要指定文件编码方式为 cp-1252,可使用如下语句。

```
1  # -*- coding:cp-1252 -*-
2  # coding:cp-1252
```

2. 标识符定义

Python 中标识符的第一个字符必须是字母或下划线(_),其他部分可由字母、数字和下划线组成,标识符区分大小写,但不能将 Python 保留字(即关键字)作为标识符名称。通过 Python 标准库提供的 keyword 模块,可查看当前版本的所有关键字,用于判断某字符串是不是关键字。

```
1  import keyword
2  keyword.kwlist                # 当前版本的所有关键字
3  keyword.iskeyword('True')     # 判断字符串是不是Python关键字
```

3. 行的结束和缩进

Python 语言一般以新的一行作为语句的结束符,函数或类的方法之间用空行分隔,表示

一段新的代码的开始。在 Python 中支持同一行中使用多条语句，但语句之间需采用英文分号
";" 来分隔，例如：

```
a='hello'; b='world'; print(a+' '+ b);  # 输出结果是 hello world
```

　　Python 与其他编程语言最大的区别在于，Python 代码块中不使用 {} 来控制类、函数等
其他逻辑判断，而是通过缩进来区分。缩进的数量可变，但所有的代码块语句必须包含相同的
缩进数量，否则代码运行会报错。例如：

```
1  if True:
2      print ("True")
3  else:
4      print ("False")
5    print('test')  # 没有严格缩进，代码执行会报错
6
7  # 运行结果：
8    File "<tokenize>", line 5
9      print("test")
10     ^
11 IndentationError: unindent does not match any outer indentation level
```

4. 注释

　　在编写代码时，在代码中增加适当的注释能提高代码的可读性。在 Python 中使用 # 来对
单行代码添加注释。例如：

```
a = 'hello'  # 定义a的值
```

　　如果注释有多行，可通过两个 ''' （3 个英文单引号）或者两个 """ （3 个英文双引号）
来添加注释。例如：

```
1  '''
2  用3个单引号在Python脚本中
3  添加多行注释
4  '''
5
6  """
7  用3个双引号在Python脚本中
8  添加多行注释
9  """
```

2.3.2　基本数据类型

　　Python 中的变量不需要声明，每个变量在使用前都必须赋值，只有赋值以后才会创建该
变量。这里所说的数据类型通常指的是变量所指向的内存中对象的类型。

　　和大多数编程语言一样，Python 使用等号 "=" 来给变量赋值，等号左侧是变量名称，
右侧是存储在变量中的值。例如：

```
1  a = 3
2  b = 1.5
3  c = "hello"
```

　　另外，Python 支持同时为多个变量赋值，例如：

```
1  a = b = c = 1                      # 为a、b、c赋值，a、b、c的值均为1
2  d, e, f = 2, 4+2j, "hello"         # 分别为d、e、f赋值，相当于d=2；e=4+2j；f="hello"
```

Python 3 中有 6 个标准的数据类型——数字、字符串、列表、元组、集合、字典。内置的 type() 函数可用于查询变量所指向的对象类型，也可用 isinstance() 来判断对象类型，例如：

```
1  a, b, c = 20.3, True, 'hhh'
2  print(type(a))                     # 输出 <class 'float'>
3  print(type(b))                     # 输出 <class 'bool'>
4  print(isinstance(c, bool))         # 输出 False
```

1. 数字

Python 3 支持的数字类型有 4 种——整数、浮点数、复数和布尔值。

- int：整数，如 123，Python 3 中只有这一种整数类型，而 Python 2 中还有长整型（Long）。
- float：浮点数，如 1.25、2E-2。
- complex：复数，如 1.2+2.3j。
- bool：布尔类型，即 True 和 False。

各个数据类型也可进行转换，只需将数据类型作为函数名即可，例如：

```
1  print(int(1.5))          # 将1.5转换为整数，输出1
2  print(float(5))          # 将5转换为浮点数，输出5
3  print(complex(2, 3))     # 创建一个实部为2、虚部为3的复数，输出2+3j
4  print(bool(12))          # 返回数字12的布尔值，输出True
```

2. 字符串

Python 中使用单引号或双引号来定义一个字符串，使用 3 个单引号或 3 个双引号来指定多行的字符串。例如：

```
1  word = 'hello'
2  sentence = "我爱我的祖国"
3  content = ''' 使用3个单引号定义多行字符串
4  这是第一行 '''
5  content2 = """ 使用3个双引号定义多行字符串
6  这是第二行 """
```

字符串可以用加号"+"来连接，使用星号"*"来复制字符串，例如：

```
1  fname = '小明'
2  lname = '王'
3  name = lname+fname     # 拼接字符串
4  print(name)            # 输出"王小明"
5  print(name*2)          # 输出字符串两次，即"王小明王小明"
```

当字符串中存在特殊字符（如换行符、制表符）时，可使用 \ 来对特殊字符进行转义，也可使用 r 使得反斜杠不发生转义，这里的 r 代表 raw，即 raw string。例如：

```
1  print('hello\n world')     # 使用反斜杠来转义特殊字符，\n表示换行，输出内容会换行
2  print(r'hello\n world')    # 字符串之前加r，输出的是原始字符串
```

在开发程序中，经常会用到一些字符串截取操作。Python 中字符串有两种索引方式，从

左往右以 0 开始，从右往左以 −1 开始，例如：

```
1  str = 'hello world'
2  print(str[0])          # 输出字符串第一个字符——h
3  print(str[-1])         # 输出字符串最后一个字符——d
4  print(str[0:-1])       # 输出第一个到倒数第二个的所有字符——hello worl
5  print(str[2:5])        # 输出第三个到第五个字符——llo
```

　　Python 中也内置了一些字符串的操作函数，如 str.capitalize() 可以返回字符串首字母大写后的内容，str.upper() 可以得到将所有小写字母转为大写的字符串，str.split() 可以对字符串进行分割，str.find() 则用于在字符串中查找，更多函数用法可参考官网。

3．列表

　　列表是 Python 中最常用的数据类型，是序列的一种。序列指的是一块可存放多个值的连续内存空间，在 Python 中，字符串、列表、元组、字典都属于序列。序列依据元素内容是否支持修改分为可变序列和不可变序列，其中列表中的元素可以修改，属于可变序列。定义列表使用的是英文方括号 []，列表元素之间使用逗号分隔。列表中的元素类型可以不相同，元素类型可以是数字、字符串，甚至是列表等。常用的列表操作如下。

```
1  # 定义列表
2  a = ['a', 'b', 1, [3, 4], "hello"]
3  b = [123, 'abc']
4
5  # 修改列表元素
6  b[1] = 0          # 将索引为1的元素设置为0
7  print(b)          # 输出 [123,0]
8
9  # 截取列表元素
10 print(a[0])       # 输出列表第一个元素，结果为a
11 print(a[-1])      # 输出列表最后一个元素，结果为hello
12 print(a[1:3])     # 从第二个开始输出到第三个元素，结果为['b', 1]
13 print(a[2:])      # 输出从第三个元素开始的所有元素，结果为[1, [3, 4], 'hello']
14 print(a[1:4:2])   # 在索引1到索引4的位置选取元素，设置步长为2，结果为['b', [3, 4]]
15
16 # 连接列表
17 print(a+b)        # 连接列表，结果为['a', 'b', 1, [3, 4], 'hello', 123, 0]
18 print(b*2)        # 输出b列表两次，结果为[123, 0, 123, 0]
```

　　此外，列表本身还内置了一些函数，如 len()、max()、min() 等，它们是通用列表的操作方法，用它们分别可以获取列表的长度、最大值、最小值等。另外，列表是可变序列类型，还具有可变序列类型的通用函数，如 append()、reverse()、remove() 等，用它们分别可以对列表内容进行增加、反转、删除等。

4．元组

　　元组和列表类似，但元组的元素不能修改，因此元组属于不可变序列。定义元组使用小括号 ()，元组的元素之间也用逗号分隔。常用的元组操作如下。

```
1  # 定义元组
2  a = (1,2,'a','b',"hello","world", [3,4])
3  b = (123,'abc')
4  b[1] = 0                    # 元组元素不能被修改，此处代码会报错，输出TypeError: 'tuple' object
                               # does not support item assignment
5
6  # 获取元组的元素
```

```
7   print(a[0])          # 输出元组第一个元素，结果为1
8   print(a[-1])         # 输出元组最后一个元素，结果为[3, 4]
9   print(a[1:3])        # 从第二个开始输出到第三个元素，结果为(2, 'a')
10  print(a[3:])         # 输出从第三个元素开始的所有元素，结果为('b', 'hello', 'world', [3, 4])
11  print(a[1:6:2])      # 在索引1到索引6的位置选取元素，设置步长为2，结果为(2, 'b', 'world')
12
13  # 连接元组
14  print(a+b)           # 连接元组，结果为(1, 2, 'a', 'b', 'hello', 'world', [3, 4], 123, 'abc')
15  print(b*2)           # 输出b元组两次，结果为(123, 'abc', 123, 'abc')
```

同样，元组也内置了一些方法（函数），如 len()、max()、min() 等方法，但因为元组的元素不能改变，所以没有 append()、pop()、reverse()、remove() 等方法。

5. 集合

这里的集合和数学中的概念基本一致，集合内部的元素各不相同，且集合中元素是无序的，所以集合不支持索引。通常使用花括号 {} 或 set() 来创建集合。需要注意的是，创建空集合时必须用 set()，因为 {} 是用来创建空字典的。集合相应的操作示例如下。

```
1   a = {1,2,3,4}        # 使用花括号定义集合
2   print(a)             # 集合中重复的元素会被自动去除，输出{1, 2, 3, 4}
3   b = set([3,4,5,6])   # 使用set定义集合
4
5   # 集合运算
6   print(a | b)         # a和b的并集，a和b中的所有元素，输出{1, 2, 3, 4, 5, 6}
7   print(a - b)         # a和b的差集，在a中存在但在b中不存在的元素，输出{1, 2}
8   print(a & b)         # a和b的交集，a和b中同时存在的元素，输出{3, 4}
9   print(a ^ b)         # a和b中不同时存在的元素，输出{1, 2, 5, 6}
```

集合内的元素可以改变，用户可以使用内置的 add()、update()、remove()、pop() 等方法为集合添加或删除元素，也可访问官网了解更多与集合相关的操作。

6. 字典

字典是一种映射类型，是一个无序的键值（key-value）组合，其实也可将字典看作一种列表，但它与列表的不同之处在于，列表中的元素是通过偏移量来获取的，而字典中的元素是通过"键"来获取的。字典的常用操作如下。

```
1   # 字典定义
2   mydict = {"name":"dict", "content":"test dict"}
3   dic = {}                  # 定义空字典
4   dic['name'] = 'test'      # 定义字典元素
5   dic[2] = 'hello'
6
7   # 字典内容获取
8   print(dic['name'])        # 获取键为 'name' 的值，输出test
9   print(dic[2])             # 获取键为 2 的值，输出hello
10  print(dic.keys())         # 获取字典的所有键，输出dict_keys(['name', 2])
11  print(dic.values())       # 获取字典所有值，输出dict_values(['test', 'hello'])
```

2.3.3　Python 编程基础

1. 运算符

Python 中的运算符有多种，包括算术运算符、比较运算符、赋值运算符、逻辑运算符、

位运算符、成员运算符、身份运算符等。

1）算术运算符

算术运算符大多数和普通的数学运算符类似，算术运算符的示例有如下几种。

```
1  a, b = 3, 2
2  print(a + b)    # 加法，得到的结果是5
3  print(a - b)    # 减法，得到的结果是1
4  print(a * b)    # 乘法，得到的结果是6
5  print(a / b)    # 除法，得到一个浮点数，结果是1.5
6  print(a // b)   # 除法，得到一个整数，结果是1
7  print(a % b)    # 取余，得到的结果是1
8  print(a ** 2)   # 乘方，得到的结果是9
```

2）比较运算符

比较运算符表达式的返回值一般都是布尔类型，比较运算符的示例如下。

```
1  a, b = 3, 2
2  print(a > b)    # 返回True
3  print(a < b)    # 返回False
4  print(a >= b)   # 返回True
5  print(a <= b)   # 返回False
6  print(a == b)   # 返回False
7  print(a != b)   # 返回True
```

3）赋值运算符

赋值运算符的示例如下。

```
1  a, b = 3, 2
2  c = a+b         # 将a+b的结果赋值给c，c=5
3  c += a          # 相当于 c = c + a，最终得到 c=8
4  c -= a          # 相当于 c = c - a，最终得到 c=5
5  c *= a          # 相当于 c = c * a，最终得到 c=15
6  c //= a         # 相当于 c = c // a，最终得到 c=5
7  c %= a          # 相当于 c = c % a，最终得到 c=2
8  c **= a         # 相当于 c = c ** a，最终得到 c=8
9  c /= a          # 相当于 c = c / a，最终得到 c=2.6666666666666665
```

4）逻辑运算符

逻辑运算主要是 与（and）、或（or）、非（not）运算符，具体操作如下。

```
1  a, b = 1, 3
2  print (a and b)  # 如果a是False，则返回False；否则，返回b的值，最终返回3
3  print (a or b)   # 如果a是True，则返回a的值；否则，返回b的值，最终返回1
4  print (not a)    # 如果a是False，则返回True；否则，返回False，最终返回False
```

5）位运算符

位运算符是将数字看作二进制，然后进行计算的，例如：

```
1  a, b = 1,3       # a用二进制表示就是0000 0001，b用二级制表示就是0000 0011
2  print(a&b)       #  按位与运算符：若两个值的相应位都为1，则该位结果为1；否则为0。最终得到
                    #  0000 0001，结果为1
3  print(a|b)       #  按位或运算符：若两个值的对应二进位有一个为1，结果位就为1。最终得到0000 0011，
                    #  结果为3
4  print(a^b)       #  按位异或运算符：当对应的二进位相异时，结果为1。最终得到 0000 0010，即结果为2
5  print(~a)        #  按位取反运算符：对数据的每个二进制位取反，1变为0，0变为1。最终得到1111 1110，
                    #  这是一个二进制数的补码形式，最终结果为-2
```

```
6  print(a>>2)          # 右移动运算符：把 a 的各二进位全部右移 2 位，低位丢弃，高位补 0，最终得
                         # 到 0000 0000，结果为 0
7  print(a<<2)          # 左移动运算符：把 a 的各二进位全部左移 2 位，高位丢弃，低位补 0，最终得到
                         # 0000 0100，结果为 4
```

6）成员运算符

成员运算符主要用于判断指定值是否存在于给定的元组或列表中，例如：

```
1  a = (1,2,3,4)
2  b = 1
3  print(b in a)      # 如果在指定的序列中找到值，则返回 True；否则，返回 False，此处返回 True
4  print(b not in a)  # 如果在指定的序列中没有找到值，则返回 True；否则，返回 False，此处返回 False
```

7）身份运算符

身份运算符主要用于比较两个对象的存储单元，例如：

```
1  a = 1
2  b = a
3  print( b is a)       # 判断两个标识符是否引用自一个对象，若是则返回 True，最终返回 True
4  print( b is not a)   # 判断两个标识符是否引用自不同对象，若是则返回 True，最终返回 False
```

2. 判断和循环

Python 的判断语句用法和其他编程语言一样，也使用 if、elif、else 来实现，只是没有花括号，而使用缩进来表示语句的层次结构，例如：

```
1  score = 90
2  if score>= 90:              # 判断条件
3      print('A')              # 执行语句
4  elif score>=80:
5      print('B')
6  elif score>=60:
7      print('C')
8  else:
9      print('D')
```

Python 的循环有 for 循环和 while 循环，for 循环如下。

```
1  k = 0
2  for i in range(10):  # range 方法用于生成连续的序列 0 ~ 9
3      k = k+i          # 执行循环操作
4  print(k)             # 循环结束，输出结果 45，相当于 0+1+2+…+9
```

while 循环的应用如下。

```
1  i = 0
2  while i<10:
3      i=i+1
4  print(i)             # 循环结束，输出最终结果，i=10
```

3. 函数

Python 使用 def 来定义函数，函数返回值可以是多种形式，定义函数时，不用指定函数返回格式。

```
1  def add(a,b):  # 定义 add 函数
2      return a+b
```

```
3
4   s = add(1,3)        # 调用add函数
5   print(s)            # 输出结果为4
```

4. lambda 函数

对于一些简单函数，使用 def 来定义会显得有些烦琐，Python 支持用 lambda 将简单的功能应用定义成内联函数，例如：

```
1   f = lambda x,y : x + y   # 相当于定义函数 f(x,y)=x+y
2   print(f(1,3))            # 调用 lambda 函数，得到的结果是 4
```

5. 异常和异常处理

在运行 Python 程序时，可能会遇到一些报错信息。常见的错误一般有两种——语法错误和异常。语法错误一般是由于编写的 Python 代码不规范导致的，程序员根据报错的信息对代码进行修改即可解决。但有时候，即便代码中语法正确，运行时也可能会发生错误，这些运行时检测到的错误称为异常。多数情况下，程序是不会自动处理异常的，需要程序员主动捕获异常并进行处理。学会对异常进行处理，能够提高代码的健壮性。

Python 中可使用 try/except/else/finally 语句异常捕获，例如：

```
1   try:
2       f = open('test.txt')        # 打开文件，可能会发生异常
3   except IOError:
4       print('open file failed')   # 发生异常时执行的代码
5   else:
6       print('open file success')  # 没有异常时执行的代码
7   finally:
8       print('open file finally')  # 无论是否有异常，都会执行的代码
```

其中 else 和 finally 可根据实际情况添加或省略，即可以只使用 try/except/else 或者 try/except。程序员除了捕获异常外，还可使用 raise 语句主动抛出一个异常，例如：

```
1   age = 200
2   if (age < 0) or (age>150):
3       raise Exception('age的值不介于0~150，当前age等于'+str(age))
4
5   # 出现异常：age的值不介于0~150，当前age等于200
```

2.3.4　模块和包

1. 模块

Python 中的模块是一个包含了用户自定义函数和变量的文件，文件后缀名为 .py。模块可以被别的程序导入，从而调用该模块中的函数。导入模块一般使用 import 方法。以下代码先创建一个 caculator.py 文件，再添加 add 和 plus 两个函数。

```
1   # 文件caculator.py
2   def add(x,y):
3       return x+y
4
5   def plus(x,y):
6       return x*y
```

接下来，创建 test.py 文件，在 test.py 文件中使用 import 方法就可以导入 caculator 模块，从而调用 caculator 模块中的函数。

```
1  # test.py
2  import caculator              # 导入caculator模块
3  print(caculator.add(2,3))     # 调用模块中的函数，得到5
4  print(caculator.plus(2,3))    # 得到6
```

也可以使用 from xxx import xxx 语句导入指定的模块中的函数，或用 from xxx import * 导入模块中所有的函数，例如再创建一个 test2.py 文件，只导入 caculator 模块中的 add 函数：

```
1  # test2.py
2  from caculator import add     # 导入模块中指定函数
3  print(add(2,3))               # 直接调用函数，得到5
4
5  from math import *            # math是Python自带的模块，这里导入了math模块的所有函数
6  print(sin(pi/2))              # 调用math模块的函数，得到1.0
```

除了使用自己创建的模块之外，还可以使用 Python 自带的模块，或者别人已经封装好的第三方模块，第三方模块一般通过 pip 命令来安装。安装好第三方模块后，利用 import 即可导入其中的函数。

2. 包

包是一种管理 Python 模块命名空间的组织形式，主要是为了更好地组织多个模块，将模块按功能划分到不同的包中。简单来说，包就是一个文件夹，但该文件夹下必须包含一个 __init__.py 的文件，作为包的一个标识，这个文件可以是空的，也可以包含一些初始化代码。常见的包结构如下。

```
1  ├── Package              # 包名
2  │    ├── __init__.py
3  │    ├── module1.py      # 模块1
4  │    ├── module2.py      # 模块2
5  │    └── ....
```

使用时，通过 import Package.module1 或 from Package.module1 import fun1 来导入一个包中的模块。

2.3.5   文件操作

Python 中使用 open() 方法来打开一个文件，并返回文件对象，若文件无法打开，会抛出 OSError 异常。文件使用完之后，可以使用 close() 方法来关闭一个文件对象。下面是一个简单的例子。

```
1  try:
2      file = open('test.txt', mode='w+')    # mode表示文件打开模式，w+代表打开一个文件，用于读写
3      print(file.name)
4      content = file.readline()             # 读取文件的一行内容
5      print(content)
6      content = file.read(10)               # 读取文件的前10字节
7      print(content)
8      file.write('测试写文件')               # 写入文件
9  except OSError:
10     print('open file failed')
```

```
11  else:                      # 成功打开文件，读取操作执行完
12      file.close()           # 关闭文件
```

通常我们也会同时用 with 关键字和 open() 方法。利用 with 关键字可以创建一个临时的运行环境，运行环境中的代码执行完后会自动安全退出运行环境。也就是说，在代码执行完后，可以不用 close() 方法关闭文件，这样的代码相对而言要简洁很多。

```
1  with open('test.txt', 'r') as f:
2      data = f.read()
3
4  print(f.closed)      # 返回True，代表文件已经关闭
```

open() 方法支持以多种方式打开文件，如 r 代表以只读方式打开，rw 代表以读写方式打开，rb 则代表以二进制读方式打开。要了解更多模式，可参考 Python 官网。

2.4　本章小结

本章主要介绍了 Python 的基础知识，包括 Python 环境安装、编程规范、基本的语法基础、数据结构和一些常用的编程操作等，希望读者能够通过对本章内容的学习，快速掌握 Python 开发基础，并在此基础上深入地学习后续的内容，利用 Python 完成相应的实践操作。

第3章 数据分析基础

随着互联网技术的发展，人们每天都会接触到大量的信息，数据作为信息的载体更是无处不在，"21世纪的竞争是数据的竞争，谁掌握数据，谁就掌握未来"。然而，面对爆炸式增长的信息，如何从中分辨并提取对用户有价值的信息变得越来越难，如何将众多看似杂乱无章的信息进行整合，发现其潜在的规律也变得越来越有意义，学会数据分析和解读已变成了一项重要的能力。本章就带领读者了解数据分析的一些基础知识，并学习如何利用 Python 完成数据分析。

3.1 数据分析概述

3.1.1 什么是数据分析

数据分析是指使用适当的统计分析方法对收集的大量数据进行分析，将一大批看似杂乱无章的数据进行整合，将其中隐藏的有价值的信息提取出来，从而找出所研究对象的内在规律。数据分析是数学和计算机科学结合的一个产物。在数据分析中不可避免地会用到大量的数据处理和数据运算，对于过去的人类而言，这是一项巨大的工程，但计算机的出现使得大量的数据处理和运算变得简单，从而使得数据分析得以大力推广和应用。

如今，数据分析已应用到我们日常生活的方方面面，如在电商购物中，通过用户的搜索关键词、浏览历史、收藏行为或页面停留时长等信息产生的数据，分析用户可能感兴趣的东西，并进行相关内容的推荐；在交通出行方面，基于当前的路况、天气等信息产生的数据，可以为用户规划一条最便捷的行车路线；在医疗行业中，通过采集患者的临床反应、生活习性等信息产生的数据，能帮助医务人员发现一些传染病的传播途径、患病症状，从而有效预防传染病的传播；在金融行业中，利用数据分析能帮助用户做相应的风险评估、辅助决策等。总的来说，利用数据分析能帮我们实现一些业务流程的优化，提高工作效率，也可解决工作或日常生活中遇到的一些问题，并能辅助我们做一些判断和决策。

3.1.2 数据分析的步骤

通常数据分析需要经过以下几个步骤（见图3-1）。

图3-1 数据分析的步骤

1. 明确目的

只有明确数据分析的目的，才能有针对性地开展后续的工作，进行相关的数据采集、处理和分析，确保整个数据分析过程的有效进行。因此在开展数据分析前，一定要知道为什么要做数据分析，通过此次数据分析要解决什么样的问题，并遵循数据相关的业务逻辑，将需要解决的问题进行进一步的细分，拆解成不同维度的问题，进而明确数据分析的目标。

2. 数据收集

数据收集是根据数据分析的目的来收集相关数据的过程，为数据分析提供相应的素材和依据。一般收集的数据按来源可分为一手数据和二手数据。一手数据指的是可直接获取的数据，比如内部数据库数据、通过市场调查取得的统计结果等；二手数据则指的是经过加工整理后得到的数据，这些数据可以从外部公开的数据平台（如 Google DataSet、中国统计信息网、国家数据官网、阿里研究院、百度指数、友盟指数等）或一些公开出版物中获取，也可以自己写一些数据爬取的程序，从各类专业网站中爬取数据。

3. 数据处理

通常前期收集的原始数据都是相对粗糙的，数据处理就是对采集到的数据进行加工整理，形成适合数据分析的样式，从而保证数据的有效性和一致性，提高数据质量，这是在做数据分析前必不可少的环节。这个过程一般包括脏数据清洗、缺失值填充、数据转换、数据排序与筛选、数据抽取与合并、数据计算、数据存储、数据检索等。

4. 数据分析和数据挖掘

得到处理过的数据后，用户就可以根据数据分析的目的，利用适当的分析方法和工具对数据进行研究分析，从而发现数据内部的关系和规律，提取或挖掘有价值的信息，并结合实际业务形成有效的结论。

5. 数据展示

多数情况下，人们对图表的印象会比文字更深刻，所以为了更好地展示数据分析的结果，体现数据内部的关系和规律，提升人们对数据的理解能力，一般会优先使用图表来展示数据。常用的数据图有条形图、折线图、饼图、柱形图、散点图、雷达图等，这些图借助相关的分析工具都可以轻松地绘制。

6. 报告撰写

报告撰写是对整个数据分析过程的总结，在报告中，需要将数据分析的起因、过程、结果和建议进行完整的呈现，供决策者参考。一份好的数据分析报告，需要结构清晰、层次分明、图文并茂，使读者一目了然。同时需要针对分析的目的得出明确的结论，最终给出相应的建议或解决方案，体现数据分析的应用价值。表3-1列举了一些值得收藏的行业报告网站，供读者参考。

表3-1 值得收藏的行业报告网站

网站	简介
艾瑞网	提供互联网行业研究报告
易观智库	提供各行业深度分析报告

续表

网站	简介
友盟+	提供互联网产品数据报告
TalkingData	提供移动互联网产品数据报告
国家统计局	提供国家民生、经济、政务数据报告
阿里研究院	提供电商、零售、消费数据分析报告
企鹅智酷	提供数据分析报告
IDC	提供全球硬件出货量报告
GSMA	提供全球互联网经济分析报告
Flurry	提供国外App行业研究报告
网易数读	提供偏科普的数据可视化信息图
199IT	提供数据领域各种报告

3.1.3   常用的数据分析策略

常用的数据分析策略有 3 种 [3]。

1．描述性统计分析

描述性统计分析是对所收集的数据进行分析，得出反映客观现象的各种数据特征的一种分析方法。它侧重于对数据的描述，展示数据的一些特征，例如数据的集中趋势、离散程度、频数分布、可行范围等。通过描述性统计分析，可以让用户更好地掌握数据、理解数据。比如，要获得一个网页的基本数据，就会从网页的访问人次、访问人数以及访问量的平均值、最大值、最小值、标准差等方面进行数据统计，并对这些数据进行描述分析，表达出数据的统计特征。

2．探索性统计分析

探索性统计分析是通过一些分析方法从大量的数据中发现未知且有价值信息的过程，它不受研究假设和分析模型的限制，尽可能地寻找变量之间的关联性。例如，探索超市的啤酒和尿不湿的销售量之间是否存在一定的关系，电商交易量在 PC 和移动端之间比例的变化趋势等。多数情况下，探索性分析借助数据可视化的技术来直观地发现数据的规律或内在联系，例如，绘制散点图、箱型图、折线图等，或者采用各种方程拟合的方式来探索数据之间的关系。常见的探索性统计分析方法有聚类分析、因子分析、对应分析等。

3．推断性统计分析

推断性统计分析是指根据收集到的样本数据特征来推断整体数据的特征，比如，要了解某一批商品的合格率，可以采用抽样的方式对样本进行分析，从而推断出整体商品的合格率。相比于探索性统计分析，推断性统计分析更侧重于获得定量的答案，例如商品的合格率、某事件发生的概率等。常见的推断性统计分析方法有假设检验、相关分析、回归分析、时间序列分析等。

3.1.4 数据分析方法

常用的数据分析方法有 5 种。

1. 对比分析法

对比分析法指通过指标的对比来反映事物数量上的变化，属于统计分析中常用的方法。常见的对比有横向对比和纵向对比。

横向对比指的是不同事物在固定时间上的对比，例如，不同等级的用户在同一时间购买商品的价格对比，不同商品在同一时间的销量、利润率等的对比。

纵向对比指的是同一事物在时间维度上的变化，例如，环比、同比和定基比，也就是本月销售额与上月销售额的对比，本年度 1 月份销售额与上一年度 1 月份销售额的对比，本年度每月销售额分别与上一年度平均销售额的对比等。

利用对比分析法可以对数据规模大小、水平高低、速度快慢等做出有效的判断和评价。

2. 分组分析法

分组分析法是指根据数据的性质、特征，按照一定的指标，将数据总体划分为不同的部分，分析其内部结构和相互关系，从而了解事物的发展规律。根据指标的性质，分组分析法分为属性指标分组和数量指标分组。所谓属性指标代表的是事物的性质、特征等，如姓名、性别、文化程度等，这些指标无法进行运算；而数据指标代表的数据能够进行运算，如人的年龄、工资收入等。分组分析法一般都和对比分析法结合使用。

3. 预测分析法

预测分析法主要基于当前的数据，对未来的数据变化趋势进行判断和预测。预测分析一般分为两种：一种是基于时间序列的预测，例如，依据以往的销售业绩，预测未来 3 个月的销售额；另一种是回归类预测，即根据指标之间相互影响的因果关系进行预测，例如，根据用户网页浏览行为，预测用户可能购买的商品。

4. 漏斗分析法

漏斗分析法也叫流程分析法，它的主要目的是专注于某个事件在重要环节上的转化率，在互联网行业的应用较普遍。比如，对于信用卡申请的流程，用户从浏览卡片信息，到填写信用卡资料、提交申请、银行审核与批卡，最后用户激活并使用信用卡，中间有很多重要的环节，每个环节的用户量都是越来越少的，从而形成一个漏斗。使用漏斗分析法，能使业务方关注各个环节的转化率，并加以监控和管理，当某个环节的转换率发生异常时，可以有针对性地优化流程，采取适当的措施来提升业务指标。

5. AB测试分析法

AB 测试分析法其实是一种对比分析法，但它侧重于对比 A、B 两组结构相似的样本，并基于样本指标值来分析各自的差异。例如，对于某个 App 的同一功能，设计了不同的样式风格和页面布局，将两种风格的页面随机分配给使用者，最后根据用户在该页面的浏览转化率来评估不同样式的优劣，了解用户的喜好，从而进一步优化产品。

除此之外，要想做好数据分析，读者还需掌握一定的数学基础，例如，基本统计量的概念

（均值、方差、众数、中位数等），分散性和变异性的度量指标（极差、四分位数、四分位距、百分位数等），数据分布（几何分布、二项分布等），以及概率论基础、统计抽样、置信区间和假设检验等内容，通过相关指标和概念的应用，让数据分析结果更具专业性。

3.1.5　数据分析工具

可用于数据分析的工具非常多，较常用的有如下几类。

1. Excel

Excel 是微软公司开发的电子表格软件，其界面简单且功能强大，在日常工作中被广泛应用。Excel 中提供了大量数据处理的函数，例如基础的数学运算、逻辑运算、文本处理函数、查找函数等。此外，它还支持图表。除了常见的柱形图、折线图、饼图、条形图、散点图、股价图、组合图等之外，它还可以实现一些高级图表，如树状图、瀑布图、漏斗图、地图等。使用 Excel 可轻松完成数值处理和计算、图表制作、数据分析和企业日常业务报表编写等，Excel 是数据分析的入门软件。其中"数据透视表"是做数据分析时常用的一个功能，建议读者熟练掌握并应用。

2. SQL

Excel 虽然功能强大，但它对数据的处理能力是相对有限的，当数据量很大的时候，其性能往往会差强人意。而在互联网行业中，与业务相关的数据量通常很大，并且这些数据都存储于数据库中，因此就需要借助 SQL 来完成数据分析。SQL 是用于访问和操作数据库中的数据的标准数据库编程语言，要想使用 SQL 来完成数据分析，就需要了解 SQL 的使用方法以及基本的数据库、表操作，了解数据库的基本数据类型和运算符，掌握常用的 SQL 函数、查询语句，同时还需要熟悉存储过程与函数、触发程序以及视图等。需要了解 SQL 基础的读者可前往 runoob 网站进行学习。

3. BI 工具

商务智能（Business Intelligence，BI）是为了缩短从商业数据到商业决策的时间，并利用数据来影响决策的数据分析工具。常见的 BI 工具有 PowserBI、FineReport 和 Tableau 等，这些工具都是按照数据分析的流程设计的，包括数据处理、数据清洗、数据建模，到最后的数据可视化，用图表来识别问题并影响决策。大多数 BI 工具是收费的。

4. 编程语言

一般数据分析方面的软件是定制化的，无法根据用户需求来做相应的调整，而使用编程语言做数据分析最大的优点就是灵活性，用户可以通过编写代码来自定义功能。数据分析中常用的编程语言有 R 语言和 Python。其中 R 语言比较擅长统计分析，如正态分布、聚类分析、回归分析等，而 Python 是一套比较平衡的语言，各方面表现都不错，并且包含丰富的数据结构，可以实现数据的精准访问和内存控制。速度上，Python 比 R 语言要快，而且 Python 可以直接处理上吉字节的数据，而 R 语言则需要先通过数据库把大数据转化为小数据才能做分析。由于 Python 功能强大，因此目前使用 Python 做数据分析已成为一种主流趋势。

3.2　Python中常用的数据分析库

通常用 Python 做数据分析时，都会借助一些第三方库（如 Numpy、Pandas、Matplotlib、SciPy 等）来实现。下面将介绍这些第三方库的基本使用方法。

3.2.1　Numpy

Numpy 是 Python 中一个功能强大的科学计算库。它主要提供了对 N 维数组对象的支持，包括各种派生对象（如掩码数组和矩阵）以及用于数据快速操作的各种 API，如数学、逻辑、形状操作、排序、选择、输入 / 输出、离散傅里叶变换、基本线性代数、基本统计运算和随机模拟等。同时 Numpy 也是许多其他高级扩展库（例如，后面会介绍到的 SciPy、Pandas、Matplotlib 等）的依赖库。

Numpy 的安装非常简单，和普通的第三方库的安装类似，使用 pip install numpy 命令进行安装即可。关于 Numpy 的一些基本操作如下。

1．创建数组

创建数组的示例如下。

```
1   # coding:utf-8
2   # 创建数组
3   import numpy as np
4   # 创建指定大小、数据类型但未初始化的数组，数组元素是int类型的随机值
5   a = np.empty([3,4], dtype = int)
6   print("empty array: \n",a)
7
8   # 创建指定大小的数组，数组元素均为float类型的0
9   a = np.zeros([2,2],dtype=float)
10  print("zeros array: \n",a)
11
12  # 创建指定大小的数组，数组元素均为int类型的1
13  a = np.ones([2,2],dtype=int)
14  print("Ones array: \n",a)
15
16  # 创建N维数组对象
17  a = np.array([[1,2,3],[4,5,6],[7,5,9],[10,11,12]])
18  print("array: \n", a)
19
20  # 从已有数组或元组中创建数组
21  x = [(1,2,3),(4,5,6)]
22  a = np.asarray(x)
23  print ("asarray: \n",a)
24
25  # 从数值范围创建数组
26  a = np.arange(start=1,stop=6,step=2)
27  print("arange array: \n",a)
28
29  # 创建随机元素数组
30  a = np.random.random([2,3])    #创建 2*3的随机数矩阵，random即用来创建 [0,1)的随机数
31  print("random array: \n",a)
32
33  # 用linspace创建一维等差数组（介于0~20，共11个元素）
34  a = np.linspace(start=0,stop=20,num=11)
```

```
35 print("linspace array: \n",a)
36
37 # 用logspace创建等比数组（介于base^start~base^stop，包含base^stop，共生成num个元素）
38 a = np.logspace(start=1, stop=3, num = 3, endpoint=True, base=2)
39 print ("logspace array: \n", a)
40
41 # 输出结果
42 empty array:
43 [[ 1  2  3  4]
44  [ 5  6  7  5]
45  [ 9 10 11 12]]
46 zeros array:
47 [[0. 0.]
48  [0. 0.]]
49 Ones array:
50 [[1 1]
51  [1 1]]
52 array:
53 [[ 1  2  3]
54  [ 4  5  6]
55  [ 7  5  9]
56  [10 11 12]]
57 asarray:
58 [[1 2 3]
59  [4 5 6]]
60 arange array:
61 [1 3 5]
62 random array:
63 [[0.95398151 0.43565134 0.61962026]
64  [0.87209452 0.15522927 0.99174623]]
65 linspace array:
66 [ 0.  2.  4.  6.  8. 10. 12. 14. 16. 18. 20.]
67 logspace array:
68 [2. 4. 8.]
```

2. 获取数组对象基本属性

获取数组对象基本属性的示例如下。

```
1 # 获取数组对象基本属性
2 a = np.array([[1,2,3],[4,5,6],[7,5,9],[10,11,12]])
3 print("a.shape:", a.shape)  #输出数组或矩阵的结构，即行列数
4 print("a.dtype:", a.dtype)  #输出数组元素的数据对象类型
5 print("a.ndim:", a.ndim)    #输出数组的秩
6 print("a.size:", a.size)    #输出数组元素的总个数
7
8 # 输出结果
9 a.shape: (4, 3)
10 a.dtype: int64
11 a.ndim: 2
12 a.size: 12
```

3. 数组运算

完成数组运算的示例如下。

```
1 # coding:utf-8
2 import numpy as np
3 a = np.array([[1,2,3],[4,5,6],[7,5,9],[10,11,12]])
```

```
 4   print("a:\n", a)
 5
 6   # 数组元素值类型转换
 7   b = a.astype(float)
 8   print("a.dtype:", a.dtype, "b.dtype:", b.dtype)
 9
10   # 调整数组大小
11   print("a.reshape:\n", a.reshape(3,4))
12
13   # 获取数组元素
14   print("a[0:2]:\n", a[0:2])                       # 获取数组前两行数据
15   print("a[:,2]:\n", a[:,2])                       # 获取数组第3列数据
16
17   # 数组元素加/减/乘/除、判断
18   print("a+1:\n", a+1)                             # 对数组每个元素都统一加一
19   print("a**2:\n", a**2)                           # 对数组每个元素都求平方
20   print("a==5:\n", a==5)                           # 对数组元素逐一进行操作，判断是否等于5
21
22   # 数组元素求和
23   print("a按列求和:\n", a.sum(axis=0))   # 按列求和
24   print("a按行求和:\n", a.sum(axis=1))   # 按行求和
25
26   # 矩阵相关运算
27   A = np.array([[1,1],[0,1]])
28   B = np.array([[1,2],[3,4]])
29   print("A:\n", A)
30   print("B:\n", B)
31   print("A*B:\n", A*B)                             # 矩阵对应位置的元素相乘
32   print("A.dot(B):\n",A.dot(B))                    # 计算矩阵内积
33   print("np.dot(A,B):\n",np.dot(A,B))   # 矩阵的乘法
34   print("A的扩展:\n",np.tile(A,(2,3)))   # 矩阵扩展
35
36   # 输出结果
37   a:
38   [[ 1  2  3]
39    [ 4  5  6]
40    [ 7  5  9]
41    [10 11 12]]
42   a.dtype: int64 b.dtype: float64
43   a.reshape:
44   [[ 1  2  3  4]
45    [ 5  6  7  5]
46    [ 9 10 11 12]]
47   a[0:2]:
48   [[1 2 3]
49    [4 5 6]]
50   a[:,2]:
51   [ 3  6  9 12]
52   a+1:
53   [[ 2  3  4]
54    [ 5  6  7]
55    [ 8  6 10]
56    [11 12 13]]
57   a**2:
58   [[  1   4   9]
59    [ 16  25  36]
60    [ 49  25  81]
61    [100 121 144]]
62   a==5:
63   [[False False False]
64    [False  True False]
```

```
65  [False  True False]
66  [False False False]]
67 a按列求和:
68  [22 23 30]
69 a按行求和:
70  [ 6 15 21 33]
71 A:
72  [[1 1]
73  [0 1]]
74 B:
75  [[1 2]
76  [3 4]]
77 A*B:
78  [[1 2]
79  [0 4]]
80 A.dot(B):
81  [[4 6]
82  [3 4]]
83 np.dot(A,B):
84  [[4 6]
85  [3 4]]
86 A的扩展:
87  [[1 1 1 1 1 1]
88  [0 1 0 1 0 1]
89  [1 1 1 1 1 1]
90  [0 1 0 1 0 1]]
```

4. 排序和索引

排序和索引的示例如下。

```
1  # coding:utf-8
2  import numpy as np
3  a = np.array([[1,3,2],[4,8,5],[7,6,9]])
4  print("a:\n", a)
5  index = a.argmax(axis=0)                # 获取每一列最大值的索引
6  print("index:\n", index)
7
8  a_max = a[index, range(a.shape[1])]     # 输出每列的最大值
9  print("a_max:\n",a_max)
10
11 print("sort:\n", np.sort(a, axis=1))    # 每行元素按照从小到大进行排序
12 print("argsort:\n",np.argsort(a))       # 返回数组从小到大的索引值
13
14 # 输出结果
15 a:
16  [[1 3 2]
17  [4 8 5]
18  [7 6 9]]
19 index:
20  [2 1 2]
21 a_max:
22  [7 8 9]
23 sort:
24  [[1 2 3]
25  [4 5 8]
26  [6 7 9]]
27 argsort:
28  [[0 2 1]
29  [0 2 1]
30  [1 0 2]]
```

5. Numpy文件操作

Numpy 中的 save、load 是读写磁盘数组数据的两个函数，用法如下。

```
1  import numpy as np
2  a = np.arange(10)
3  np.save('testNumpySave',a)   #默认以未压缩的原始二进制格式保存在扩展名为.npy的文件中
4
5  b = np.load('testNumpySave.npy')
6  print(b)   # 结果是 [0 1 2 3 4 5 6 7 8 9]
```

也可使用 loadtxt、savetxt 读取 txt 文件的内容。

```
1  import numpy as np
2  a = np.arange(5)
3  np.savetxt('data.txt', a)
4  b=np.loadtxt('data.txt')
5  print(b)   # 结果是 [0. 1. 2. 3. 4.]
```

有关 Numpy 的更多使用方法可参考 Numpy 官方文档。

3.2.2　Pandas

Pandas 是基于 Numpy 的一个分析结构化数据的工具集，它提供了很多处理数据的函数，能够支持与 SQL 或 Excel 表格类似的异构列的表格数据处理，具有有序和无序的时间序列分析功能，同时可灵活处理缺失数据，被广泛应用于数据分析和数据挖掘中。

安装 Pandas 前需安装 Numpy，然后使用 pip install pandas 命令安装 Pandas。Pandas 中有两个基本数据结构类型——序列和 DataFrame。

- 序列，类似于一维数组对象，由一组数据和一组与之相关的数据标签（即索引）组成。
- DataFrame，相当于一张二维表格，类似于 Excel 表，也可看作由 Series 组成的字典，大小可变。

Pandas 的常用操作如下。

1. 创建数据

创建数据的示例如下。

```
1  # coding:utf-8
2  import numpy as np
3  import pandas as pd
4  # 创建数据
5  # 使用列表创建序列
6  s1 = pd.Series([1,2,3,4,5])
7  print("Series内容:\n", s1)
8  print("Series索引:\n", s1.index)
9  print("Series的值:\n", s1.values)
10
11 # 使用字典创建序列
12 mydic = {"a": 1, "b":2, "c":3}
13 s2 = pd.Series(mydic,  index=["a","c"])
14 print("Series2:\n", s2)
15
16 # 通过序列创建DataFrame
```

```
17 df1 = pd.DataFrame(s1, columns=['numbers'])    # 指定列名
18 print("DataFrame1:\n",df1)
19
20 # 用序列对象生成 DataFrame
21 df2 = pd.DataFrame({'A':1, 'B': pd.Series([1,2,3]), 'C':pd.Timestamp('20200202'),
   'D':'Hello'})
22 print("DataFrame2:\n",df2)
23
24 # 通过 Numpy 数组创建 DataFrame
25 df = pd.DataFrame(np.array([[1,2],[3,1],[5,6],[7,2]]), columns=['A','B'], index=
   [2,3,4,5])
26 print("DataFrame3:\n", df)
27
28 # 输出结果
29 Series 内容:
30 0    1
31 1    2
32 2    3
33 3    4
34 4    5
35 dtype: int64
36 Series 索引:
37 RangeIndex(start=0, stop=5, step=1)
38 Series 的值:
39 [1 2 3 4 5]
40 Series2:
41 a    1
42 c    3
43 dtype: int64
44 DataFrame1:
45    numbers
46 0    1
47 1    2
48 2    3
49 3    4
50 4    5
51 DataFrame2:
52   A  B    C          D
53 0  1  1 2020-02-02  Hello
54 1  1  2 2020-02-02  Hello
55 2  1  3 2020-02-02  Hello
56 DataFrame3:
57   A  B
58 2  1  2
59 3  3  1
60 4  5  6
61 5  7  2
```

2. 查看数据

查看数据的示例如下。

```
1 print("df.describe():\n", df.describe())  # 数据统计概要
2 print("df.head():\n", df.head())           # 头部数据预览
3 print("df.tail(3):\n", df.tail(2))         # 尾部数据预览
4 print("df.index:\n", df.index)             # 显示数据索引
5 print("df.columns:\n", df.columns)         # 显示数据列名
6
7 # 输出结果
8 df.describe():
```

```
 9            A           B
10  count     4.000000    4.000000
11  mean      4.000000    2.750000
12  std       2.581989    2.217356
13  min       1.000000    1.000000
14  25%       2.500000    1.750000
15  50%       4.000000    2.000000
16  75%       5.500000    3.000000
17  max       7.000000    6.000000
18  df.head():
19      A  B
20  2   1  2
21  3   3  1
22  4   5  6
23  5   7  2
24  df.tail(3):
25      A  B
26  4   5  6
27  5   7  2
28  df.index:
29   Int64Index([2, 3, 4, 5], dtype='int64')
30  df.columns:
31   Index(['A', 'B'], dtype='object')
```

3. 数据排序

数据排序的示例如下。

```
1  print("df.sort_index:\n", df.sort_index(axis=1, ascending=False))    # 按轴排序
2  print("df.sort_values:\n", df.sort_values(by='B', ascending=False))  # 按值排序
3
4  # 输出结果
5  df.sort_index:
6      B  A
7  2   2  1
8  3   1  3
9  4   6  5
10 5   2  7
11 df.sort_values:
12     A  B
13 4   5  6
14 2   1  2
15 5   7  2
16 3   3  1
```

4. 获取数据

获取数据的示例如下。

```
1  print("df['A']:\n", df['A'])            # 按列获取内容
2  print("df[0:3]:\n", df[0:3])            # 切片操作
3  print("df.loc:\n", df.loc[:4, :'C'])    # 使用loc索引器，基于行列标签获取数据
4  print("df.iloc:\n", df.iloc[:2, :2])    # 使用iloc索引器，基于行列索引获取数据
5
6  # 输出结果
7  df['A']:
8   2    1
9   3    3
10  4    5
11  5    7
```

```
12 Name: A, dtype: int64
13 df[0:3]:
14    A  B
15 2  1  2
16 3  3  1
17 4  5  6
18 df.loc:
19    A  B
20 2  1  2
21 3  3  1
22 4  5  6
23 df.iloc:
24    A  B
25 2  1  2
26 3  3  1
```

5. 数据计算

数据计算的示例如下。

```
1  print("df:\n", df)
2  print("df.add(1):\n", df.add(1))
3  print("df.mean():\n", df.mean())          # 获取数据每一列的均值
4  print("df.mean(1):\n", df.mean(1))        # 获取数据每一行的均值
5  print("df.apply:\n", df.apply(lambda x: x.max() - x.min()))  # apply函数
6
7  # 输出结果
8  df:
9     A  B
10 2  1  2
11 3  3  1
12 4  5  6
13 5  7  2
14 df.add(1):
15    A  B
16 2  2  3
17 3  4  2
18 4  6  7
19 5  8  3
20 df.mean():
21 A    4.00
22 B    2.75
23 dtype: float64
24 df.mean(1):
25 2    1.5
26 3    2.0
27 4    5.5
28 5    4.5
29 dtype: float64
30 df.apply:
31 A    6
32 B    5
33 dtype: int64
```

6. 文件操作

文件操作的示例如下。

```
1  df.to_csv('data.csv')               # 写入csv文件
2  df2 = pd.read_csv('data.csv')       # 读取csv文件
```

```
3   print("df2\n", df2)
4   df.to_excel('data.xlsx', sheet_name='Sheet1')    # 写入Excel
5   df3 = pd.read_excel('data.xlsx', 'Sheet1')       # 读取Excel
6   print("df3\n", df3)
7
8   # 输出结果
9   df2
10     Unnamed: 0  A  B
11  0           2  1  2
12  1           3  3  1
13  2           4  5  6
14  3           5  7  2
15  df3
16     Unnamed: 0  A  B
17  0           2  1  2
18  1           3  3  1
19  2           4  5  6
20  3           5  7  2
```

需要了解 Pandas 更多详细使用方法的读者，可参考 Pandas 官方文档。

3.2.3　Matplotlib

数据可视化是数据分析中必不可少的环节，而 Matplotlib 就是 Python 中应用广泛的绘图库，可绘制线图、散点图、等高线图、条形图、灰度图、柱状图、3D 图形，甚至是图形动画等。读者可使用 pip install matplotlib 来安装 Matplotlib。

在不同的环境中使用 Matplotlib 展示的图像会稍有不同。

（1）脚本中，需要使用 plt.show() 明确让 Matplotlib 将图像显示出来。

（2）IPython Shell 中，使用"魔法"命令 %matplotlib，在后续的绘图中，会自动显示图像。

（3）在 Jupyter Notebook 中，有两个相应的"魔法"函数。

- %matplotlib inline：在 Notebook 中启动静态图形。
- %matplotlib notebook：在 Notebook 中启动交互式图形。

下面简单介绍两个使用 Matplotlib 绘图的例子。

1. 折线图绘制

折线图绘制示例如下。

```
1   # coding:utf-8
2   import numpy as np
3   import pandas as pd
4   import matplotlib.pyplot as plt
5
6   x = np.linspace(0,10,1000)
7   y = np.sin(x)
8   z = np.cos(x)
9   plt.style.use('seaborn-whitegrid')          # 设置图像显示风格
10  fig = plt.figure(figsize=(8,4))             # 创建图，并指定大小
11
12
13  plt.rcParams["font.family"] = 'Arial Unicode MS'   # 设置字体
14  plt.title('sin(x) and cos(x)')              # 设置图片的标题
15  plt.xlabel('x 轴')                          # 设置x轴的标题
16  plt.ylabel('y 轴')                          # 设置y轴的标题
17
```

```
18  plt.xlim(-2.5,12.5)   # 设置x轴的上下限
19  plt.ylim(-2,3)        # 设置y轴的上下限
20
21  # 作图，可以指定线条颜色、样式（实线、虚线等）、图例等
22  sin_line = plt.plot(x,y,label='$\sin(x)$', color='red', linestyle='dashdot')
23  cos_line = plt.plot(x,z,label='$\cos(x)$', color=(0.2,0.8,0.3),linestyle='--')
24  plt.plot(x,y+1,':c', label='$\sin(x)+1$')
25
26  # 展示图例，设置展示位置、样式、要展示的图片内容等
27  plt.legend(loc='upper left', frameon=True)
28  plt.show()     # 设置图像展示
```

运行上述代码，可以得到图 3-2 所示的结果。

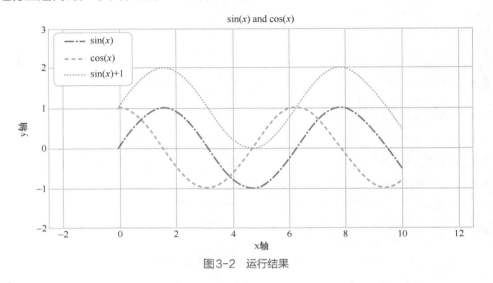

图3-2　运行结果

2. 多子图

如果需要在一张图片里展示多个小图，多角度分析数据情况，就需要用到多子图，具体实现如下。

```
1   # coding:utf-8
2   import numpy as np
3   import matplotlib.pyplot as plt
4
5   figure, ax = plt.subplots()
6
7   # 图表总标题
8   figure.suptitle('subplots demo')
9
10  # 第一个子图——误差线图
11  x = np.linspace(0,10,50)
12  data1 = np.sin(x) + x*0.7
13  plt.subplot(2,2,1)
14  plt.errorbar(x,data1,yerr=x*0.7,fmt='.k', ecolor='blue')
15
16  # 第二个子图——饼图
17  data2 = [0.1,0.2,0.3,0.15,0.25]
18  plt.subplot(2,2,2)
19  plt.pie(data2)
```

```
20
21  # 第三个子图——等高线图
22  # 构造数据，计算x、y坐标对应的高度值
23  def f(x, y):
24      return np.sin(x) ** 10 + np.cos(x*y+10) * np.cos(x)
25
26  x = np.linspace(0,5,50)    # 生成x、y数据
27  y = np.linspace(0,5,40)
28  x,y = np.meshgrid(x,y)     # 得到网格点矩阵
29
30  plt.subplot(2,2,3)
31  plt.contour(x,y,f(x,y),colors='green')
32
33  # 第四个子图——直方图
34  data4 = np.random.randn(1000)
35  plt.subplot(2,2,4)
36  plt.hist(data4)
37  plt.show()
```

运行上述程序得到的结果如图 3-3 所示。

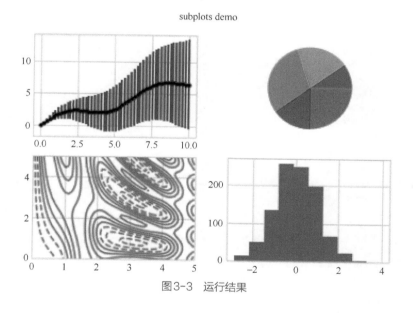

图3-3　运行结果

3.2.4　SciPy

SciPy 也是一个第三方库，它是在 Numpy 的基础上发展的，提供了矩阵的运算功能，也提供了基于矩阵运算的对象和函数，如最优化、线性代数、积分、插值、拟合、快速傅里叶变换、信号处理、图像处理等。读者可在安装完 Numpy 之后，使用 pip install scipy 命令安装 SciPy。关于 SciPy 的一些操作如下。

1. 获取科学计算常数

获取科学计算常数的示例如下。

```
1  from scipy import constants as C
2  print("圆周率：", C.pi)              # 输出圆周率——3.141592653589793
```

```
3  print("黄金比例:", C.golden)              # 输出1.618033988749895
4  print("真空中的光速:", C.c)                # 输出299792458.0
5  print("普朗克常数:", C.h)                  # 输出6.62607004e-34
6  print("一英里等于多少米:", C.mile)          # 输出1609.3439999999998
7  print("一英寸等于多少米:", C.inch)          # 输出0.0254
8  print("一度等于多少弧度:", C.degree)        # 输出0.017453292519943295
9  print("一分钟等于多少秒:", C.minute)        # 输出60.0
10 print("标准重力加速度:", C.g)              # 输出9.80665
```

2. 求解线性方程组

求解线性方程组的示例如下。

```
1  import numpy as np
2  from scipy import linalg
3
4  # 2x - y = 0
5  # x  + 3y = 7
6  a = np.array([[2, -1],
7                [1,  3]])
8  b = np.array([0,  7])
9
10 # 求解线性方程组
11 x,y = linalg.solve(a, b)
12 print("x=",x, "y=",y)        # 得到结果 x= 1.0 , y= 2.0
```

3. 矩阵运算

矩阵运算的示例如下。

```
1  import numpy as np
2  from scipy import linalg
3
4  A = np.array([[1, 2],
5                [3, 4]])
6
7  # |A| = det(A) = 1*4-2*3=-2
8  # 计算方阵A的行列式
9  x = linalg.det(A)
10 print ("A矩阵的行列式:", x)
11
12 # 计算方阵A的逆
13 iA = linalg.inv(A)
14 print("A矩阵的逆矩阵:\n", iA)
15
16 # 计算方阵A的特征值和特征向量
17 λ, v = linalg.eig(A)
18 print("A的特征值:", λ)   # 特征值
19 print("A的特征向量:\n", v)  # 特征向量
20
21 # 得到结果
22 A矩阵行的列式 : -2.0
23 A矩阵的逆矩阵 :
24  [[-2.    1. ]
25  [ 1.5 -0.5]]
26 A的特征值 : [-0.37228132+0.j   5.37228132+0.j]
27 A的特征向量 :
28  [[-0.82456484 -0.41597356]
29  [ 0.56576746 -0.90937671]]
```

4. 数值积分

数值积分的示例如下。

```
1  # coding:utf-8
2  # 求解单位圆的面积，x^2 + y^2 = 1
3  import numpy as np
4  from scipy import integrate
5
6  # 半圆的面积可以看作y的积分，y=(1-x^2)^0.5
7  def half_circle(x):
8      return (1-x**2)**0.5
9
10 pi_half, err = integrate.quad(half_circle, -1, 1)
11 # 从-1到1进行积分，得到半圆的面积，err是误差
12
13 print("pi_half:", pi_half, "err:", err)
14 # pi_half: 1.5707963267948983 err: 1.0002354500215915e-09
15
16 print("2*pi_half:", 2*pi_half)
17 # 3.1415926535897967
18
19
20 # 求解单位球的体积
21 def half_sphere(x, y):
22     return (1-x**2-y**2)**0.5
23
24 half_sphere, err = integrate.dblquad(half_sphere, -1, 1,
25                                      lambda x: -half_circle(x),
26                                      lambda x: half_circle(x)
27                                      )
28 print("2*half_sphere:", 2*half_sphere)
29 # 4.188790204786397
```

5. 插值运算

插值运算的示例如下。

```
1  import numpy as np
2  import matplotlib.pyplot as plt
3  from scipy.interpolate import interp1d
4
5  x = np.linspace(0, 10, num=11, endpoint=True)
6  y = np.cos(-x**2/9.0)
7
8  f1 = interp1d(x, y, kind='linear')
9  f2 = interp1d(x, y, kind='cubic')
10 xnew = np.linspace(0, 10, num=41, endpoint=True)
11
12 plt.plot(x, y, 'o' , xnew, f1(xnew), '-', xnew, f2(xnew), '--')
13 plt.legend(['data', 'linear', 'cubic'], loc='best')
14 plt.show()
```

上述示例程序的运行结果如图 3-4 所示。

从图 3-4 中可以看出，经过插值运算，数据曲线平滑了许多。

6. 文件操作

文件操作的示例如下。

```
1  import numpy as np
2  from scipy import io as spio
3
4  data = np.ones((3, 3))
5  spio.savemat('file.mat', {'a':data})                      # 以mat形式保存文件
6  data2 = spio.loadmat('file.mat', struct_as_record=True)   # 加载mat文件
7  print(data2['a'])
8
9  # 得到结果
10 [[1. 1. 1.]
11  [1. 1. 1.]
12  [1. 1. 1.]]
```

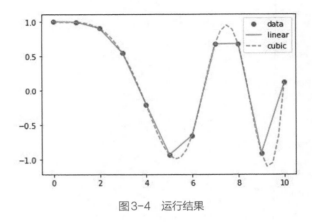

图3-4   运行结果

关于 SciPy 的更多应用可参考 SciPy 官方文档。

3.3   利用 Python 进行数据分析

3.2 节是对 Python 中常用的数据分析库的简介，本节将带领读者进一步熟悉这些库在数据分析中的应用 [4]。

3.3.1   数据加载、存储

加载数据是收集数据后进行数据分析的第一步。一般数据存放在文本文件、Excel 表格或数据库中，使用 Pandas 或一些其他第三方库就可以轻松完成数据加载，举例如下。

1. 文本文件

创建一个 ex1.csv 文件，具体内容如下。

```
1  编号,姓名,年龄,职业
2  1,张三,12,学生
3  2,李四,20,厨师
4  3,王梅,23,护士
```

我们可以利用 read_csv 函数读取此文件，读取时可配置相应的参数，如使用 skiprows 参数，可以跳过某些行或列读取文件内容；也可使用 read_table 函数，通过指定分隔符（支

持正则表达式）读取此文件内容。具体实现如下。

```
 1  # coding:utf-8
 2  import pandas as pd
 3  data = pd.read_csv('ex1.csv')
 4  print("read_csv :\n", data)
 5
 6  data = pd.read_csv('ex1.csv', skiprows=[2])      # 跳过指定行
 7  print("\nread_table whith skiprows :\n", data)
 8
 9  data = pd.read_table('ex1.csv', sep=',')         # 指定分隔符
10  print("\nread_table :\n", data)
```

运行程序得到的结果如下。

```
 1  read_csv :
 2     编号  姓名  年龄  职业
 3  0   1  张三   12  学生
 4  1   2  李四   20  厨师
 5  2   3  王梅   23  护士
 6
 7  read_table whith skiprows :
 8     编号    姓名   年龄    职业
 9  0   1   张三    12   学生
10  1   3   王梅    23   护士
11
12  read_table :
13     编号  姓名   年龄    职业
14  0   1  张三    12   学生
15  1   2  李四    20   厨师
16  2   3  王梅    23   护士
```

在读取文件的时候，有些文件可能只有数据、没有列名，例如，对于下面创建的 ex2.csv 文件，其内容如下。

```
1  1,张三,12,学生
2  2,李四,20,厨师
3  3,王梅,23,护士
```

可以在读取此文件时为其指定列名，以及根据指定的索引读取内容，例如：

```
1  data = pd.read_csv('ex2.csv', names=['a','b','c','d'], index_col='a')
2  print("data is :\n", data)
```

运行程序得到的结果如下。

```
1  data is :
2       b   c   d
3  a
4  1  张三  12  学生
5  2  李四  20  厨师
6  3  王梅  23  护士
```

有时文件内容可能会有缺失，例如某些字段上没有值。对于这样的文件，Pandas 加载文件后会对相应的缺失值进行标记，一般使用 NULL 或 NaN 作为缺失值，例如，对于创建的 ex3.csv 文件，这个文件里第 1 组数据中"年龄"字段为空，第 3 组数据中的"职业"字段为空，具体如下所示。

```
1  编号,姓名,年龄,职业
2  1,张三,,学生
3  2,李四,20,厨师
4  3,王梅,23,
```

此时使用 Pandas 读取文件的实现程序如下。

```
1  data = pd.read_csv('ex3.csv')
2  print("data is :\n", data)
```

运行程序得到的内容如下。

```
1  data is :
2      编号   姓名   年龄    职业
3  0   1    张三   NaN   学生
4  1   2    李四   20.0  厨师
5  2   3    王梅   23.0  NaN
```

文本数据的存储只需调用 to_csv 函数即可实现，数据存储时可指定特定的分隔符，具体实现如下。

```
1  # coding:utf-8
2  import numpy as np
3  import pandas as pd
4
5  df = pd.DataFrame(np.array([[1,2],[3,1],[5,6],[7,2]]),columns=['A','B'])
6  df.to_csv('savedata.csv', '|')                # 写入 csv 文件
```

代码运行之后可以得到如下的文本内容。

```
1  |A|B
2  0|1|2
3  1|3|1
4  2|5|6
5  3|7|2
```

除了 csv 文件以外，Pandas 还提供了对 JSON 文件、XML 文件、HTML 文件和二进制数据的读取和存储等功能，读者可使用 read_json、to_json、read_html、to_html、read_pickle、to_pickle 等函数进行读取。

2. Excel 电子表格

Excel 电子表格也是常见的数据存储形式，我们可借助 Pandas 封装好的 read_excel 函数或 ExcelFile 类来读取 xls 或 xlsx 文件，还可指定文件读取和存储 Excel 的 Sheet。具体实现如下。

```
1  # coding:utf-8
2  import pandas as pd
3
4  # 通过创建 ExcelFile 类实例的方式，读取 Excel 文件
5  xlsx = pd.ExcelFile('data.xlsx')
6  data = pd.read_excel(xlsx, 'Sheet2')
7  print("data is :\n", data)
8
9  # 直接读取 Excel 文件
10 data = pd.read_excel('data.xlsx', 'Sheet2')
11 print("data is :\n", data)
```

　　将数据写入 Excel 文件，通常会使用 to_excel 方法；当有多个数据需要写入多个 Excel 的工作簿时，需要调用 ExcelWriter() 方法打开一个已经存在的 Excel 表格作为 writer，然后通过 to_excel() 方法将需要保存的数据逐个写入 Excel，最后关闭 writer，例如：

```python
1   # coding:utf-8
2   import pandas as pd
3   import numpy as np
4
5   df1 = pd.DataFrame(np.array([[1,2],[3,4],[5,6],[7,8]]),columns=['A','B'])
6   df2 = pd.DataFrame(np.array([[1,2],[3,4],[5,6]]),columns=['A','B'])
7
8   # 创建一个空的Excel文件
9   excel = pd.DataFrame()
10  excel.to_excel('data1.xlsx')
11
12  # 打开Excel文件，写入数据
13  writer = pd.ExcelWriter('data1.xlsx')
14  df1.to_excel(writer, 'Sheet1')
15  df2.to_excel(writer, 'Sheet2')
16
17  # 保存writer中的数据至Excel文件中
18  writer.save()
```

　　可以看到 data1.xlsx 文件打开后有两个工作簿，内容与代码中写入的内容一致。

3. 数据库数据

　　当前常用的数据库有 MySQL、SQL Server、PostgreSQL、HBase、MongoDB 等，通过一些第三方库可以实现对数据库内容的读取。

　　例如，我们可以新建一个 SQLite 数据库，其中包含一个 user 表，内容如图 3-5 所示。

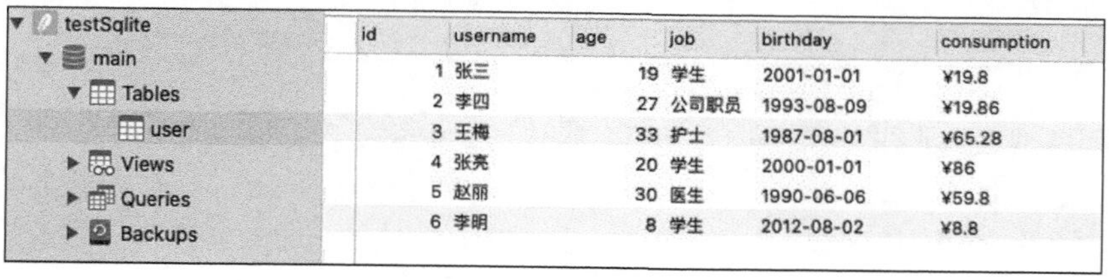

id	username	age	job	birthday	consumption
1	张三	19	学生	2001-01-01	¥19.8
2	李四	27	公司职员	1993-08-09	¥19.86
3	王梅	33	护士	1987-08-01	¥65.28
4	张亮	20	学生	2000-01-01	¥86
5	赵丽	30	医生	1990-06-06	¥59.8
6	李明	8	学生	2012-08-02	¥8.8

图3-5　user表的内容

　　通过 sqlite3 依赖库可以获取数据。

```python
1   # coding:utf-8
2   import sqlite3
3   import pandas as pd
4
5   query = "select * from user;"
6   con = sqlite3.connect('testSqlite')
7   cursor = con.execute(query)
8   data = cursor.fetchall()              # 查询数据
9   print("data from db:\n", data)
10
11  # 把数据转换为DataFrame
12  df = pd.DataFrame(data, columns=[x[0] for x in cursor.description])
13  print("DataFrame is :\n", df)
```

　　运行程序得到的结果如下。

```
data from db:
  [(1, '张三', 19, '学生', '2001-01-01', '¥19.8'), (2, '李四', 27, '公司职员', '1993-
  08-09', '¥19.86'), (3, '王梅', 33, '护士', '1987-08-01', '¥65.28'), (4, '张亮', 20,
  '学生', '2000-01-01', '¥86'), (5, '赵丽', 30, '医生', '1990-06-06', '¥59.8'),
  (6, '李明', 8, '学生', '2012-08-02', '¥8.8')]
DataFrame is :
   id  username  age    job      birthday   consumption
0   1      张三   19    学生    2001-01-01    ¥19.8
1   2      李四   27  公司职员  1993-08-09    ¥19.86
2   3      王梅   33    护士    1987-08-01    ¥65.28
3   4      张亮   20    学生    2000-01-01    ¥86
4   5      赵丽   30    医生    1990-06-06    ¥59.8
5   6      李明    8    学生    2012-08-02    ¥8.8
```

也可借助 SQLAlchemy，同时结合 Pandas 的 read_sql 函数直接获取数据并将数据转换成 DataFrame 格式。

```
1  import sqlalchemy as sqla
2  import pandas as pd
3
4  db = sqla.create_engine('sqlite:///testSqlite')
5  data = pd.read_sql('select * from user', db)
6  print("data from db:\n", data)
```

运行程序得到的结果如下。

```
1  data from db:
2     id  username  age    job      birthday   consumption
3  0   1      张三   19    学生    2001-01-01    ¥19.8
4  1   2      李四   27  公司职员  1993-08-09    ¥19.86
5  2   3      王梅   33    护士    1987-08-01    ¥65.28
6  3   4      张亮   20    学生    2000-01-01    ¥86
7  4   5      赵丽   30    医生    1990-06-06    ¥59.8
8  5   6      李明    8    学生    2012-08-02    ¥8.8
```

也可使用 pymssql、pymysql 等第三方模块，实现数据库的连接和读取操作。

3.3.2　数据清洗和准备

数据加载完成后，我们需要对数据有所了解，并对数据进行清洗和准备，方便后续的分析。数据清洗就是指发现并纠正数据文件中可识别的错误，是整个数据分析过程中不可缺少的一个环节，数据清洗的质量直接关系到数据分析的最终结论。数据清洗和准备通常包括数据类型转换、处理缺失数据、去除重复数据、处理一些异常值和对数据做相应的排列、筛选等。

1. 数据概览和类型转换

以 3.3.1 节的 SQLite 数据库为例，数据库加载完数据后，我们可以用 data.info() 查看数据概况，了解数据维度、列名称、列值是否为空、每列的数据格式、所占空间等，具体实现如下。

```
1  data.info()
2
3  # 结果如下
4  <class 'pandas.core.frame.DataFrame'>
5  RangeIndex: 6 entries, 0 to 5
6  Data columns (total 6 columns):
7  id              6 non-null int64
```

```
8   username        6 non-null object
9   age             6 non-null int64
10  job             6 non-null object
11  birthday        6 non-null object
12  consumption     6 non-null object
13 dtypes: int64(2), object(4)
14 memory usage: 416.0+ bytes
```

也可使用 data.shape、data.dtypes、data.head()、data.tail() 等函数，获取数据规模、各个字段的数据类型、具体的数据内容等，具体实现如下。

```
1  print("data.shape:\n", data.shape)       # 查看数据规模
2  print("data.dtypes:\n", data.dtypes)     # 查看数据类型
3  print("data.head():\n", data.head())     # 预览前5行数据
4  print("data.tail():\n", data.tail())     # 预览最后5行数据
5
6  # 得到结果
7  data.shape:
8   (6, 6)
9  data.dtypes:
10  id              int64
11 username         object
12 age              int64
13 job              object
14 birthday         object
15 consumption      object
16 dtype: object
17 data.head():
18    Id   username  age     job     birthday    consumption
19 0  1    张三       19     学生     2001-01-01   ¥19.8
20 1  2    李四       27     公司职员  1993-08-09   ¥19.86
21 2  3    王梅       33     护士     1987-08-01   ¥65.28
22 3  4    张亮       20     学生     2000-01-01   ¥86
23 4  5    赵丽       30     医生     1990-06-06   ¥59.8
24 data.tail():
25    id   username  age     job     birthday    consumption
26 1  2    李四       27     公司职员  1993-08-09   ¥19.86
27 2  3    王梅       33     护士     1987-08-01   ¥65.28
28 3  4    张亮       20     学生     2000-01-01   ¥86
29 4  5    赵丽       30     医生     1990-06-06   ¥59.8
30 5  6    李明       8      学生     2012-08-02   ¥8.8
```

对数据库中的数据操作时，如果发现数据类型不正确，可对数据库中的数据进行类型转换，例如：

```
1  data['id'] = data['id'].astype(str)          # 数值类型转字符串
2  data['consumption'] = data['consumption'].str[1:].astype(float)  # 字符串转数值类型
3  data['birthday'] = pd.to_datetime(data['birthday'], format='%Y-%m-%d')  # 字符串
   # 转日期类型
4  print("data.dtypes:\n", data.dtypes)     # 重新查看数据类型
5
6  # 得到结果
7  data.dtypes:
8  id                   object
9  username             object
10 age                  int64
11 job                  object
12 birthday        datetime64[ns]
```

```
13 consumption                    float64
14 dtype: object
```

2. 处理缺失数据

完成数据概览和类型转换后，还需要对一些缺失数据进行处理，通常在数据分析工作中，数据缺失是较常见的现象，前面简单介绍了使用 Pandas 可以在加载数据时就对缺失值做一些简单的处理，用 NaN 表示缺失数据。利用 isnull() 函数可以从数据库中方便地检测出这些缺失的数据，关于 ex3.csv 文件的示例如下。

```
1  # coding:utf-8
2  import pandas as pd
3
4  data = pd.read_csv('ex3.csv')
5  print("Data is :\n", data)
6  print("Data is null? \n", data.isnull())      # 判断数据是否缺失
7
8  # 得到结果
9  Data is :
10    编号  姓名   年龄     职业
11 0   1   张三    NaN     学生
12 1   2   李四   20.0     厨师
13 2   3   王梅   23.0     NaN
14 Data is null?
15    编号     姓名     年龄      职业
16 0  False  False   True    False
17 1  False  False   False   False
18 2  False  False   False   True
```

检测到缺失值后，通常用户可以选择丢弃所有包含缺失值的数据，或者丢弃包含缺失值的某一列的数据，实现程序如下。

```
1  print("去除包含缺失值的数据：\n", data.dropna())
2  print("去除有缺失值的列：\n", data.dropna(axis=1))
3
4  # 得到结果
5  去除包含缺失值的数据：
6    编号  姓名   年龄   职业
7  1   2   李四   20.0   厨师
8  去除有缺失值的列：
9    编号   姓名
10 0   1   张三
11 1   2   李四
12 2   3   王梅
```

除了丢弃包含缺失值的数据之外，用户还可选择对缺失值数据进行填充，使用 fillna 方法即可完成，例如：

```
1  print("用0填充缺失值：\n", data.fillna(0))
2  print("用字典填充缺失值：\n", data.fillna({"年龄":"--", "职业":"未知"}))
3
4  # 得到结果
5  用0填充缺失值：
6    编号  姓名   年龄    职业
7  0   1   张三    0.0    学生
8  1   2   李四   20.0   厨师
9  2   3   王梅   23.0    0
10 用字典填充缺失值：
```

```
11     编号    姓名   年龄    职业
12  0    1    张三    --    学生
13  1    2    李四    20    厨师
14  2    3    王梅    23    未知
```

3. 处理重复数据

数据重复也是数据分析中常见的问题，有时这些重复的数据是有实际意义的，能反映事物的客观规律，但有时这些数据是冗余的，并无任何意义，我们需要去除这些冗余的数据。解决这个问题可以借助 Pandas 封装好的方法来实现。先判断数据是否重复，具体实现如下。

```
1   # coding:utf-8
2   import pandas as pd
3
4   data = pd.DataFrame({"A":['a','b']*3 + ['a','b'], "B":[1,1,2,2,3,3,2,3]})
5   print("Data is :\n", data)
6   print("数据是否重复:\n", data.duplicated())
7   print("A列数据是否重复:\n", data.duplicated(['A']))
8
9   # 得到结果
10  Data is :
11     A  B
12  0  a  1
13  1  b  1
14  2  a  2
15  3  b  2
16  4  a  3
17  5  b  3
18  6  a  2
19  7  b  3
20  数据是否重复:
21  0    False
22  1    False
23  2    False
24  3    False
25  4    False
26  5    False
27  6     True
28  7     True
29  dtype: bool
30  A列数据是否重复:
31  0    False
32  1    False
33  2     True
34  3     True
35  4     True
36  5     True
37  6     True
38  7     True
39  dtype: bool
```

删除重复数据可选择删除重复的行，也可以只针对特定列判断数据是否重复，然后进行删除，具体实现如下。

```
1   print("删除重复行 :\n", data.drop_duplicates())              # 删除重复行
2   print("删除A列的重复数据 :\n", data.drop_duplicates(['A']))    # 删除A列的重复数据
3
4   # 得到结果
```

```
5  删除重复行：
6      A  B
7  0   a  1
8  1   b  1
9  2   a  2
10 3   b  2
11 4   a  3
12 5   b  3
13 删除A列的重复数据：
14     A  B
15 0   a  1
16 1   b  1
```

4. 数据转换

有时，为方便后面进行数据分析，我们需要对数据做一些转换，如将大写转换为小写，将时间戳转换为日期，映射字符等，下面举几个例子。

把表示性别的单词统一转换为小写。

```
1  # coding:utf-8
2  import numpy as np
3  import pandas as pd
4
5  data = pd.DataFrame({'name':['Wang Ning','LiMing','Sophie','Panis','Alice'],
6                        'logintime':[1581001000,1581107100,1581051008,1582107105,1582104100],
7                        'city':['Beijing','Shanghai','Paris','Rome','Tokyo'],
8                        'gender':['female','Male','female', 'male', 'MALE']
9                        })
10 print("Data is :\n", data)
11
12 # 把表示性别的单词统一转换为小写
13 data['gender'] = data['gender'].str.lower()
14 print("Data is :\n", data)
```

运行结果如下。

```
1  Data is :
2         name    logintime       city    gender
3  0  Wang Ning  1581001000    Beijing    female
4  1     LiMing  1581107100   Shanghai      Male
5  2     Sophie  1581051008      Paris    female
6  3      Panis  1582107105       Rome      male
7  4      Alice  1582104100      Tokyo      MALE
8  Data is :
9         name    logintime       city    gender
10 0  Wang Ning  1581001000    Beijing    female
11 1     LiMing  1581107100   Shanghai      male
12 2     Sophie  1581051008      Paris    female
13 3      Panis  1582107105       Rome      male
14 4      Alice  1582104100      Tokyo      male
```

把时间戳转换为日期。

```
1  data['logintime'] = pd.to_datetime(data['logintime'],unit='s',origin=pd.Timestamp
   ('1970-01-01 00:00:00'))
2  print("Data is :\n", data)
```

运行结果如下。

```
1  Data is :
2            name         logintime        city   gender
3  0  Wang Ning  2020-02-06 14:56:40   Beijing   female
4  1     LiMing  2020-02-07 20:25:00  Shanghai     male
5  2     Sophie  2020-02-07 04:50:08     Paris   female
6  3      Panis  2020-02-19 10:11:45      Rome     male
7  4      Alice  2020-02-19 09:21:40     Tokyo     male
```

数据映射如下所示。

```
1  # 添加列
2  # 先构造城市到国籍的映射
3  city_to_country = {
4      'Beijing':'China',
5      'Shanghai':'China',
6      'Paris':'France',
7      'Rome':'Italy',
8      'Tokyo':'Japan',
9  }
10 # 使用map方法获取映射值
11 data['nationality'] = data['city'].map(city_to_country)
12 print("Data is :\n", data)
```

运行结果如下。

```
1  Data is :
2            name         logintime        city   gender  nationality
3  0  Wang Ning  2020-02-06 14:56:40   Beijing   female        China
4  1     LiMing  2020-02-07 20:25:00  Shanghai     male        China
5  2     Sophie  2020-02-07 04:50:08     Paris   female       France
6  3      Panis  2020-02-19 10:11:45      Rome     male        Italy
7  4      Alice  2020-02-19 09:21:40     Tokyo     male        Japan
```

5. 数据替换

在前面的示例中我们可以看到，使用 map 方法能够修改数据对象的内容，这里介绍另外一个函数 replace，它能够更简单、灵活地处理一些数据替换的问题，例如：

```
1  # coding:utf-8
2  import numpy as np
3  import pandas as pd
4
5  data = pd.Series([1,2,3,888,5,999])
6  print("Data is :\n", data)
7  print("Replace 999:\n", data.replace(999,'-1'))    # 使用-1替换999
8
9  # 得到结果
10 Data is :
11 0      1
12 1      2
13 2      3
14 3    888
15 4      5
16 5    999
17 dtype: int64
18 Replace 999:
19 0      1
20 1      2
21 2      3
```

```
22 3      888
23 4       5
24 5      -1
25 dtype: object
```

replace 方法也支持一次性替换多个值，例如：

```
1  print("Replace 888 and 999:\n", data.replace([888,999], [0,-1]))
2
3  # 得到结果
4  Replace 888 and 999:
5  0    1
6  1    2
7  2    3
8  3    0
9  4    5
10 5   -1
11 dtype: int64
```

6. 数据离散化、数据拆分

为了便于数据分析，有时需要将连续的数据离散化，或拆分成几组数据进行分析。例如，如果要把学生的考试成绩（scores）拆分为（0,60]、（60,80]、（80,90]、（90,100] 4 组数据，可以使用 Pandas 的 cut 函数实现。

```
1  scores = [34,65,78,12,98,87]
2  grades = [0,60,80,90,100]
3  data = pd.cut(scores, grades)
4  print("Data is:\n", data)
5
6  # 得到结果
7  Data is:
8  [(0, 60], (60, 80], (60, 80], (0, 60], (90, 100], (80, 90]]
9  Categories (4, interval[int64]): [(0, 60] < (60, 80] < (80, 90] < (90, 100]]
```

cut 函数返回的是一个特殊的 Categories 对象，用于表示每个数据所在分组情况，它还有两个属性 categories 和 codes，分别表示不同名称的类型数组和相应的数据分组编号。

```
1  print("Data.categories:\n", data.categories)
2  print("Data.codes:\n", data.codes)
3
4  # 得到结果
5  Data.categories:
6  IntervalIndex([(0, 60], (60, 80], (80, 90], (90, 100]],
7               closed='right',
8               dtype='interval[int64]')
9  Data.codes:
10 [0 1 1 0 3 2]
```

也可以使用 value_counts() 函数统计数据落在各个区间的情况。

```
1  print("Value counts:\n", pd.value_counts(data))
2
3  # 得到结果
4  Value counts:
5  (60, 80]     2
6  (0, 60]      2
7  (90, 100]    1
```

```
8  (80, 90]       1
9  dtype: int64
```

进行数据分组时，用户可以在 cut 函数中传入 labels 参数来设置分组的名称。

```
1  print("Use Lables:\n", pd.cut(scores, grades, labels=['D','C','B','A']))
2
3  # 得到结果：
4  Use Lables:
5   [D, C, C, D, A, B]
6  Categories (4, object): [D < C < B < A]
```

7.　过滤异常值

过滤异常值通常是指将不符合条件的数据筛选出来，常利用一些数组运算实现，例如：

```
1  data = pd.DataFrame(np.random.randn(1000,3))
2  print("Data info:\n", data.describe())
3  print('data[1]>3:\n', data[1][data[1]>3])          # 筛选出第1列中数值大于3的数据
4  print('any data >3:\n', data[(data>3).any(1)])     # 筛选出任意1列中数值大于3的数据
5
6  # 得到结果
7  Data info:
8                   0            1            2
9  count  1000.000000  1000.000000  1000.000000
10 mean     -0.017022     0.080873    -0.062513
11 std       1.046178     1.000572     0.962687
12 min      -3.133859    -3.392307    -3.805677
13 25%      -0.736958    -0.580019    -0.682272
14 50%       0.007604     0.078560    -0.045716
15 75%       0.698663     0.782643     0.576351
16 max       3.428345     3.203810     2.737687
17 data[1]>3:
18 28       3.203810
19 866      3.138895
20 Name: 1, dtype: float64
21 any data >3:
22                0          1          2
23 28     0.853988   3.203810  -1.465747
24 86     3.299477  -0.028851   0.462442
25 104    3.428345  -0.546134  -1.331712
26 331    3.071709  -0.664580  -1.558146
27 590    3.012461   0.948651   0.767277
28 736    3.334667  -0.664933   0.945104
29 866   -0.441706   3.138895   0.395322
```

8.　字符串处理

以上示例基本上对数值进行处理，实际的数据中可能会包含大量的字符串。针对字符串的处理，通常使用 Python 内置的字符串处理方法来实现，例如：

```
1  text = 'a, b,c,  d,  test'
2  splittext = text.split(',')                     # 字符串分割
3  striptext = [x.strip() for x in splittext]      # 去除分割后字符串中的空格
4  print('split:', splittext)
5  print('strip:', striptext)
6  print('join:', "~".join(striptext))             # 字符串拼接
7  print('find:', text.find('c'))                  # 字符串查找
8  print('replace', text.replace('t','o'))         # 字符串替换
```

```
9
10  # 得到结果
11  split: ['a', ' b', 'c', ' d', ' test']
12  strip: ['a', 'b', 'c', 'd', 'test']
13  join: a~b~c~d~test
14  find: 5
15  replace a, b,c,  d,  oeso
```

也可以借助正则表达式，完成较复杂的字符串匹配、替换和拆分等，例如：

```
1   import re
2   text = 'test a\t tb\n  test b'
3   print('re.split:\n',re.split('\s+', text))    # 使用1个或多个空白符拆分字符串
4
5   regex = re.compile('\s+')
6   print('use regex:\n', regex.split(text))       # 使用compile编译regex对象
7
8   print('findall:\n', regex.findall(text))       # findall得到匹配的模式
9   print('search:\n', regex.search(text))         # search返回第一个匹配到的对象，包含起止位置
10  print('match:\n', regex.match(text))           # 从字符串起始位置开始匹配，匹配成功就返回匹
                                                   #  配的对象，否则返回None
11  print('sub:\n', regex.sub('~', text))          # sub函数可以将匹配到的内容进行替换
12
13  # 得到结果
14  re.split:
15   ['test', 'a', 'tb', 'test', 'b']
16  use regex:
17   ['test', 'a', 'tb', 'test', 'b']
18  findall:
19   [' ', '\t ', '\n  ', ' ']
20  search:
21   <re.Match object; span=(4, 5), match=' '>
22  match:
23   None
24  sub:
25   test~a~tb~test~
```

3.3.3 数据规整

有时我们得到的数据可能分散在许多文件或数据库中，数据存储的不同形式不利于进行数据分析，因此需要对数据进行规整。

1. 层次化索引

层次化索引是 Pandas 的重要功能，在数据重塑和基于分组的操作中起着重要作用。层次化索引使数据在一条轴上可以有多个索引，这有点类似于 Excel 的合并单元格功能。例如，我们构造一个 Series，并使用一个列表来作为索引，具体实现如下。

```
1   data = pd.Series(np.random.randn(6),
2                    index = [
3                        ['a','a', 'b','b','c','c'],
4                        [1,2,1,2,1,2]
5                    ])
6   print("data is :\n",data)
7   print("data.index: \n", data.index)
8
9   # 得到结果
10  data is :
```

```
11 a   1    -0.783618
12     2    -0.952374
13 b   1    -0.535526
14     2    -1.900174
15 c   1     1.486072
16     2    -1.367050
17 dtype: float64
18 data.index:
19  MultiIndex([('a', 1),
20             ('a', 2),
21             ('b', 1),
22             ('b', 2),
23             ('c', 1),
24             ('c', 2)],
25             )
```

从上面的程序可以看到，序列的索引采用 MultiIndex 格式。对于层次化索引对象，可以使用其部分索引来选取数据的子集。

```
1  print("data['b']: \n", data['b'])
2  print("data['b':'c']: \n", data['b':'c'])
3  print("data.loc[:,2]: \n", data.loc[:,2])
4
5  # 得到结果
6  data['b']:
7  1    -0.535526
8  2    -1.900174
9  dtype: float64
10 data['b':'c']:
11  b  1    -0.535526
12     2    -1.900174
13  c  1     1.486072
14     2    -1.367050
15 dtype: float64
16 data.loc[:,2]:
17  a   -0.952374
18  b   -1.900174
19  c   -1.367050
20 dtype: float64
```

也可使用 unstack() 方法将数据重新排列到 DataFrame 中，或用 stack() 方法将数据转为序列。

```
1  print("data.unstack(): \n", data.unstack())
2  print("data.unstack(): \n", data.unstack().stack())
3
4  # 得到结果
5  data.unstack():
6            1          2
7  a -0.783618 -0.952374
8  b -0.535526 -1.900174
9  c  1.486072 -1.367050
10 data.unstack():
11 a   1    -0.783618
12     2    -0.952374
13 b   1    -0.535526
14     2    -1.900174
15 c   1     1.486072
```

```
16    2   -1.367050
17 dtype: float64
```

DataFrame 结构的数据也可以有层次化索引。

```
1  df = pd.DataFrame(np.arange(12).reshape((4,3)),
2                    index = [
3                        ['a','a','b','b'],
4                        [1,2,1,2]],
5                    columns = [
6                        ['A','A','B'],
7                        [1,2,1]
8                    ])
9  print("df is :\n", df)
10 print("df['A'] is :\n", df['A'])
11
12 # 得到结果
13 df is :
14      A        B
15      1    2    1
16 a 1  0    1    2
17   2  3    4    5
18 b 1  6    7    8
19   2  9   10   11
20 df['A'] is :
21      1    2
22 a 1  0    1
23   2  3    4
24 b 1  6    7
25   2  9   10
```

层次化索引通常在数据重塑和基于分组的操作中起着重要作用。

对拥有层次化索引数据的排序比较简单，一般可以使用 swaplevel 函数和 sort_index 函数实现。swaplevel 函数接受两个级别的编号或名称，并返回一个互换了级别的新对象，而 sort_index 根据单个级别中的值对数据进行排序操作。

```
1  df.index.names = ['k1', 'k2']             # 给每层索引自定义名称
2  df.columns.names = ['char','num']         # 给每列索引自定义名称
3  print("df is:\n", df)
4  print("Use swaplevel:\n", df.swaplevel('k1','k2'))   # 调整各级别的顺序
5  print("Use sort_index:\n", df.sort_index(level=1))   # 按照指定的级别索引进行排序
6
7  # 得到结果
8  df is:
9  char     A        B
10 num      1    2    1
11 k1 k2
12 a  1     0    1    2
13    2     3    4    5
14 b  1     6    7    8
15    2     9   10   11
16 Use swaplevel:
17 char     A        B
18 num      1    2    1
19 k2 k1
20 1  a     0    1    2
21 2  a     3    4    5
22 1  b     6    7    8
23 2  b     9   10   11
```

```
24 Use sort_index:
25 char    A      B
26 num     1  2   1
27 k1 k2
28 a 1    0  1   2
29 b 1    6  7   8
30 a 2    3  4   5
31 b 2    9 10  11
```

也可以根据级别进行数据的汇总统计，例如：

```
1  print('sum by level:\n', df.sum(level='k1'))
2
3  # 得到结果：
4  sum by level:
5  char    A      B
6  num     1  2   1
7  k1
8  a       3  5   7
9  b      15 17  19
```

2. 合并数据集

对 Pandas 对象的数据进行合并有多种方式，具体介绍如下。

1）使用 merge() 函数合并

merge() 函数实现的功能类似于数据库中的连接操作，可通过两个数据集指定的列进行数据合并，例如：

```
1  df1 = pd.DataFrame({'id':[1,2,3,4],'val1':['a','b','a','a']})
2  df2 = pd.DataFrame({'id':[1,2,3],'val2':['b','c','d']})
3  print("df1 is:\n", df1)
4  print("df2 is:\n", df2)
5  print("merge:\n", pd.merge(df1, df2, on='id'))
6
7  # 得到结果
8  df1 is
9      id val1
10 0   1    a
11 1   2    b
12 2   3    a
13 3   4    a
14 df2 is
15     id val2
16 0   1    b
17 1   2    c
18 2   3    d
19 merge:
20     id val1 val2
21 0   1    a    b
22 1   2    b    c
23 2   3    a    d
```

上面的程序实现的是，通过调用 merge() 函数将 df1 和 df2 数据合并，获取两个数据集中 id 相同的数据，on 参数用来指定合并的列，若没有指定列，merge() 会将数据中重叠的列名当作需要合并的列。

如果两个数据集的列名没有相同的，可以用 left_on 和 right_on 参数分别来指定，具体实现如下。

```
1  df1 = pd.DataFrame({'id1':[1,2,3,4],'val1':['a','b','a','a']})
2  df2 = pd.DataFrame({'id2':[1,2,3],'val2':['b','c','d']})
3  print("df1 is:\n", df1)
4  print("df2 is:\n", df2)
5  print("merge:\n", pd.merge(df1, df2, left_on='id1', right_on='id2'))
6
7  # 得到结果
8  df1 is
9      id1 val1
10 0    1    a
11 1    2    b
12 2    3    a
13 3    4    a
14 df2 is
15     id2 val2
16 0    1    b
17 1    2    c
18 2    3    d
19 merge:
20     id1 val1  id2 val2
21 0    1    a    1    b
22 1    2    b    2    c
23 2    3    a    3    d
```

从以上程序给出的结果中可以看出，merge() 函数在默认情况下所做的数据合并相当于数据库中的"内连接"操作，所得结果中的合并列是两个数据的交集，我们也可以通过 how 参数来指定 inner、left、right、outer 等连接方式。

```
1  print("merge:\n", pd.merge(df1, df2, left_on='id1', right_on='id2', how='outer'))
2
3  # 得到结果
4  merge:
5      id1 val1  id2 val2
6  0    1    a   1.0   b
7  1    2    b   2.0   c
8  2    3    a   3.0   d
9  3    4    a   NaN  NaN
```

2）使用 join() 函数合并

DataFrame 的 join() 函数也可以实现数据合并，并且能方便地按索引合并数据。join() 函数默认的合并方式是左连接，保留左侧数据的行索引，它也支持用 how 参数指定合并方式，具体实现如下。

```
1  df1 = pd.DataFrame([[1,2],[3,4],[5,6]],
2                   index = ['a', 'b','d'],
3                   columns = ['A', 'B'])
4  df2 = pd.DataFrame([[7,8],[9,10],[11,12]],
5                   index = ['b', 'c','e'],
6                   columns = ['C', 'D'])
7  print("df1:\n", df1)
8  print("df2:\n", df2)
9  print("join:\n", df1.join(df2))
10 print("outer join:\n", df1.join(df2, how='outer'))
11
12 # 得到结果
13 df1:
14    A  B
15 a  1  2
```

```
16 b  3  4
17 d  5  6
18 df2:
19     C   D
20 b   7   8
21 c   9  10
22 e  11  12
23 join:
24    A  B    C    D
25 a  1  2  NaN  NaN
26 b  3  4  7.0  8.0
27 d  5  6  NaN  NaN
28 outer join:
29     A    B     C     D
30 a  1.0  2.0   NaN   NaN
31 b  3.0  4.0   7.0   8.0
32 c  NaN  NaN   9.0  10.0
33 d  5.0  6.0   NaN   NaN
34 e  NaN  NaN  11.0  12.0
```

3）使用 concat() 函数合并

concat() 函数可以将数据的值和索引进行合并，进行数据合并时，可以用 keys 参数创建层次化索引，具体实现如下。

```
1  s1 = pd.Series([1,2], index=['a','b'])
2  s2 = pd.Series([3,4], index=['c','d'])
3  s3 = pd.Series([5,6], index=['e','f'])
4  print("concat:\n", pd.concat([s1, s2, s3]))
5  print("concat use keys:\n", pd.concat([s1, s2, s3], keys=['one', 'two', 'three']))
6
7  # 得到结果
8  concat:
9  a    1
10 b    2
11 c    3
12 d    4
13 e    5
14 f    6
15 dtype: int64
16 concat use keys:
17  one    a    1
18         b    2
19 two     c    3
20         d    4
21 three   e    5
22         f    6
23 dtype: int64
```

在使用 concat() 函数时，也可用 axis 参数指定合并的方式，如合并 DataFrame，具体实现如下。

```
1  df1 = pd.DataFrame([[1,2],[3,4],[5,6]],
2                     index = ['a', 'b','d'],
3                     columns = ['A', 'B'])
4  df2 = pd.DataFrame([[7,8],[9,10],[11,12]],
5                     index = ['b', 'c','e'],
6                     columns = ['C', 'D'])
7  print("concat DataFrame:\n", pd.concat([df1, df2], axis=1, keys=['df1', 'df2']))
8
```

```
 9  # 得到结果：
10  concat DataFrame:
11      df1           df2
12        A    B      C      D
13  a   1.0   2.0    NaN    NaN
14  b   3.0   4.0    7.0    8.0
15  c   NaN   NaN    9.0   10.0
16  d   5.0   6.0    NaN    NaN
17  e   NaN   NaN   11.0   12.0
```

3. 重塑和轴向旋转

重塑和轴向旋转是对数据重新排列的基础运算，如前面提及的 stack() 和 unstack() 函数就可实现这些运算。其中 stack() 函数将数据的列旋转为行，unstack() 函数将数据的行旋转为列。此外，pivot() 函数也具有这个运算功能，例如：

```
1  df = pd.DataFrame([{"uid":"1", "uname":"John", "subject":"语文", "score":"100"},
2                     {"uid":"1", "uname":"John", "subject":"数学", "score":"90"},
3                     {"uid":"2", "uname":"May", "subject":"语文", "score":"89"},
4                     {"uid":"2", "uname":"May", "subject":"数学", "score":"60"}])
5  print("df is\n", df)
6  print("pivot is\n", df.pivot('uid', 'subject','score'))
7
8  # 得到结果
9  df is
10    uid uname  subject score
11  0   1  John      语文   100
12  1   1  John      数学    90
13  2   2   May      语文    89
14  3   2   May      数学    60
15  pivot is
16  subject   数学    语文
17  uid
18  1         90   100
19  2         60    89
```

pivot 的前两个参数分别指定了行、列索引，第三个参数则是用来填充 DataFrame 的数据。pivot 实际上可以看作用 set_index 创建层次化索引后，再用 unstack() 函数对数据进行重塑。

```
1  print("set_index and unstack:\n", df.set_index(['uid', 'subject']).unstack())
2
3  # 得到结果
4  set_index and unstack:
5                uname          score
6  subject    数学   语文    数学   语文
7  uid
8  1          John  John    90   100
9  2           May   May    60    89
```

melt() 函数可以将数据中的多列合并成一列。如下面的数据中，指定"属性"作为分组指标，其他列都是对应的数据值，合并后的数据如下所示。

```
1  df = pd.DataFrame({'属性':['颜色','单价','数量'],
2                     '苹果': ['红色', 3.99, 2],
3                     '香蕉': ['黄色', 5.99, 5],
4                     '橘子': ['橙色', 3.59, 4],
5                    })
6  print("df is:\n", df)
```

```
7   melt_res = pd.melt(df, ['属性'])
8   print("melt:\n", melt_res)
9
10  # 得到结果
11  df is
12      属性      苹果      香蕉      橘子
13  0   颜色      红色      黄色      橙色
14  1   单价      3.99    5.99    3.59
15  2   数量      2       5       4
16  melt:
17      属性      variable    value
18  0   颜色      苹果        红色
19  1   单价      苹果        3.99
20  2   数量      苹果        2
21  3   颜色      香蕉        黄色
22  4   单价      香蕉        5.99
23  5   数量      香蕉        5
24  6   颜色      橘子        橙色
25  7   单价      橘子        3.59
26  8   数量      橘子        4
```

合并后的结果还可以通过 pivot() 函数重塑回原来的样子。

```
1   print('pivot:\n', melt_res.pivot('属性','variable','value'))
2
3   # 得到结果
4   pivot:
5   variable     橘子      苹果      香蕉
6   属性
7   单价          3.59    3.99    5.99
8   数量          4       2       5
9   颜色          橙色      红色      黄色
```

3.3.4　数据可视化

数据可视化是数据分析中最重要的工作之一，借助数据可视化，能帮助我们快速掌握数据特征、获取数据分布情况、猜测数据曲线模型等。3.2.3 节已经介绍了 Matplotlib 库的基本使用方法。利用它，我们能完成一些基本的数据操作，除 Matplotlib 外，在 Pandas 内部也内置了一些方法，用于完成绘图。另外，还可借助 Seaborn 工具包来提高图形的可读性和美观度。

常见的数据可视化图形有以下几种。

1.　折线图

折线图常用于数据变化趋势的分析，可以反映同一事物在不同条件下的变化情况。绘制折线图可以使用 Matplotlib 的 plot 方法，也可用 Pandas 中封装的 plot 方法。

如图 3-6 所示，使用 Series 的 plot 方法绘制折线图，对数据进行可视化。在绘图时，通过传递相应的参数，指定图像的线性、颜色、坐标轴界限、网格背景等。代码如下所示。

```
1   import numpy as np
2   import pandas as pd
3   import matplotlib.pyplot as plt
4
5   s = pd.Series(np.random.randn(20).cumsum())
6   s.plot(style='o-', xlim=[0,22], grid=True)
```

在调用 DataFrame 的 plot 方法时，不仅可以绘制折线图，还会自动创建图片的图例，如图 3-7 所示。

```
1  df = pd.DataFrame(np.random.randn(10,3).cumsum(0),
2                    columns=['A','B','C'],
3                    index = np.arange(0,100,10))
4  df.plot()
```

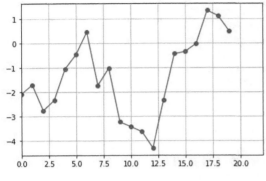 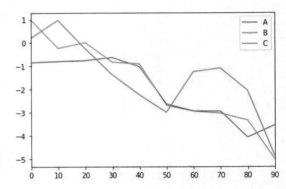

图3-6　使用Series的plot方法绘制折线图　　　图3-7　使用DataFrame的plot方法绘制折线图并创建图例

2. 柱状图

柱状图有水平柱状图和垂直柱状图两种，其中主要利用生成的柱子的高度来反映数据的差异，用于显示某种条件下数据变化的情况。读者可使用 Matplotlib 的 bar 和 barh 方法绘制水平或垂直的柱状图，Pandas 中也有类似的绘图方法。使用 Series 与 DataFrame 的 plot 方法绘制的柱状图分别如图 3-8 和图 3-9 所示。

```
1  fig, axes = plt.subplots(2,1)
2  s = pd.Series(np.random.randn(10), index=list('abcdefghij'))
3  s.plot.bar(ax=axes[0])   # 纵向柱状图
4  s.plot.barh(ax=axes[1])  # 横向柱状图
```

```
1  fig, axes = plt.subplots(2,1)
2  df = pd.DataFrame(np.random.rand(6,3),
3                    index = list('abcdef'),
4                    columns = list('ABC'))
5  df.plot.bar(ax = axes[0])
6  df.plot.barh(ax = axes[1], stacked=True) # stacked表示生成堆积柱状图
```

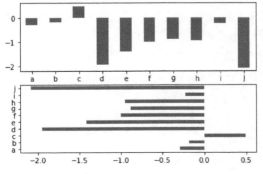 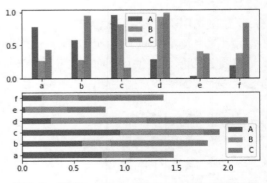

图3-8　使用Series的plot方法绘制的柱状图　　　图3-9　使用DataFrame的plot方法绘制的柱状图

3. 直方图和密度图

直方图也叫质量分布图，能够清晰地反映数据的分布情况；密度图则体现了数据分布的密度情况。可使用 hist() 函数绘制直方图，可使用 density() 函数绘制密度图，如图 3-10 所示。

```
1  fig, axes = plt.subplots(2,1)
2  s = pd.Series(np.random.randn(100))
3  s.plot.hist(ax = axes[0])
4  s.plot.density(ax = axes[1])
```

Seaborn 中提供的 distplot() 函数也可用于绘制直方图和密度图，绘制结果如图 3-11 所示。

```
1  import numpy as np
2  import pandas as pd
3  import seaborn as sns
4  s = pd.Series(np.random.normal(0,1,size=200))
5  sns.distplot(s, color='g')
```

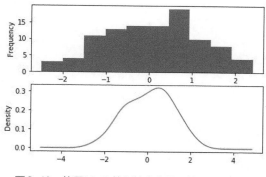

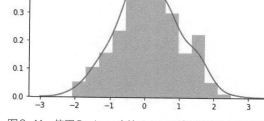

图3-10　使用hist()绘制的直方图和使用density()绘制的密度图

图3-11　使用Seaborn中的distplot()绘制的直方图和密度图

4. 散点图

散点图就是由一些散乱的点组成的图，常用于分析数据分布和聚合情况。根据散点的分布，可以为散点图增加相应的趋势线，以清晰地反映数据变化的趋势。

要绘制散点图，可以使用 Matplotlib 的 scatter 方法，也可以使用 Seaborn 的 regplot 方法，regplot 方法在绘制的同时还会为散点图自动添加一条线性回归的线，如图 3-12 所示。

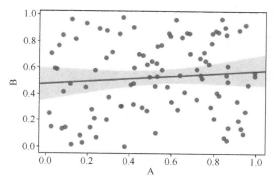

图3-12　使用Seaborn的regplot方法绘制散点图

```
1  df = pd.DataFrame(np.random.rand(100,3),
2                    columns = list('ABC'))
3  sns.regplot('A','B',data=df)
```

　　另外，Seaborn 中还提供了 pairplot 函数，用此函数可绘制散布图矩阵（见图 3-13），支持在对角线上放置变量的直方图或密度图，这对探索式数据分析非常有意义。

```
sns.pairplot(df, diag_kind='kde')
```

　　除了以上常见的几种图形外，读者还可参考官方 API 文档，了解更多图形的绘制方式。

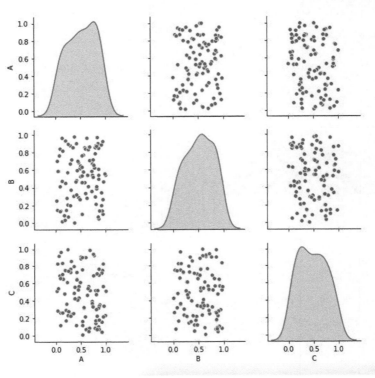

图3-13　散布图矩阵

　　当然，除了 Matplotlib、Pandas 和 Seaborn 之外，Python 还有很多其他可视化工具，如 Bokeh、Plotly、Pygal、Networkx 等，用这些工具可创建动态交互图形，用于网页浏览器、交互式商业报表等，读者可根据需要选择这些工具，但一般使用 Matplotlib、Pandas 和 Seaborn 就可以满足日常的数据可视化需求。

3.3.5　数据分组和聚合

　　对数据集进行分组并对各组应用一个函数进行处理（聚合或转换），通常是数据分析工作中的重要一环。在将数据集经过加载、清洗等之后，通常要分组统计或生成透视表。Pandas 提供了一个灵活高效的 groupby 方法，它使我们能以一种自然的方式对数据集进行切片、切块、统计等操作。

　　本节会对分组和聚合做一个详细的介绍。下面是一个小型表格数据集，本节中用到的大部分例子基于该数据集。具体如下所示。

```
1  import pandas as pd
2  import numpy as np
3
4  df=pd.DataFrame({'key1':['a','a','b','b','a'],'key2':['one','two','one','two','one'],
   'data1':np.random.randn(5),'data2':np.random.randn(5)})
5  df
6
7  Out[1]:
8      key1  key2    data1       data2
9  0    a    one   -0.936818    0.920845
10 1    a    two   -0.359200   -0.242611
11 2    b    one    0.190104    0.252415
12 3    b    two   -1.178474   -0.489340
13 4    a    one    0.896108    0.407758
```

1. 常用的分组运算

DataFrame 可以在行方向（axis=0）或列方向（axis=1）对数据进行分组。默认情况下在行方向（axis=0）上分组。

1）使用列名作为键分组

例如：统计 data1 列的平均值。

```
1  # 使用单列分组统计
2  In[1]:
3  df['data1'].groupby(df['key1']).mean()
4
5  Out[1]:
6  key1
7  a   -0.133303
8  b   -0.494185
9  Name: data1, dtype: float64
10
11 # 使用多列分组统计。由于使用了多个键对数据进行分组，因此结果Series包含多层索引
12 In[2]
13 df['data1'].groupby([df['key1'],df['key2']]).mean()
14
15 Out[2]:
16 key1  key2
17 a     one    -0.020355
18       two    -0.359200
19 b     one     0.190104
20       two    -1.178474
21 Name: data1, dtype: float64
```

上述程序中如果不选择 data1 列，默认对所有数值列分组。如下代码中聚合的结果里没有 key2 列，因为 df['key2'] 列不是数值型数据，所以被排除在结果之外。

```
1  df.groupby(df['key1']).mean()
2
3  Out[1]:
4         data1       data2
5  key1
6  a   -0.133303    0.361997
7  b   -0.494185   -0.118463
```

2）使用数组和列表作为键分组

作为键的数组长度或列表长度必须和数据集行数一致。使用列表作为键的分组方式和数组

类似，此处不再列举。

```
1   # 数组的长度必须是5，否则报错
2   states = np.array(['Ohio','California','California','Ohio','Ohio'])
3   years = np.array(['2005','2005','2006','2005','2005'])
4   df['data1'].groupby([states,years]).mean()
5
6   Out[1]
7   California   2005    -0.359200
8                2006     0.190104
9   Ohio         2005    -0.406395
10  Name: data1, dtype: float64
```

3）使用字典或序列分组

有时候我们知道数据中各列的分组对应关系，需要各列按组累加。因此，我们可以通过字典或序列构造这种对应关系并传递给 groupby 方法来分组，具体实现如下所示。

```
1   # 准备一组数据
2   In[1]:
3   people=pd.DataFrame(np.random.randn(5,5),columns=['a','b','c','d','e'],index=['Joe',
    'Steve','Wes','Jim','Travis'])
4   people.iloc[2:3,[1,2]]=np.nan
5   people
6
7   Out[1]:
8             a            b            c            d            e
9   Joe    0.562945    -0.400262    -1.235805    -0.304173    -0.470000
10  Steve -1.370616    -1.159172     1.051825     0.350655    -1.240720
11  Wes   -0.659739         NaN          NaN     -0.380249    -0.089627
12  Jim    0.262672     0.308555     0.067667     1.390013     0.332522
13  Travis 0.164741    -0.178613    -1.226683     0.955848     0.830935
14
15  # 使用字典分组分析
16  In[2]:
17  mapping={'a':'red','b':'red','c':'blue','d':'blue','e':'red','f':'orange'}
18  by_column=people.groupby(mapping,axis=1)
19  by_column.sum()
20
21  Out[2]:
22            blue         red
23  Joe    -1.539978    -0.307318
24  Steve   1.402480    -3.770508
25  Wes    -0.380249    -0.749367
26  Jim     1.457679     0.903750
27  Travis -0.270835     0.817064
28
29  # 序列也有相同的功能
30  # 构造一个序列
31  In[3]:
32  map_series=pd.Series(mapping)
33  map_series
34
35  Out[3]:
36  b        red
37  c        blue
38  d        blue
39  e        red
40  f        orange
41  dtype: object
42
```

```
43  # 使用序列分组
44  In[4]:
45  people.groupby(map_series,axis=1).sum()
46
47  Out[4]:
48          blue          red
49  Joe    -1.539978    -0.307318
50  Steve   1.402480    -3.770508
51  Wes    -0.380249    -0.749367
52  Jim     1.457679     0.903750
53  Travis -0.270835     0.817064
```

4）使用函数分组

当函数作为键时，会对每个索引值调用一次函数，同时返回值会被用作分组名称。这里还使用以上 people 变量来举例，具体实现如下。

```
1   # 根据索引长度分组
2   In[1]:
3   people.groupby(len).sum()
4
5   Out[1]:
6        a             b             c             d            e
7   3   0.165878     -0.091707     -1.168139     0.705591     -0.227106
8   5  -1.370616     -1.159172      1.051825     0.350655     -1.240720
9   6   0.164741     -0.178613     -1.226683     0.955848      0.830935
10
11  # 根据列名长度分组
12  In[2]:
13  people.groupby(len,axis=1).sum()
14
15  Out[2]:
16         1
17  Joe   -1.847296
18  Steve  -2.368028
19  Wes    -1.129615
20  Jim     2.361429
21  Travis  0.546228
```

5）混合使用函数、数组、列表、字典或序列分组

有时候需要混合使用函数与数组、字典或序列来对数据进行分组，这个实现并不是很难，实现中把所有对象在内部都转换为数组，具体程序如下。

```
1   # 混合使用列表和函数分组
2   In[1]:
3   key_list=['one','one','one','two','two']
4   people.groupby([len,key_list]).min()
5
6   Out[1]:
7            a             b             c             d            e
8   3  one  -0.659739     -0.400262     -1.235805     -0.380249    -0.470000
9      Two   0.262672      0.308555      0.067667      1.390013     0.332522
10  5  one  -1.370616     -1.159172      1.051825      0.350655    -1.240720
11  6  two   0.164741     -0.178613     -1.226683      0.955848     0.830935
```

2. 常用的聚合方式

数据分组分析中，常用的统计指标一般有和、平均值、方差等。Python 中已经内置了一

些常用的聚合函数（如表 3-2 所示）用于求解统计指标，这些函数主要定义在 DataFrame 产生的 groupby 对象上，之前的例子中已经使用了 mean、count 等聚合操作，但这些聚合函数也未必都能满足我们的需求，有时候也需要自己定义一些聚合函数。

表 3-2　常用的聚合函数

函数名	说明
count()	统计分组中非 NA 值的数量
sum()	求非 NA 值的和
mean()	求非 NA 值的平均值
median()	求非 NA 值的中位数
std()、var()	求无偏（分母为 n–1）标准差和方差
min()、max()	求非 NA 值中的最小值和最大值
prod()	求非 NA 值的积
first()、last()	求第一个和最后一个非 NA 值

1）使用自定义函数聚合

使用分组对象自带的函数进行聚合，在之前的例子中已经讲过，因此，此处仅列举使用自定义函数的方法。仍然使用本节刚开始定义的数据集，具体实现如下。

```
1  In[1]:
2  def aggfun(arr):
3      return arr.max()-arr.min()
4  df.groupby('key1').agg(aggfun)
5
6  Out[1]:
7          data1          data2
8  key1
9  a   1.832926      1.163455
10 b   1.368578      0.741755
```

2）混合使用 groupby 对象自带的聚合函数、自定义函数等多个函数聚合

把函数名称组成的列表传入 agg 方法就可以使用多个函数聚合。其中 groupby 对象自带的聚合函数需要把函数名以字符串的形式传给 agg 方法，具体实现如下。

```
1  # 通过字符串把groupby对象自带的函数传入agg方法中
2  In[1]:
3  df.groupby(['key1','key2'])['data1'].agg(['mean','count',aggfun])
4
5  Out[1]:
6                    mean      count      aggfun
7  key1   key2
8  a      one    -0.020355      2       1.832926
9         two    -0.359200      1       0.000000
10 b      one     0.190104      1       0.000000
11        two    -1.178474      1       0.000000
12
13 # 聚合运算后的DataFrame的列名是函数名，通过下面的方法可以自定义列名
14 In[2]:
15 df.groupby(['key1','key2'])['data1'].agg([(u'平均值','mean'),(u'数量','count'),(u'自
    定义函数',aggfun)])
16
```

```
17  Out[2]:
18                        平均值       数量      自定义函数
19  key1     key2
20  a        one       -0.020355     2       1.832926
21           two       -0.359200     1        0.000000
22  b        one        0.190104     1       0.000000
23           two       -1.178474     1       0.000000
```

3）对不同的列使用不同的函数聚合

例如，对 df['data1'] 使用 count 和 min 函数聚合，对 df['data2'] 使用 max 函数聚合，具体实现如下。

```
1   In[1]:
2   df.groupby(['key1','key2']).agg({'data1':['count','min'],'data2':'max'})
3
4   Out[1]:
5                        data1                 data2
6                        count     min         max
7   key1     key2
8   a        one         2       -0.936818     0.920845
9            two         1       -0.359200    -0.242611
10  b        one         1        0.190104     0.252415
11           two         1       -1.178474    -0.489340
```

4）同时传递自定义的"带参聚合函数"及"函数参数"到 Apply 方法以实现聚合

Apply 是一种更加通用且灵活的 groupby 方法，使用 Apply 可以传递自定义函数，还可以传递函数的参数，具体实现如下。

```
1   # 自定义一个带参函数，向Apply传入该函数及参数以实现聚合
2   In[1]:
3   def top(df,n=2,column='data2'):
4       return df.sort_values(by=column)[-n:]
5   df.groupby('key2')[['data1','data2']].apply(top,n=3,column='data1')
6
7   Out[1]:
8                data1         data2
9   key2
10  one     0   -0.936818      0.920845
11          2    0.190104      0.252415
12          4    0.896108      0.407758
13  two     3   -1.178474     -0.489340
14          1   -0.359200     -0.242611
```

3．桶分析

Pandas 有一些工具，如 cut 和 qcut，可以将数据按照选择的箱位或样本分位数进行分桶。与 groupby 方法一起使用可以对数据集更方便地进行分桶或分位分析。具体实现如下。

```
1   # 使用cut将简单的随机数据切分到4个桶中
2   In[1]:
3   frame = pd.DataFrame({'data1':np.random.randn(1000),'data2':np.random.randn(1000)})
4   quartiles = pd.cut(frame.data1,4)
5   quartiles[:4]
6
7   Out[1]:
```

```
 8   0     (-1.264, 0.459]
 9   1     (-1.264, 0.459]
10   2      (0.459, 2.182]
11   3      (2.182, 3.906]
12  Name: data1, dtype: category
13  Categories (4, interval[float64]): [(-2.995, -1.264] < (-1.264, 0.459) <
    (0.459, 2.182) < (2.182, 3.906))
14
15  # cut执行后，得到一个序列对象
16  In[2]:
17  type(quartiles)
18
19  Out[2]:
20  pandas.core.series.Series
21
22  # 可以使用序列对象对数据集分组。因此，通过下面的操作可以得到每个桶的统计指标
23  In[3]:
24  def get_stats(group):
25      return {'min':group.min(),'max':group.max(),'count':group.count(),'mean':group.mean()}
26
27  grouped=frame.data2.groupby(quartiles)
28  grouped.apply(get_stats).unstack()
29
30  Out[3]:
31                       min          max          count      mean
32  data1
33  (-3.208, -1.661]    -2.284620     2.194525     46.0       0.168924
34  (-1.661, -0.12]     -2.637363     2.627421     395.0      -0.019699
35  (-0.12, 1.422]      -2.742264     3.069145     471.0      -0.023547
36  (1.422, 2.963)      -1.466162     2.834021     88.0       0.073652
```

3.3.6　数据分析案例

随着互联网技术的快速发展，电商购物也越来越普及，只要有网络的地方，人们就可以轻松地买到自己心仪的商品。通过对消费者在网站上的访问历史、购买记录等数据进行分析，电商平台可以进一步了解消费者的喜好，有针对性地为消费者推荐合适的商品，开展相关促销活动，提升销售业绩，或者发掘更多潜在的商业价值。本节以在 Kaggle 网站上的电商数据 ecommerce-data 为例[①]，从实例出发，带领读者体验数据分析的整个过程。

首先为方便操作，我们将数据从网上下载到本地，然后使用 Pandas 加载数据，对数据进行预览，了解数据的基本字段。

```
1  # coding:utf-8
2  import numpy as np
3  import pandas as pd
4  import matplotlib.pyplot as plt
5  import seaborn as sns
6
7  data = pd.read_csv('./ecommerce_data.csv')
8  data.head()
```

得到的输出内容如图 3-14 所示。

---

① Kaggle 是一个主要为开发商和数据科学家提供举办机器学习竞赛、托管数据库、编写和分享代码的平台。

	InvoiceNo	StockCode	Description	Quantity	InvoiceTime	InvoiceDate	UnitPrice	CustomerID	Country
0	536365	85123A	WHITE HANGING HEART T-LIGHT HOLDER	6	8:26	2010-12-1	2.55	17850.0	United Kingdom
1	536365	71053	WHITE METAL LANTERN	6	8:26	2010-12-1	3.39	17850.0	United Kingdom
2	536365	844068	CREAM CUPID HEARTS COAT HANGER	8	8:26	2010-12-1	2.75	17850.0	United Kingdom
3	536365	84029G	KNITTED UNION FLAG HOT WATER BOTTLE	6	8:26	2010-12-1	3.39	17850.0	United Kingdom
4	536365	84029E	RED WOOLLY HOTTIE WHITE HEART.	6	8:26	2010-12-1	3.39	17850.0	United Kingdom

图3-14　输出内容

数据中各字段的含义如下。

- InvoiceNo：发票编码。
- StockCode：产品代码，这是区分产品的唯一标识。
- Description：商品描述。
- Quantity：产品的购买数量。
- InvoiceTime：商品购买时间。
- InvoiceDate：商品购买日期。
- UnitPrice：产品单价。
- CustomerID：客户编码，这是区分客户的唯一标识。
- Country：客户所在国家或地区。

Description 字段对我们来说没有太多分析的价值，可以先将这列数据删除，然后使用 data.info() 查看数据的概况。数据的概况如图 3-15 所示。

```
1  data.drop("Descriptioin", axis=1, inplace=True)
2  data.info()
```

从图 3-15 中可以看出，CustomerID 这一列数据存在缺失值，使用 data[data ['CustomerID'].isnull()] 获取包含缺失值的数据，结果如图 3-16 所示。

```
<class 'pandas.core.frame.DataFrame'>
RangeIndex: 541909 entries, 0 to 541908
Data columns (total 8 columns):
 #   Column       Non-Null Count    Dtype
---  ------       --------------    -----
 0   InvoiceNo    541909 non-null   object
 1   StockCode    541909 non-null   object
 2   Quantity     541909 non-null   int64
 3   InvoiceTime  541909 non-null   object
 4   InvoiceDate  541909 non-null   object
 5   UnitPrice    541909 non-null   float64
 6   CustomerID   406829 non-null   float64
 7   Country      541909 non-null   object
dtypes: float64(2), int64(1), object(5)
memory usage: 33.1+ MB
```

图3-15　数据的概况

	InvoiceNo	StockCode	Quantity	InvoiceTime	InvoiceDate	UnitPrice	CustomerID	Country
622	536414	22139	56	11:52	2010-12-1	0.00	NaN	United Kingdom
1443	536544	21773	1	14:32	2010-12-1	2.51	NaN	United Kingdom
1444	536544	21774	2	14:32	2010-12-1	2.51	NaN	United Kingdom
1445	536544	21786	4	14:32	2010-12-1	0.85	NaN	United Kingdom
1446	536544	21787	2	14:32	2010-12-1	1.66	NaN	United Kingdom
...	...	...	...	...	...	...	...	...
541536	581498	85099B	5	10:26	2011-12-9	4.13	NaN	United Kingdom
541537	581498	85099C	4	10:26	2011-12-9	4.13	NaN	United Kingdom
541538	581498	85150	1	10:26	2011-12-9	4.96	NaN	United Kingdom
541539	581498	85174	1	10:26	2011-12-9	10.79	NaN	United Kingdom
541540	581498	DOT	1	10:26	2011-12-9	1714.17	NaN	United Kingdom

135080 rows × 8 columns

图3-16　包含缺失值的数据

通过分析这些数据并未发现明显的特点，所以我们将 CustomerID 字段转换为字符串，用 unknown 字符串来填充缺失值。

```
data["CustomerID"] = data["CustomerID"].astype("str").fillna("unknown")
```

接下来，判断数据中是否有重复值。

```
data.duplicated().sum()
```

得到的结果为 5270，即当前数据中有 5270 条记录重复，因此需要删除重复值。

```
data = data.drop_duplicates()
```

接下来，查看数据的基本统计信息，得到的结果如图 3-17 所示。

```
data.describe()
```

	Quantity	UnitPrice
count	536639.000000	536639.000000
mean	9.619500	4.632660
std	219.130206	97.233299
min	-80995.000000	-11062.060000
25%	1.000000	1.250000
50%	3.000000	2.080000
75%	10.000000	4.130000
max	80995.000000	38970.000000

图3-17　数据统计信息

从图 3-17 中可以看出，购买数量和商品单价的最小值都是负数。购买数量为负数一般表示退货信息，而商品单价为负数则可能表示一些异常数据。下面统计商品单价为负数的异常值。

```
data[data["UnitPrice"]<0].count()
```

得到的结果如下所示。

```
InvoiceNo      2
StockCode      2
Quantity       2
InvoiceTime    2
InvoiceDate    2
UnitPrice      2
CustomerID     2
Country        2
dtype: int64
```

从上面的统计可以看出，商品单价为负数的异常值个数比较少，我们可以直接剔除这些异常值，仅使用商品单价大于或等于 0 的数据做分析（单价为 0 的商品，通常为赠品）。

```
data = data[data["UnitPrice"]>=0]
```

接下来，对数据进一步规整，从交易日期 InvoiceDate 中提取出交易的年月日信息，从交易时间 InvoiceTime 中提取出交易的小时信息，这可以方便后期对不同时间段的交易情况进行分析，同时计算每个交易流水的总金额（商品数量 × 商品单价），并将数据分为购买记录（购买数量不小于 0）和退货记录两部分（购买数量小于 0）进行分析。

```
1  data[["Month","Day","Year"]] = data["InvoiceDate"].str.split("-",expand=True)
2  data["Hour"]=data["InvoiceTime"].str.split(":",expand=True)[0].astype("int")
3  data["Total"]=data["Quantity"]*data["UnitPrice"]
4
5  # 拆分成购买记录和退货记录
6  data_buy = data[data["Quantity"] >= 0]
7  data_return = data[data["Quantity"] < 0]
```

1）分析产品销量和退货量

根据产品品类进行汇总统计，将汇总后的数据按照销量排列，可以获取销量 Top10 和退货量 Top10 的商品，得到的结果如图 3-18 所示。

```
1  data_quantity=data["Quantity"].groupby(data["StockCode"]).sum().sort_values
   (ascending=False)
2  print('销量Top10的商品 :\n', data_quantity[:10])
3  print('退货量Top10的商品 :\n', data_quantity[-10:])
```

2）分析商品价格分布和商品价格与销量之间的关系

首先对商品品类去重，每一种商品仅保留一条记录，然后获取各种商品单价的统计信息，得到的结果如图 3-19 所示。

```
1  data_stock=data.drop_duplicates(["StockCode"])
2  data_stock["UnitPrice"].describe()
```

```
销量Top10的商品 :
 StockCode
22197      56427
84077      53751
85099B     47260
85123A     38811
84879      36122
21212      36016
23084      30597
22492      26437
22616      26299
21977      24719
Name: Quantity, dtype: int64
退货量Top10的商品 :
 StockCode
22618      -1632
79323B     -1671
79323P     -2007
23059      -2376
72732      -2472
79323LP    -2618
79323W     -4838
72140F     -5368
23003      -8516
23005     -14468
Name: Quantity, dtype: int64
```

```
count    4070.000000
mean        6.905278
std       173.775142
min         0.000000
25%         1.250000
50%         2.510000
75%         4.250000
max     11062.060000
Name: UnitPrice, dtype: float64
```

图 3-18　销量 Top10 的商品和退货量 Top10 的商品　　　　图 3-19　各种商品单价的统计信息

从图 3-19 中可以看出，所有商品的单价平均值为 6.905278 元，大于中位数 2.51 元，也大于上四分位数 4.25 元，商品的整体单价偏低，但其中个别商品的单价比较高，最高可达 11062.06 元，因此导致商品单价的标准差较大。

　　对商品单价进行区间分布统计并绘图，可以得到图 3-20 所示的结果。从图中可以看出，绝大多数的商品价格在 10 元以内；(1,2] 元的商品种类最多，有 894 种；(2,3] 元的商品种类有 733 种。

```
1  stock_price = pd.cut(data_stock["UnitPrice"],bins=[0,1,2,3,4,5,10,50,100,500,10000,
   20000]).value_counts().sort_index()
2  plt.figure(figsize=(15, 7))
3  stock_price.plot(kind='bar')
4  X = np.arange(len(stock_price))
5  for x,y in zip(X,stock_price):
6      plt.text(x+0.05,y+0.05,'%d' %y, ha='center',va='bottom')
7  plt.xticks(fontsize=12, rotation=60)
8  plt.xlabel('UnitPrice', fontsize=14)
9  plt.ylabel('Count', fontsize=14)
10 plt.show()
```

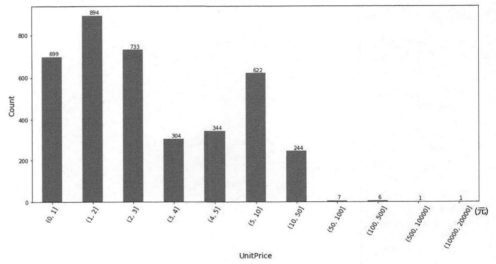

图3-20　商品单价区间分布

　　3）分析退货商品价格分布和退货量之间的关系

　　对退货商品价格进行区间分布统计并绘图，可以得到图 3-21 所示的结果。从图中可以看出，退货商品最多的价格区间是（1,2] 元，占所有退货商品的 28.32%；其次是（0,1] 元的商品，占所有退货商品的 22.70%。

```
1  return_stock=data_return.drop_duplicates("StockCode")
2  return_cut=pd.cut(return_stock["UnitPrice"],bins=[0,1,2,3,4,5,10,100,20000]).
   value_counts().sort_index()
3  return_cut_per = return_cut/return_cut.sum()
4  plt.figure(figsize=(15, 7))
5  plt.pie(return_cut, labels=return_cut_per.keys() , autopct='%.2f%%', pctdistance=
   0.7, rotatelabels=True)
6  plt.axis('equal')
7  plt.show()
```

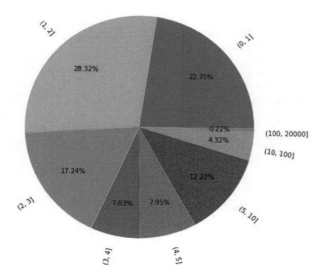

图 3-21　退货商品单价区间分布

4）分析不同时间段的商品销售情况

对订单数据按月统计，分析一年中每个月的销量和销售总额，可以得到图 3-22 所示的结果。从图中可以看出，从 1 月到 12 月，商品销量呈现波动上升状态，11 月商品最畅销，销售总额达到了 1455608 元，4 月销售总额最低，约为 11 月销售总额的 1/3。

```
1   data["Month"]=data["Month"].astype("int")
2   data_month = data["Total"].groupby(data["Month"]).sum().sort_index()
3   data_month_qunantity = data["Quantity"].groupby(data["Month"]).sum().sort_index()
4   plt.figure(figsize=(15, 7))
5   plt.plot(data_month, '-o')
6   plt.plot(data_month_qunantity, '-*')
7   X = np.arange(len(data_month))
8   for x,y in zip(X,data_month):
9       plt.text(x+1,y+1,'%d' %y)
10  for x,y in zip(X,data_month_qunantity):
11      plt.text(x+1,y+1,'%d' %y)
12  plt.xticks(fontsize=12)
13  plt.xlabel('Month', fontsize=14)
14  plt.ylabel('Number', fontsize=14)
15  plt.legend(['Total','Quantity'],loc='upper left', frameon=True)
16  plt.show()
17
```

同理，对订单数据按小时统计，分析一天中每小时的销量和销售总额，可以得到图 3-23 所示的结果。从图中可以看出，商品销售主要集中在 10 点到 15 点，每小时的销售总额都在 110 万元以上，10 点和 12 点的销售总额达到了 132 万以上。

```
1   data["Hour"]=data["Hour"].astype("int")
2   data_hour = data["Total"].groupby(data["Hour"]).sum().sort_index()
3   data_hour_qunantity = data["Quantity"].groupby(data["Hour"]).sum().sort_index()
4   plt.figure(figsize=(15, 7))
5   plt.plot(data_hour, '-o')
6   plt.plot(data_hour_qunantity, '-*')
7   X = np.arange(len(data_hour))
```

```
8  for x,y in zip(X,data_hour):
9      plt.text(x+6,y+1,'%d' %y)
10 for x,y in zip(X,data_hour_qunantity):
11     plt.text(x+6,y+1,'%d' %y)
12 plt.xticks(fontsize=12)
13 plt.xlabel('Hour', fontsize=14)
14 plt.ylabel('Total', fontsize=14)
15 plt.legend(['Total','Quantity'],loc='upper left', frameon=True)
16 plt.show()
```

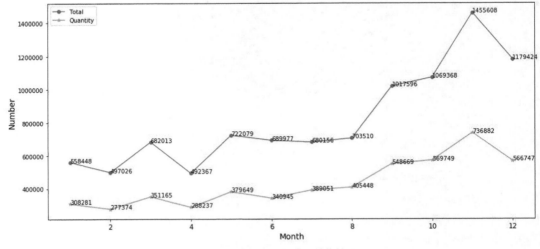

图 3-22   不同月份的商品销售情况

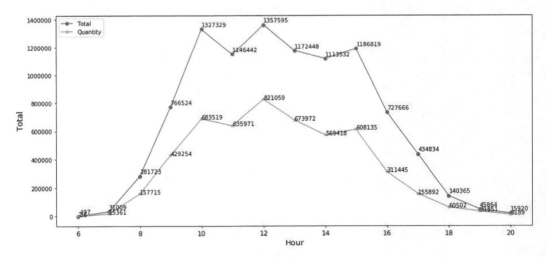

图 3-23   不同小时段的商品销售情况

综上分析，我们可以为该电商平台提出一些建议。

- 针对退货量比较高的商品，要重点关注，确认商品有无质量问题或设计缺陷，与供货商协调优化商品，或减少商品进货量，及时止损。
- 8 月份之后，商品销量有明显上升，为保证充足的货源，建议该电商平台提前备货。
- 10 ～ 15 点的商品销量远高于其他时段，建议该电商平台在这几小时内做好相应的资源协调，保证用户能正常下单。

关于数据分析报告的撰写部分，此处不再详细介绍，读者可参考 3.1 节介绍的一些行业报告网站，学习报告撰写的思路和要点。

3.4 本章小结

本章首先介绍了数据分析的基本概念和常用的 Python 数据分析库，以及利用 Python 进行数据分析的一些重要步骤，然后结合相应的实例展示了数据分析的整个过程，希望读者能从中掌握数据分析的基本方法，并学会使用 Python 完成简单的数据分析，应用于日常生活和工作中，达到辅助决策和提高工作效率等目的。

下一章将介绍机器学习的相关知识。机器学习是很多学科的知识的融合，而数据分析是机器学习的基础，只有学会了处理数据的方法，才能看懂机器学习方面的知识。因此，希望读者能掌握本章的基础知识，为后续的学习打好基础。

第 4 章　机器学习基础

在介绍了 Python 编程基础和数据分析的基础内容之后，本章将系统地介绍机器学习基础知识。本章首先从机器学习基本概念开始，阐述什么是机器学习、机器学习要解决的问题、机器学习算法的主要分类、常用的训练方式和机器学习三要素。之后会分析两个常用的机器学习库，最后介绍常用的机器学习算法。

4.1　机器学习简介

4.1.1　机器学习中的基本概念

如果我们用机器学习来判断今天是否适合出门打球，那我们首先要收集一些气象信息（数据）作为机器学习判断的参考，机器根据这些数据来分析今天的天气情况，帮助我们判断是否适合出门打球。这些数据的集合就称为"数据集"，其中每一个数据称为"示例"或者"样本"。气象信息中天气、温度、湿度等这些是数据的属性，我们将这种属性称为"特征"。其中天气的取值可以是"晴天""阴天""雨天"等，这些属性值构成了"属性空间"。每天的气象信息由不同的属性构成，每个属性代表不同的维度，所有属性放在一起就是一个多维的空间，每天的气象信息都可以从这个多维的空间中找到一个点（样本）。因为空间中的每个点（样本）都对应一个坐标向量，所以我们将每个"样本"又称为一个"特征向量"。"可否打球"就是机器学习根据当天数据（气象信息）做的一个概括性的结论，我们称之为标签。表 4-1 中列举了一些气象信息的特征和打球之间的关系。

分析这些天气数据，我们就能获得基于天气特征来判断是否适合打球的"理论依据"，这些"理论依据"称为模型。从数据集中"学得"模型的过程称为"学习"或者"训练"。训练中使用的数据集称为"训练数据集"。有了模型之后，需要评估模型的好坏和准确性。此时可以将模型应用到另外一批有标签的数据上来，通过"训练"得出结果，用结果表判断模型的准确性，这批有标签的数据集称为"验证数据集"。如果模型在验证数据集上预测出的结论与其真实结果的差异足够小，并且满足预期，那么我们认为模型的准确性是可以接受的。

如上所示，我们得到了一个效果可以接受的模型，下一个步骤就是放到实际应用中去，例如，使用模型来推断今天的天气是否适合打球。当然，前提是已经掌握了今天的气象数据，如天气、温度、湿度。这些用于验证模型好坏的天气数据就称为"测试数据集"。

表 4-1　气象信息的特征与打球之间的关系

编号	天气	温度	湿度	可否打球
1	晴朗	炎热	高	否
2	晴朗	炎热	高	否
3	阴天	炎热	高	是

续表

编号	天气	温度	湿度	可否打球
4	下雨	温和	高	是
5	下雨	凉爽	正常	是

在训练好模型后，我们期望将模型放到实际应用中，理想中的应用数据与训练数据集理论上是独立同分布的，但也可能与训练数据集差异较大。这个时候，模型表现出来的分析能力、分类能力、预测能力、识别能力的好坏就变得尤为重要。我们期望训练出的模型在任意类似环境中的任意数据集上都能够保持训练时的效果，虽然这几乎是不可能实现的，但是仍然希望训练出适应于尽可能多的场景、数据集的模型。模型适应新数据的能力就是泛化能力，在机器学习应用中我们追求泛化能力强的模型。

4.1.2 机器学习分类及训练方式

1. 机器学习分类

机器学习的目的是找到一种方法，使得计算机通过数据分析、自我学习等方式去实现分析、预测等功能，寻找这种方法的过程就是训练模型的过程。训练出一个模型的方法有很多种，这些方法都可以称为机器学习算法。

机器学习算法要解决的问题大致分为 3 类——回归问题、分类问题和聚类问题。解决这些问题的算法有很多种，基本的学习算法有线性回归算法、聚类算法、神经网络算法、决策树算法、随机森林算法、降维算法等。图 4-1 展示了机器学习方式。

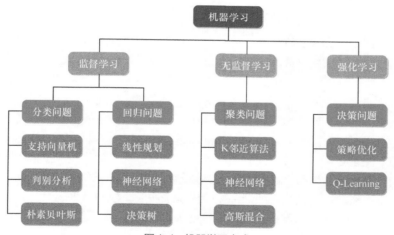

图 4-1 机器学习方式

- 监督学习。对于监督学习，训练过程中使用的数据是有标签的，而且输入与输出的数据和格式是基本不变的，如输入为不同日期的气象数据，输出是一个或者一串带有"可否打球"的标签信息。在常见算法中，决策树是一种典型的监督学习算法，训练过程中的剪枝操作依赖样本的标签信息，另外的一些算法将在后续的章节中进行详细介绍。

- 无监督学习。相对于监督学习，无监督学习在训练的过程中，使用的数据集中是没有标签的。即上例的训练数据中没有"是否可以打球"这个结论，我们用于训练的数据只有不同日期的气象数据，我们要根据这些数据将天气分为不同的类别——适合打球的天气或者不适合打球的天气。在监督学习算法中，我们可以根据带有标签的数据得到某天的天气是否适合打球的结论；而在无监督学习算法中，我们可能更关注特征相似的天气可以分为几类。

- 强化学习。在监督学习中训练使用的数据集是有标签的，但在很多真实环境（如对话系统、象棋比赛等）中，没有标签的数据是最多的。强化学习相较于监督学习的一大特点就是使用的数据没有标签，也就是没有固定的训练结果。这和无监督学习中使用的数据相似，但无监督学习得到的是整个数据集的信息，如分类问题。在强化学习中，我们的重点更倾向于细粒度的结果，如在对话系统中对方说出一句话我们该如何应答，象棋比赛中对方下了一步棋我们该怎么应对等。强化学习的应用场景很多，无人驾驶、股票预测等都会用到强化学习，著名的 AlphaGo 的核心原理之一就是强化学习。

强化学习训练过程基于马尔可夫决策过程，简单来说就是，模型通过"采取"行动（action）从而改变自己的状态（state），获得奖励（reward），并与环境（environment）发生交互的循环过程。模型有一个状态集 S 和动作集 A，在当前的 s 状态下采用一个 a 行动可能到达下一个状态 s_1 的概率是 P，$R(s,a)$ 表示采取 a 行动后的及时奖励，根据不同的回报，会采取不同的行动。强化学习算法根据每个决策的奖励来训练自己，若奖励比较高，则认为这是一次比较成功的行动。然后根据当前的状态再生成下次要产生的行动。如此循环就可以反复收集和选择样本。通过大量的训练之后，算法能够在测试中具有比较好的效果。

2. 机器学习训练方式

1）在线训练和离线训练

机器学习可以使用离线训练和在线训练两种方式来完成训练。离线训练是指我们已经拥有了大量的历史数据，并使用这些数据对模型进行批量训练；在线训练是指数据会不断地从业务系统中生成，而我们会通过比较小的模型调整，使模型更好地拟合这些新生成的数据。

这两种训练方式各有利弊。离线训练具有的优势是易于构建和测试、实用性比较强。在离线训练中可以用比较低的成本对训练迭代和优化，直到达到期望的模型，并且在确保一切正常之后再把模型上线以提供服务。离线训练的缺点是需要从输入的时候就对数据做监控，如果输入的数据分布发生了变化，而模型还将依据原来的方式处理，就可能产生异常的预测结果。这样训练出来的模型很容易过时，当我们用了大量时间来训练好一个模型之后，很可能还没有应用就已经适应不了新数据，因此必须训练新的模型来适应新数据带来的改变。

在线训练会使用线上实时数据不断对训练的模型进行调整，因此，训练系统需要更复杂的逻辑与监控来观察和纠正训练的模型，使它不要偏离了正轨。尽管需要做一些额外的工作，但是这样训练出来的模型的好处是，可以快速并且自动地适应具有某些新特征的数据，不存在过时的问题。然而，从另外一方面来说，由于在线训练系统是动态更新的，训练过程中如果检测到模型异常，要及时纠错，系统的复杂程度和维护成本相对较高。

如果训练的模型应用场景中数据不会频繁地发生变化，选取离线的训练模式能更好地保证系统的稳定性。典型的应用场景就是图片识别，在十字路口监控行人行为的场景中，行人的基本特征是不会频繁改变的，所以模型比较适合。但是，类似新闻热点等经常发生变化的场景中，我们更希望模型可以感知到数据变化，因而在此类应用场景中，如果使用在线的训练模型，自适应性会更强一些。

2）在线预测和离线预测

机器学习的目的在于对新增的数据做出预测。预测分为离线预测和在线预测两种。不管是在线训练模型还是离线训练模型，我们都将模型直接放到产品线上运行，此类方法是在线预测。如果我们将训练好的输入和与之对应的训练结果离线存储，线上使用的时候根据输入，从数据库中查找对应的结果作为预测结果输出，此类方式为离线预测。

对于离线预测，我们要准备好系统需要的所有样本或数据，并将它们分门别类地存储到一个规模较大的表中，在使用的时候根据需要查询，采用这种预测方式的系统不需要经过计算，整体性能比较高。

对于在线预测，我们要将用户输入的数据放到模型中，模型返回一个预测结果，这个过程意味着每个输入都要经过模型这个"工厂"才能产生预测结果。很明显，此类预测方式会用到大量的计算并占用大量的带宽资源，因此，在复杂度较高的模型或者实时性要求较高的场景中，此类在线预测并不适用。预测通常是在线服务，相对于离线训练，在线预测中算法复杂度相对较低，但是对稳定性的要求会更高。在提升系统稳定性方面也有很多解决方案，如负载均衡、故障转移、动态扩容等。

4.1.3　机器学习三要素

如果我们把原始数据比作原材料，那么机器学习就是一个处理原材料的"工厂"，对数据进行一系列的加工就是处理数据的方法，机器学习中的方法主要由模型、策略和算法组成，可以表示为"方法 = 模型 + 策略 + 算法"。

机器学习的各种方法都由以上 3 部分构成，我们通常接触到的决策树、聚类学习、降维学习、集成学习等都包括在内。

1. 模型

在机器学习中，模型的实质是一个带有参数的函数表达式，我们希望模型可以反映出数据从输入到输出的所有映射关系或规律。如果每个关系都由一种函数来描述，不同关系对应函数中不同的参数，那么模型的训练目标就是找到一个函数以尽可能多地描述其中的规律，即求这个模型中最适合的参数并作为最优解。机器学习中的模型分为判别式模型和生成式模型。

判别式模型是对数据输出做判别的模型，多用于监督学习，尤其适合解决分类问题。该模型主要对条件概率 $P(y|x)$ 进行建模，即通过 x 来预测 y，并努力使 x 和 y 更加对应。把测试用例放到模型里面去，标签就会自动生成。

生成式模型基于贝叶斯统计，生成式模型的处理过程会有一些关于数据的统计信息和分布，更接近于统计学。对于生成式模型，先对联合概率分布 $P(x, y)$ 建模，在获取联合概率分布之后，通过贝叶斯公式得到条件概率分布，由此可见，生成式模型所携带的信息更加丰富。在训练数据集较少的时候，生成式模型的误差会比判别式模型的大，但随着训练数据集的增加，生成式模型会比判别式模型的收敛速度更快。

生成式模型可以通过贝叶斯转换成判别式模型，反之不行。生成式模型中所有的过程都是可追溯的，当发生问题时，比较容易定位到哪一个环节有问题。然而，判别式模型整体上是一套模型，内部不易追溯。

常见的判别式模型有逻辑回归模型、线性判别分析、支持向量机、线性回归模型、神经网络等。常见的生成式模型有高斯混合分布、隐马尔可夫过程、朴素贝叶斯模型、贝叶斯网络等。

2.　策略

机器学习的目标是获得模型的一个最优解，那么该怎样评估并且动态地调节不同的解呢？机器学习的策略就是指通过在模型训练中调节参数或者更改策略使得最终的训练效果最优。

在进一步了解策略的方法之前，我们先来了解一下如下几个概念。

1）目标函数

模型是一个带有参数的表达式，为了使训练效果最好，我们一般会构造一个目标函数。为了找到最优的模型参数，我们会把模型的训练类比为求函数的极值问题，通过数学的方法求得极大值或者极小值，从而得到模型的训练结果。因此在一个模型中，构造一个合适的目标函数是非常重要的。在不同的问题和算法中，目标函数的构造方法也不一样。我们根据要解决的问题可以得到不同的目标函数构造方式。我们假定目标函数为 $f(x)$，各类算法要解决的问题如表 4-2 所示。

表 4-2　算法要解决的问题

算法分类	要解决的问题
分类算法	判断数据集是什么，属于哪一类
回归算法	判断数据的值是什么
聚类算法	确定如何划分数据集
数据降维	压缩数据
强化学习	维度极大值，尽快找到最优解

2）损失函数

以分类问题为例，如果我们用 $f(x)$ 来表示数据集属于哪一类，则 $f(x)$ 可以有多种形式的目标函数。设 Y 为其真实值，我们每给定一个 x 都会有一个 y 值，即 $f(x)$ 输出的 y 值可能与真实值 Y 相同，也可能不同。我们可以用一个函数来表示拟合值的好坏。

$$L(Y, f(x)) = (Y - f(x))^2$$

这个函数表达了拟合结果与真实值之间的误差，称为损失函数（见图 4-2），也叫代价函数。损失函数的值越小，表示拟合结果与真实值之间的误差越小，效果越好。

3）欠拟合和过拟合

在之前的章节中我们介绍过，泛化能力是衡量模型适用性的标准。如果泛化能力不好，则可能会出现欠拟合或者过拟合的现象。欠拟合的意思是模型在训练数据集和测试数据集上表现的效果都不好，真实的数据距离拟合结果较远，不能表示数据之间的关联，本质上是模型训练不到位，数据特征提取不到位。与欠拟合对应的是过拟合，过拟合是指在

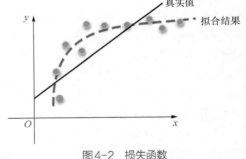

图 4-2　损失函数

模型拟合真实数据时，要求偏差尽可能小而导致的拟合过度，因此会受到偏差数据的影响较大，即所谓的"矫枉过正"。过拟合的表现是模型参数太贴合训练数据集，模型在训练数据集

上效果很好而在测试数据集上表现不好。

造成欠拟合和过拟合的原因有很多。训练参数较少、训练数据选取不合理、训练数据集少都可能会造成数据特征不能正确提取，从而造成欠拟合。同时，如果训练参数较多、数据集中噪声造成的干扰比较大、样本容量小，则可能会产生过拟合现象。通俗来讲，欠拟合的是"训练不够"造成的，而过拟合则是"过度训练"的结果。

在选择了合适的数据集的前提下，如何避免欠拟合和过拟合是模型训练中要解决的主要问题。既要平衡参数设置，又要控制训练轮数，在提取到足够信息的前提下又不至于使得模型被个别偏差较大的数据"带偏"，这是一门需要平衡的"艺术"。

3. 算法

在上一节中，我们把训练的函数抽象为 $f(x)$，其实在不同的问题中，$f(x)$ 的内容是不一样的，这个 $f(x)$ 就是算法。另外，我们要寻找的目标函数和要降低的损失函数也都是依靠算法来实现的。我们会在具体问题中将其转换为一个具体的公式来进行极值的计算和公式的推导。

4.2　机器学习库

4.2.1　Scikit-learn

Scikit-learn（简称 Sklearn），是一个重要的 Python 机器学习库。它对常用的机器学习方法进行了封装，包括分类、回归、聚类和降维四大机器学习算法，还包括了特征提取、数据处理和模型评估三大模块。Sklearn 基于 NumPy 和 SciPy，支持 Windows、macOS、Linux 三种平台。

如果已经安装 NumPy 和 SciPy，可以使用 pip install-U scikit-learn 命令安装 Sklearn。

1. Sklearn学习模式

图 4-3 即为 Sklearn 算法的流程。我们可以看到从 START 开始，如果数据集大于 50个，则可以开始训练；否则，我们需要收集更多的数据。从图 4-3 中还可以看到，有标签的分类（classification）学习可以实现预测等功能的回归（regression）学习，没有标签的聚类（clustering）学习用来整合压缩属性的降维（dimensionality reduction）学习。根据流程和训练的目的，我们可以选择合适的学习方法。

Sklearn 支持多种学习模式，并对所有的学习模式进行了整合和统一。我们只要了解了通用的学习模式，就可以把它们应用在其他的学习模式当中。下面我们将通过分类学习算法来介绍这种学习模式。

首先我们介绍鸢尾花数据集，数据集共收集了 3 类鸢尾花，即 Setosa 鸢尾花、Versicolour鸢尾花和 Virginica 鸢尾花。对于每一类鸢尾花，收集了 50 条样本记录，共计 150 条。数据集包括 4 种属性，分别为花萼的长、花萼的宽、花瓣的长和花瓣的宽，我们可以根据 4 种属性来区分不同的鸢尾花品种。

```
1  from sklearn.model_selection import train_test_split
2  from sklearn import datasets
3  from sklearn.neighbors import KNeighborsClassifier
4  iris = datasets.load_iris()
5  x = iris.data
```

```
6   y = iris.target
7   x_train, x_test, y_train, y_test = train_test_split(x, y, test_size=0.3)
8   knn = KNeighborsClassifier()
9   knn.fit(x_train,y_train)
10  print(knn.predict(x_test))
11  print(y_test)
```

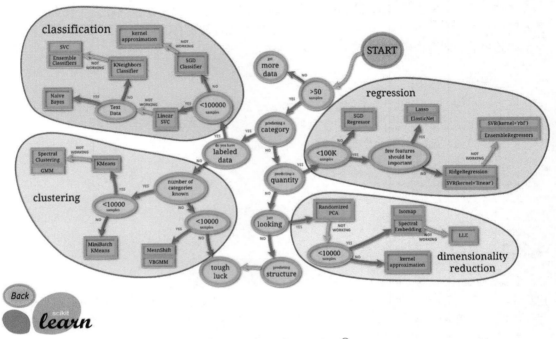

图4-3　Sklearn算法的流程[①]

程序解释如下。

（1）导入数据划分模块，数据划分模块可以将原始数据划分为训练数据集和测试数据集。

（2）导入 Sklearn 的数据集，Sklearn 的数据集中自带了很多通用的数据集。

（3）导入 Sklearn 的 K 近邻分类器，K 近邻分类器可以将数据集中特征值相近的数据划分为同一类别。

（4）加载数据集中的鸢尾花数据集。

（5）取出数据集中所有的属性 data，data 的格式为 [[5.1 3.5 1.4 0.2][4.9 3.2 1.4 0.2]…]，每组中有 4 个值，代表着 4 个属性的取值。

（6）取出数据集中的分类，即监督学习中的标签，标记样本集所属的类别，在本例中为 0 ～ 2 的数据集，代表着不同类别的鸢尾花。

（7）将数据集切割为训练数据集和测试数据集，目的是区分开两个集合，使它们不会在训练和测试中互相影响。本例中采用的方案是将所有数据集中的 30% 划分为测试数据集，另外的 70% 划分为训练数据集，即 x_train、y_train 的占比为 70%。需要注意的是，train_test_split 还会对数据进行一个打乱的操作，这样是为了使模型可以正确地提取到数据特征和规律。

（8）定义模型方法，本例中采用 K 近邻算法，简称为 knn。

（9）调用 fit 方法自动完成模型训练，这是关键的一步。

---

① 图片源自 Sklearn 官网。

（10）将测试数据集 x_test 应用到训练完成之后的 knn 模型中，并输出预测结果。

（11）输出测试数据集中的真实结果，对比步骤（10）中的结果，可以分析预测结果和真实结果之间的误差。

输出结果如下。

```
[0 2 2 1 2 0 1 1 1 1 0 1 2 2 1 1 2 2 2 0 0 2 2 1 1 1 1 2 2 1 1 0 2 1 1 1 0 1 2 1 2 2 0 0]
[0 1 2 1 2 0 1 1 1 1 0 1 2 2 1 1 2 2 2 0 0 2 2 1 1 1 1 2 2 1 1 0 1 2 1 1 0 1 2 1 2 2 0 0]
```

从上面的结果我们可以看出，预测值和真实值是不完全一样的，这说明机器学习得出的训练结果只能无限趋近于真实值，不能完全和真实值一样。

如上所述就是 Sklearn 的通用学习模式，我们还可以选择不同的数据源、不同的模型、不同的数据切割方法等来输出不同的训练效果。

2. Sklearn 常用数据集

在模型的训练过程中离不开数据集，方便的数据集可以使我们把更多的精力放在模型的优化上，Sklearn 提供了几种类型的数据集。

- 自带的数据集：sklearn.datasets.load_<name>。
- 可在线下载的真实数据集：sklearn.datasets.fetch_<name>。
- 计算机生成的数据集：sklearn.datasets.make_<name>。
- svmlight/libsvm 格式的数据集：sklearn.datasets.load_svmlight_file(…)。
- 在线获取的数据集：sklearn.datasets.fetch_mldata(...)。

下面介绍部分数据集。

1）自带的数据集

常见的自带的数据集如鸢尾花数据集、波士顿房价数据集、乳腺癌数据集、红酒数据集、葡萄酒数据集等，如表 4-3 所示。

表4-3 Sklearn自带的数据集

自带的数据集	API	数据集特征
波士顿房价数据集	Load_boston( )	可用于回归任务
鸢尾花数据集	Load_iris( )	可用于多分类/聚类
糖尿病病情数据集	Load_diabets( )	可用于回归任务
手写数字数据集	load_digits( )	可用于训练神经网络
体能训练数据集	load_linnerud( )	可用于多变量回归
红酒数据集	load_wine( )	可用于多分类
乳腺癌数据集	load_breast_cancer( )	可用于二分类

2）可在线下载的真实数据集

Sklearn 提供了下载真实数据集（见表 4-4）的工具，在需要这些数据的时候可以使用 API 来进行下载。

表4-4 真实数据集

真实数据集	API	简介
人脸识别数据集	fetch_olivetti_faces([data_home,shuffle,…])	包含人脸数据的数据集
新闻文档数据集	fetch_20newsgroups([data_home,subset,…])	包含18000篇新闻文章，共涉及20种话题

续表

真实数据集	API	简介
森林植被数据集	fetch_covtype([data_home,…])	包含美国科罗拉多州不同地块的森林植被类型
Kdd99入侵检测数据集	fetch_kddcup99([subset,data_home,shuffle,…])	包含4大类（39种攻击类型）网络连接记录

3）生成的数据集

Sklearn 内包含随机样本生成器，可以用来构建可控大小和复杂度的数据集。Sklearn 可以生成分类和聚类数据集，也可以生成回归数据集。

Sklearn 为每个类分配一个或多个正态分布的点簇来创建多类数据集。为了更好地控制集群的中心和标准差，还可以通过相关、冗余或者非信息特征，每类的多个高斯簇、特征空间的线性变换等来引入噪声。此外，Sklearn 也可以通过生成多标签的随机样本来生成多标签的数据集。

3．交叉验证

Sklearn 支持交叉验证，帮助我们更好地完成模型训练。在模型训练过程中，一般会拿出大部分数据来进行建模，用一小部分数据来进行验证模型。数据集分为训练数据集和测试数据集，并根据测试数据集的验证结果与真实结果来做误差分析，记录所有误差的平方和。

这种方法会产生一些问题：一方面，训练结果严重依赖数据集的划分，不同的划分方式下训练出的模型可能波动很大；另一方面，这种方法本质上只用了部分数据做模型训练，模型不能够学习到数据集中的所有特征。

在此背景下，诞生了交叉验证的思想，其主要思路就是使上述步骤循环进行，直到所有的数据都作为测试数据集并预测过为止，如图 4-4 所示，这个过程即为交叉验证。本节将对交叉验证做简单介绍。

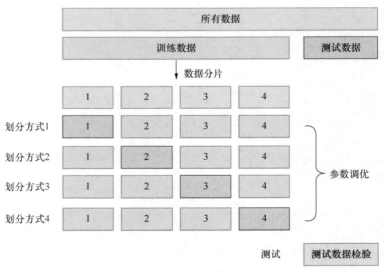

图4-4　交叉验证

首先，加载鸢尾花数据集并且使其可以适用于线性支持向量机，具体实现如下。

```
1  import numpy as np
2  from sklearn.model_selection import train_test_split
3  from sklearn import datasets
4  from sklearn import svm
5  x,y=datasets.load_iris(return_X_y=True)
6  print(X.shape ,y.shape)
```

输出结果为 (150,4) (150,)。

(150,4) (150,) 为 x 和 y 的数据集属性，(150,4) 表示有 150 条数据并且可以分为 4 个类别。然后提取全部数据中 40% 的数据作为测试数据集。

```
1  X_train,X_test,y_train,y_test=train_test_split(X,y,test_size=0.4,random_state=0)
2  print(X_train.shape, y_train.shape)
3  print(X_test.shape, y_test.shape)
4  clf=svm.SVC(kernel='linear',C=1).fit(X_train,y_train)
5  print(clf.score(X_test,y_test))
```

输出结果如下。

(90,4) (90,)

(60,4) (60,)

0.966667

可以用 cross_val_score 来帮我们完成交叉验证，在本案例中，使用 clf 训练模型，将数据集 x 分为 5 组进行交叉验证，并给出各项训练的评分。将数据集平均分成 K 份，使每一份都当作一个测试数据集的方法叫作 K 折交叉验证方法，在本例中 K=5。

```
1  from sklearn.model_selection import cross_val_score
2  clf = svm.SVC ( kernel='linear',C=1 )
3  scores = cross_val_score( clf,X,y,cv=5 )
4  print (scores)
```

以上输出结果如下：

```
[0.96666667 1. 0.96666667 0.96666667 1.]
```

另一种交叉验证方法叫作留一交叉验证（Leave-One-Out Cross-Validation，LOOCV）法。该方法也包含将数据集划分为训练数据集和测试数据集两部分这一步骤，每次的训练中只使用其中的一个数据当作测试数据集，其他数据都为训练数据集，假定数据集中有 N 条数据，会重复 N 次训练。

两种交叉验证方法的不同之处在于数据集的划分，可以认为 LOOCV 法是 K 折交叉验证方法的特例，划分的数据集个数等于 N。LOOCV 法可能会提升模型的训练效果，但是训练次数是比较多的，相应耗费的资源也会比较多，因此，我们可以根据模型的准确度和资源的使用情况来选择不同的数据划分方式。

4.2.2　StatsModels

StatsModels 是一个集成了很多统计模型的 Python 库，提供很多统计模型估计值的类和函数。其中的模型主要包括线性回归模型和时间序列模型两类。

线性回归模型主要包含：

- 广义线性模型；
- 广义模型方程；
- 广义可加模型；
- 稳健线性模型；
- 线性混合效应模型；
- 离散因变量回归模型；
- 广义线性混合效应模型；
- 方差分析模型。

时间序列模型主要包含：

- 时间序列分析（如基于状态空间方法的时间序列分析）模型；
- 向量自回归模型。

1. 线性回归

线性回归的目的是确定两种或者两种以上变量之间的定量关系，其表达形式为 $y = w^{\mathrm{T}}x + e$。其中，e 为误差，服从均值为 0 的正态分布。

线性回归问题一般可以用最小二乘法来求解。StatsModels 提供了多种最小二乘法——包括普通最小二乘（OLS）法、加权最小二乘（WLS）法、广义最小二乘（GLS）法和具有自相关误差的可行广义最小二乘法等的 API。我们以 OLS 法举例说明。

```
1  import numpy as np
2  import statsmodels.api as sm
3  import matplotlib.pyplot as plt
4  x = np.linspace(0,10,20)
5  X = sm.add_constant(x)
6  ratio = np.array([1,10])
7  y = np.dot(X,ratio) + np.random.normal(size=20)
8  testmodel = sm.OLS(y,X)
9  results = testmodel.fit()
10 print(results.params,results.summary())
```

对上面的代码的分析如下。

（1）第 1 行到第 3 行导入 NumPy 库、StatsModels 的 API 库、Matplotlib 库。

（2）第 4 行到第 7 行是构造训练数据集的过程，训练数据集包括自变量 x 和因变量 y。

（3）通过自变量 x 准备数据，将 1 ～ 10 的数据切割为 20 份，生成如下数据集。

```
[0. 0.52631579 1.05263158...9.47368421 10.]
```

（4）向数组中添加一列 1，构成 20 组 x，格式如下。

```
[[1. 0.]
[1. 0.52631579]
[1. 1.05263158]
......
[1. 9.47368421]
[1. 10.]]
```

（5）根据自变量 x 和因变量 y 初始化 statsmodels 中的 OLS 模型。

（6）使回归方程的系数点乘 x 数据集，构成因变量 y。为了更好地模拟真实数据，引入随机值并添加到 y 上面。

（7）定义要使用的 OLS 模型，可以向 OLS 模型传入 5 个参数，本例中我们只用到了前两个参数——因变量和自变量。

（8）使用 fit 方法启动模型训练。

（9）模型输出结果如图 4-5 所示。

```
[0.8999291 9.96452077]
                          OLS Regression Results
═══════════════════════════════════════════════════════════════════════════
Dep. Variable:                    y   R-squared:                      0.999
Model:                          OLS   Adj. R-squared:                 0.999
Method:               Least Squares   F-statistic:                 1.501e+04
Date:              Thu, 13 Feb 2020   Prob (F-statistic):           9.44e-28
Time:                      19:34:17   Log-Likelihood:               -29.305
No. Observations:                20   AIC:                            62.61
Df Residuals:                    18   BIC:                            64.60
Df Model:                         1
Covariance Type:          nonrobust
───────────────────────────────────────────────────────────────────────────
                 coef    std err          t      P>|t|      [0.025      0.975]
───────────────────────────────────────────────────────────────────────────
const          0.8999      0.476      1.891      0.075      -0.100       1.900
x1             9.9645      0.081    122.499      0.000       9.794      10.135
───────────────────────────────────────────────────────────────────────────
Omnibus:                      0.032   Durbin-Watson:                  1.678
Prob(Omnibus):                0.984   Jarque-Bera (JB):               0.153
Skew:                         0.075   Prob(JB):                       0.927
Kurtosis:                     2.599   Cond. No.                        11.5
═══════════════════════════════════════════════════════════════════════════

Warnings:
[1] Standard Errors assume that the covariance matrix of the errors is correctly specified.
```

图4-5　模型输出结果

输出结果中的 const 和 x1 即为回归出的截距和系数，在系数比较多的方程里面，回归出的 x 会有多个。本例采用了手动构造数据的方法，但是 StatsModels 和 Sklearn 都有自带的数据集，因此读者也可以使用 StatsModels 中的 datasets 来进行练习。

2. 时间序列分析

时间序列是指与时间有关的一串数据，时间序列分析要做的事是根据已有的时间相关序列数据来预测下一时刻的数据，时间序列的特征会随时间周期发生变化，但是可能有较多的不确定因素在里面。StatsModels 可以帮助将时间序列分析模型用于时间序列分析，时间序列分析是一种复杂且成熟的技术，而且涉及时间序列数据的构造，在此我们不做过多介绍。

4.3　机器学习算法

4.3.1　回归算法

回归算法是监督学习的一种。回归算法分为线性回归算法和非线性回归算法。线性回归算法是指从输入到输出是线性变换，如加法和乘法等；非线性回归算法是指在输入和输出之间有一些非线性的变换，如阶乘运算、对数运算等。我们以线性回归算法为例展开介绍。

线性回归算法旨在寻找空间中的一条线，使得这条线到所有样本点的距离和最小，线性回归算法常用于预测和分类（如图 4-6

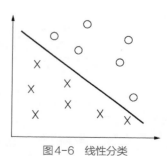

图4-6　线性分类

所示）领域。假定数据集的特征满足线性关系，那就可以根据给定的训练数据训练一个模型，使用此模型进行预测或分类。线性回归中经常使用的两种算法是最小二乘法和逻辑回归。

1. 最小二乘法

假定我们要解决的问题是当有一个 $\boldsymbol{x} = (1, x_1, x_2, \cdots, x_n)^{\mathrm{T}}$ 序列的时候，可以得到一个最优的序列系数 $\boldsymbol{w} = (w_0, w_1, w_2, \cdots, w_n)^{\mathrm{T}}$，使用 $\boldsymbol{w}$ 来表示 y，即 $y = \boldsymbol{x}^{\mathrm{T}}\boldsymbol{w}$，展开式如下所示。

$$y = w_0 + w_1x_1 + w_2x_2 + w_3x_3 \cdots + w_nx_n \tag{4.1}$$

如果输入数据为 $\boldsymbol{X} = (x_0, x_1, x_2, \cdots, x_n)^{\mathrm{T}}$，回归系数 $\boldsymbol{w} = (w_0, w_1, w_2, \cdots, w_n)^{\mathrm{T}}$，则对于给定的数据，其真实值 $\boldsymbol{Y} = (y_0, y_1, y_2, \cdots, y_n)^{\mathrm{T}}$，与 y_i 对应的预测值为 $\boldsymbol{x}_i\boldsymbol{w}_i$，则平方误差函数如下。

$$\sum_{i=0}^{n}(y_i - x_iw_i)^2 \tag{4.2}$$

式（4.2）所示平方误差函数即 $(\boldsymbol{Y}-\boldsymbol{Xw})^2$。我们要求解的目标为平方误差函数为最小时所对应的系数 $\boldsymbol{w}$，则对平方误差函数中 $\boldsymbol{w}$ 求导可得：

$$-2\boldsymbol{X}^{\mathrm{T}}(\boldsymbol{Y}-\boldsymbol{Xw}) \tag{4.3}$$

使上式等于 0，可得到 $\boldsymbol{w}$ 的最优解。

$$\boldsymbol{w} = (\boldsymbol{X}^{\mathrm{T}}\boldsymbol{X})^{-1}\boldsymbol{X}^{\mathrm{T}}\boldsymbol{Y} \tag{4.4}$$

如上求解 $\boldsymbol{w}$ 的过程即为最小二乘法。

2. 逻辑回归

逻辑回归也是回归算法的一种，可以用来预测，也可以解决二分类问题。逻辑回归与线性回归的不同只是在特征到结果的映射中加入了一层函数映射，这一层函数映射可以将连续值映射到（0,1），然后使用某一个函数 $g(z)$ 作为假设函数来预测。一方面，$g(z)$ 可以将连续值映射到（0,1），因此可以用于估计事物发生的可能性，如病人患有某种疾病的可能性、用户单击某个按钮的概率等。另一方面，由于结果介于（0,1），因此我们可以设定一个 0.5 的阈值来区分预测值，按照大于 0.5 和小于 0.5 可以分为两个类别，由此可以解决二分类问题。

那么逻辑回归如何将结果映射到（0,1）呢？这里要介绍一个 sigmoid 函数，也称为逻辑函数。

$$y = \frac{1}{1+\mathrm{e}^{-z}} \tag{4.5}$$

对应的曲线如图 4-7 所示。

从图 4-7 中可以看到，sigmoid 函数的 y 值介于 0 ～ 1，即无限趋近于 0 或者趋近于 1。令 $z = \boldsymbol{w}^{\mathrm{T}}\boldsymbol{x}$，并应用到 sigmoid 函数中，可得

$$y = \frac{1}{1+\mathrm{e}^{-\boldsymbol{w}^{\mathrm{T}}\boldsymbol{x}}} \tag{4.6}$$

其中，$\boldsymbol{x}$ 为输入向量，$\boldsymbol{w}$ 为我们要求取的参数向量。

由式（4.6）的形式可知，预测结果符合 sigmoid 曲线的特征，呈 s 形。sigmoid 函数的转换率是非线性的，中间的变化比较敏感，

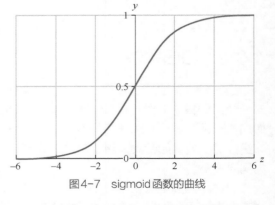

图4-7　sigmoid 函数的曲线

但是转换率在两边的时候较低，这样导致很多区间的自变量变化对目标概率的影响无法区分，

会造成无法确定分类阈值或者准确度较低等问题。

4.3.2 支持向量机

支持向量机（Support Vector Machine, SVM）是一种有监督学习的分类器。如图4-8所示，一条线可以将二维空间的离散点分为两类，在多维空间中，这条线就会变成一个超平面，将多维空间中的离散点分为两类，所以SVM是二分类算法。

我们将这个超平面用函数$f(x) = \boldsymbol{w}^{\mathrm{T}} \cdot \boldsymbol{x} + \boldsymbol{b}$表示，其中，$\boldsymbol{w} = (w_1, w_2, w_3, \cdots, w_n)$，为法向量，决定了超平面的方向，$b$为位移系数。当$f(x)$等于0的时候，表示$x$位于超平面上；当$f(x)$大于0的时候，$x$表示超平面一边的点；当$f(x)$小于0的时候，$x$表示超平面另外一边的点。

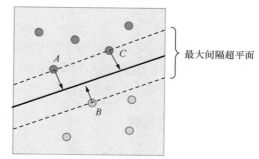

图4-8　支持向量机

我们把空间中到一个超平面的法向量称为向量，把距离超平面最近、到超平面距离相等且在超平面两端的向量称为支持向量。在图4-8中，黑色的实线为分开两种点的超平面，A、B、C为到该超平面距离相等的点。可以发现，超平面的参数完全由A、B、C三个点决定，如果有其他的点进入两条虚线中间，支持向量就会发生变化，整个超平面也会发生变化。由此可见，我们要寻找的超平面是由支持向量确定的，因此我们将整个多维空间中寻找该超平面的算法称为支持向量机。

有了函数$f(x)$之后，定义空间中任何一个样本点(x_i, y_i)到超平面的距离为γ，因此

$$\gamma_i = \frac{y_i}{\|\boldsymbol{w}\|} \left| \boldsymbol{w}^{\mathrm{T}} \cdot \boldsymbol{x}_i + b \right| \tag{4.7}$$

最大化样本点到超平面的距离可理解为求取$\max_{w,b} \gamma$，使得

$$\frac{y_i}{\|\boldsymbol{w}\|} \left| \boldsymbol{w}^{\mathrm{T}} \cdot \boldsymbol{x}_i + b \right| \geqslant \gamma, \ i = 1, 2, 3, \cdots, N \tag{4.8}$$

因为上式中$\|\boldsymbol{w}\|$和γ都是标量，所以经过化简上式可简化为

$$y_i \left| \boldsymbol{w}^{\mathrm{T}} \cdot \boldsymbol{x}_i + b \right| \geqslant 1, \ i = 1, 2, 3, \cdots, N \tag{4.9}$$

于是最大化γ等价于最大化$\dfrac{1}{\|\boldsymbol{w}\|}$，等价于最小化$\|\boldsymbol{w}\|^2$。为了方便后续求导，可将原问题等价于求$\max_{w,b} \dfrac{1}{2} \|\boldsymbol{w}\|^2$，使得

$$y_i (\boldsymbol{w}^{\mathrm{T}} \cdot \boldsymbol{x}_i + b) \geqslant 1, \ i = 1, 2, 3, \cdots, N \tag{4.10}$$

上述为支持向量机的基本模型。

在实际应用中，并非所有的训练集都是线性可分的。如果空间中的点非线性可分，研究发现，将当前线性不可分的点映射到更高维度中的时候，在较高的维度中之前线性不可分的点变为线性可分的点。因此我们可利用核函数来增加数据集的维度，使在低维度不可分的训练点映射到高维度中，使之成为线性可分的。常用的核函数如下所示。

线性核函数：

$$k(x, y) = x^{\mathrm{T}} y + c \tag{4.11}$$

多项式核函数：

$$k(x, y) = (ax^{\mathrm{T}}y + c)^d \qquad (4.12)$$

高斯核函数（径向基核）：

$$k(x,y)=\exp\left(-\frac{\|x-y\|^2}{2\sigma^2}\right) \qquad (4.13)$$

sigmoid 核函数：

$$k(x, y) = \tanh(axy + r) \qquad (4.14)$$

以上 4 个式子中变量的含义这里不再介绍，读者可参考网上的信息。

不同核函数的性能和特点都不一样，在具体的应用环境中，要根据数据特征和训练目标选择较合适的核函数，这里不再介绍。

4.3.3 决策树

决策树是一种基本的分类与回归算法，与其他算法相比，决策树的原理浅显易懂，计算复杂度较小，而且输出结果易于理解，在实际工作中有着广泛的应用。

1. 决策树的构建

决策树是一个类似于流程图的树结构。其中，分支节点表示对一个特征进行测试，根据测试结果进行分类；叶节点代表一个类别。如图 4-9 所示，利用决策树区分 4 类动物——鹰、企鹅、海豚和熊。

用机器学习的术语来解释就是，利用 3 个特征（"有没有羽毛""会不会飞"和"有没有鳍"）来构建一棵决策树。我们先测试"有没有羽毛"

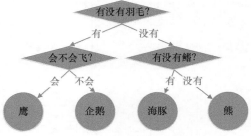

图4-9　区分几类动物的决策树

特征，这个特征会把可能的动物类别减少到两种。然后在划分后的两种类别中测试下一个特征，最终区分出动物类别。每选择一个特征测试，数据集就被划分成多个子数据集。接着继续在子数据集上选择特征，并进行数据集划分，直到创建出一棵完整的决策树。创建决策树模型后，只要根据动物的特征，从根节点一路往下划分即可预测出动物的类别[5]。

那么，在创建决策树的过程中，要先对哪个特征进行分裂才能让我们更快地（更短的路径）得到预测结果呢？决策树的构建步骤一般是，使用算法搜遍所有可能的测试，找出对目标变量来说信息量最大的那一个节点，使用该节点划分能最大限度降低分类的不确定性。按此方式对所有划分后的子数据集反复进行递归划分，直到划分后的每个区域（决策树的每个叶节点）达到足够的"纯度"为止。

那么，怎么选择一个信息量最大的节点或者怎么度量这个节点的"纯度"呢？下面将会详细介绍。

1）信息增益

信息熵（information entropy）是衡量样本集合"纯度"常用的一种指标。信息熵的概念是香农 1948 年在他著名的《通信的数学原理》中提出的，可以用来解决信息量化问题，并且以比特为单位。香农认为，一条信息的信息量和它的不确定性有直接关系。一个问题的不确定性越大，要搞清楚这个问题，需要了解的信息就越多，其信息熵也就越大。假定当前样本集

合 D 中第 k 类样本所占的比率为 p_k（k=1,2,3,$\cdots$,|y|），则 D 的信息熵的计算公式如下。

$$\text{Ent}(D) = -\sum_{k=1}^{|y|} p_k \log_2 p_k \qquad (4.15)$$

Ent(D) 的值越小，则 D 的不确定性越低（即"纯度"越高），信息量越小。因此，样本集 A={1,1,1,2,2} 和样本集 B={1,2,3,4,5} 相比，肯定样本集 A 的信息熵更小，"纯度"更高。

信息增益（information gain）用于衡量划分数据集前后信息量发生的变化，也就是划分前后信息熵的差值。一般而言，如果使用一个节点获得的信息增益越大，则意味着使用该节点划分数据集所获得的"纯度提升"越大。所以决策树算法中选取节点的过程，都是通过计算根据每个节点的特征值划分数据集后的信息增益，然后选取信息增益最大的节点的。著名的 ID3[①] 算法就以信息增益作为特征选择指标来构建决策树。

2）基尼不纯度

基尼不纯度（gini impurity）是衡量样本集合"纯度"的另一种指标。假定当前样本集合 D 中第 k 类样本所占的比率为 p_k（k=1,2,3, $\cdots$,|y|），则 D 的基尼不纯度的计算公式如下。

$$\text{Gini}(D) = \sum_{k=1}^{|y|} \sum_{k' \neq k} p_k p_{k'} = 1 - \sum_{k=1}^{|y|} p_k^2 \qquad (4.16)$$

直观来讲，Gini(D) 反映了从数据集 D 中随机抽取两个样本后，其类别标记不一致的概率。因此，Gini(D) 越小，则数据集 D 的"纯度"越高。例如，如果所有的样本都属于一个类别，p_k=1，则 Gini(D)=0，即数据"纯度"最高。

因此，在候选属性集合 A 中，一般要找出使 Gini(D) 最小的那个节点，作为最优划分属性。以基尼不纯度作为特征选择指标构建决策树的算法称为 CART[②] 算法。

2. 剪枝处理

通常来说，构造决策树的所有叶节点都是纯的叶节点（决策树的每个叶节点只包含单一目标值），纯叶节点的存在说明这棵树在训练数据集上的精度是 100%，训练数据集中的每个数据点都位于分类正确的叶节点中。这会导致模型非常复杂，并且对训练数据集中的数据过拟合。

防止过拟合有两种策略：一种是及早停止树的生长，也叫预剪（pre-pruning）枝；另一种是先构造树，随后删除或折叠信息量很少的节点，也叫后剪枝（post-pruning）。Sklearn 中仅实现了预剪枝，预剪枝的限制条件可能包含限制树的最大深度、限制叶节点的最大数目，或者规定一个节点中数据点的最小数目，来防止继续划分。

Sklearn 的决策树的分类在 Decision Tree Classifier 类中实现。以下我们在乳腺癌数据集上详细看看预剪枝的效果，实现的示例如下所示。

```
1  from sklearn.datasets import load_breast_cancer
2  from sklearn.model_selection import train_test_split
3  from sklearn.tree import DecisionTreeClassifier
4  # 加载数据
5  cancer = load_breast_cancer()
6  X_train,X_test,y_train,y_test = train_test_split(cancer.data,cancer.target, stratify=
   cancer.target,random_state=42)
```

---

① ID3 中 ID 是 Iterative Dichotomiser（迭代二分器）的简称。但 ID3 算法有一个很明显的缺陷，即偏好选择可取值数目较多的属性，C4.5 算法对该缺陷进行了优化，详细介绍请参考周志华编写的《机器学习》中第 4 章。

② CART 是 Classfication and Regression Tree 的简称，这是一种著名的决策树学习算法，分类和回归任务中都可用。

```
7   # 构建决策树，不剪枝
8   tree=DecisionTreeClassifier(random_state=0)
9   tree.fit(X_train,y_train)
10  # 输出决策树在训练数据集上的精度
11  print(u"未剪枝，训练数据集的精度：{:.3f}".format(tree.score(X_train,y_train)))
12  # 输出决策树在测试数据集上的精度
13  print(u"未剪枝，测试数据集的精度：{:.3f}".format(tree.score(X_test,y_test)))
14  # 输出决策树的深度
15  print(u"未剪枝，树的深度 :{}".format(tree.get_depth()))
16
17  # 构建决策树，并预剪枝
18  tree=DecisionTreeClassifier(max_depth=4,random_state=0)
19  tree.fit(X_train,y_train)
20  # 输出决策树在训练数据集上的精度
21  print(u"剪枝后，训练数据集的精度：{:.3f}".format(tree.score(X_train,y_train)))
22  # 输出决策树在测试数据集上的精度
23  print(u"剪枝后，测试数据集的精度：{:.3f}".format(tree.score(X_test,y_test)))
24  # 输出决策树的深度
25  print(u"剪枝后，树的深度 :{}".format(tree.get_depth()))
26
27  输出：
28  未剪枝，训练数据集的精度：1.000
29  未剪枝，测试数据集的精度：0.937
30  未剪枝，树的深度 :7
31  剪枝后，训练数据集的精度：0.988
32  剪枝后，测试数据集的精度：0.951
33  剪枝后，树的深度 :4
```

从以上输出可以看出，剪枝前，模型对训练数据集中的数据高度拟合（训练数据集上的精度为 100%），且树的深度很大，对测试数据泛化能力不佳。剪枝后（此处剪枝方式是到达一定深度后停止树的展开）限制了树的深度且减少了过拟合。这会降低训练数据集上的精度，但可以提高测试数据集上的精度。

虽然我们主要讨论的是用于分类的决策树，但对于用于回归的决策树来说，所有内容都是类似的，在 Decision Tree Regressor 类中实现。我们在这里仅指出它的一个特殊性质——Decision Tree Regressor（以及其他所有基于树的回归模型）不能在训练数据集中数据范围之外进行预测。

3．决策树的优缺点

决策树的优点如下。

（1）得到的模型很容易可视化，非专家也能理解。

（2）算法完全不受数据缩放影响，由于每个特征可单独处理，而且数据的划分不依赖缩放，因此决策树算法不需要特征预处理，例如归一化或标准化。特别是特征的尺度完全不一样时或者二元特征和连续特征同时存在时，决策树的效果很好。

即使做了预剪枝，决策树也经常会导致过拟合，其泛化能力很差。因此在大多数应用中，往往使用集成方法来替代单棵决策树（如随机森林）。

4.3.4 聚类

聚类（clustering）是将数据集划分成组的一种算法，这些组叫作簇（cluster），它试图将相似的对象归到同一簇中，将不相似的对象归到不同簇中。聚类与分类最大的不同在于，分类的目标事先已知，而聚类则不一样，聚类为每个数据点分配（或预测）一个数字，表示这个点属于哪个簇，因此聚类有时也称为无监督分类（unsupervised classification）。

聚类作为一种常用的数据分析算法在很多领域上得到了应用。本节会介绍几种比较常见的聚类。在 Sklearn 中所有的这类算法都实现在 sklearn.cluster 包里。

1. *K*均值聚类

*K*均值聚类也称为*K*均值聚类，*K*均值算法试图找到代表数据特定区域的簇中心（cluster center）。算法交替执行两个步骤。

（1）将每个数据点分配给最近的簇中心。

（2）将每个簇中心设置为所分配的所有数据点的平均值。如果簇的分配不再发生变化，那么算法结束。图 4-10 展示了在一个模拟数据集上这一算法的执行步骤[5]。

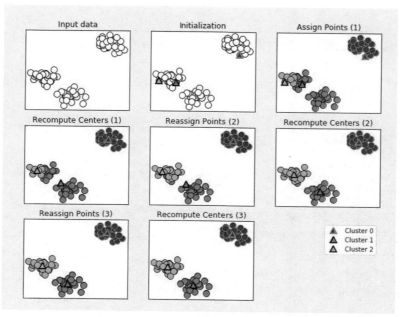

图4-10 *K*均值算法的执行步骤

在图 4-10 中，簇中心用三角形标识，而数据点用圆形表示。不同颜色表示不同簇成员。我们预先已经知道要寻找 3 个簇，所以通过声明 3 个随机数据点为簇中心初始化，接着开始迭代算法。首先，每个数据点被分配给聚类最近的簇中心。然后，将簇中心修改为所分配点的平均值。将这一过程再重复两次，在第三次迭代之后，为簇中心分配的数据点保持不变，至此算法结束。

Sklearn 中使用 KMeans 类实现 *K* 均值算法。下面我们在模拟数据集上实现一个简单的示例，具体如下所示。

```
1  from sklearn.datasets import make_blobs
2  from sklearn.cluster import KMeans
3
4  # 生成模拟的二维数据
5  x,y = make_blobs(random_state=1)
6
7  # 构建聚类模型，并设置我们要找的簇个数是3
8  kmeans = KMeans(n_clusters=3)
9  kmeans.fit(X)
10
11  # 查看为每个训练数据点分配的簇标签
```

```
12  print(u'为训练数据集每个数据点分配的簇标签是\n{}'.format(kmeans.labels_))
13
14  # 使用predict方法预测新数据点，此处对训练数据集中的数据进行预测
15  print(u'对训练数据集中数据的预测结果：')
16  print(kmeans.predict(X))
17
18  输出结果
19  为训练数据集每个数据点分配的簇标签是
20  [1 2 2 2 0 0 0 2 1 1 2 2 0 1 0 0 0 1 2 2 0 2 0 1 2 0 0 1 1 0 1 1 0 1 2 0 2
21   2 2 0 0 2 1 2 2 0 1 1 1 1 2 0 0 0 1 0 2 2 1 1 2 0 0 2 2 0 1 0 1 2 2 2 0 1
22   1 2 0 0 1 2 1 2 2 0 1 1 1 1 2 1 0 1 1 2 2 0 0 1 0 1]
23  对训练数据集中数据的预测结果：
24  [1 2 2 2 0 0 0 2 1 1 2 2 0 1 0 0 0 1 2 2 0 2 0 1 2 0 0 1 1 0 1 1 0 1 2 0 2
25   2 2 0 0 2 1 2 2 0 1 1 1 1 2 0 0 0 1 0 2 2 1 1 2 0 0 2 2 0 1 0 1 2 2 2 0 1
26   1 2 0 0 1 2 1 2 2 0 1 1 1 1 2 1 0 1 1 2 2 0 0 1 0 1]
```

从以上代码中可以看到，我们找到了 3 个簇，簇编号从 0 到 2，这个编号类似于簇分类标签，且可以使用 predict 方法为新数据分配簇标签。以下代码用于显示了聚类后数据集的图像（见图 4-11）。簇中心保存在 cluster_center_ 属性中，在图 4-11 中用三角形标注。

```
1  import mglearn
2
3  #画出聚类后数据集的图像
4  mglearn.discrete_scatter(X[:,0],X[:,1],kmeans.labels_,markers='o')
5  mglearn.discrete_scatter(
6      kmeans.cluster_centers_[:,0],kmeans.cluster_centers_[:,1],[0,1,2],
7      markers='^',markeredgewidth=2  )
```

K 均值算法是非常流行的聚类算法，因为它不仅相对容易理解和实现，而且运行速度相对较快。K 均值算法可以轻松扩展到大型数据集，Sklearn 甚至在 MiniBatchKMeans 类中包含了一种更具可扩展性的变体，可以处理非常大的数据集。

K 均值算法也存在一些缺陷。

（1）它依赖于随机初始化，也就是说，算法的输出依赖于随机种子。默认情况下，Sklearn 用 10 种不同的随机初始化方式将算法运行 10 次，并返回最佳结果（簇的方差之和最小）。

（2）K 均值算法对簇形状的假设的约

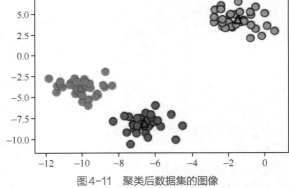

图 4-11　聚类后数据集的图像

束性较强（例如，无法识别非球形簇，当簇密度不同时，无法足够准确地找到簇分配）。

（3）K 均值算法要求指定所要寻找的簇的个数（在实际的应用中可能并不知道这个数字）。

接下来，我们将介绍另外两种聚类算法，它们都在某些方面对这些缺陷做了改进。

2. 凝聚聚类

凝聚聚类（agglomerative clustering）指的是许多基于相同原则构建的聚类算法，这一原则是算法首先声明每个点是自己的簇，然后合并两个"最相似的簇"，直到满足某个停止准则为止。Sklearn 中实现的停止准则是簇的个数，因此相似的簇被合并，直到仅剩下指定个数的簇。Sklearn 还实现了一些链接（linkage）准则，用于度量两个"最相似的簇"。关于链接

准则，Sklearn 中提供了以下 4 种选项[5]。

- ward：默认选项，ward 挑选两个簇来合并，使所有簇中的方差增加最小，这通常会得到大小差不多的簇。
- average 链接：也称为均链接，将簇中所有点之间"平均距离"最小的两个簇合并。
- complete 链接：也称为最大链接，将簇中所有点之间"最大距离"最小的两个簇合并。
- single 链接：也称为单链接，将簇中所有点之间"最小距离"最小的两个簇合并。

ward 适用于大多数数据集，下面的例子中将使用它。如果簇中的成员个数完全不同（比如其中一个比其他成员个数大得多），那么 average 或 complete 可能效果更好。图 4-12 给出了在一个二维数据集上寻找 3 个簇的凝聚聚类算法的实现过程。

```
mglearn.plots.plot_agglomerative_algorithm()
```

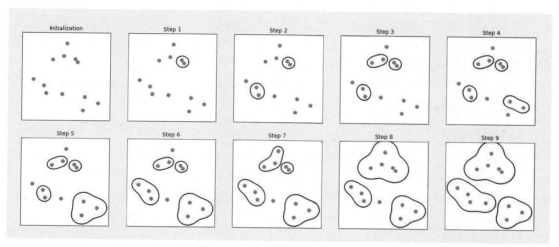

图4-12 凝聚聚类算法的实现过程

在图 4-12 中，初始化状态下每个点自成一簇，然后在后续的每一个步骤（Step 1 到 Step 9）中，相距最近的两个簇被合并。其中前 4 个步骤（Step 1 到 Step 4）用于选出两个最相似的单点簇并将其合并成两点簇。在 Step 5 中，其中一个两点簇被扩展到 3 个点，以此类推。直到 Step 9，只剩下 3 个簇。由于我们指定寻找 3 个簇，因此算法结束。

Sklearn 中使用 AgglomerativeClustering 类来实现凝聚聚类算法，由算法的工作原理可知，凝聚聚类算法不能对新数据做出预测，因此 AgglomerativeClustering 类没有 predict 方法。为了构造模型并得到训练数据集上簇的成员关系，可以改用 fit_predict 方法。另外，为了获取正确的聚类个数，凝聚聚类算法还提供了一些其他的帮助。

凝聚聚类算法生成了所谓的层次聚类（hierarchical clustering）。聚类过程迭代进行，每个点都从一个单点簇变为最终属于的某个簇。每个中间步骤都提供了数据的一种聚类（簇的个数也不相同），有时候，同时查看所有可能的聚类是有帮助的。

一般情况下，可以通过树状图（dendrogram）[①] 将层次聚类可视化（如图 4-13 所示），图 4-13 显示了图 4-12 中所有可能的聚类，有助于深入了解每个较大的簇是如何从较小的簇

---

① Sklearn 中并不支持使用树状图可视化层次图，需要使用 SciPy 实现。

合并而来的，以及每个簇如何分解为较小的簇。

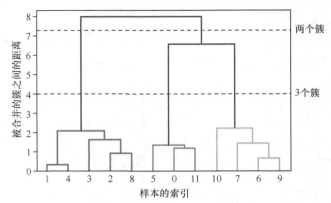

图4-13　通过树状图可视化层次聚类（用虚线表示划分成两个簇和3个簇）

树状图的底部显示样本序号（样本序号从 0 到 11）。以这些点（表示单点簇）作为叶节点绘制一棵树，每合并两个簇就添加一个新的父节点。

在树状图的特征层次上进行分割，可得到簇划分结果，例如，图 4-13 中使用标记为"3个簇"的虚线和标记为"两个簇"的虚线分割树状图，可分别得到 3 个簇和两个簇。

3. DBSCAN

另一种非常有用的聚类算法是基于密度并且对噪声鲁棒的空间聚类（Density-Based Spatial Clustering of Applications with Noise，DBSCAN）算法。其原理是识别特征空间的"拥挤"区域中的点，在这些区域中许多数据点靠近在一起。这些区域称为特征空间中的密集（dense）区域。DBSCAN 算法的思想是，簇形成数据的密集区域，并由相对较空的区域分隔开。

DBSCAN 算法的主要特点是，不需要用户先验地设置簇的个数，不仅可以划分具有复杂形状的簇（如可以解决非球状簇的聚类问题），还可以找出不属于任何簇的点。

DBSCAN 算法中至少有两个关键参数——min_samples 和 eps。算法逻辑如下 [5]。

（1）任意选取一个点，并找出到该点的距离小于 eps 的所有的点。如果到该点的距离在 eps 之内的数据点个数小于或等于 min_samples，这个点被标记为噪声（noise），也就是说，它不属于任何簇；如果到该点的距离在 eps 之内的数据点个数大于 min_samples，这个点被标记为核心样本（coresample 或核心点），并被分配一个新的簇标签。

（2）访问该点的所有邻居（在距离 eps 以内）。如果它们还没有被分配一个簇，那么就将刚才创建的新的簇标签分配给它们。如果它们是核心样本，那么就依次访问其邻居，以此类推。簇逐渐增大，直到在簇的四周（在距离 eps 以内）没有更多的核心样本为止。

（3）选取另一个尚未被访问过的点，并重复相同的过程。图 4-14 展示了 DBSCAN 算法的过程。

DBSAN 算法运行完成后，一共会有 3 种类型的点——核心点、与核心点的距离在 eps 之内的点（称为边界点）和噪声。下面的代码展示了在一个小型数据集上 min_samples 和 eps 取不同值时的簇分类效果。

```
1  import mglearn
2  mglearn.plots.plot_dbscan()
```

在图 4-14 中，属于簇的点是实心的，而噪声点则显示为空心的。核心样本显示为较大的标记，边界点显示为较小的标记。参数 eps 决定了点与点直接的"接近"程度，若增大 eps（在图中从左到右），更多的点会包含到一个簇中，这让簇变大，同时也会导致多个簇合并成一个。参数 min_samples 主要用于判断稀疏区域内的点被标记为异常值还是形成自己的簇。min_samples 越大（图 4-14 中从上到下），核心点会变得更少，更多的点被标记为噪声。

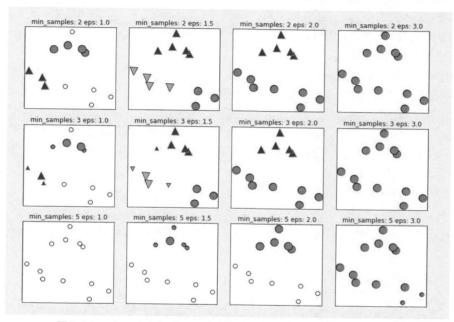

图4-14 min_samples和eps参数不同取值时DBSCAN算法找到的簇

与凝聚聚类算法类似，DBSCAN 算法也不允许对新的测试数据进行预测，因此使用 fit_predict 方法执行聚类并返回标签。DBSCAN 算法可以在一些比较复杂的数据集上执行，图 4-15 展示了该算法在 two_moons 数据集上的聚类效果，实现代码如下。

```
1  from  sklearn.preprocessing import StandardScaler
2  X,y=make_moons(n_samples=200,noise=0.05,random_state=0)
3
4  # 缩放数据
5  scaler = StandardScaler()
6  scaler.fit(X)
7  X_scaled = scaler.transform(X)
8
9  # X_scaled ,
10 # X_scaled=X
11
12 dbscan=DBSCAN()
13 clusters=dbscan.fit_predict(X_scaled)
14
15 # 绘制簇分配结果
16 plt.scatter(X_scaled[:,0],X_scaled[:,1],c=clusters,cmap=mglearn.cm2,s=60)
17 plt.xlabel("Feature 0")
18 plt.ylabel("Feature 1")
```

4．3 种聚类算法的特点

前面介绍了 3 种聚类算法——K 均值算法、凝聚聚类算法和 DBSCAN 算法。这 3 种算法都可以控制聚类的粒度。K 均值算法和凝聚聚类算法允许用户指定想要的簇的数量；而 DBSCAN 算法允许用户使用 eps 参数定义接近程度，从而间接影响簇的大小。这 3 种方法都可以用于大型的数据集，都相对容易理解，也可以聚类成多个簇。

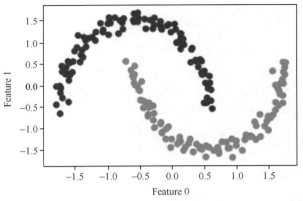

图4-15   DBSCAN算法在two_moons数据集上的聚类效果

每种算法的优点稍有不同。K 均值算法可以用簇的平均值来表示簇。它还可以被看作一种分解方法，每个数据点都由其簇中心表示。DBSCAN 算法可以检测到没有分配任何簇的"噪声点"，还可以帮助自动判断簇的数量。与其他两种方法不同，它允许簇具有复杂的形状。DBSCAN 算法有时会生成大小差别很大的簇，这可能是它的优点，也是它的缺点。凝聚聚类算法可以提供数据可能划分的整个层次结构，可以通过树状图查看。

4.3.5   降维

降维是对高维数据的一种预处理方法，其目标是将高维数据在信息损失最小的情况下转换为低维数据。降维致力于解决 3 类问题。

（1）缓解维度灾难问题。

（2）在压缩数据的同时让信息损失最小化。

（3）理解几百个维度的数据结构很困难，两三个维度的数据通过可视化更容易理解。

1．主成分分析

主成分分析（Principal Component Analysis，PCA）是一种无监督的线性降维算法，通常用于高维数据集的探索与可视化，还可以用于数据压缩和预处理。主成分分析在数据压缩、消除冗余和数据噪音消除等领域都有广泛的应用。其目标是通过某种线性投影，将高维数据映射到低维的空间中，并期望在所投影的维度上数据的方差最大，以此使用较少的数据维度，同时保留原数据点的较多特性。

如果把所有的点都映射到一起，那么几乎所有的信息（如点和点之间的距离关系）都丢失了；而如果映射后方差尽可能大，那么数据点则会分散开来，以此来保留更多的信息（如图 4-16 所示）。

在 PCA 算法的处理过程中，数据从原来的坐标系中转换到了新的坐标系，新坐标系的选择是由

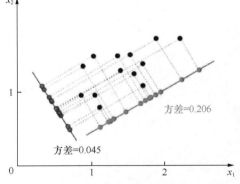

图4-16   二维到一维的投影，显然，沿方差为 0.206的方向可以保留更多的信息[①]

───────────

① 图 4-16 引用自周志华的《机器学习》。

数据本身决定的（图4-17展示了三维到二维的投影）。第一条新坐标轴选择的是原始数据中方差最大的方向，第二条新坐标轴的选择是和第一条坐标轴正交且具有最大方差的方向。该过程一直重复，重复次数为原始数据中特征的数目。我们会发现大部分方差（即信息量）包含在前面的几条新坐标轴中。因此，我们可以忽略余下的坐标轴，这样就实现了对数据的降维处理。

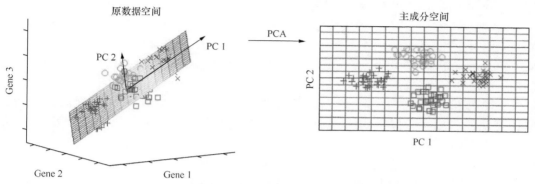

图4-17 三维到两维的投影，PC 1和PC 2是新的坐标轴

2. 线性判别分析

线性判别分析（Linear Discriminant Analysis，LDA）是机器学习领域比较经典且热门的一种有监督算法。从降维的层面考虑，其目标是寻找一个投影矩阵，使得数据投影到低维空间之后，同一类数据尽可能紧凑，不同类的数据尽可能分散（作为分类器的时候，它也可以对新的数据进行投影，依据与哪一个类别接近来确定类别）。

可能以上介绍有点抽象，我们先看看最简单的情况。假设我们有两类数据，分别用两种颜色表示，如图4-18所示，这些数据特征是二维的，我们希望将这些数据投影到一维的一条直线，让每一个类别数据的投影点尽可能接近，而两类数据中心之间的距离尽可能大。

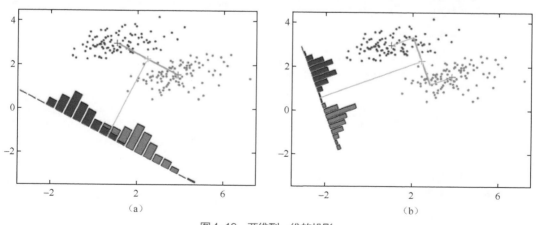

图4-18 两维到一维的投影

图4-18中提供了两种投影方式，哪一种能更好地满足我们的标准呢？从直观上可以看出，图4-18（b）要比图4-18（a）的投影效果好，因为右图的两类数据较集中，且类别之间的距离明显，而左图中边界处两类数据相互混杂在一起，以上解释的就是LDA的主要思想。当然，在实际应用中，我们的数据是多个类别的，原始数据一般是超过二维的，投影后的一般

不是直线，而是一个低维的超平面。

3. 两种降维算法的特点

LDA 与 PCA 都是常用的降维算法，使用两者在降维时均应用了矩阵特征值分解的思想，且假设应用在两者上的数据均符合高斯分布。但两类算法也存在一定的区别，具体如下。

（1）思想不同。PCA 主要从特征的协方差角度出发，去找到比较好的投影方式，即选择样本点投影具有最大方差的方向[1]；而 LDA 则更多考虑了分类标签信息，使投影后不同类别之间数据点的距离更大化，以及同一类别数据点的距离最小化，即选择分类性能最好的方向。

（2）学习模式不同。PCA 属于无监督式学习，因此，大多场景下只作为数据处理过程的一部分，需要与其他算法结合使用，例如，将 PCA 与聚类、判别分析、回归分析等组合使用；LDA 是一种监督式学习方法，本身除了可以降维外，还可以作为分类器对样本进行分类预测，因此，LDA 既可以与其他模型一起使用，也可以独立使用。

（3）降维后可用维度数量不同。LDA 降维后最多可生成（C-1）维子空间（C 表示分类标签数），因此 LDA 与原始维度 N 无关，只与数据分类标签数量有关；而 PCA 最多有 N 个维度可用，即最大可以选择全部可用维度。

那么什么场景下选择 PCA？什么场景下选择 LDA？需要根据数据集的具体情况而定。一般来说，如果数据有类别标签，优先使用 LDA 降维。当然，也可以使用 PCA 做很小幅度的降维以消除噪声，然后再使用 LDA 降维。如果数据没有类别标签，优先选择 PCA。图 4-19 表示了 PCA 和 LDA 的降维原理。

图 4-19（a）展示了 PCA 的降维原理，它所做的只是将整组数据映射到最方便表示这组数据的坐标轴上，映射时没有利用任何数据的分类标签信息。因此，虽然使用 PCA 降维后的数据在表示上更加方便（降低了维数并能最大限度地保留了原有信息），但在分类上会变得更加困难。图 4-19（b）展示了 LDA 的降维原理，从图中可以看到 LDA 充分利用了数据的分类信息，将两组数据映射到了另外一个坐标轴上，使得数据更易区分（即在低维上就很容易把不同类别的数据区分开）。

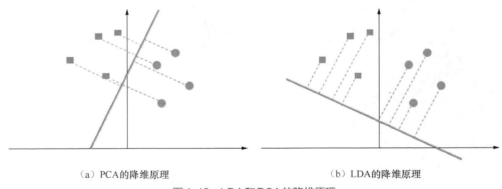

（a）PCA的降维原理　　　　　　　　（b）LDA的降维原理

图4-19　LDA和PCA的降维原理

4.3.6　集成学习

前面已经介绍了一系列常用的机器学习算法，每种算法都有不同的适用范围。在现实生

---

① 在信号处理中认为信号具有较大的方差，噪声有较小的方差，信噪比就是信号与噪声的方差比，越大越好。

活中，常常采用集体智慧来解决问题。那么在机器学习中，能否将多种机器学习算法组合在一起，使计算出来的结果更好呢？这就是集成学习（ensemble learning）的思想。集成学习是提高算法准确度的有效方法之一。

集成学习通过将多个参与训练的基础学习器进行结合，通常可获得比单一学习器更优越的泛化性能。这对弱学习器（weak learner）尤为明显，因此集成学习的很多理论是针对弱学习器的 [6]。在 Sklearn 中所有的集成算法都实现在 sklearn.ensemble 包里。本节将介绍几种常见的集成学习算法。

1. 提升算法

提升（boosting）算法在有些中文文献里也称为正向激励算法。它是一族可将弱学习器提升为强学习器的算法。其原理如图 4-20 所示。初始化时，针对有 m 个训练样本的数据集（用不同的颜色表示两类数据集），给每个样本都分配一个初始权重（图 4-20 以圆点的大小表示权重的大小，即圆点越大，权重越大）。然后使用这个带权重的数据集来训练出一个弱学习器，接着对该弱学习器预测错误的样本增加权重。接下来，使用这个新的带权重的数据集来训练出下一个弱学习器。如此重复进行，直至训练出的弱学习器数量值达到事先指定的值 N，最终将这 N 个弱学习器进行加权融合。

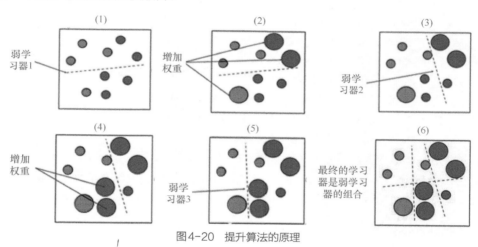

图4-20 提升算法的原理

提升算法中最著名的是 AdaBoost 算法。AdaBoost 算法是最简单的提升算法之一。Sklearn 库提供了 AdaBoostClassifier 类和 AdaBoostRegressor 类，利用集成学习的思想分别实现了分类和回归。下面的例子中，我们在一个人工数据集上训练一个 AdaBoostClassifier 分类器，通过这个实现可以看出，随着基学习器数量的增加，集成后的准确率有相应的提升（见图 4-21）。具体实现如下。

```
1  from sklearn.ensemble import AdaBoostClassifier
2  from sklearn.datasets import make_classification
3  from sklearn.model_selection import train_test_split
4  import matplotlib.pyplot as plt
5
6  X,y = make_classification(n_samples=1000,n_features=50,n_informative=30,n_clusters_
   per_class=3,random_state=11)
7  X_train,X_test,y_train,y_test = train_test_split(X,y,random_state=11)
8
```

```
9  clf = AdaBoostClassifier(n_estimators=50,random_state=11)
10 clf.fit(X_train,y_train)
11 # accuracies.append(clf.score(X_test, y_test))
12 plt.rcParams['font.family'] = ['sans-serif']
13 plt.rcParams['font.sans-serif'] = ['SimHei']
14
15 plt.title(u'集成准确率')
16 plt.ylabel(u'准确率')
17 plt.xlabel(u'集成学习中基学习器的数量')
18
19 plt.plot(range(1,51),[accuracy for accuracy in clf.staged_score(X_test,y_test)])
20 plt.show()
```

2. 装袋算法

装袋（bagging）算法在有些资料中也称为自助聚合，Bagging 是 Bootstrap Aggregation 的缩写，其核心思想是，采用有放回抽样原则，从包含 m 个样本的原数据集里进行 n（$n \leqslant m$）次抽样，构成一个包含 n 个样本的新训练数据集，然后使用该新训练数据集训练模型。重复上述过程 T 次，得到 T 个模型。当有新样本需要进行预测时，使用这 T 个模型分别对该样本进行预测，然后采用投票方式

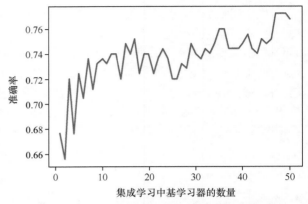

图4-21　随着学习器数量的增加，集成后的准确率有相应的提升

（分类问题）或求平均值方式（回归问题）得到新样本的预测结果。

因为采用的有放回抽样，所以随机抽样出的数据集里可能有重复数据，并且原数据集里的每个数据不一定都会出现在新抽样出的数据集里。

装袋算法在样本数据集具有很大的方差时的预测效果非常好。最常见的例子就是决策树的装袋算法，在 Sklearn 里由 BaggingClassifier 和 BaggingRegressor 分别实现分类与回归树算法。

3. 随机森林算法

随机森林（random forest）算法实际上是一种特殊的装袋方法，在以决策树为基学习器[①]构建装袋集成的基础上，进一步引入随机属性（即特征）的选择。即每次训练时，不使用所有的特征来训练，而是随机选择一个特征的子集来进行训练。随机森林算法有两个关键参数，一个是构建的决策树的个数 t，另一个是构建的单棵决策树中特征的个数 f。假设针对一个有 m 个样本、n 个特征的数据集，随机森林算法的原理如下。

1）单棵决策树的训练

- 采用有放回抽样，从原数据集经过 m 次抽样，获取到一个有 m 个样本的数据集（这个数据集里可能有重复样本）。
- 从 n 个特征里，采用无放回抽样规则，取出 f 个特征作为输入特征。
- 在新数据集上（即 m 个样本、f 个特征的数据集上）构建决策树。

---

① 由周志华的《机器学习》第 8 章可得知，随机森林属于同质集成，同质集成中的个体学习器亦称为"基学习器"（Base Leaner）。

- 重复上述过程 t 次，构建出 t 棵决策树。

2）随机森林算法的预测结果

生成 t 棵决策树之后，对于每个新的测试样例，综合多棵决策树的预测结果来作为随机森林的预测结果。对于回归问题，取 t 棵决策树的预测值的平均值作为预测结果；对于分类问题，采取少数服从多数的原则，取单棵树的分类结果中最多的那个类别作为整个随机森林的分类结果。

决策树的一个主要缺点在于经常对训练数据过拟合，但随机森林算法由于有了集成的思想，实际上相当于对样本和特征都进行了采样（如果把训练数据集看成矩阵，那么就是一个对行和列都进行采样的过程），从而可以避免过拟合。下面的代码通过随机森林算法对 two-moons 数据集进行分类，具体分类结果如图 4-22 所示。图 4-22 中前 5 张图是 5 棵子树的分类效果，这 5 棵子树"学到"的决策边界大不相同，每棵树都"犯"了一些错误，这里画出的一些训练点实际上并没有包含在这些树的训练数据集中，原因在于自助采样。最后一张图是整个森林的分类效果，从这张图可以看到随机森林算法比单棵树的过拟合都要小，给出的边界也更符合直觉。在实际应用中，我们会用到更多棵树（通常是几百或几千），从而得到更平滑的边界。

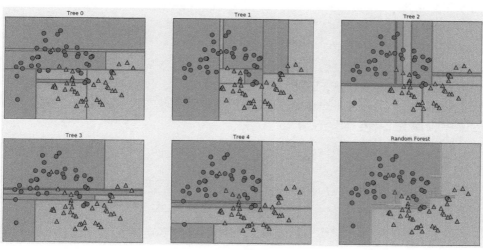

图4-22　分类结果

在 Sklearn 中，RandomForestClassifier 和 RandomForestRegressor 分别实现随机森林的分类与回归算法。实现图 4-22 所示效果的代码如下。

```
1  from sklearn.ensemble import RandomForestClassifier
2  from sklearn.datasets import make_moons
3  from sklearn.model_selection import train_test_split
4  import matplotlib.pyplot as plt
5  import mglearn
6
7  X,y = make_moons(n_samples=100,noise=0.25,random_state=3)
8  X_train, X_test, y_train, y_test = train_test_split(X, y, stratify=y, random_state=42)
9
10 forest = RandomForestClassifier(n_estimators=5, random_state=2)
11 forest.fit(X_train, y_train)
12
13 '''作为随机森林的一部分，树保存在estimators_属性中。下面的代码中我们将每个树"学到"的决策边
   界可视化，也将它们的集成后效果（即整个森林做出的预测）可视化'''
```

```
14 fit, axes = plt.subplots(2, 3, figsize=(20, 10))
15 for i, (ax, tree) in enumerate(zip(axes.ravel(), forest.estimators_)):
16     ax.set_title("Tree {}".format(i))
17     mglearn.plots.plot_tree_partition(X_train, y_train, tree, ax=ax)
18
19 mglearn.plots.plot_2d_separator(forest, X_train, fill=True, ax=axes[-1, -1],alpha=.4)
20 axes[-1, -1].set_title("Random Forest")
21 mglearn.discrete_scatter(X_train[:, 0], X_train[:, 1], y_train)
```

4.3.7   神经网络

神经网络是一种应用范围越来越广泛的机器学习算法，神经网络模拟了人类大脑的思考过程，量化了人类的思考过程，可以把网络中的数据当作输入，把对输入数据是否正常的判断作为输出。神经网络模拟了人脑从接收信号到做出决策的过程。神经网络具有强大的自组织、自适应、自学习能力，可以处理一些环境信息复杂、背景知识缺乏的问题，并且在样本有较大缺失和畸变的情况下，依然能够保持很好的应用效果。

人脑的神经网络活动主要有 4 个过程。

（1）外部刺激通过神经末梢转化为电信号，传到神经元细胞。

（2）无数神经元构成神经中枢。

（3）神经中枢综合各种信号做出判断。

（4）把神经中枢的指令发送到人体各个部分，对外部刺激做出反应。

神经元是整个人脑神经网络的基础，人工神经网络的基本组成元素是人工的神经元。感知器负责接受多个输入，产生一个输出，就像人体神经元接收各种外部环境的变化后输出电信号。人工神经元模型如图 4-23 所示。

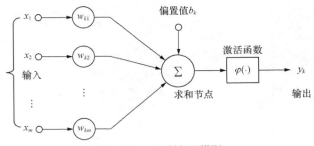

图4-23   人工神经元模型

最朴素的人工神经元主要有以下 3 个组成部分。

- 突触或连接链。每个人工神经元都由输入层、隐藏层和输出层组成。人工神经元的输入（$x_1, x_2, \cdots, x_m$）类似于生物神经元的树突，输入经过不同的权值（$w_{k1}, w_{k2}, \cdots, w_{km}$），加上偏置值 b_k 并经过激活函数 $\varphi(\cdot)$ 得到输出，最后将输出传输到下一层人工神经元进行处理。
- 加法器。用于求出输入信号被人工神经元的相应突触加权的和，这个求和是一种线性操作。
- 激活函数。激活函数的特征是非线性，主要目的是在神经网络模型中将一个节点的输入信号转换为一个输出信号，然后将这个输出信号作为下一个迭代过程中的输入。如果没有激活函数，则多层神经网络等价于单层神经网络，其学习能力有限，不能学习和模拟复杂的数据，如图像、视频、音频数据等。

其中，激活函数通常有如下一些性质。

- 非线性。如果没有激活函数，则多层神经网络中的迭代关系等价于单层神经网络，所以激活函数必须是非线性的。

- 值域有限。当激活函数的输出值是有限的时候，基于梯度的优化方法会更加稳定，因为特征的表示受有限权值的影响更显著；当激活函数的输出是无限的时候，模型的训练会更加高效，不过在这种情况下，学习率一般更低。

目前主流的神经网络大体有 3 种——全连接神经网络、卷积神经网络和循环神经网络。

1. 全连接神经网络

全连接神经网络（Fully Connected Neural Network）是一种基础的神经网络模型，主要由 3 部分组成，分别是输入层、隐藏层和输出层。其中，输入层负责原始数据的输入，输出层输出预测标签，中间的隐藏层是用于特征提取的部件。在全连接神经网络中，上一层神经元的输出会成为下一层所有神经元的输入，每两层的神经元都是两两全连接的。

全连接神经网络用于解决更复杂的划分问题，本质上就是把很多神经元连接在一起。底层神经元的输出是高层神经元的输入，以一个神经元的输出作为另一个神经元的输入，就产生了多层的结构，可以学习更复杂的特征。

图 4-24 所示是一个 4 层的全连接神经网络模型。其中，第一层是输入层，第四层是输出层，第二层和第三层是隐藏层，隐藏层的数据是在训练过程中产生的值，功能是以某种有用的方式介入外部输入与网络输出之中。隐藏层可以有一个、两个或多个。为了说明问题，图中有两个隐藏层，隐藏层可以引出高阶统计特性。即使对于局部连接，也可以获取一个全局关系。修正单元用于最终输出前的数据修正。图中的神经网络有 3 个输入单元、5 个隐藏单元、两个输出单元、两个修正单元。全连接体现在上一层的每个元素都与下一层中的每个元素相关联。一般，用 W 表示关联因子，用 b 表示修正量，假定神经网络的参数为 $(W,b)=(W^1,b^1,W^2,b^2,W^3,b^3)$，$W_{ij}^l$ 表示第 l 层第 j 个单元与第（l+1）层第 i 个单元之间的权重（即连接参数），b_i^l 表示第（l+1）层第 i 个单元的偏置项。计算过程如下。

$$a_1^2 = f(W_{11}^1 x_1 + W_{12}^1 x_2 + W_{13}^1 x_3 + b_1^1)$$
$$a_2^2 = f(W_{21}^1 x_1 + W_{22}^1 x_2 + W_{23}^1 x_3 + b_2^1)$$
$$a_3^2 = f(W_{31}^1 x_1 + W_{32}^1 x_2 + W_{33}^1 x_3 + b_3^1)$$
$$a_1^3 = f(W_{11}^2 a_1^2 + W_{12}^2 a_2^2 + W_{13}^2 a_3^2 + b_1^2)$$
$$a_2^3 = f(W_{21}^2 a_1^2 + W_{22}^2 a_2^2 + W_{23}^2 a_3^2 + b_2^2)$$
$$h_{W,b(x)} = a_1^4 = f(W_{11}^3 a_1^3 + W_{12}^3 a_2^3 + W_{13}^3 a_3^3 + b_1^3)$$
$$h_{W,b(x)} = a_2^4 = f(W_{21}^3 a_1^3 + W_{22}^3 a_2^3 + W_{23}^3 a_3^3 + b_2^3)$$

（4.17）

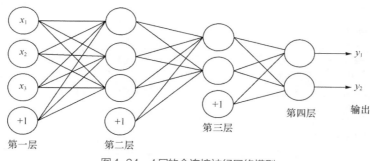

图4-24　4层的全连接神经网络模型

w^l 为 3×3 的矩阵，b^l 为 1×3 的向量，可见每层的 W 为不同尺寸的矩阵，b 是对应大小的向量，$f(x)$ 为激活函数。可将上面的计算过程用行列式表示，第 l 层和第（$l+1$）层之间的关系可以简明表示为

$$z^{l+1} = W^l a^l + b^l$$
$$a^{l+1} = f(z^{l+1})$$

（4.18）

全连接神经网络是其他类型神经网络的基础，因为全连接神经网络中的矩阵运算是不可替代的，大部分其他的神经网络在全连接神经网络的基础上演化而来。如在卷积神经网络中，并不是所有的上下层神经元都可以直接相连，而是通过"卷积核"作为中介，同一个卷积核在所有图像内是共享的，图像通过卷积操作以后能够保留原来的位置关系。另外，在朴素的全连接神经网络中，神经元的输出只能作为下一层神经元的输入，却不能作为本身的输入。但是在循环神经网络中，输入样本是由多个不同时刻的子样本组成的。也就是说，神经元上一时刻的输出可以作为下一时刻的输入，即除了来自第 (i-1) 层神经元在 t 时刻的输出外，第 i 层神经元 t 时刻的输入还包括自身在 (t-1) 时刻的输出。

2．卷积神经网络

卷积神经网络（Convolutional Neural Network，CNN）是为处理位置灵敏的张量数据而设计的，特别适用于图像类任务，如人脸识别、图像标题自动生成等。一张图片是由一系列按照特定顺序排列的像素点组成的，像素的排列顺序决定了图像的形状，卷积神经网络有一个固定大小（如 $3 \times 3 \times 3$、$3 \times 5 \times 5$ 等）的权值张量，称为核，这个核又称为滤波器。由滤波器对图像进行低通滤波操作，即用滤波器横向和纵向扫描整张图片，通过一定的运算规则求解每个核内的特征值，这个过程称为卷积操作，扫描过程中的步长是可以设定的。常见的滤波算法有均值滤波、中值滤波、高斯滤波、拉普拉斯滤波等。卷积过程可以把抽象的图像转换为具象的矩阵。卷积层后往往需要连接池化层。池化层可以通过调整上一个卷积层的输出尺寸来减少下一层卷积中的参数数量。全连接层往往会连接到卷积神经网络的最后一层，其后连接的输出层会计算损失函数。可见整个训练过程就是针对滤波器的训练，即对每一个卷积层的滤波器进行训练，寻求最能表示图像特征的滤波方法。

卷积神经网络会自动地学习出较好的卷积核参数。卷积神经网络中最著名的模型在 1998 年由 LeCun 提出，该模型采用了基于梯度的反向传播算法对数据进行有监督的训练，原始图训练后被转换为一组有特征的图片，之后使用全连接神经网络对图像特征进行提取和分类。基本的 CNN 由输入层、卷积层、池化层、全连接层和输出层组成，卷积神经网络在对图像的处理和分类中有良好的性能，不需要对图像进行非常复杂的预处理，只需要直接输入原始图像即可完成端到端的训练，已广泛应用于图像分类、人脸识别、物体检测等计算机视觉领域。

3．循环神经网络

循环神经网络（Recurrent Neural Network，RNN）是一种处理序列数据的常用神经网络。循环神经网络的应用主要有语音识别、机器翻译、对话系统等。一些研究表明，利用循环神经网络可以有效地解决序列标注和序列生成概率的建模问题。随着近几年深度学习技术的发展，循环神经网络被学界不断改进，在自然语言处理等领域展现出了突出的能力，它主要用于序列标注、语言模型建模等任务中。

例如，在翻译和对话系统中，可以把对话系统看作将问句"翻译"为答句的一种特殊"翻译系统"。另外，在对话模型中常用的"编码器－解码器"框架就基于翻译模型，甚至不少研

究直接将翻译模型中的技术用于对话系统中并取得了一定的成果。如"编码器 – 解码器"框架由两个循环神经网络构成：一个网络称为"编码器"，它将输入的序列通过迭代输入总结为一个上下文向量；另一个网络称为"解码器"，在训练时它读入上下文向量并最大化监督输出的似然值，而在预测时它读入上下文向量并返回概率最大的输出序列。

4．神经网络的选择

不同的神经网络可以处理的数据类型是不同的，适合应用的场景也不同。全连接神经网络适用于检测和预测，卷积神经网络适用于图像处理，循环神经网络适用于处理存在时间序列的数据。由于常用的入侵检测中处理的数据是网络通信中的一个个独立的数据包，网络访问在时间序列上关联度不大，因此可以认为这些数据包是一种基本的网络通信数据，既不是图像数据又不是基于时间序列的数据。在不同的场景中我们可以根据需要来选择不同的神经网络（见表 4-5）。

表4-5　不同的神经网络

神经网络名称	分析对象	特征	主要应用场景
全连接神经网络	一般数据	单向传播	入侵检测、股票预测
卷积神经网络	有局部位置关系的数据	局部传播	图像识别
循环神经网络	序列数据	可自身传播	机器翻译、对话系统

4.3.8　常用模型的特点和应用场景

前面介绍了大量的算法知识，那么算法和模型的关系是什么呢？算法和模型的相关知识在 4.1 节已经做了一些介绍，此处针对算法和模型的关系再做一个比较简单的介绍。模型是机器进行学习的结果，学习的过程称为训练，学习的内容就是数据，训练过程需要依靠某些方法来让模型变得更好，这些方法就是算法。一句话概括就是算法通过在数据上进行运算而产生模型。

在实际中成功应用机器学习模型是很重要的。表 4-6 对一些常用模型的特点和应用场景做了简要的总结。

表4-6　常用模型的特点及应用场景

模型	优点	缺点	应用场景
Logistic 回归	（1）实现简单且分类时计算量非常小，速度很快，存储的资源少； （2）可便利地观测样本概率分数； （3）对于 Logistic 回归而言，多重共线性并不是问题，可以结合 L2 正则化来解决该问题； （4）计算代价不高，易于理解和实现	（1）当特征空间很大时，回归的性能不是很好； （2）容易欠拟合，一般准确度不太高； （3）不能处理多分类问题； （4）对于非线性特征，需要进行转换	（1）用于二分类领域，例如，垃圾邮件过滤，预测广告被单击的可能性，预测特定的日期是否会发生地震等； （2）Logistic 回归的扩展——softmax 可以应用于多分类领域，如手写字识别等
线性回归	（1）建模迅速，对于小数据量、简单的关系很有效； （2）容易理解，有利于决策分析	不能拟合非线性数据	（1）预测一组特定数据（如 GDP、石油价格和股票价格）是否在一段时期内增长或下降； （2）流行病学研究，如吸烟对死亡率和发病率的影响

续表

模型	优点	缺点	应用场景
支持向量机	（1）可以解决高维（即大型特征空间）问题； （2）解决小样本下机器学习的问题； （3）能够处理非线性特征的相互作用； （4）无局部极小值问题（相对于神经网络等算法）； （5）不用依赖整个数据； （6）泛化能力比较强	（1）当观测样本很多时，效率并不是很高； （2）对非线性问题没有通用解决方案，有时候很难找到一个合适的核函数； （3）对于核函数的高维映射解释力不强，尤其是径向基函数； （4）常规 SVM 只支持二分类； （5）对缺失数据敏感	在人像识别、文本分类、手写字符识别、生物信息学等模式识别领域得到了应用
神经网络	（1）分类的准确率高； （2）并行分布处理能力强，分布存储及学习能力强； （3）对噪声有较强的鲁棒性和容错能力； （4）具备联想记忆的功能，能充分逼近复杂的非线性关系	（1）神经网络需要大量的参数，如网络拓扑结构、权值和阈值的初始值； （2）属于黑盒过程，不能观察中间的学习过程，输出结果难以解释，会影响到结果的可信度和可接受程度； （3）学习时间过长，有可能陷入局部极小值，甚至可能达不到学习的目的	目前深度神经网络已经应用于计算机视觉、自然语言处理、语音识别等领域，并取得了很好的效果
决策树	（1）决策树易于理解和解释，可以可视化分析，容易提取出规则； （2）可以同时处理标称型和数值型数据； （3）比较适合处理有缺失属性的样本； （4）能够处理不相关的特征； （5）运行速度比较快，且可以应用于大型数据集	（1）容易发生过拟合； （2）容易忽略数据集中属性的相互关联； （3）对于各类别样本数量不一致的数据，在决策树中进行属性划分时，不同的判定准则会带来不同的属性选择倾向	由于决策树有很好的辅助分析能力，因此在决策过程（如企业管理实践、企业投资决策等）中的应用较多
K 均值	（1）原理比较简单，容易实现，收敛速度快； （2）聚类效果较优； （3）算法的可解释性比较强； （4）需要调整的参数仅是簇数 k	（1）k 值的选取不好把握； （2）对于不是凸的数据集，比较难收敛； （3）如果各隐含类别的数据不平衡，例如各隐含类别的数据量严重失衡，或者各隐含类别的方差不同，则聚类效果不佳； （4）最终结果和初始点的选择有关，容易陷入局部最优； （5）对噪声和异常点比较敏感	（1）恶意流量识别； （2）搜索引擎查询聚类，用于进行流量推荐； （3）网站关键词来源聚类整合； （4）细分市场、消费者行为划分； （5）图像分割； （6）对于没有分类标签的数据来说，无监督学习的聚类算法可以帮助我们更好地理解数据集，并且为进一步训练模型打好基础

续表

模型	优点	缺点	应用场景
PCA	（1）使数据集更易使用； （2）降低算法的计算开销； （3）去除噪声； （4）使结果容易理解； （5）完全无参数限制	（1）如果用户对观测对象有一定的先验知识，掌握了数据的一些特征，却无法通过参数化等方法对处理过程进行干预，可能会得不到预期的效果，效率也不高； （2）特征值分解有一些局限性，比如变换的矩阵必须是方阵； （3）在非高斯分布情况下，PCA方法得出的主元可能并不是最优的	（1）高维数据集的探索与可视化； （2）数据压缩； （3）数据预处理； （4）图像、语音、通信的分析处理； （5）降维（最主要），去除数据冗余与噪声
随机森林	（1）不要求对数据预处理； （2）集成了决策树的所有优点，弥补了其不足； （3）支持并行处理； （4）生成每棵树的方法是随机的，不同的random_state会导致模型完全不同，因此要固化其值	（1）使用超高维数据集、稀疏数据集、线性模型更好； （2）比较消耗内存、运行速度慢。如果要节省内存和时间，建议用线性模型	文本分类领域、人体识别（动作识别、人脸识别）
AdaBoost	（1）很好地利用弱分类器进行级联； （2）可以将不同的分类算法作为弱分类器； （3）具有很高的精度； （4）相对于装袋算法和随机森林算法，AdaBoost充分考虑了每个分类器的权重	（1）迭代次数（也就是弱分类器数目）不太好设定，可以使用交叉验证来进行确定； （2）数据不平衡导致分类精度下降； （3）训练比较耗时，每次都需重新选择好当前分类器切分点	模式识别、计算机视觉领域，用于二分类和多分类场景

4.4 本章小结

本章主要介绍了机器学习的基础内容。本章首先介绍了机器学习中常用的概念和术语，机器学习算法分类、训练方式，随后讲解了机器学习的3个组成要素——模型、策略、算法。为了方便读者进行实践，本章对常用建模库（Sklearn和Statsmodels）做了讲解。最后，本章重点阐述了主要的机器学习算法，并在机器学习算法的选择上给出了一些建议。

第二部分　大数据测试

第 5 章　大数据基础

当今社会是一个高速发展的社会，互联网发达，信息流通广泛，大数据就是这个高科技时代的产物。阿里巴巴创办人马云曾在演讲中提到，未来的时代将不是 IT 时代，而是数据技术（Data Technology，DT）时代。随着大数据产业的不断发展，数据为各行各业带来了巨大的经济价值，大数据测试也必将成为一个热门的职业方向。

尽管大数据技术的发展突飞猛进，但大数据测试的相关技术并不完善，人才非常短缺。大数据测试暴露出越来越多的瓶颈问题。首先，大数据测试人员对大数据相关技术掌握得不够深入；其次，大数据测试方法论不完善、不统一；最后，大数据测试效率低、门槛高，缺少有效的工具平台。

机器学习的生命周期通常是从获取和处理数据开始的，数据是模型训练的基础。数据和特征决定了机器学习的上限，而模型和算法只是逼近这个上限的手段。由此可见，数据质量对于模型效果的重要性很高。通常大数据测试处于模型测试的前置阶段，大数据测试的质量一定程度上影响着模型预测效果。

由此可见，了解并掌握大数据测试的基础知识和方法至关重要。

5.1　什么是大数据

随着人工智能时代的来临，大数据越来越多地受到人们关注。人们已经认识到数据是一种无形的宝贵资产。相信读者听说过大数据这一名词，那么到底什么是大数据呢？根据百度百科，大数据是指无法在一定时间范围内用常规软件工具进行捕捉、管理和处理的数据集合，是需要新处理模式才能具有更强的决策力、洞察力和流程优化能力的海量、高增长率和多样化的信息资产。通俗来说，大数据是无法使用传统常规工具进行处理的海量数据集。

大数据应用场景广泛，例如商品广告搜索、用户行为分析、疾病统计分析、金融风控决策、社交网络分析等。大数据多呈现数据量大、数据结构多样、数据生成速度快、数据价值密度低，以及数据真实的特点，如图 5-1 所示。

- 数据量大——2012 年互联网数据中心（IDC）发布的《数字宇宙 2020》指出，到 2020 年，全球数据总量将超出 40ZB（40ZB 相当于 2^{30}GB）。如果把 40ZB 的数据全部存入现有的蓝光光盘，这些光盘的重量（不带盒子或包装）相当于 424 艘尼米兹号航母。由此可以看出，大数据的数量之大。巨大的数据量会增加数据存储和计算的复杂程度，同时也会带来数据中的信息不能被全面理解的问题。

- 数据结构多样化——数据来源丰富，如网页、社交媒体、埋点日志等。同时数据又存在结构化、半结构化、非结构化 3 种数据格式。结构化数据可以看作关系型数据库的一张表，每列都有清晰的定义，每一行数据表示一个样本的信息。相对于结构化数据，半结构化数据无法通过二维关系来展现，常见的半结构化数据包括 JSON、HTML、报表、资源库等数据。非结构化数据包含的信息无法用一个简单的数值表示，也没有清晰的类别定义，并且需要经过复杂的逻辑处理才能提取其中的信息，常见的有文本、图像、音频和视频数据。数据丰富的来源及多样化的结构给数据统一存储带来了挑战。

- 数据生成速度快——数据每时每刻都在大量产生，部分场景对数据的时效性要求较高，因此要求数据能够实时存储、计算。
- 数据价值密度低——大数据的数据量虽然大，但是有价值的数据有限，这就要求使用者从海量的数据中提取能够加以利用的数据。大数据的意义不在于拥有的数据量是最多的，而在于是否能够有效、合理地对这些数据进行加工处理，使数据价值最大化。
- 数据真实——大数据中的内容与现实世界息息相关，研究大数据就是从庞大的网络数据中提取出能够解释和预测现实事件的数据的过程。

图5-1　大数据的特点

　　基于大数据的特点及问题，传统的技术和工具已经无法对其进行处理，因此，与大数据的收集、存储、分析、计算相关的 Hadoop 生态系统应运而生。

5.2　Hadoop 生态系统

　　Hadoop 是由 Apache 基金会开发的分布式系统基础架构，是在分布式集群服务器上存储海量数据并运行分布式分析应用的一个开源软件框架，具有高可靠性、高效性、高容错性及高扩展性的特点。Hadoop 生态系统如图 5-2 所示，从图中可以看到，数据从来源层到应用层会经过多个 Hadoop 生态圈组件的处理，这些组件的产生解决了海量数据的收集、存储、分析、计算问题。Hadoop 框架最核心的设计就是 Hadoop 分布式文件系统（Hadoop Distributed File System，HDFS）和 MapReduce。HDFS 为海量的数据提供了存储服务，MapReduce 为海量的数据提供了计算服务。下面将依次介绍 HDFS、MapReduce、Hive、HBase、Storm、Spark、Flink，其他组件暂不介绍。

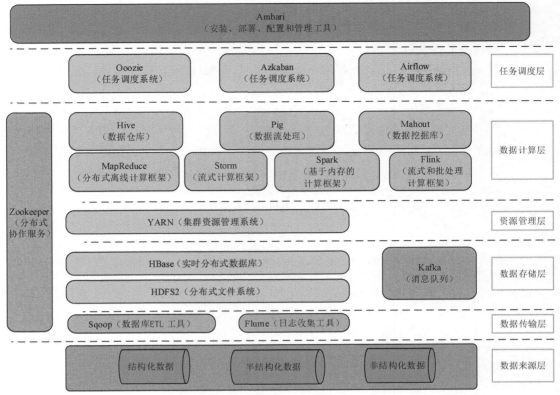

图5-2　Hadoop生态系统

5.2.1　HDFS

Hadoop 实现了一个分布式文件系统（Distributed File System，DFS）。HDFS 是 Hadoop 生态系统的基本组成部分，为整个 Hadoop 生态系统提供了基础的存储服务。HDFS 具有高容错性的特点，并且用来部署在低廉的硬件上。它提供高吞吐量来访问应用程序的数据，适合那些有超大数据集的应用程序。HDFS 放宽了对可移植操作系统界面的要求，可以用流的形式访问文件系统中的数据。

1. HDFS 架构

HDFS 集群以管理者 - 工作者的模式运行，其中有两类节点，即一个 NameNode（管理者）和多个 DataNode（工作者）。HDFS 架构如图 5-3 所示，图中绘制了一个 NameNode 和多个DataNode。图中3个DataNodes放置在机架1上，两个DataNode放置在机架2上。为了提高集群的高可用性，业务应用中的部署方式会更复杂一些，在此不再详细介绍。从图中可以看到，DataNode 中的数据是按照块存储的，从 Apache Hadoop 2.7.3 版本开始，块默认大小更改为 128MB，不再使用之前的默认值 64MB。

其中关键的组件如下。

- NameNode：存储文件的元数据，包括文件名，文件属性（文件目录的所有者及其权限、生成时间、副本数），文件目录结构及它们之间的层级关系。NameNode 管理文件系统命名空间与文件、块、DataNode 之间的映射关系。注意，运行 NameNode 会占用大量内存和 I/O 资源，一般 NameNode 不会存储用户数据或执行 MapReduce 任务。

- DataNode：文件系统的工作节点，负责存储和检索块（由客户端或 NameNode 调度），负责为系统客户端提供数据块的读写服务，根据 NameNode 的指示进行数据块的创建、删除和复制等操作，通过心跳检测机制定期向 NameNode 报告所存储数据块的列表信息。

- 客户端：用户通过客户端来管理和访问 HDFS。客户端通过与 NameNode 交互来获取文件的位置信息，通过与 DataNode 交互实现数据读取和写入功能。客户端提供一个类似于 POSIX 的文件系统接口，使用户在编程时无须知道 NameNode 和 DataNode 也可实现其功能。

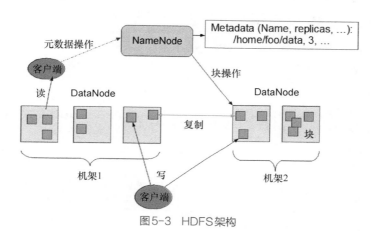

图5-3　HDFS架构

2. Hadoop Shell

通过命令行交互，即用 Hadoop Shell 可以进一步了解 HDFS。使用 hadoop fs -help 可以查看 Hadoop Shell 的所有命令及帮助信息。Hadoop Shell 命令都采用"hadoop fs -命令 URI"的格式。可以使用默认配置来简化命令格式中主机的 URI，即省略 hdfs://localhost，该项在配置文件 core-site.xml 中已指定。

Hadoop Shell 中部分命令的格式和功能与 Shell 命令相似，这些命令包括 cat、chgrp、chmod、chown、du、ls、mkdir、rm、stat、tail、mv（不允许在不同的文件系统间移动文件）、cp（不允许在不同的文件系统间复制文件）。举例说明如下。

（1）ls: 显示当前目录 test 下所有文件。

- Shell 命令: ls。
- Hadoop Shell 命令: hadoop fs -ls hdfs://localhost/test。

（2）cat：连接文件或标准输入并输出。

- Shell 命令: cat text1。
- Hadoop shell 命令: hadoop fs -cat hdfs://localhost/text1。

Hadoop Shell 与 Shell 中存在区别的命令包括 text、touchz、get、getmerge、put、copyFromLocal、copyToLocal、movefromLocal、test、expunge。Hadoop Shell 命令的详细信息如表 5-1 所示。

表 5-1 Hadoop Shell 命令的详细信息

命令	使用方法	作用
text	hadoop fs −text <hdfs file>	显示文件的内容，当文件为文本文件时，用法等同于 cat 命令；当文件为压缩格式（gzip 及 hadoop 的二进制序列文件格式）时，会先解压缩
touchz	hadoop fs −touchz <hdfs file>	创建一个 0 字节的空文件，用法类似于 Shell 中的 touch，可以创建多个空文件
get	hadoop fs −get [−ignorecrc] [−crc] <hdfs file> <local file or dir> hadoop fs −get [−ignorecrc] [−crc] <hdfs file or dir> <local dir> 可用 −ignorecrc 选项复制 CRC 失败的文件，可用 −crc 选项复制文件及 CRC 信息	复制 hdfs 文件到本地文件系统。注意，local file 不能与 hdfs file 名称相同，否则会提示文件已存在，把文件复制到本地磁盘
getmerge	hadoop fs −getmerge <hdfs dir> <local file> [addnl] addnl 是可选的，用于在每个文件结尾添加一个换行符	获取由 hdfs dir 指定的所有文件，将它们合并为单个文件，并写入本地文件系统的 local file 中
put	hadoop fs −put <local file or dir> <hdfs dir> hadoop fs −put <hdfs file> 从标准输入中读取输入	从本地文件系统中复制文件或目录到目标 hdfs，也支持从标准输入中读取输入并写入目标文件系统
copyFromLocal	hadoop fs −copyFromLocal <local src> <hdfs dst>	从本地文件系统复制文件到 hdfs，用法等同于 put 命令
copyToLocal	hadoop fs −copyToLocal [−ignorecrc] [−crc] <hdfs dst>...<local src>	从 hdfs 复制文件到本地文件系统，用法等同于 get 命令
movefromLocal	dfs −moveFromLocal <local src>...<hdfs dst>	与 put 用法类似，命令执行后源文件（local src）被删除
test	hadoop fs −test −[ezd] <hdfs file>	−e 检查文件是否存在，如果存在，则返回 0；−z 检查文件是否是 0 字节，如果是，则返回 0；−d 检查路径是否为目录，如果路径是目录，则返回 1；否则，返回 0
expunge	hadoop fs −expunge	清空回收站。文件被删除时，首先会把它移到临时目录 .Trash/ 中，当超过延迟时间后，文件才会被永久删除

5.2.2 MapReduce

MapReduce（MR）是一种可用于数据处理的编程模型，也是一种分布式计算框架。MapReduce 可以处理海量的数据集，对 GB、TB、PB 级数据都能处理。另外，它还支持批处理，可同时处理多个数据集。但 MapReduce 的时效性较差，不太适用于实时数据计算，也不擅长流式计算。更多实时数据计算框架的介绍可参考 5.2.5 节。

　　MapReduce 的整个计算过程采用的是一种分而治之的思想。举一个简单的例子，给读者一篇 10 行的文章，要求统计文章中出现的单词及其个数。人工完成这个任务还算简单，花一些时间就可以统计出来。但是如果将文章长度变为 1000 行，一个人手工计算就很困难了。不过可以使用另外一种方法，找来 100 个人，每人分配 10 行进行单词统计，然后再将这 100 个人的结果合并起来，这样任务就变简单了，这就是 MapReduce 的思想。

　　MapReduce 将计算过程分为两个阶段——Map 阶段和 Reduce 阶段。Map 阶段对并行输入数据进行处理，Reduce 阶段对 Map 阶段处理后的结果进行汇总，每个阶段都以键 – 值对作为输入和输出。对于统计文章中单词个数的任务来说，可以把 100 个人进行单词个数统计看作 Map 阶段，将汇总这 100 人的统计结果看作 Reduce 阶段。MapReduce 的计算流程如图 5-4 所示。

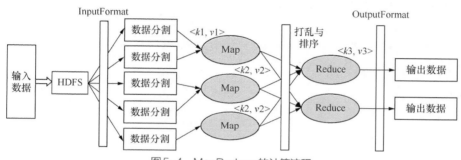

图5-4　MapReduce 的计算流程

　　从图 5-4 中可以看到，读取数据前，InputFormat 会将输入数据划分成等长的小块，块的个数决定了 Map 的个数。影响 Map 个数的因素有很多，例如 HDFS 块的大小、输入文件的大小和个数、splitsize 的大小等。分割后的数据会进入 Map 阶段进行处理。为了减轻 Reduce 端排序压力带来的内存消耗，在 Map 阶段结束后，进入 Reduce 阶段前增加了一个打乱 & 排序（shuffle&sort）的过程，该过程使每个 Reduce 的输入都是按键排序的。Map 和 Reduce 阶段的数据处理逻辑是由用户编写的 MapReduce 程序（Mapper 和 Reducer 文件）决定的。

　　Hadoop 提供了 MapReduce 的 API，允许用户使用其他语言来编写自己的 Map 和 Reduce 函数。Hadoop Streaming 使用 UNIX 标准流作为 Hadoop 和应用程序之间的接口，使用户可以使用任何编程语言通过标准输入 / 输出来编写 MapReduce 程序。下面以单词及其个数统计为例，使用 Hadoop Streaming 编程来说明 MapReduce 的计算流程。给定以下被统计的文本 input_wordcount。

```
1  lily likes badminton
2  kris likes basketball
3  lily also likes basketball
```

　　现对文本中单词及其个数进行统计，运行脚本 run.sh，得到统计后的结果文件 output_wordcount。run.sh 和 output_wordcount 的内容分别如下。

```
1  # 单词计数文本输入路径
2  input_path="/user/hive/warehouse/tmp.db/wordcount/input_wordcount"
3  # 单词计数结果输出路径
4  output_path="/user/hive/warehouse/tmp.db/wordcount/output_wordcount"
```

```
5   hadoop fs -rm -r ${output_path}
6   hadoop_jar=/opt/cloudera/parcels/CDH-5.3.1-1.cdh5.3.1.p0.5/lib/hadoop-mapreduce/
    hadoop-streaming.jar
7   lib_jars=/opt/cloudera/parcels/CDH/lib/apache-hive-1.1.0-cdh5.4.8-bin/lib/hive-
    exec-1.1.0-cdh5.4.8.jar
8   #使用Hadoop Streaming运行MapReduce任务
9   hadoop jar ${hadoop_jar} --libjars ${lib_jars} \
10  -D mapred.map.tasks=1 \
11  -D mapred.reduce.tasks=1 \
12  -D mapred.job.priority=HIGH \
13  -D mapred.job.name=wordcount \
14  -D stream.num.map.output.key.fields=1 \
15  -D num.key.fields.for.partition=1 \
16  -input $input_path \
17  -output $output_path \
18  -mapper "python wordcount_mapper.py" \
19  -reducer "python wordcount_reducer.py" \
20  -file ./wordcount_mapper.py \
21  -file ./wordcount_reducer.py \
22  -partitioner org.apache.hadoop.mapred.lib.KeyFieldBasedPartitioner \
```

```
1   also        1
2   badminton   1
3   basketball  2
4   kris        1
5   likes       3
6   lily        2
```

　　run.sh 用到的 Mapper 文件是 wordcount_mapper.py。在 Map 阶段，将输入的每行
数据按照空格进行分割后使用 "\t" 与 1 拼接，把拼接后的数据输入 wordcount_reducer.py
并处理。整体处理流程如图 5-5 所示。注意，Map 过程是由用户编写的 Mapper 文件决定的，
即这里的 wordcount_mapper.py。

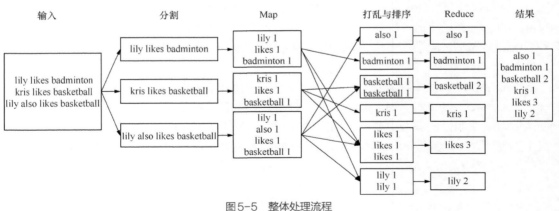

图 5-5　整体处理流程

wordcount_mapper.py 的内容如下。

```
1   import sys
2
3   for line in sys.stdin:
4       ln = line.strip().split(' ')
5       for word in ln:
6           print '\t'.join([word.strip(), '1'])
```

wordcount_reducer.py 的内容如下。

```
1  import sys
2
3  cur_word = None
4  sum = 0
5
6  for line in sys.stdin:
7      ln = line.strip().split('\t')
8      if len(ln) != 2:
9          continue
10     word, cnt = ln
11
12     if cur_word == None:
13         cur_word = word
14
15     if cur_word != word:
16         print '\t'.join([cur_word, str(sum)])
17         cur_word = word
18         sum = 0
19
20     sum += int(cnt)
21
22 print '\t'.join([cur_word, str(sum)])
```

由于输入的文件很小，只有 3 行数据，因此图 5-5 中的分割过程以行为单位对文本进行分割。实际应用中，MapReduce 计算的输入文件都很大，文件按照块进行分割。分割后的块有多行数据，每一行数据会按照 wordcount_mapper.py 文件中用户编写的 for line in sys.stdin 分别进行处理。Map 和 Reduce 阶段都以键值对作为输入与输出，单词统计示例中，"键"指的是被统计的单词，"值"指的是单词对应个数。打乱和排序阶段会将拥有相同键的数据放在同一块中，之后将块传给 Reduce 任务。默认情况下，只有一个 Reducer，所有块会传给一个 Reduce 任务。当有多个 Reducer 时，具有相同键的数据会传给同一个 Reduce 任务。如果 Map 过程输出文件太大或 Reduce 内存设置得较小，可能导致相同键的数据在一个 Reduce 任务里无法处理，因此可能会把相同键的数据传给另一个 Reduce 任务。当然，如果一个 Reduce 比较大，会出现所有键相同的块对应一个 Reduce 任务的情况。

5.2.3 Hive

Hive 是基于 Hadoop 的一个数据仓库平台，可以将结构化的数据文件映射到一张数据库表，并提供完整的查询功能。实际数据都存储在 HDFS 中，Hive 只定义了简单的类 SQL。执行时可以将 SQL 语句转换为 MapReduce 任务（有些查询没有转换为 MapReduce 任务，是否转换为 MapReduce 任务与任务复杂程度及系统配置有关）来查询 HDFS 上的数据。

1. Hive 系统架构

Hive 架构 [1] 如图 5-6 所示，包括以下部分。

（1）用户接口。

- 用户可以直接使用 Hive 提供的 CLI 工具执行交互式 SQL。

---

① 引自陈晓军的"Hive 学习笔记"。

- Hive 提供了纯 Java 的 JDBC 驱动，使得 Java 应用程序可以在指定的主机端口连接到另一个进程中运行的 Hive 服务器。另外，Hive 还提供了 ODBC 驱动，支持使用 ODBC 协议的应用程序连接到 Hive。从图 5-6 可以看到，和 JDBC 类似，ODBC 驱动使用 Thrift Server 和 Hive 服务器进行通信。
- 用户也可以通过 Web GUI（即通过浏览器访问网页）的方式，输入 SQL 语句，执行操作。

（2）驱动模块。

驱动模块包含 4 个模块，即解释器、编译器、优化器和执行器。通过该模块对输入内容进行解析、编译，对需求的计算进行优化，然后按照指定的步骤运行（通常启动多个 MapReduce 任务来执行）。

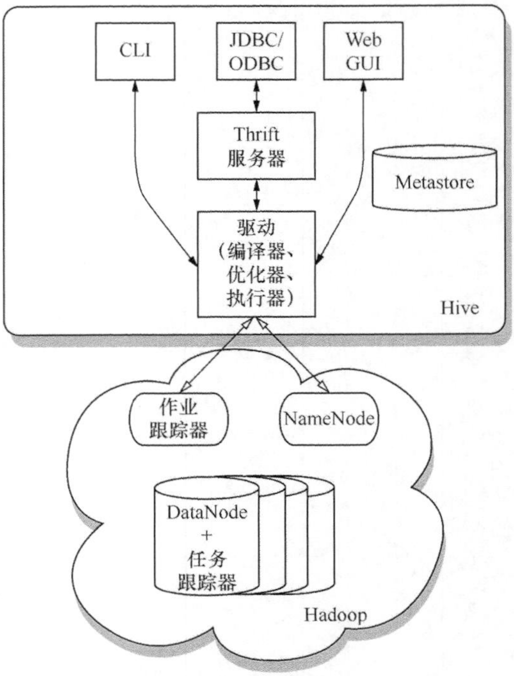

（3）元数据。

Hive 的元数据存储在一个独立的关系型数据库里，通常使用 MySQL 或 Derby 数据库。Hive 中的元数据包括表的名字、表的属性、表的模式、表的分区和列信息、表中数据所在目录等。

图 5-6 Hive 架构

> **注意** Hive 是构建在 Hadoop 之上的，Hive 查询处理的数据是存储在 HDFS 中的，本质上 Hive 的运算结果是利用 MapReduce 计算得到的。

2. Hive 与普通关系型数据库的区别

Hive 与普通关系型数据库的区别如表 5-2 所示。

表 5-2　Hive 与普通关系型数据库的区别

特性	Hive	普通关系型数据库
查询语言	HiveQL	SQL
数据存储	HDFS	原始设备或本地文件系统
处理的数据规模	大	小
执行方式	通过 MapReduce	通过执行器
执行延迟	高（分钟级）	低（亚秒级）
事务	支持（表级和分区级）	支持
可扩展性	高	低

3. HiveQL 和 SQL 的比较

HiveQL（Hive SQL 的简称）的很多语句与 SQL 都相同，但也有不同的地方，HiveQL

和 SQL 的比较如表 5-3 所示。

表5-3　SQL 和 HiveQL 的比较

特性	SQL	HiveQL
更新	UPDATE/INSERT/DELETE	INSERT
函数	包含数百个内置函数	包含几十个内置函数
多表插入	不支持	支持
视图	可更新（是物化的或非物化的视图）	只读（不支持物化视图）
数据类型	整数、浮点数、定点数、文本和二进制串、时间	整数、浮点数、布尔型、文本和二进制串、时间戳、数组、映射、结构

4. Hive 数据存储与 Hive 表

1）Hive 的数据存储

Hive 的数据都是存储在 HDFS 上的，默认有一个根目录。具体值可以在 hive-site.xml 文件中配置，由参数"hive.metastore.warehouse.dir"指定，其默认值为 /user/hive/warehouse。

Hive 中的数据库在 HDFS 上的存储路径为 ${hive.metastore.warehouse.dir}/databasename.db。例如，名为 tmp 的数据库的存储路径为 /user/hive/warehouse/tmp.db。

Hive 中的表在 HDFS 上的存储路径为 ${hive.metastore.warehouse.dir}/databasename.db/tablename/，例如，在 tmp 库中表 table_a 的存储路径为 /user/hive/warehouse/tmp.db/table_a。

2）内部表和外部表

Hive 中的表分为内部表（MANAGED_TABLE，有的也叫作托管表）和外部表（EXTERNAL_TABLE）。内部表适用于 Hive 中间表、结果表以及一般不需要从外部（如本地文件、HDFS）加载（load）数据的情况。外部表适用于源表、需要定期将外部数据映射到表中的情况。

内部表和外部表最大的区别是，内部表进行 DROP 操作时会删除 HDFS 上的数据，而外部表进行 DROP 操作时不会删除 HDFS 上的数据，只会删除 Hive 的元数据。其实这两者最本质的区别是加载数据到内部表时，Hive 会把数据移到 Hive 内部表的仓库目录。对于存储于 tmp 库的表 table_a 来说，这个目录就是 /user/hive/warehouse/tmp.db/table_a，在删除内部表时，该目录数据和元数据都会被删除。而对于外部表，数据是在 Hive 仓库目录之外的位置存储的，Hive 只"知道"数据存在但不做管理，所以不会把数据移到自己的仓库目录，在删除表时 Hive 不会删除数据。

3）分区和分桶

Hive 会根据 Partition 列的值对表进行粗略划分，划分得到的表叫作分区表。使用分区可以加快数据分片的查询速度。表或分区可以进一步分为"桶"（bucket）。例如，通过用户 ID 把表 / 分区划分为桶，这样有利于在所有用户集合的随机样本上进行快速查询操作。

在 Hive 中，表中的一个分区对应于表下的一个目录，所有分区的数据都存储在对应的目录中。例如，若表 /user/hive/warehouse/tmp.db/table_b 中有一个 Partition 字段 etl_dt，则对应于 etl_dt = 20170728 的 HDFS，子目录为 /tmp.db/table_b/etl_dt=20170728；对应于 etl_dt = 20170729 的 HDFS，子目录为 /tmp.db/table_b/etl_dt=20170729。

分区表在创建时需要使用 PARTITION BY 来指定分区的列，分区的列既可以为一列，也可以为多列。创建分区表的示例语句如下。

```
1  CREATE EXTERNAL TABLE hive_study(
2  id INT,
3  age STRING COMMENT '年龄',
4  dt STRING
5  ) COMMENT 'hive_study test'
6  PARTITIONED BY (dt STRING)
7  ROW FORMAT DELIMITED
8  FIELDS TERMINATED BY ','
9  STORED AS textfile
10 LOCATION '/user/hive/warehouse/tmp.db/outtable';
```

- 关键字 EXTERNAL：表示该表为外部表，如果不指定 EXTERNAL 关键字，则表示它为内部表。
- 关键字 COMMENT：为表和列添加注释。
- 关键字 PARTITIONED BY：表示该表为分区表，分区字段为 dt，类型为 string。
- 关键字 ROW FORMAT DELIMITED：指定表的分隔符，通常后面要与以下关键字连用。

```
FIELDS TERMINATED BY ','     // 指定每行中字段分隔符为逗号
LINES TERMINATED BY '\n'     // 指定行分隔符
COLLECTION ITEMS TERMINATED BY ','  // 指定集合中元素之间的分隔符
MAP KEYS TERMINATED BY ':'  // 指定数据中Map类型的Key与Value之间的分隔符
```

- 关键字 LOCATION：指定表加载的 HDFS 数据路径，通常在创建外部表时，会先把 HDFS 文件上传（put）到 HDFS 的指定路径，例如这里的 /user/hive/warehouse/tmp.db/。

使用的 Hadoop 命令如下。

```
hadoop fs -put outtable /user/hive/warehouse/tmp.db/outtable
```

outtable 文件的内容如下。

```
1,30,1989-09-03
2,28,1991-02-14
3,4,2016-07-29
```

执行上面的建表语句后，hive_study 表就会创建完成且表中数据与文件 outtable 相同。同时该表会按照 dt 字段的值（dt=1989-09-03，dt=1991-02-14，dt=2016-07-29）形成 3 个分区。

创建分桶表的示例如下所示。

```
1  CREATE TABLE person(id INT,name STRING)
2  CLUSTERED BY(id) SORTED BY (id ASC) INTO 4 BUCKETS;
```

5.2.4 HBase

随着互联网 Web 2.0 的兴起，传统关系型数据库在 Web 2.0 网站应用中暴露出很多问

题，特别是超大规模和高并发动态网站。例如，传统关系型数据库存在高并发读写瓶颈（实际上，Hive 也存在这个瓶颈，Hive 只适合离线数据读写），硬件和服务节点的扩展性与负载能力有限，事务一致性不佳等问题。另外，任何处理大数据量的 Web 系统都非常忌讳几个大表间的关联查询，以及复杂的数据分析类型的 SQL 查询。基于以上技术问题及业务需求，HBase 应运而生。

HBase 是一个建立在 HDFS 之上、面向列的 NoSQL 数据库，用于快速读/写大量数据，是一个高可靠、高并发读写、高性能、面向列、可伸缩、易构建的分布式存储系统。HBase 具有海量数据存储、快速随机访问、大量写操作的特点。

1. HBase 系统架构

HBase 系统架构如图 5-7 所示。

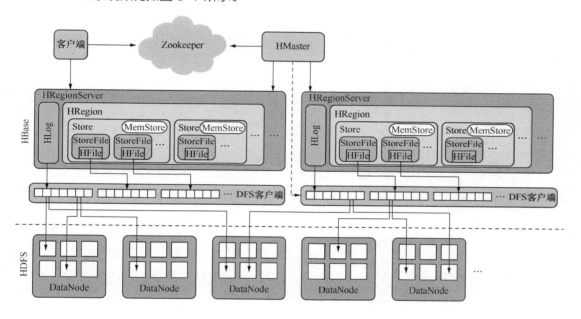

图5-7　HBase 系统架构

HBase 同样采用主从式的架构，使用一个 HMaster 节点协调管理多个 HRegionServer 从属机，它包括以下部分。

- 客户端：包含访问 HBase 的接口，同时在缓存中维护着已经访问过的 Region 位置信息，用来加快后续数据访问过程。客户端通过读取存储在主服务器上的数据，获得 HRegion 的存储位置信息后，直接从 HRegion 服务器上读取数据。客户端与 HMaster 通信以进行管理类操作，客户端与 HRegionServer 通信以进行数据读写类操作。

- Zookeeper：HBase 依赖于 Zookeeper，Zookeeper 管理一个 Zookeeper 实例，客户端通过 Zookeeper 才可以得到 meta 目录表的位置以及主控机的地址等信息。也就是说，Zookeeper 是整个 HBase 集群的注册机构。另外，Zookeeper 可以帮助选举出一个主节点作为集群的总管，并保证在任何时刻总有唯一的 HMaster 在运

　　行，这就避免了 HMaster 的"单点失效"问题。

- HMaster：负责启动安装，将区域分配给注册的 HRegionServer，恢复 HRegionServer 的故障，管理和维护 HBase 表的分区信息，HMaster 的负载很轻。
- HRegionServer：将表水平分裂为区域，集群中的每个节点管理若干个区域，区域 是 HBase 集群上分布数据的最小单位，因此存储数据的节点就构成了一个个的区域 服务器，叫作 HRegionServer。HRegionServer 负责存储和维护分配给自己的区 域，响应客户端的读写请求。

从图 5-7 可以看到，最底层 HBase 中的所有数据文件实际上都是存储在 HDFS 上的。

2. HBase存储格式

　　传统关系型数据库中的数据是按照行存储的，数据按照一行一行的顺序写入。对于磁盘来 讲，这种行为与其物理构造是比较契合的。在 OLTP 类型的应用中，这种行为是合适的，但 是如果需要读取一列数据，这种存储方式就存在一定"缺陷"，不过通过索引的机制基本可以 实现。

　　HBase 采用列存储方式，那么什么是列存储呢？列存储是相对于传统关系型数据库的行 存储来说的，从图 5-8 可以看出两者的区别。

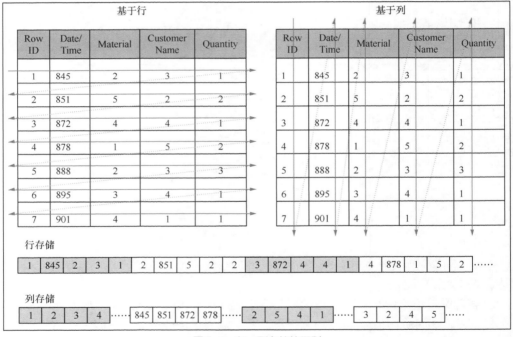

图5-8　行、列存储的区别

　　从图 5-8 中可以清楚地看到，行存储方式下，一张表的数据都是放在一起的。但列存储 方式下数据分开保存了，每一列中间的"……"表示每列数据分开保存，数据不是连续的。 行存储以一行记录为单位，列存储以列数据集合（或称列族）为单位。HBase 表中的每列 都归属于某个列族，在创建表时，列族必须预先给出，列名不需要给出。列名一般是在列族 中插入数据时给出的，比如 age:1，表示在 age 列插入值 1。列名以列族作为前缀，每个列族都可以有多个列（column）成员，新的列成员可以按需动态加入。

3. HBase逻辑结构和物理存储结构

HBase 与传统关系型数据库很类似，数据存储在一张表中，有行有列，但 HBase 的本质是一种键－值存储系统。反过来，行键相当于键，列族数据的集合相当于 Value。与 NoSQL 数据库一样，行键是用来检索记录的主键，行键必须存在且在一张表中唯一。

HBase 逻辑结构如图 5-9 所示，HBase 的一张表由一个或多个区域组成，记录之间按照行键的字典序排列。从图中可以看到该 HBase 表有多个行键，表被横线划分为 3 个 Region。注意，第 2 个区域的 row_key41 在 row_key5 前面，因为排序是按位（字典序）比较的，4 比 5 小，所以 41 在前面。表中竖线将表划分为两个列族，列族 class_info（包括列 name、age、class）和列族 contact_info（包括列 phone、address）。

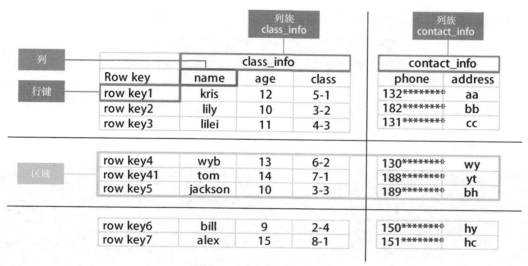

图5-9　HBase逻辑结构

图 5-9 只是逻辑结构，实际的物理存储结构如图 5-10 所示。Row key 行中都是 row key1，Column Family 列族中都为 class_info，Column Qualifier 是列限定符（对应图中的列名），Time Stamp 是数据插入时自动生成的。当然，在插入数据时也可以手动指定 Time Stamp。Type 表示数据是以插入（put）方式写入的，Value 就是该列的值。

	class_info		
Row key	name	age	class
row key1	kris	12	5-1
row key2	lily	10	3-2
row key3	lilei	11	4-3

Row key	Column Family	Column Qualifier	Time Stamp	Type	Value
row key1	class_info	name	t1	put	kris
row key1	class_info	age	t2	put	12
row key1	class_info	class	t3	put	5-1

图5-10　HBase物理存储结构

4. HBase Shell

下面进行 HBase Shell 命令的演示，主要介绍几个常用命令。

（1）执行 hbase shell 命令，进入命令行交互模式，如图 5-11 所示。

图5-11   执行hbase shell命令

（2）查看 HBase 数据库状态，如图 5-12 所示。

图5-12   查看HBase数据库状态

查询结果表示 20 台机器处于运行状态，0 台机器处于死机状态，当前平均负载是 151.1000（数字越大，负载越大）。

（3）执行 help 命令，查看帮助信息，如图 5-13 所示。

图5-13   查看帮助信息

- general：普通命令组。
- ddl：数据定义语言命令组。
- dml：数据操作语言命令组。
- tools：工具组。
- replication：复制命令组。
- SHELL USAGE：Shell 语法。

（4）创建、检查、查看的表命令分别是 create、list、desc。命令 desc 的运行结果如图 5-14 所示。

通过以下命令创建一个名为 student 的表，这个表有两个列族，列族 1 是 class_info，列族 2 是 contact_info。

- hbase(main):006:0> create 'student','class_info','contact_info'

```
hbase(main):003:0> desc 'student'
Table student is ENABLED
student
COLUMN FAMILIES DESCRIPTION
{NAME => 'class_info', BLOOMFILTER => 'ROW', VERSIONS => '1', IN_MEMORY => 'false', KEEP_DELETED_CELLS => 'FALSE', DATA_B
_VERSIONS => '0', BLOCKCACHE => 'true', BLOCKSIZE => '65536', REPLICATION_SCOPE => '0'}
{NAME => 'contact_info', BLOOMFILTER => 'ROW', VERSIONS => '1', IN_MEMORY => 'false', KEEP_DELETED_CELLS => 'FALSE', DATA
IN_VERSIONS => '0', BLOCKCACHE => 'true', BLOCKSIZE => '65536', REPLICATION_SCOPE => '0'}
2 row(s) in 0.4250 seconds
```

图5-14 命令desc的运行结果

可以使用 list 来检查表的创建情况，用 desc 'student' 来查看表的详细信息。

（5）命令 alter 的运行结果如图 5-15 所示。

- 要修改 HBase 表的结构，必须依据禁用表→修改表→启用表的步骤进行操作，直接修改会报错。
- 要删除表中的列族，可以使用 alter 'student',{NAME=>'contact_info',METHOD=>'delete'}。

```
hbase(main):005:0> alter 'student',{NAME=>'contact_info',METHOD=>'delete'}
Updating all regions with the new schema...
1/1 regions updated.
Done.
0 row(s) in 2.4970 seconds

hbase(main):006:0> desc 'student'
Table student is ENABLED
student
COLUMN FAMILIES DESCRIPTION
{NAME => 'class_info', BLOOMFILTER => 'ROW', VERSIONS => '1', IN_MEMORY => 'false', KEEP_DELETED_CELLS => 'FALSE', DATA_B
LOCK_ENCODING => 'NONE', TTL => 'FOREVER', COMPRESSION => 'NONE', MIN_VERSIONS => '0', BLOCKCACHE => 'true', BLOCKSIZE =>
'65536', REPLICATION_SCOPE => '0'}
1 row(s) in 0.0440 seconds
```

图5-15 命令alter的运行结果

（6）对表执行命令 disable、drop、exists，运行结果如图 5-16 所示。

同样，对表进行删除的操作也需要依次执行禁用表→修改→启用表的操作。

- 要禁用表，可以使用 disable 'student'。
- 要启用表，可以使用 enable 'student'。
- 要删除表，可以使用 drop 'student'。

利用 list 或 exists 命令判断表是否存在。

（7）命令 is_enabled 的运行结果如图 5-17 所示。该命令用于判断表是可用的还是禁用的。

```
hbase(main):017:0> disable 'student'
0 row(s) in 2.2760 seconds

hbase(main):018:0> drop 'student'
0 row(s) in 1.3390 seconds

hbase(main):019:0> exists 'student'
Table student does not exist
0 row(s) in 0.0230 seconds
```

图5-16 命令disable、drop、exists的运行结果

```
hbase(main):010:0> is_enabled 'student'
false
0 row(s) in 0.0190 seconds
```

图5-17 命令is_enabled的运行结果

（8）插入命令 put 的运行结果如图 5-18 所示。

- 对于 HBase 来说，insert 和 update 操作区别不大，都基于插入原理。
- 在 HBase 中没有数据类型的概念，变量的类型都是"字符类型"。
- 每插入一条记录就会自动建立一个时间戳，由系统自动生成，也可手动"强行指定"。

```
hbase(main):003:0> put 'student','a','class_info:name','kris'
0 row(s) in 0.0640 seconds

hbase(main):004:0> count 'student'
1 row(s) in 0.1180 seconds

=> 1
hbase(main):005:0> get 'student','a'
COLUMN                        CELL
 class_info:name              timestamp=1587369490556, value=kris
1 row(s) in 0.0340 seconds

hbase(main):006:0> scan 'student'
ROW                           COLUMN+CELL
 a                            column=class_info:name, timestamp=1587369490556, value=kris
1 row(s) in 0.0160 seconds
```

图5-18　命令 put 的运行结果

（9）要查看有多少条记录，可使用命令 count，运行结果如图 5-19 所示。

```
hbase(main):004:0> count 'student'
1 row(s) in 0.1180 seconds

=> 1
```

图5-19　命令 count 的运行结果

（10）要删除指定列族，可使用 delete，运行结果如图 5-20 所示。删除整行，可使用 deleteall，运行结果如图 5-21 所示。

```
hbase(main):009:0> delete 'student','a','class_info:name'
0 row(s) in 0.0140 seconds

hbase(main):010:0> scan 'student'
ROW                           COLUMN+CELL
0 row(s) in 0.0070 seconds
```

图5-20　命令 delete 的运行结果

```
hbase(main):013:0> deleteall 'student','a'
0 row(s) in 0.0130 seconds

hbase(main):014:0> get 'student','a'
COLUMN                        CELL
0 row(s) in 0.0120 seconds
```

图5-21　命令 deleteall 的运行结果

（11）要截断表，可使用命令 truncate，运行结果如图 5-22 所示。

> **注意**　关于命令 truncate 的处理过程，由于 Hadoop 的 HDFS 不允许直接修改表，因此只能先删除表，再重新创建表以达到清空表的目的。

```
hbase(main):015:0> truncate 'student'
Truncating 'student' table (it may take a while):
 - Disabling table...
 - Truncating table...
0 row(s) in 4.5180 seconds

hbase(main):016:0> scan 'student'
ROW                           COLUMN+CELL
0 row(s) in 0.2270 seconds
```

图5-22　命令 truncate 的运行结果

5.2.5　Storm、Spark和Flink

1. Storm

Storm 集群类似于 HDFS，同样遵循主 / 从结构，集群由一个主节点（Nimbus 节点）和一个或多个工作节点（Supervisor 节点）组成。主节点负责资源分配、任务调度和代码分发，分配计算任务给工作节点并监控工作节点的状态。工作节点负责接收主节点的任务、启动和停止自己管理的工作进程。除了 Nimbus 节点和 Supervisor 节点之外，Storm 还需要一个 Zookeeper 集群，主节点和工作节点之间所有的工作协调都是通过 Zookeeper 集群完成的。Storm 架构如图 5-23 所示。

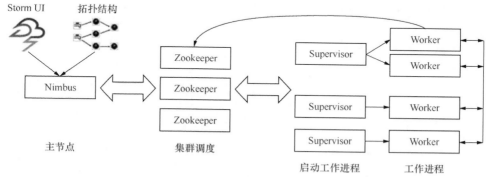

图5-23　Storm架构

2. Spark

Spark 是一个基于内存的快速、通用、可扩展的大数据分析引擎，也是一个分布式的并行计算框架。Spark 是下一代的 MapReduce，扩展了 MapReduce 的数据处理流程，采用 Scala 语言编写。Spark 基于弹性分布式数据集（Resilient Distributed Dataset，RDD）模型，具有良好的通用性、容错性与并行处理数据的能力。Spark 架构如图 5-24 所示。

- 集群管理器：在 standalone 模式中为主节点，控制整个集群，监控 Worker ；在 YARN 模式中为资源管理器。
- 工作节点：从节点，负责控制计算节点，启动执行器或者驱动器。
- 驱动器：运行应用的 main() 函数。
- 执行器：为某个应用运行在工作节点上的一个进程。

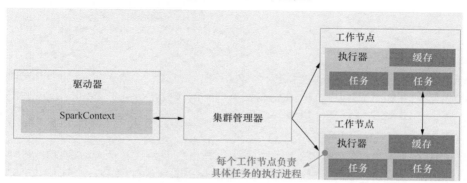

图5-24　Spark架构

3. Flink

Flink 是一个分布式计算框架和分布式处理引擎，用于对无界和有界数据流进行有状态计算。Flink 广泛用于互联网企业（如阿里巴巴、腾讯、爱奇艺、美团、京东等）。

日常中很多数据（如服务器日志、银行交易流水数据、用户应用的交互数据等）都源源不断地产生，这些数据都可以成为流数据。数据可以分为无界流和有界流两种。无界流有一个指定的开始，但没有一个指定的结束。处理无界数据通常要求以特定顺序（如事件发生的顺序）获取事件，以便能够推断结果完整性。而有界流具有指定的开始和结束，可以在执行任何计算之前通过获取所有数据来处理有界流。处理有界流不需要有序获取，因为可以随时对有界数据集进行排序。有界流的处理也称为批处理。Flink 擅长处理无界和有界数据集，精确的时间和状态控制使 Flink 能够在无界流上运行任何类型的应用程序。

Flink 架构如图 5-25 所示。

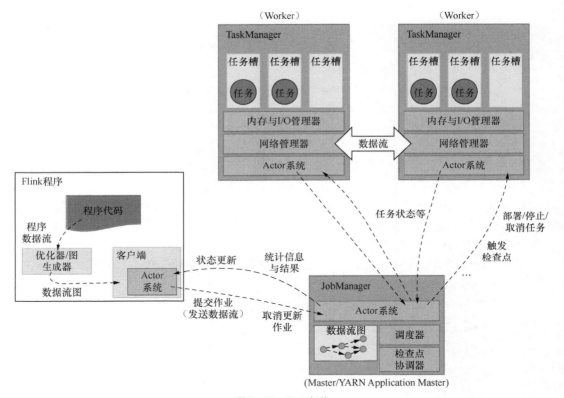

图5-25　Flink架构

当 Flink 集群启动后，首先会启动一个 JobManger 和一个或多个 TaskManager。由客户端提交作业给 JobManager，JobManager 再调度作业，在各个 TaskManager 执行，然后 TaskManager 将心跳和统计信息汇报给 JobManager。TaskManager 之间以流的形式进行数据传输。上述三者均为独立的 JVM 进程。

- 客户端为提交作业的客户端，可以运行在任何机器上（与 JobManager 环境连通即可）。提交作业后，客户端可以结束进程（流式的任务），也可以不结束并等待结果返回。

- JobManager 主要负责调度作业并触发 Checkpoint，职责上很像 Storm 的 Nimbus。它从客户端处接收到作业和 JAR 包等资源后，会生成优化后的执行计划，并以任务为单元调度各个 TaskManager 去执行。
- TaskManager 在启动的时候就设置好了槽（Slot）位数，每个槽能启动一个任务，任务为线程。TaskManager 从 JobManager 处接收需要部署的任务，部署启动后，与自己的上游建立 Netty 连接，接收数据并处理。

4. Storm、Spark 与 Flink 的对比

MapReduce 只支持批处理，相对于 Spark，Flink 并没有完全将内存交给应用层。就框架本身与应用场景来说，Flink 与 Storm 更相似。对于实时计算来说，Storm 与 Flink 的底层计算引擎是基于流的，本质上是对一条一条的数据进行处理，且处理的模式是流水线模式，即所有的处理进程同时存在，数据在这些进程之间流动处理。Spark 是基于批量数据的处理，即对一小批一小批的数据进行处理，且处理的逻辑在一批数据准备好之后才会进行计算。虽然 Spark 也支持流处理（它的流处理其实是一种微批处理方式，如果把 Storm 与 Flink 看作扶梯，则 Spark 可以类比为直梯），但 Spark 的实时性不佳，无法用在一些对实时性要求很高的流处理场景中。三者的对比如表 5-4 所示。

表 5-4　Storm、Spark、Flink 的对比

特性	Storm	Spark	Flink
流模型	原生	微批处理	原生
消息保障	至少一次	仅一次	仅一次
反压机制	不具有	具有	具有
延迟性	很低	中等	低
吞吐量	低	高	高
容错方式	记录 ACK	基于 RDD 的检查点	通过检查点
流量控制	不支持	支持	支持

5.3　数据仓库与 ETL 流程

在进行大数据测试之前，首先需要了解数据的流转过程，这样才能对每个流转过程中的环节进行有针对性的测试。测试的目标数据一般是通过 ETL 过程从源系统载入数据仓库。这里就需要解释几个概念。什么是 ETL？什么是数据仓库？数据从源系统到数据仓库是一个怎样的流转过程？

5.3.1　什么是 ETL

ETL 的英文全称是 Extract-Transform-Load（抽取 – 转换 – 加载），是指从源系统中提取数据，进行数据转换、清洗等处理并最终载入目标数据仓库的流程。ETL 流程如图 5-26 所示。

图5-26   ETL流程

1. 数据抽取

数据抽取是指从源系统中提取数据，一般从 OLTP 数据库中获取信息，进行一定的处理，使其对应数据仓库的模式，最后载入数据仓库中。除了 OLTP 数据库，大部分的 ETL 过程还需要整合非 OLTP 数据库系统的数据，例如文本文件、电子表、日志文件等。

2. 数据转换

数据转换是指将原始数据转换成期望的格式或数据仓库的统一模式，主要包含以下两个方面。

（1）构建键。键是一个或多个数据属性的唯一标识实体。键的类型有主键（primary key）、外键（foreign key）、替代键（alternate key）、复合键（composite key）及代理键（surrogate key）。这些键只允许数据仓库进行维护管理，不允许其他任何实体进行分配。

（2）数据清理。在提取好数据后，会进入下一个阶段——数据清理。在数据清理阶段会对提取的数据中的错误进行标识和修复，解决不同数据集之间的不兼容的问题和不一致问题，以便目标数据仓库中的数据集可以正常使用。通常，通过转换系统的处理，我们能创建一些元数据（meta data）来解决源数据的问题，并提升数据的质量。

3. 数据加载

数据加载是指对数据聚合汇总，并把处理后的数据加载至目标数据仓库。

ETL 为我们搭建了从源系统到数据仓库的桥梁，ETL 流程在数据仓库的项目实施中至关重要，整个流程中的每一步都关系到数据仓库中数据的最终质量，所以掌握 ETL 流程且熟练每步的测试设计对后续测试工作的开展尤为重要。

5.3.2   什么是数据仓库

数据仓库之父比尔·恩门（Bill Inmon）在 1991 年出版的 *Building the Data Warehouse* 一书中定义了数据仓库的概念。数据仓库（Data Warehouse，DW 或 DWH）是在企业管理和决策中面向主题的、集成的、相对稳定的、反映历史变化的数据集合。与其他数据库应用不同的是，数据仓库更像一种过程，对分布在企业内部的业务数据整合、加工和分析的过程，而不是一种可以购买的产品。

- 面向主题：数据仓库中的数据按照一定的主题域进行组织。对于不同类型的公司，其主题域的划分不同。例如，对于金融类公司，常用的主题有当事人、协议、财务、渠道、产品、事件、资产等；对于电商公司来说，常用的主题则可能有用户、订单、交易、营销、访问等。金融业务主题划分如图 5-27 所示。

- 集成：数据仓库中的数据是在对原有
的分散数据库进行数据抽取、清理
的基础上经过系统加工、汇总和整理
得到的，必须消除源数据中的不一致
性，以保证数据仓库内的信息是关于
整个企业的一致的全局信息。

- 相对稳定：数据是相对稳定的，一旦
某个数据进入数据仓库，一般情况下
将长期保留它。数据仓库中一般有大
量的查询操作，但修改和删除操作很
少，通常只需要定期加载、刷新。

- 反映历史变化：通过相关信息，对企
业的发展历程和未来趋势做出定量分
析、预测。

图5-27　金融业务主题划分

　　总的来说，数据仓库是为查询和分析（而
不是事务处理）设计的数据集合。数据仓库是通过整合不同的异构数据源而构建起来的。数据
仓库的存在使得企业能够将整合、分析数据的工作与事务处理工作分离，将数据转换、整合为
更高质量的信息来满足企业级用户不同层次的需求。

　　为了使数据仓库的结构更清晰、使用者更方便查看数据流转的各个步骤，同时减少数据的
重复计算，实现真实数据到统计数据的解耦，数据仓库通常会进行分层，每一层会有对应的功
能。5.3.3 节会对数据仓库的架构进行介绍。

5.3.3　数据仓库的架构

　　公司在建立数据仓库时通常会对数据仓库进行架构设计，同时对数据仓库进行分层，通过
对数据仓库分层可以使数据链路变得更加清晰、复杂问题简单化，同时通过隔离原始数据、分
层解耦来提高数据的可复用性。

　　不同架构的数据仓库的分层方式多种多样，各个公司会针对自己的业务做个性化设计，但
大多离不开图 5-28 所示的分层方式。本图中数据仓库分为三大层——操作数据层（也叫数据
接入层）、应用数据层及公共数据层（该层又可分为汇总数据层、明细数据层和维度层）。从源
数据层到数据仓库各层的 ETL 流程如下。

　　（1）从源数据层直接加载原始日志数据、埋点数据、数据库数据到操作数据层，数据保持
原貌，几乎不做处理。操作数据层的表主要存放原始数据信息。

　　（2）对操作数据层中的数据进行清洗后，加载至明细数据层，清洗一般包括去除空值、
去除超过阈值的数据、去除脏数据、重命名字段、转换类型、改变文件压缩格式，及把行存储
改为列存储等操作。明细数据层主要是一些宽表，存储的还是明细数据，结构和粒度与操作数
据层保持一致。

　　（3）对明细数据层的表按各个维度进行聚合汇总后，加载至汇总数据层。另外，公共数
据层还包括维度层，维度层的表主要存放维度数据。数据表可以由手动维护的一个文件生成，
或者先将 MySQL 的原始数据表拉取到操作数据层，再通过 HiveQL 转换为维度表。

（4）对公共数据层的数据进行粗粒度聚合汇总，如按年、季、月、天对一些维度进行聚合，生成业务需求的事实数据，最终的统计结果可供应用系统查询使用。

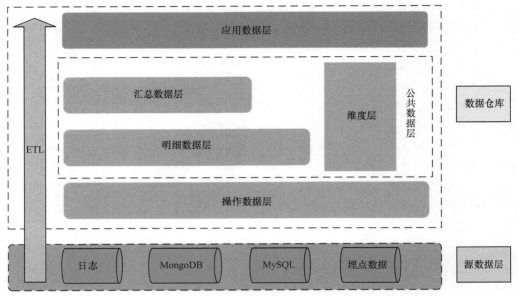

图5-28　数据仓库的分层方式

5.4　本章小结

本章首先介绍了大数据时代大数据的特点及大数据带来的问题，传统技术和工具无法较好地解决这些问题，由此 Hadoop 生态系统应运而生。然后，本章阐述了 Hadoop 系统中常用组件的基础知识及在进行 ETL 测试前需要掌握的概念——数据仓库和 ETL，这些基础知识在日常大数据测试中是必不可少的。本章在介绍 Hadoop 生态系统基础知识时，先从整体框架入手介绍系统基本原理，然后详细介绍了常用场景操作及核心知识点。建议初学者在学习时先从搭建各组件环境入手，这样更易于理解和上手操作。

第6章 大数据测试指南

对于存在大数据业务的企业来说，大数据测试是一项关键的工作。企业通过大数据类项目收集、处理大量的数据，并结合各种技术手段对数据进行分析、建模，从而帮助企业创造价值、提升效益。企业通过大数据测试来保证数据在整个业务流转中的正确性，确保数据价值的准确性。

6.1 大数据测试概述

6.1.1 什么是大数据测试

目前业界没有对"大数据测试"给出明确的定义。经过严谨调研，我们尝试对大数据测试进行定义。大数据测试是指对大数据系统、大数据应用、大数据 ETL 的测试。

1. 大数据系统测试

这里的大数据系统指的是使用 Hadoop 生态系统中相关组件搭建的系统，或自主研发的大数据应用系统。前者一般由运维人员维护，后者一般由开发人员开发、维护。

通常，针对 Hadoop 生态系统中组件（主要包括 Hive、MapReduce、HBase 等）的测试是指测试其是否能够满足业务使用需求，是否能够通过性能基准测试。事实上，业务中使用的组件通常是根据经验来选择的，并不是先对组件进行测试，认为测试结果符合预期才选择使用。对组件的测试通常发生在研发新产品后，例如，生产了一款类似于 Oracle 或者 MySQL 的新数据库产品，该产品需要通过行业基准测试来证明其性能，因此就需要进行基准测试来提供性能报告。大数据基准测试大部分是在传统基准测试的基础上进行裁剪、扩充、综合而来的。TPC-DS 基准测试通常用作 HiveQL、SparkSQL 等的基准测试，它是 TPC 组织推出的用于替代 TPC-H 的下一代决策支持系统基准测试。常见的基准测试工具如表 6-1 所示。

表6-1　常见的基准测试工具

分类	测试工具	说明
专用工具	Hadoop GridMix	用于面向 Hadoop 集群的测试
	YCSB	用于 NoSQL 数据库的性能测试
	LinkBench	测试 Facebook 社交图谱
	Sysbench	MySQL 基准测试工具
综合工具	Hibench	Hive 平台的基准测试工具
	ICT BigDataBench	大数据测试工具
端到端工具	BigBench	基于 TPC-DS

自主研发的大数据应用系统包括与大数据存储、计算、分析相关的应用及大数据平台。大数据平台包括元数据平台、数据质量监控平台、数据调度平台、数据开发平台、BI 平台等。大数据平台与传统平台的功能测试方法有很多相似性，但由于它处理的数据是大数据，因此两者也存在差异性，这里不赘述。

2．大数据应用测试

大数据应用测试是指对大数据应用产品的测试。大数据应用产品有很多，例如 BI 报表、用户画像类产品、反欺诈类产品、推荐系统等。对于这类应用，通常从特征及模型角度进行测评，具体可参考第 9 章和第 10 章。

3．大数据 ETL 测试

6.2 节将会重点围绕大数据 ETL 测试展开介绍。ETL 的含义见 5.3.1 节。通常来说，流入数据仓库的数据一般会存在各种各样的问题，这些异常数据会导致数据挖掘不准确，从而影响模型决策结果。ETL 流程会分析数据源的问题，按照一定规则对其进行清洗、转换，进而得到满足业务需要的数据。由此可以看出，ETL 流程的质量和效率将直接对业务产生影响。因此，做好大数据 ETL 测试非常有必要。

大数据 ETL 测试不仅需要在源到目标之间的各个不同阶段检测数据流转逻辑及数据质量，还涉及源和目标之间的各个中间阶段的数据验证。大数据 ETL 测试是为了确保从源到目标的数据经过业务转换后是准确的。大数据 ETL 测试必须从大数据质量体系出发，使用特定的测试手段和方法，依据完善的测试流程规范，来保证数据更好地服务业务。

6.1.2　大数据测试与传统数据测试差异

在学习大数据测试相关知识之前，需要了解它和传统数据测试的差异，这有助于我们更好地认识大数据测试。传统数据测试和大数据测试相比，部分功能测试是相似的，但又有很多不同点。表 6-2 对大数据测试和传统数据测试进行了简单对比。

表 6-2　大数据测试和传统数据测试的对比

特性	大数据测试	传统数据测试
数据量级	测试过程需要处理的数据量级大	涉及的数据量级一般
数据结构	处理的数据包括结构化、非结构化、半结构化数据	以结构化数据为主
验证工作	验证环节多，数据量大，较复杂	抽取数据并验证，相对简单
环境要求	对环境要求高，依赖集群 HDFS 环境	依赖传统数据库，对环境的要求相对低
测试工具	依赖 Hadoop 生态系统中的组件及 ETL 测试工具	依赖传统数据库
测试人员	要求的技能门槛高，测试人员需要掌握大数据相关知识	门槛相对低
算法要求	对算法有着高要求	对算法要求一般

本节主要介绍了什么是大数据测试，以及大数据测试与传统数据测试之间由于数据特性差异、存储差异带来的测试方法、测试工具等的差异。6.2 节会重点讲解大数据 ETL 测试流程及方法，带领读者进一步了解 ETL 测试。

6.2　大数据ETL测试

6.2.1　ETL测试流程

与传统数据测试过程类似，大数据 ETL 测试也需要经历不同的测试阶段，其主要的测试过程如图 6-1 所示。

图6-1　大数据测试过程

接下来，详细介绍一下大数据 ETL 测试流程涉及的几个重要步骤——分析业务需求，设计测试用例并准备测试数据，审查静态代码，以及执行测试。

1. 分析业务需求

测试前需要熟悉业务流程和业务规则，根据业务需求分析源表与目标表的映射关系。另外，需要了解数据来源背景、数据质量现状、表字段含义、元数据信息、解析数据流转的"血缘"关系。

2. 设计测试用例并准备测试数据

非数据类项目的验证场景相对简单，但在数据类项目尤其是大数据类项目中，数据流转链路长，经手的开发人员多。测试中如果发现逻辑问题或数据质量问题，较难定位，所以在测试数据类项目前，测试人员需要与数据开发人员深入沟通，了解数据处理的详细步骤。提前准备测试用例和测试数据，以此来保证用例准备充分，测试数据能最大限度覆盖测试场景。

3. 审查静态代码

与非数据类项目一样，审查静态代码的目的是尽早通过阅读代码发现显而易见的缺陷或 Bug。对于数据类项目，代码审查的通用检查项如下。

（1）名称（表名、字段名、主键名）是否正确？

（2）字段顺序、数据类型是否合理？

（3）表中字段的业务含义是否与实际业务对应？

（4）是否存在数据计算异常的情况，如除数为 0、NULL、空字符串的情况？

（5）是否对数据精度有要求？

（6）脏数据的处理是否合理？业务上是否要求数据去重？

（7）DML、DDL 语句的使用是否正确？

（8）数据流转逻辑是否与需求文档相符？

（9）编码是否规范？

为了提高代码审查的交付质量及效率，除了手工方式，还可以通过静态代码扫描工具进行自动检测。目前了解到的 SQL 静态检测工具有阿里巴巴的 SQLSCAN、开源工具 sqlint 等。

4．执行测试

顾名思义，执行测试主要的工作是使用准备的测试数据按照测试用例执行测试。但需要注意的是，对于大数据类项目来说，开发人员的代码中使用的库表名称是实际的业务生产库表。测试人员在测试时需要做到在不污染生产数据的前提下完成测试，同时又能保证测试覆盖的全面性。

6.2.2　ETL 测试方法

一般来说，大数据 ETL 测试方法主要包括功能性测试和非功能性测试两大部分，下面分别进行介绍。

1．功能性测试

功能性测试主要从数据完整性、数据一致性、数据准确性、数据及时性、数据约束检查、数据处理逻辑、数据存储检查、HiveQL 语法检查、规范验证、加载规则、MapReduce 及 Shell 脚本测试、调度任务验证等方面进行测试。实际上，数据完整性、数据一致性、数据准确性、数据及时性也属于数据质量评估的内容。进行功能测试时，除了关注代码规范和逻辑，往往还需要关注数据质量问题，因此这里将它们拆分出来作为功能测试方法。数据质量问题繁杂，人工检测效率低且检测不全面，通常会使用数据质量监控平台来进行监测。更多内容可参考 7.2 节。

1）数据完整性测试

相比源表，比较和验证目标表的数据量和数据值是否符合预期，数据的记录和信息是否完整，是否存在缺失的情况。数据的缺失主要有记录的缺失和记录中某个字段信息的缺失。确保目标表中加载的记录数与预期计数匹配，确保加载到数据仓库的数据不会丢失和截断。例如，若原始数据中存在 2000 个订单 ID，ETL 流程中未对订单 ID 进行过滤处理，则目标表中也应存在 2000 个订单 ID。

2）数据一致性测试

数据的一致性主要包括数据记录规范和数据逻辑的一致性，检查数据是否与上下层及其他数据集合保持统一。数据记录的规范指的是数据编码和格式的问题，例如订单 ID，从业务来源表到数据仓库每一层表都应该是同一种数据类型，且长度需要保持一致。数据逻辑性主要是指多项数据间固定逻辑关系的一致性，比如，用户当年累计缴纳社保总额字段值大于当年中某一月缴纳社保额字段值等。

3）数据准确性测试

数据准确加载并按预期进行转换，数据库字段和字段数据准确对应。检查数据中记录的数据是否准确，是否存在异常或者错误的信息，如数字检查、日期（或日期格式）检查、精度检查（小数点精度）等。检查是否存在异常值、空字符串、NULL 值等其他脏数据；根据业务模型检查数据值域范围，例如转化率介于 0 ~ 1，年龄为大于 0 的正数；检查数据、字符串长度是否符合预期，字符型数据有无乱码现象；检查数据分布合理性，防止出现数据倾斜问题。

4）数据及时性测试

数据及时性是指数据产出时间是否符合要求。通常数据产出时间需要控制在一定时间范围内或一定时间之前。有些大数据业务对及时性要求不高，但是也需要满足明确的指标。例如，业务数据生产周期一般以天为单位，如果数据从生产到可用时间已经超过一天，那这样的数据就失去了时效性。有些实时分析页面可能需要用到小时甚至分钟级别的数据，这种场景下一般使用实时数据，对时效性要求极高。例如，页面以 1 分钟间隔展示当前应用在线人数，如果每次查询需要 2 分钟才能返回数据，那返回的当前时刻的在线人数其实是不准确的，查询返回时长通常需要控制在秒级别，甚至毫秒级别才有意义。

5）数据约束检查

数据约束检查包括检查数据类型、数据长度、索引、主键等，检查目标表中的约束关系是否满足期望设计，主键唯一性检查、非空检查是否通过。

6）数据处理逻辑验证

数据处理逻辑验证的要求如下。

- 计算过程符合业务逻辑，运算符及函数使用正确。
- 异常值、脏数据、极值以及特殊数据（零值、负数等）的处理符合预期。
- 字段类型与实际数据一致，主键构成合理。
- 按照去重规则的记录进行去重处理。
- 数据输入 / 输出满足规定格式。

7）数据存储检查

数据存储检查的要求如下。

- Hive 表的类型合理（内部表、外部表、分区表、分桶表）。
- 数据文件的存储格式合理。文件存储格式有行存储格式（包括 Textfile、SequenceFile、Mapfile、Avro Datafile），以及列存储格式（包括 Parquent、RCFile、ORCFile）。注意考虑数据文件是否需要进行压缩。

8）HiveQL 语法检查

Hive 语法检查的要求如下。

- 考虑不同情况下写入表，合理使用 into 或 overwrite。
- union 和 union all 的使用是否正确。
- 合理使用 order by、distribute by、sort by、cluster by 及 group by。

这里举一个典型 Bug 案例：在编写 HiveQL 语句时，除了基本的语法 Bug 外，还需要关注由于表本身数据带来的问题。如下 SQL 代码在执行时，由于没有考虑到表 test.user_f_kv_d_renc 和表 test.user_f_kv_d_hash 的 md 列存在大量重复值，直接将两表通过 md 和 etl_dt 字段关联进行外连接，导致关联后的大量数据写入结果表 test.user_f_kv_d_mid，产生了数据膨胀问题。

```
1  insert overwrite table test.user_f_kv_d_mid partition(etl_dt)
2  select nvl(a.md,b.md) as md , a.key as renc , b.key as hash, a.etl_dt
3  from test.user_f_kv_d_renc a
4      FULL OUTER JOIN
5      test.user_f_kv_d_hash b
6      on a.etl_dt=b.etl_dt and a.md=b.md;
```

测试之前，需要考虑执行的 SQL 语句是否合理，提前查看数据量及数据情况并评估影响。对于 SQL 语句执行时间过长的情况给予关注，保持敏感性和警惕性。

9）规范验证

规范验证包括以下方面。

- 关键步骤及开始步骤是否有注释，验证表和字段注释是否完整正确。
- 验证代码格式是否对齐。
- 验证表的层次、命名是否规范。

- 验证字段命名是否合理。
- 验证名称（表名、字段名、主键名）正确性。

10）加载规则测试

根据业务场景需求，判断加载规则是否合理。加载规则分为全量加载和增量加载。

11）MapReduce 及 Shell 脚本测试

ETL 测试过程中还会涉及测试 MapReduce 代码及 Shell 脚本。通常数据加载进 HDFS 后，会使用 MapReduce 或其他计算框架对来自 HDFS 的数据进行处理，这里先介绍使用 MapReduce 框架的测试情况。MapReduce 阶段会涉及操作一些 Shell 脚本文件及 MapReduce 文件，常见测试点主要有验证 Shell 脚本中的 jar 包、Mapper 文件、Reducer 文件、MapReduce 依赖文件、MapReduce 输入/输出文件引入路径是否正确，验证 MapReduce 的参数是否合理，验证 Mapper 及 Reducer 的处理逻辑是否正确，验证 MapReduce 处理过程中输出的日志是否符合预期。

12）调度任务验证

调度任务验证包括以下方面。

- 验证任务本身是否支持重运行。
- 验证依赖的父任务是否配置到位。
- 验证任务依赖层次是否合理。
- 验证任务是否在规定时间点完成。

2．非功能性测试

因为大数据面向具体行业的应用，所以除了功能性测试外，还需要在整个大数据处理中进行非功能性测试。这主要包括性能测试、安全测试、易用性测试、兼容性测试等，下面分别进行介绍。

1）性能测试

性能测试是大数据测试过程中的一种重要手段，它通常验证在大数据量情况下的数据处理和响应能力。通过性能测试能够很好地检测出大数据系统的业务处理瓶颈、资源使用不足等问题。常见的性能测试验证参数除了内存使用率、吞吐率、任务完成时间外，还有以下几个方面。

- 数据存储：验证大数据量情况下数据如何存储在不同的节点中，是否有表漏写分区。
- 并发性：验证高并发场景下的数据读取、写入、计算等性能，有多少个线程可以执行写入和读取操作。
- JVM 参数：验证堆大小，GC 收集算法等。
- 缓存：调整缓存，设置"行缓存"和"键缓存"。
- 超时：验证连接超时值、查询超时值、任务执行超时等。
- 消息队列：消息速率、大小等。

2）安全测试

根据各公司或地区政策定义的数据保密项，需要对特殊数据进行加密；关于数据权限，不仅需要从库、表和文件层面考虑安全性，还需要从数据行、列等更细粒度考虑权限设置问题；对数据实施读取、下载、管理权限控制，保证数据不能处于安全范围外。

3）易用性测试

易用性测试是指测试数据能否较好地被用户理解和使用。数据的易用性可以分为两方面——是否易于理解和使用。

- 易于理解是指对数据的定义是否被行业认可，是否存在团队与团队之间、用户与开发者之间理解的不一致。
- 易于使用通常指数据存储格式是否易于后续使用。例如数据精度需要统一，不能出现诸如 12.12345678912345 这类不易读、不易处理的数据；数据值太大时，考虑使用合适的单位换算后显示；字符串要求合理拼接，不要出现大 JSON 类型，避免在后续使用中带来性能问题。

4）兼容性测试

兼容性测试包括不同数据库的兼容性测试和不同数据类型的兼容性测试等。

6.2.3　ETL 测试场景

下面列出 3 个 ETL 测试场景（HiveQL 测试场景、源表到目标表验证场景、MapReduce 测试场景），来说明如何将功能测试方法应用到实际业务测试场景中。

1. HiveQL 测试场景

以下是一段有问题的 HiveQL 业务代码。

```
1  insert overwrite table tmp.t05_student_info_tmp01
2  select
3      unique_id  --' 唯一编号'
4      ,studentNo  -- ' 学号',
5      ,courseNo  --' 课程名称',
6      ,term  --' 开课学期',
7      ,score  -- ' 成绩',
8      ,creditHour  -- ' 所得学分',
9      ,start_dt  -- ' 开课时间'
10 from sdw.t05_student_info_h
11 where start_dt<=date_sub('${hivevar:etl_dt}',1)
12   and end_dt>date_sub('${hivevar:etl_dt}',1)
13   and studentNo is not NULL
14   and studentNo != '';
```

上述代码的业务需求转变后的代码逻辑如下所示。

从 sdw.t05_student_info_h 表中查询出 7 个字段（unique_id、studentNo、courseName、term、score、creditHour、start_dt）的值并插入表 tmp.t05_student_info_tmp01。需要满足 where 查询条件：start_dt 的值不大于给定的参数 etl_dt-1，end_dt 的值不小于给定的参数 etl_dt-1，且需要去除 studentNo 为空的记录。脚本需要支持重运行，这里的重运行指的是重复运行 SQL 语句，得到的结果与目标表一致。下面给出被测试业务代码及常见测试用例。

- 测试用例 1：代码及字段注释检查。

检查发现代码中所有字段都有注释；以上代码非关键代码，可以不添加代码描述注释。检查结果符合需求，测试用例通过。

- 测试用例 2：表名正确性。

检查表名，验证源表和目标表的名称是否符合需求。检查结果符合需求，测试用例通过。

- 测试用例 3：字段正确性。

检查查询出的各个字段是否符合需求。发现需要查询的是"courseName"字段，但是查出来的是"courseNo"字段。不符合需求，测试用例不通过。

- 测试用例 4：数据过滤逻辑。

检查要求的 where 条件是否满足需求。发现 end_dt 的查询条件不正确，应该是"end_dt >="。不符合需求，测试用例不通过。

- 测试用例 5：脏数据处理。

检查脏数据是否正确去除。发现空值和 NULL 值已经过滤。符合需求，测试用例通过。

- 测试用例 6：函数的使用。

代码中使用的函数 date_sub 使用传入的 etl_dt 值减去 1，与需求一致。符合预期，测试用例通过。

- 测试用例 7：数据写入方式。

代码中使用的是 insert overwrite，而不是 insert into。insert into 操作以追加的方式向 Hive 表尾部追加数据，而 insert overwrite 操作直接重写数据，即先删除 Hive 表的数据，再执行写入操作。因为要求脚本支持重运行，所以需要使用 insert overwrite 来保证每次重运行时原数据被覆盖。符合需求，测试用例通过。

2. 源表到目标表验证场景

该场景侧重验证目标表中的结果是否符合预期，并没有给出数据流转代码，在实际项目测试中是需要关注数据流转的代码逻辑的。源表 EMP 经过简单的 ETL 流程（实际 ETL 流程比案例场景复杂得多，为了方便说明问题，此处仅进行简单示意）得到目标表 EMP_SALARY，源表和目标表的列信息及转换规则如表 6-3 所示。

表6-3　源表与目标表的列信息及转换规则

源表EMP的列	目标表EMP_SALARY的列	转换规则
empno	empno（主键）	不能缺失且唯一
ename	ename	名字大写（值都为英文）
department		
salary	salary	月薪水不低于5000元
Phone		
address		

- 测试用例 1：测试源表中数据是否正确映射到目标表，判断数据的信息和数据量是否正确，主要验证数据的完整性。

```
1  SELECT *
2  FROM (
3      SELECT E.empno, upper(E.ename) AS upper_ename, E.salary
4      FROM DEFAULT.EMP E
5      WHERE E.salary >= 5000
6  ) a
7      LEFT JOIN DEFAULT.EMP_SALARY b
8      ON (a.empno = b.empno
9          AND a.upper_ename = b.ename
10         AND a.salary = b.salary)
11 WHERE b.empno IS NULL;
```

执行上述 SQL 语句后，期望得到的结果为 0 条。

- 测试用例 2：主键唯一性检查。

```
1  SELECT COUNT(*)
2  FROM (
3      SELECT empno
4      FROM EMP_SALARY
5      GROUP BY empno
6      HAVING COUNT(*) > 1
7  ) a;
```

执行上述 SQL 语句后，期望得到的结果为 0 条。

- 测试用例 3：主键非空检查。

```
1  SELECT COUNT(*)
2  FROM EMP_SALARY
3  WHERE empno IS NULL;
```

执行上述 SQL 语句后，期望得到的结果为 0 条。

3. MapReduce 测试场景

以下是一段与 MapReduce 任务相关的代码，实现的功能是输入样本数据，输到样本对应的特征。其中，输入样本以 "\t" 分隔，包含 name、id、uniq_id、data、date 共 5 列数据，需要对每一列数据使用特征计算模块（feature_lib）进行计算，并输出计算后样本和特征的合并结果。要求输出结果的顺序为 name、id、uniq_id 、所有特征、date，所有列数据仍以 "\t" 分隔。本示例代码中只使用到 mapper 文件，不涉及 reduce 文件。mapper 文件见 basic_all_v01_mapper.py，Shell 脚本文件见 basic_all_v01.sh。

basic_all_v01_mapper.py 的内容如下。

```
1  #-*- coding:utf-8 -*-
2  # 描述：输入样本数据，输出特征
3  import sys
4  import os
5  import json
6  import time
7  import traceback
8
9  sys.path.append("./")
10 import feature_lib.basic.v01 as fpy
11
12
13 if __name__ == '__main__':
14     for line in sys.stdin:
15         ln = line.strip().split('t')
16         if len(ln) != 5:
17             continue
18
19         # 样本数据包含name、id、dt、uniq_id、data、date，且每列以 '\t' 分隔
20         name, id, uniq_id, data, date = ln
21         trans_data = json.loads(data)
22
23         try:
24             feature_list, status = fpy.main(trans_data, date)
25
26             if status == 1:
27                 continue
```

```
28              for index in range(len(feature_list)):
29                  feature_list[index] = str(feature_list[index])
30
31              if feature_list is None:
32                  continue
33              else:
34                  # 输出样本及特征
35                  print name + '\t' + id + '\t' + uniq_id + '\t' + '\t'.join(feature_
                    list) +'\t' + date
36          except Exception, e:
37              sys.stderr.write('import info error %s %s' % (e, traceback.format_exc()))
```

basic_all_v01.sh 的内容如下。

```
1  #!/bin/bash
2
3  # 加载配置
4  source ~/.bash_profile
5  if [ "${base_home}" = "" ];then
6      base_home=~/feature_platform
7  fi
8  echo ${base_home}
9
10 # commoncfg中配置了需要的特征计算包feature_lib的压缩包路径
11 commoncfg=$base_home/config/common.cfg
12 echo ${commoncfg}
13 eval `cat ${commoncfg}`
14 echo ${hadoop_jar}
15 echo ${feature_lib}
16
17 arg_num=${#}
18 if [ $arg_num == 1 ];then
19     task_id=$1
20 else
21     echo "task_id missing failed"
22     exit 1
23 fi
24 module="basic"
25 sub_module="all_v01"
26
27 # 样本输入路径
28 input_path="/user/hive/warehouse/tmp.db/${module}_${sub_module}_sample_${task_id}"
29 # 结果输出路径
30 output_path="/user/hive/warehouse/tmp.db/${module}_${sub_module}_feature_
   ${task_id}"
31 hadoop fs -rm -r -f ${output_path}
32
33 hadoop jar /opt/CDH/lib/hadoop-mapreduce/hadoop-streaming.jar  \
34 -libjars  /opt/CDH/lib/hive/lib/hive-exec-1.1.0-cdh5.11.0.jar \
35 -jobconf  mapred.job.name="get_feature_${module}_${sub_module}" \
36 -jobconf mapreduce.reduce.shuffle.memory.limit.percent=0.1 \
37 -jobconf mapreduce.reduce.shuffle.input.buffer.percent=0.3 \
38 -jobconf mapreduce.map.memory.mb=2048 \
39 -jobconf mapred.map.tasks=500 \
40 -jobconf mapred.map.capacity=100 \
41 -jobconf mapred.reduce.tasks=100 \
42 -jobconf mapred.job.priority=VERY_HIGH \
43 -file basic_all_v01_mapper.py \
44 -mapper "python2.7 basic_all_v01_mapper.py" \
45 -input  ${input_path} \
```

```
46 -output $output_path \
47 -partitioner org.apache.hadoop.mapred.lib.KeyFieldBasedPartitioner \
48 -cacheArchive ${feature_lib}
```

- 测试用例 1：检查 mapper 代码正确性。

检查 mapper 代码时需要注意输入的样本数据中的分隔符是否正确，分隔后的列是否与实际对应，输出结果是否满足拼接条件，输出顺序是否正确等。

- 测试用例 2：检查 MapReduce 日志。

上述 MapReduce 任务执行时会实时输出执行日志，可以在 basic_all_v01.sh 脚本中输出关键内容，查看输出内容是否符合预期，例如，通过代码中的 echo ${hadoop_jar} 和 echo ${feature_lib} 等。另外，MapReduce 框架自带的日志内容会输出映射过程中的输入文件记录数及输出文件记录数。输入文件记录数理论上应该与 input_path 对应文件记录数一致。在 mapper 文件特征计算都正常的情况下，即 status!=1、feature_list is not None 且计算没有 Exception 的情况下，输出文件记录数应该与输入文件记录数一致。如果两者不一致，则说明一定存在计算错误的情况，需要排查代码及日志来定位问题。

- 测试用例 3：检查 Shell 脚本。

Shell 脚本的测试点包括 jar 包的路径，MapReduce 中相关文件的名称及导入方式，mapper 与 reducer 文件的名称及运行方式，MapReduce 运行配置参数的正确性，MapReduce 输入 / 输出文件的路径等。

例如，basic_all_v01.sh 文件中引入了两个 jar 包（hadoop-streaming.jar、hive-exec-1.1.0-cdh5.11.0.jar），因此需要验证这些 jar 包的导入路径是否正确。另外，还需要检查 MapReduce 使用的输入 / 输出文件路径，检查路径是否存在且正确。事实上，Shell 脚本运行时，路径导入类问题很容易暴露出来，比较难衡量的是 MapReduce 的运行配置参数（即通过 -jobconf 设置的参数）是否合理。合理的参数配置会使任务更优化，减少资源和时间消耗。

6.3　本章小结

通过本章内容，相信读者对大数据测试尤其是 ETL 测试流程有了初步的了解。事实上，ETL 测试流程是复杂的，在实际操作中如果只通过手工测试方法很难达到测试高效且覆盖全面的效果。为了提高测试效率，保障数据质量，企业往往会选择借助工具来完成大数据处理工作，让数据发挥最大价值。

第7章　大数据工具实践

大数据类项目中，测试、验证功能点烦琐，不仅需要关注数据 ETL 流程的正确性，还需要关注 ETL 流程中数据的质量问题。ETL 流程依赖任务调度工具，ETL 流程中产生的数据依赖数据质量监控工具，ETL 测试依赖集成的大数据测试工具。由此可见，为了提高测试效率及保证数据的准确性，从数据生产到业务应用的整个过程都离不开工具的支撑。本章将结合项目实践经验，对大数据 ETL 测试相关的 3 个工具做概要分析。

7.1　大数据测试工具

数据对于任何一个企业来说都是非常重要的，为了保证数据 ETL 流程的质量及效率，很多公司引入了 ETL 工具。目前业界 ETL 工具有很多，几乎所有的大软件供应商都推出了自己的 ETL 工具，另外，也有一些开源的 ETL 工具。常见的 ETL 工具主要有以下几款。

- Datastage：一套专门用于多种源数据处理的集成工具，通过自动化过程将源数据抽取、转换后，输入数据仓库。
- Informatica：用于访问和集成几乎任何业务系统、任何格式的数据，数据交付高效，具有高性能、高可扩展性、高可用性的特点。
- Kettle：国外开源的一款 ETL 工具，可以在 Windows 系统、Linux 系统、UNIX 系统上运行，数据抽取效率高，提供丰富的 SDK，并开放源代码，便于二次开发、包装。
- Talend Data Integration：一个软件集成平台，为数据集成、数据质量保障、数据管理和数据准备提供解决方案，它只有 ETL 的作用，所有插件都可以轻松地与大数据生态系统集成，但是它的使用门槛相对较高，对使用的人员的相关技能要求很高。

除此之外，还有 Datameer、Clover ETL、Cognos Data Manager、Data Integrator、Data Integration Studio，本章不再一一详细介绍。

ETL 工具虽多，但是针对 ETL 测试的测试工具在业界比较少见。为了解决公司日常大数据测试中遇到的问题，我们结合实际业务背景需求，开发了一款大数据测试工具 easy_data_test。

7.1.1　大数据测试的痛点

在日常 ETL 测试过程中会遇到很多问题，主要是 Hive SQL 类测试的问题。

（1）测试以手动测试为主，缺少自动化工具。

（2）缺少与数据质量相关的分析工具。

（3）测试中需要重复编写 SQL 语句，效率较低。

（4）运行 SQL 语句耗时太长，严重拖慢测试进度。

（5）Shell 窗口中的查询结果不易保存，HUE 的查询结果易过期且需要手动操作保存。

（6）数据同步场景及 ETL 场景下，需要对比源表和目标表一致性，缺少对比工具。

（7）实时数据处理场景对数据时效性要求高，测试时场景难以模拟，问题难以复现。

（8）常用测试场景下的用例重复，例如，对拉链表测试、MapReduce 脚本的测试缺少通用的测试覆盖用例。

（9）缺少 Hive 与 HBase 一致性对比工具[①]。

总的来说，大数据测试存在门槛高、测试效率较低、测试覆盖不全、测试场景不易复现、测试问题难以定位等问题。

7.1.2 大数据测试工具 easy_data_test 的设计

1. 模块设计

easy_data_test 的模块设计如图 7-1 所示。

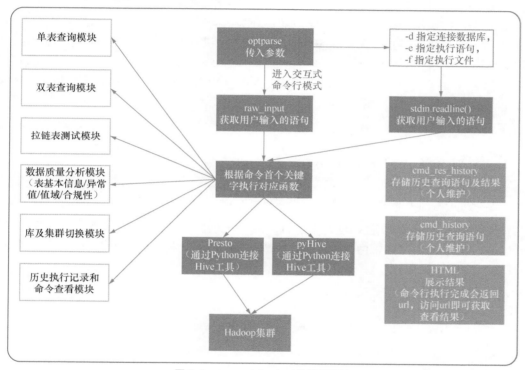

图7-1 easy_data_test的模块设计

用户运行 easy_data_test 工具后，可以通过 ./easy_data_test --help 命令查看所有非交互式命令，使用 stdin.readline() 来获取用户输入的语句。如果没有指定 -f 或者 -e 就会进入交互式命令行模式。进入交互式模式后，程序通过 raw_input 函数获取用户输入的命令，并根据命令的首个关键字执行对应的函数。函数中封装了一条或多条 SQL 语句，通过 Presto 读取 Hive 元数据，或通过 pyHive 的 Hive 模块连接 Hive。部分执行结果展示在终端页面，并存储在查询历史命

---

① 例如，在金融风控业务中会存在离线和在线场景，需要对比 HBase 与 Hive 的一致性。通常，离线数据存储在 Hive 中，在线数据或特征存储在 HBase 中，在线和离线数据共用一套特征计算代码。为了保证模型在线上的效果不衰减，与离线训练效果一致，在线／离线需要保证数据的一致性。这样相同样本关联到相同的在线、离线数据，再使用一套共用的特征计算代码才能计算、生成一致的特征。把特征输入相同的模型，才会得到相同的决策结果。

令及结果文件中。部分命令执行完毕后会生成 url，通过浏览器可以查看相应命令的执行结果。由图 7-1 可以看出，不同的首个关键字对应不同的功能模块，通常每个功能模块包含多个执行函数。

2. 技术选型

调研发现常用的 Python 连接 Hive 的工具有 Presto、pyHive、impala 及 pyhs2 等。经过执行效率及公司现有环境综合比较，最终选择了 Presto 作为查询主要工具。

Presto 是由 Facebook 公司开发的，是一个运行在多台服务器上的分布式查询引擎，本身虽然并不存储数据，但是可以接入多种数据源（Hive、HBase、Oracle、MySQL、Kafka、Redis 等），并且支持跨数据源的级联查询。Presto 所使用的执行模式与 Hive 有根本的不同，大部分场景下 Presto 比 Hive 快一个数量级。Presto 接受请求后，立即执行，全内存并行计算；Hive 需要用 Yarn 做资源调度，为了接受查询，需要先申请资源，启动进程，并且采用 MapReduce 计算模型，中间结果会保存在磁盘上，所以速度就相对较慢。

使用过程中发现 Presto 存在部分 HiveQL 不兼容问题，例如，show tables like a* 命令无法执行，表结构查询与预期不符，执行切换库操作报错时不抛出异常等。考虑到 Presto 部分功能缺失带来的问题，于是选择 pyHive 作为功能弥补工具，在执行特定 SQL 语句时会切换到 pyHive 去连接 Hive 执行。区别于 Hive，需要格外注意的是，Presto 不支持隐式转换。例如，Hive 会成功执行以下语句。

```
select count(1) from sample_label where label <> '';
```

但是使用 Presto 执行就会报告以下错误。

```
PrestoUserError(type=USER_ERROR, name=SYNTAX_ERROR, message="line 1:83: '<>' can-
not be applied to integer, varchar(0)", query_id=20191106_024551_ 01370_8ukjc)
```

报错原因是，label 列定义的类型为 integer，在使用 Presto 时直接将该列与空字符做比较，Presto 不支持隐式转换。对于该类问题，使用时只需将 label 显式转换为 string 或者 varchar 类型即可解决。

```
select count(1) from sample_label where cast(label as string) <> '';
```

Presto 及 pyHive 的安装很简单，使用如下命令分别安装即可。

```
pip install presto-python-client
pip install pyHive
```

3. 模块代码

入口函数如下。

```
1  def main(options, hostname, port):
2      setup_cqlruleset(options.cqlmodule)
3      setup_cqldocs(options.cqlmodule)
4      # 初始化历史执行命令及结果文件
5      init_history()
6      if options.file is None:
7          stdin = None
8      else:
9          try:
```

```
10                encoding, bom_size = get_file_encoding_bomsize(options.file)
11                stdin = codecs.open(options.file, 'r', encoding)
12                stdin.seek(bom_size)
13            except IOError, e:
14                sys.exit("Can't open %r: %s" % (options.file, e))
15
16        try:
17            # 初始化Shell，该类继承自cmd.Cmd
18            shell = Shell(hostname,
19                          port,
20                          database=options.database,
21                          username=options.username,
22                          password=options.password,
23                          stdin=stdin,
24                          tty=options.tty,
25                          completekey=options.completekey,
26                          single_statement=options.execute,
27                          connect_timeout=DEFAULT_CONNECT_TIMEOUT_SECONDS)
28        except KeyboardInterrupt:
29            sys.exit('Connection aborted.')
30        except Exception, e:
31            sys.exit('Connection error: %s' % (e,))
32        if options.debug:
33            shell.debug = True
34
35        # 通过交互式命令循环处理
36        shell.cmdloop()
37        batch_mode = options.file or options.execute
38        if batch_mode and shell.statement_error:
39            sys.exit(2)
40
41
42  if __name__ == '__main__':
43      main(*read_options(sys.argv[1:], os.environ))
```

通过 Presto 连接 Hive 的代码如下。

```
1   import prestodb
2   conn=prestodb.dbapi.connect(
3       host= ip,
4       port=8443,
5       user='username',
6       catalog='hive',
7       schema='default',
8       http_scheme='https',
9       auth=prestodb.auth.BasicAuthentication("username", "username的密码"),
10      )
11  conn._http_session.verify = './presto.pem'    #身份认证相关文件
12  cur = conn.cursor()
13  cur.execute('SELECT * FROM system.runtime.nodes')
14  rows = cur.fetchall()
15  print rows
```

为了使用 Hive 查询全表数据量，需要执行 SQL 语句 select count(*) from tablename。使用工具代码封装后，查询表数据只需要使用 count tablename 即可实现，且查询效率比使用原生 Hive 快一个数量级。查询结果保存在历史文件中，可以使用相关命令查看。关于单表模块的命令有多个。count 命令的代码如下。

```
1   class SigleTableAnalysis(cmd.Cmd):
2       # count table,查询表数据量,支持传入where条件
3       @classmethod
4       def do_count(self, parsed, print_command=True, print_res=True):
5           try:
6               table_name = parsed.split(' ')[1].strip(';')
7               statement = 'select count(1) from %s' % table_name
8               if len(parsed.split(' ')) >=3 and parsed.split(' ')[2].strip() == 'where':
9                   wherecondition = ' '.join(parsed.split(' ')[3:])
10                  statement = statement + ' where ' + wherecondition
11              status, res = perform_simple_statement(statement, detail=False, print_
                command=print_command, print_res=print_res)
12              if not print_res:
13                  return status, res
14          except IndexError as e:
15              print('please check whether your command is right')
16          except Exception as e:
17              import traceback
18              print('%s detail: %s' % (str(e), traceback.format_exc()))
```

其他模块的代码与 count 命令的代码相似,双表查询模块、拉链表测试模块、数据质量分析模块会在单表模块的基础上进行封装,设计会更复杂一些,此处不再给出示例。

7.1.3　大数据测试工具 easy_data_test 的使用

目前 easy_data_test 工具的主要功能如下。

(1)支持单表数据量、列空值数据量、列非空值数据量、列最大值、列最小值、列不同值、不同值数据量查询,支持对表结构、任意 select 语句的查询,支持表基本信息查询、值域分析、异常值分析、手机号合规性分析、ID 合规性分析。

(2)支持双表数据量对比、列空值数据量对比、列非空值数据量对比、表结构对比、Hive 双表一致性对比、Hive 与 HBase 一致性对比。

(3)支持查看主备集群及库切换、库表集群信息。

(4)支持实时查看历史执行命令及结果,以 HTML 页面展示全表分析,以 HTML 页面展示值域,以 HTML 页面展示 Hive 双表一致性分析结果。

(5)支持拉链表通用测试(判断拉链表是否断链,判断拉链表日期正确性,对比拉链表与临时表数据量、数值)。

下面重点介绍一下 easy_data_test 工具比较有特色的功能。

1. 查看单表的基本信息

使用 basic_info tablename 可以查看单表的基本信息。easy_data_test 工具目前对表是按照分区表和非分区表来分类的。两类表有不同的输出结果。非分区表和分区表在 HTML 页面上的展示效果分别如图 7-2 和图 7-3 所示。

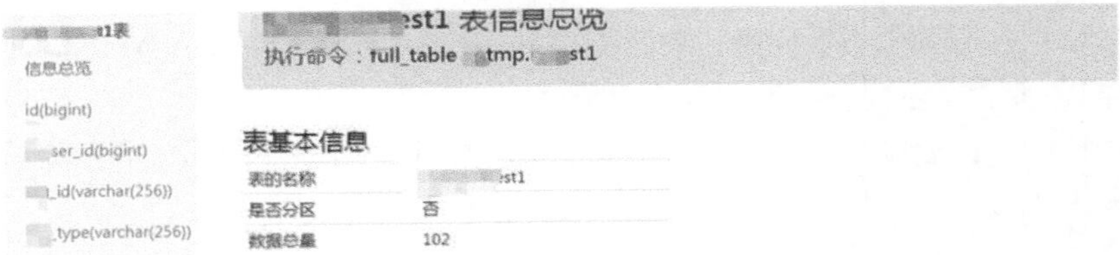

图 7-2　非分区表在 HTML 页面上的展示效果

通过 basic_info tablename 指令，可以比较直观地对表进行分析。如果某张表是分区表，可以比较直观地看到查询出的"各分区数据量"；如果出现缺少某几个分区时间段的情况，可以直观看到问题。另外，如果表的数据量与实际值偏差特别大，可以通过执行结果发现问题。

图7-3　分区表在HTML页面上的展示效果

2. 单表值域分析

要进行单表值域分析可以使用以下 3 种指令。

```
distribution all tmp.hrtest1
```

传入 all 表示分析表的所有列，最终的结果会在屏幕上输出，更多信息可以通过单击链接查看详细的 HTML 文件。

```
distribution id,user_id tmp.hrtest1
```

可以传入指定列或多列进行分析，列之间使用逗号分隔即可。

```
distribution all tmp.hrtest2 where cast(etl_dt as varchar)='2019-11-09'
```

指定分区为 2019-11-09，对其中的全部数据进行所有列的值域分析。

单表值域分析在命令行交互模式下和 HTML 页面上的展示效果分别如图 7-4 和图 7-5 所示。

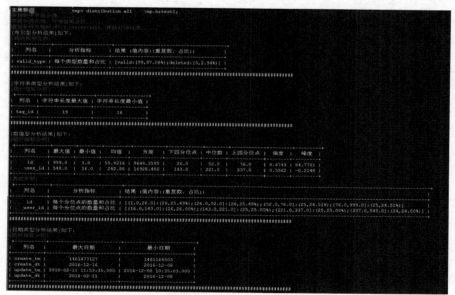

图7-4　单表值域分析在命令行交互模式下的效果

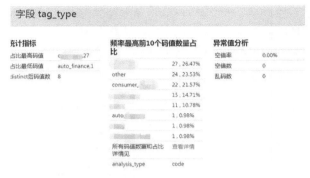

图7-5　单表值域分析在HTML页面上的效果

3. 异常值分析

要分析异常值，可以使用以下 3 条指令。

```
outlier_test tmp.hrtest1
```

分析表的所有列，最终的结果会在屏幕上输出。

```
outlier_test id,user_id tmp.hrtest1
```

可以传入指定列并进行分析，列之间使用逗号分隔即可。

```
outlier_test tmp.hrtest1 where cast(etl_dt as varchar)='2019-11-09'
```

同值域分析，异常值分析也支持 where 条件。

单表异常值分析在命令行交互模式下和HTML 页面上的效果分别如图7-6和图7-7所示。

```
主集群          :    tmp> outlier_test    tmp.hrtest1;
开始进行异常值分析，请等待...
| 列名       | 空值率  | 空值数 |                           其他                                  |
| id         | 0.00% |  0  |          [('离群点数', 1), ('离群点', '[999]')]                   |
| user_id    | 0.02% |  2  |          [('离群点数', 0), ('离群点', '[]')]                      |
| tag_id     | 0.00% |  0  |                  [('乱码数', 0)]                                 |
| tag_type   | 0.00% |  0  |                  [('乱码数', 0)]                                 |
| name       | 0.01% |  1  |                  [('乱码数', 0)]                                 |
| valid_type | 0.00% |  0  |                                                                 |
| create_tm  | 0.00% |  0  |                                                                 |
| create_dt  | 0.00% |  0  |  [(u'create_dt > create_tm', 2), (u'create_dt date != create_tm', 2)] |
| update_tm  | 0.02% |  2  |                                                                 |
| update_dt  | 0.00% |  0  |  [(u'update_dt > update_tm', 0), (u'update_dt date != update_tm', 0)] |
```

图7-6　单表异常值分析在命令行交互模式下的效果

字段 id

分位点	数量	占比	所有码值数量和占比详情		统计指标	
(26.0,52.0)	26	25%	详见	../data/repNum_tag_type	方差	9644.350223257627
(52.0,76.0)	25	16%			均值	59.92156862745098

异常值分析

empty_ratio	0.00%
empty_num	0
non_int_num	0
liqun_num	1

Example Values

图7-7　单表异常值分析在HTML页面上的效果

通过查看相关的统计指标，如果某个字段的方差、均值与期望的不相符，可以快速地发现问题。另外，HTML 页面会显示出异常值的示例数据，可以较直观地看到异常值的取值和分布情况。

4．合规性分析

要进行手机号合规性分析，可以使用 checkmbl phone tmp.info。

分析表的指定列——phone，最终的结果（总数、空值数、不合规数、空置率、合规率）及不合规数据详情会在屏幕上输出。分析结果如图 7-8 所示，ID 的合规性分析与手机号类似，不再给出示例。

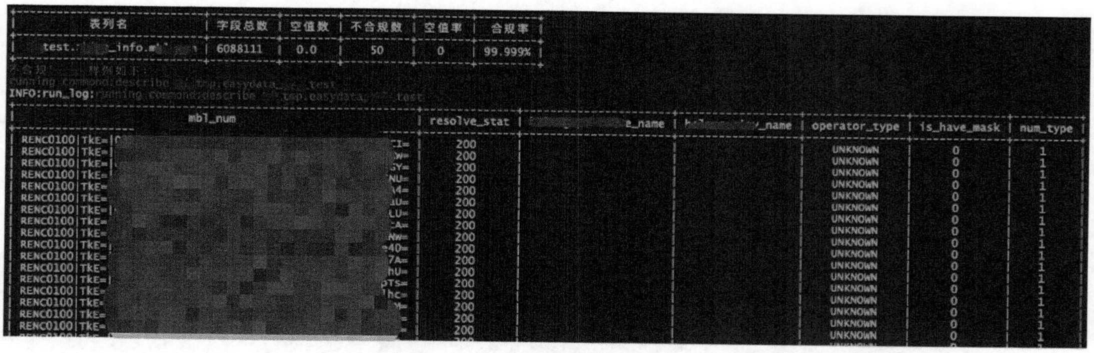

图7-8　手机号合规性分析结果

与值域和异常值分析类似，合规性分析也支持 where 条件。如图 7-8 所示，进行手机号合规性分析时，如果有不合规的数据，会在命令执行结果中展示出不合规的数据总数，也会以列表的形式展示详细的不合规手机号。

5．全表分析

例如，可以使用 full_table tmp.hrtest1 进行全表分析。

与值域和异常值分析类似，全表分析也支持 where 条件，执行结束后会输出访问路径，复制该路径到浏览器地址栏中即可看到全表分析结果。全表分析结果实际为上述所有分析内容的汇总，不再给出效果图，交互模式下全表分析的输出如图 7-9 所示。

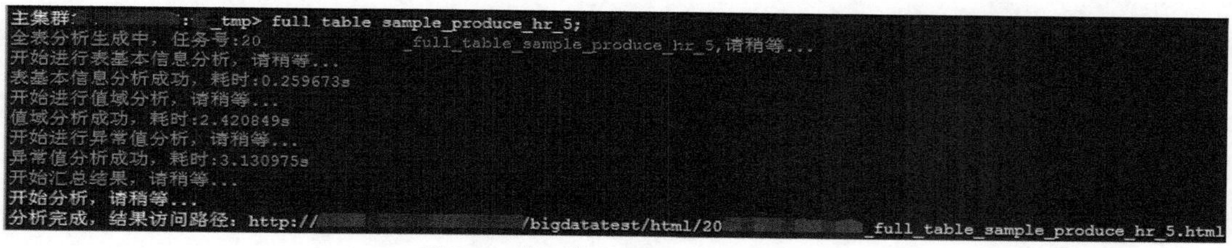

图7-9　交互模式下全表分析的输出

6．Hive 中的双表一致性对比

例如，可以使用"tablecompare test. sample test.sample_5910 columns=source,a,b, label;"命令对比 Hive 中的双表一致性。

columns 指定比较的列，ignore_columns 指定不参与比较的列，如果都不写，则默认比较两个表的所有列。比较时会先取两个表的 10 万条数据进行比较，如果不一致，直接生成分析结果，不再进行后续比较，不一致结果会部分标注出，对比结果如图 7-10 所示。

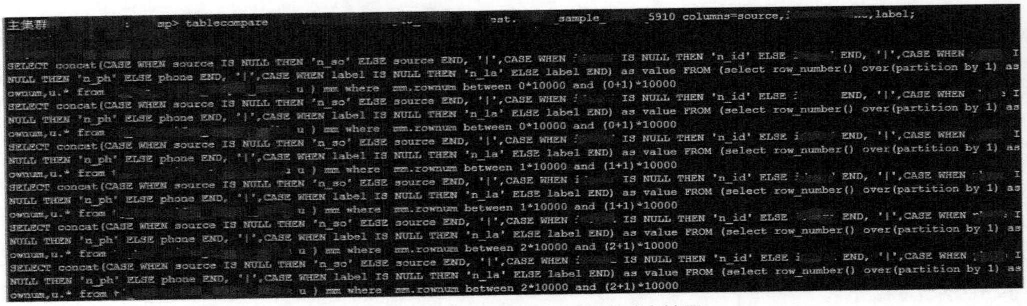

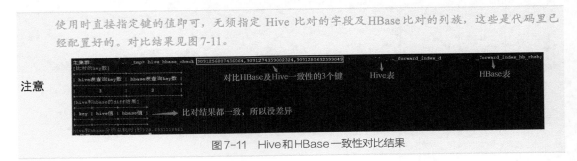

图 7-10　Hive 中的双表一致性对比结果

7．Hive 和 HBase 一致性对比

例如，可以使用 "hive_hbase_check 9091256807436064,9091274359002324,909128069 2599049 hive_tablename hbase_tablename ；" 对比 Hive 与 HBase 的一致性。

注意　使用时直接指定键的值即可，无须指定 Hive 比对的字段及 HBase 比对的列族，这些是代码里已经配置好的。对比结果见图 7-11。

图 7-11　Hive 和 HBase 一致性对比结果

8．集群切换

可以使用 to sec 切换到备份集群，使用 to master 切换到主集群。集群切换效果见图 7-12。

9．历史执行命令查看

可以使用 his *n* 查看最近执行的 *n* 条命令，使用 his all 查看所有执行的命令。执行 his 5 的结果见图 7-13。

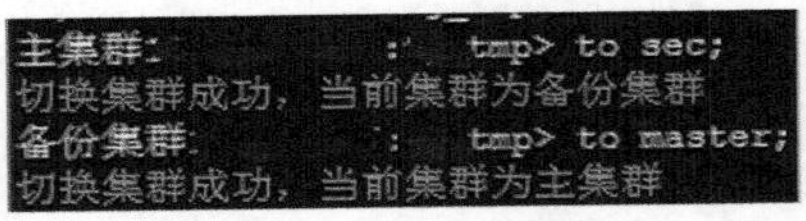

图 7-12　集群切换效果　　　　　　图 7-13　执行 his 5 的结果

10．任意 select 语句的查询

执行 select 语句查询表数据总量，执行结果见图 7-14。

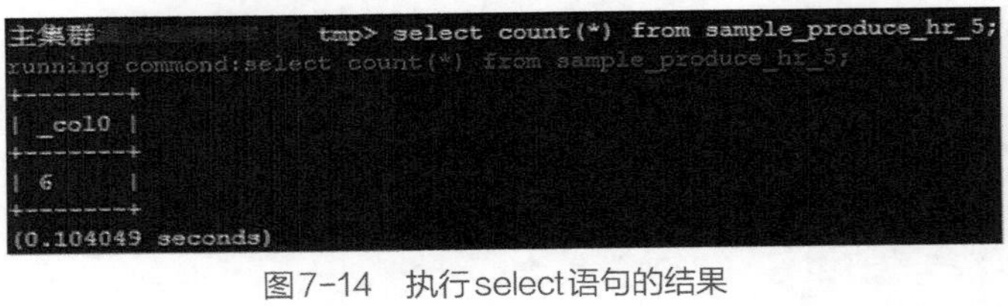

图 7-14　执行 select 语句的结果

7.1.4　大数据测试工具展望

使用工具解决了一些业务痛点问题，SQL 语句编写效率提升一倍，单表数据质量分析由原来的 0.5d 缩短至 5s。但仍存在需要优化改进的地方，目前正朝着平台化方向开发改造，期望打造为端到端的大数据测试平台，如图 7-15 所示。

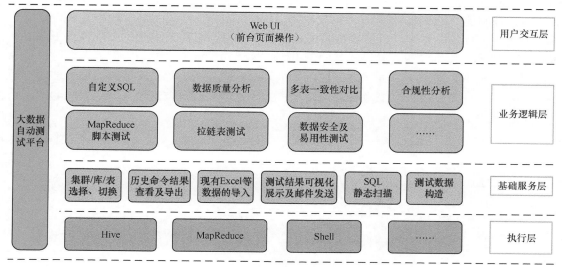

图7-15　大数据自动测试平台

首先，通过平台服务化来降低测试人员的使用成本，并提高易用性。

然后，新增业务功能，例如，封装自定义 SQL 命令，增加 Hive 与多种数据来源库一致性对比、查询结果与预期值对比、数据质量分析功能、对 MapReduce 脚本及更多计算框架的相关代码的测试等。

最后，新增基础服务功能，例如，SQL 静态代码扫描功能，测试结果可视化，数据集导入分析，分布式测试等。

7.2　数据质量监控平台

在金融场景中，大多会经历获取数据、处理数据、分析数据、根据数据训练建立模型，最终根据模型预测未知信息的过程。但有时会由于底层数据的问题导致上层模型或者特征最终输出的结果有偏差。例如，时间类型格式中有大量的空值或者非时间格式数据，导致整条数据被过滤掉而无法使用，有效数据减少，最终模型覆盖率降低；数据存储时未进行增量存储也未以拉链表形式存储，导致模型无法对历史数据进行回溯；底层数据录入时存在填充不当的问题，对于未采集到数据的字段填充 0 值，而有些真实数据中存储的也是 0，这样后续使用时无法区分该字段值是填充得来的还是真实值，导致特征输出含义模糊等。基于以上问题，可以看出数据质量与模型最终质量效果息息相关，作为整个业务链路层的最底端，数据的质量需要时刻进行监控，引起重视。

由于大数据存在数据量大、数据链路长等因素，手动定期检测数据质量的方式耗时耗力、使用不便。于是在企业范围之内，在数据产出的各个生命周期，搭建共享的数据质量监控平台来进行数据质量的管控，为数据使用人员和部门提供高质量的数据迫在眉睫。

7.2.1　数据质量把控环节

　　数据质量把控工作贯穿整个数据生命周期，具体流程如图 7-16 所示。数据产出前期需要制定相关规范及标准，数据产生阶段要严格按照规范流程执行，数据产生后通过多渠道及时发现数据质量问题，并根据优先级及时修复。

　　由图 7-16 可以看出，数据质量监控平台的作用往往是在数据产生后才会产生监控效果。当监控到阈值异常时，通过异常报警机制上报给对应维护人员，维护人员查明异常原因后将数据修复。事实上，为了降低数据质量问题的报警率，可以将数据质量管理工作前置，在数据产生前期就建立数据标准及数据质量规范、代码开发规范等来规避后期数据质量问题的爆发。

数据产生前期
- 建立数据标准
- 制定数据质量规范
- 制定代码开发规范
- 明确数据流转全流程

数据产生阶段
- 按规范执行数据采集及录入
- 准确把控数据调度时间点
- 监控调度系统日志

数据产生后
- 数据监控平台
- 数据问题自查
- 收集应用反馈

发现质量问题后
- 分析质量问题并统计影响
- 确定修复方案
- 修复数据
- 验证修复效果
- 使用邮件通知数据使用方

图7-16　数据质量把控流程

7.2.2　数据质量评估要点

　　按照业界的划分，数据质量评估有 6 个原则，如图 7-17 所示。

　　大多数据质量监控平台会参考以上 6 个原则及业务背景来做功能设计。笔者在工作中主要针对一致性、及时性、完整性、准确性 4 个原则来评估数据质量，下面对这 4 个原则进行详细介绍。

1.　一致性

　　在线与离线数据的一致性指在线 HBase 与离线 Hive 数据的一致性，更多内容见 7.1.1 节。

　　源表与目标表的一致性包括数据迁移前后的一致性、数据同步前后的一致性、数据通过 ETL 流程在数据仓库各层间流转前后的一致性。

2.　及时性

　　及时性包括以下方面。

　　（1）判断调度任务是否成功执行。

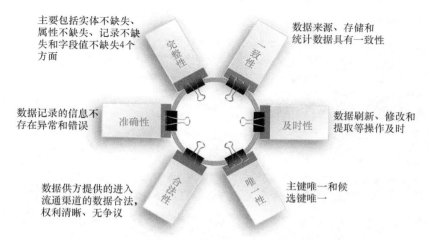

主要包括实体不缺失、属性不缺失、记录不缺失和字段值不缺失4个方面

数据来源、存储和统计数据具有一致性

数据记录的信息不存在异常和错误

数据刷新、修改和提取等操作及时

数据供方提供的进入流通渠道的数据合法，权利清晰、无争议

主键唯一和候选键唯一

完整性　一致性　准确性　及时性　合法性　唯一性

图7-17　数据质量评估原则

（2）调度任务的执行时间与预期交付时间对比。

（3）调度任务的耗时统计。

3. 完整性

完整性涉及以下方面。

（1）表的全量和增量波动。

（2）表的个数、字段数统计。

（3）HDFS 的目录数及大小统计。

（4）表字段的空值率统计。

4. 准确性

对于值域分析，准确性包括字段数据整体分布、枚举数值分布、关键值域分布。

对于小数、整数类，分析最大值、最小值、1/4 分位点、1/2 分位点、3/4 分位点等。

对于时间类，主要分析最大值、最小值是否有异常及异常时间的占比。

对于码值类，分析码值枚举值及占比。

对于中文类，主要分析是否存在乱码。

除了上面的分析内容，准确性还涉及以下方面。

（1）字段异常格式、异常长度。

（2）同表中不同字段的数值关系。

（3）字段填充值的正确性。

（4）表的结构变化、表的权限。

（5）关联主键及组合主键。

7.2.3　数据质量监控平台设计

数据监控平台的设计如图 7-18 所示，数据通过数据采集层采集后存储到 MySQL 层中，因为采集到的数据量不是特别大，所以使用 MySQL 存储即可满足需求。用户登录模块、监控规则模块、报警模块，以及系统管理模型都会与 MySQL 进行交互来查询或存储数据。这些模块又通过 Web Service API 与前端进行交互，用户通过 Web UI 进行操作即可调用后端接口实现相应功能。

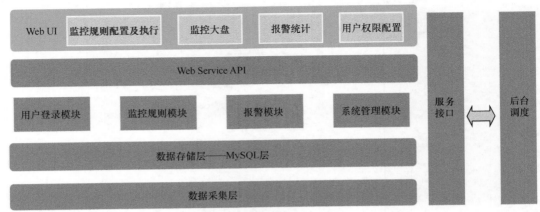

图7-18   数据监控平台的设计

1．用户登录模块

该模块比较简单，登录页面与读者通常看到的登录页面相似。需要稍加注意的是，用户登录后需要根据用户角色控制页面可见性及操作权限。

2．监控规则模块

该模块主要实现的功能是配置监控的规则，例如，某一个字段的值小于 10。监控规则划分为以下 4 类。

- 数据表类：包括空值检查、值域检查、格式检查、唯一性检查、精度检查、数据集对比检查、自定义脚本检查、平衡性检查、表数据量波动监测、字段波动检查。
- 工作流类：完成时间点检查。
- 目录类：包括目录大小波动检查、主备目录大小检查、历史目录大小变更检查。
- 数据结构类：不同表结构一致性检查、相同表结构一致性检查。

除配置监控规则外，还需要配置监控调度频率以及跟进人和订阅人。如果设置的规则满足条件，会触发报警，跟进人和订阅人都会收到报警，跟进人需要跟进问题并在系统中对问题跟进情况进行说明，如未说明会持续收到邮件提醒。监控规则引擎配置的前端页面如图 7-19 所示。

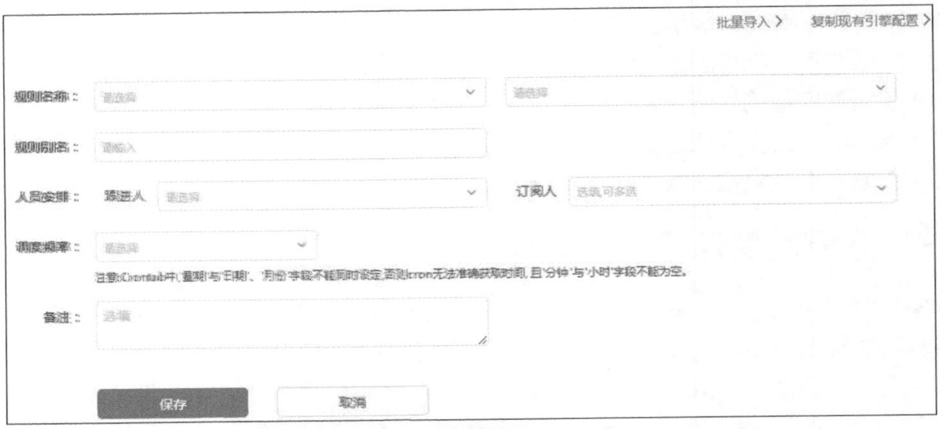

图7-19   监控规则引擎配置的前端页面

3. 报警统计模块

当配置的规则满足条件后报警模块就会触发报警。另外，系统还会对报警信息进行统计，将统计的内容展示在前端页面上。"预警统计"界面如图 7-20 所示。跟进人需要在负责的报警统计问题上给予说明。

图 7-20 "预警统计"界面

4. 系统管理模块

系统管理模块主要负责用户的一些权限管理和配置操作，防止出现越权操作问题。权限高的用户可以进行一些任务审批，权限低的用户可以在系统中配置添加规则，但是需要权限高的用户审批通过后才可以监控运行情况。"任务审批"界面如图 7-21 所示。

任务审批

审批类型	请选择		审批状态	请选择		发起人	请选择

查询

共查询到20条相关信息

ID	发起时间	发起人	引擎ID	规则名称	审批状态	审批时间	审批人	操作
1	2019-05-17 11:38:53		1	数据表类-唯一性检查	审批通过	2019-05-17 11:39:06		查看引擎详情

图 7-21 "任务审批"界面

5. 后台调度模块

后台调度模块的逻辑设计如图 7-22 所示。用户在前台页面配置好监控规则后，后台调度模块开始监控运行情况。该平台目前的调度任务类型分为两种。一种是在依赖的工作流完成后立即运行，执行后达到阈值即可触发报警。另一种是根据配置的调度频率运行，当一个调度周期内采集的值达到阈值时会触发报警。实际应用中调度任务类型多种多样，更多类型选择可根据业务需要灵活设计。

6. 监控大盘模块

将业务常用监控项目加入监控大盘，可方便实时观察数据变化。下面分别给出目录监控大盘以及 Hive-HBase 一致性对比监控大盘，见图 7-23 和图 7-24。

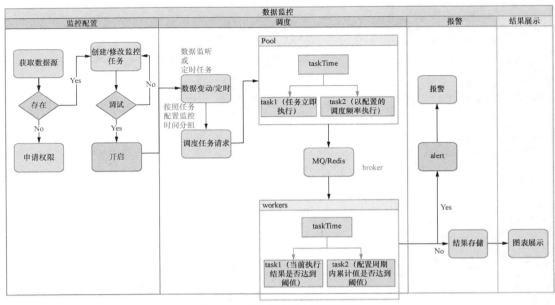

图 7-22　后台调度模块的逻辑设计

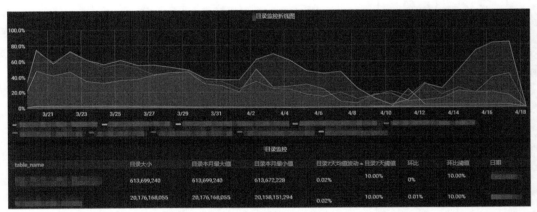

图 7-23　目录监控大盘

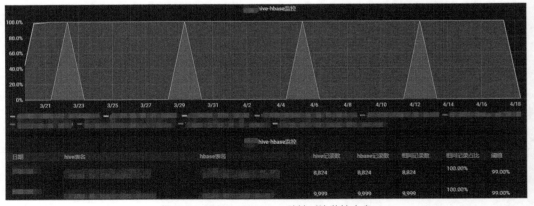

图 7-24　Hive-HBase 一致性对比监控大盘

7.3 数据调度平台

7.3.1 调度系统概述

相信读者对 Crontab 都很熟悉，在没有调度系统的时候，很多公司使用它来处理定时任务。但是由于任务并非都是串行执行的，可能存在并行任务和任务间的依赖关系，任务执行失败后需要重试或者保留错误日志，任务规模变大，单机模式下已经不能运行所有的任务，因此就需要使用调度系统。针对大数据的处理，更需要能处理大数据的分布式调度系统。

根据调度的类型，可以将调度系统分为资源调度系统和作业调度系统两类。资源调度系统的目标和侧重点是充分利用集群机器底层物理资源，如 CPU、磁盘等，常见的资源调度系统有 Yarn、Mesos、Omega、Borg、阿里巴巴的 Fuxi、腾讯的 Gaia 和百度的 Normandy。而作业调度系统的侧重点在于按照准确的时间点和依赖关系执行程序，常见的作业调度系统不仅有 Azkaban、Oozie、Chronos、Zeus、Lhotse，还有阿里巴巴的 TBSchedule 和 SchedulerX、当当的 Elastic-job 及唯品会的 Saturn。

作业调度系统又可以分为定时分片类系统和 DAG（有向无环图）工作流类系统两类。定时分片类系统（例如 TBSchedule、SchedulerX、Elastic-job、Saturn）将一个作业拆分成多个小任务分布式执行。DAG 工作流类系统（例如 Oozie、Azkaban、Airflow、Zeus、Lhotse 和 Jarvis）调度的作业场景往往流程依赖关系比较复杂，可能涉及成百上千个相互交叉依赖的作业。

DAG 工作流类系统主要有静态工作流和动态工作流两种。根据作业计划提前生成静态工作流执行列表并持久化任务执行列表，遍历检查列表，触发满足条件的任务执行，静态工作流类系统包括 Oozie、Azkaban、Lhotse。动态工作流执行列表不会提前固化任务执行列表，执行列表是根据触发条件动态生成的。通过时间或上游任务触发，根据当前依赖关系生成任务实例，动态工作流类系统包括 Airflow、Chronos、Zeus 和 Jarvis。下面将以 Azkaban 为例介绍调度系统在大数据调度平台中的应用。Azkaban 相对比较轻量级，Oozie 比较重量级、难以使用，而且对某些 Hadoop 版本不兼容，Oozie 的使用越来越少。

7.3.2 Azkaban 概述

Azkaban 是由 Linkedin 公司推出的一个批量工作流任务调度器，主要用于 Hadoop 作业。它通过简单的键 - 值对配置方式来设置依赖关系，使用作业配置文件建立任务之间的依赖关系，并提供一个易于使用的 Web 用户界面以维护和跟踪工作流。Azkaban 的特点如下。

（1）兼容任何版本的 Hadoop。
（2）具有易于使用的 Web 用户界面。
（3）具有简单的工作流上传方式。
（4）方便设置任务之间的关系。
（5）可以调度工作流。

（6）具有模块化和可插拔的插件机制。

（7）具有认证 / 授权机制。

（8）能够终止并重新启动工作流。

（9）具有失败和成功的电子邮件提醒。

　　Azkaban 由 AzkabanWebServer 和 AzkabanExecutorServer 两部分组成，同时依赖 MySQL，其架构如图 7-25 所示。

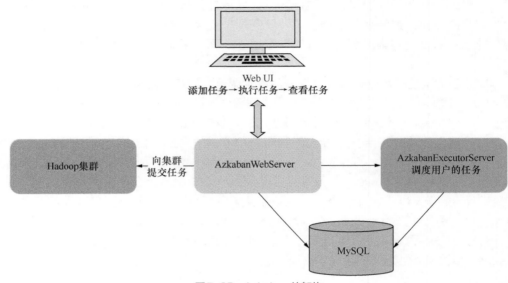

图 7-25　Azkaban 的架构

　　AzkabanWebServer 是整个 Azkaban 工作流系统的主要管理者，负责用户认证登录、项目管理、定时执行工作流、跟踪工作流执行进度等一系列任务。

　　AzkabanExecutorServer 负责具体的工作流提交、执行，它们通过 MySQL 数据库来协调任务的执行。

　　MySQL 存储大部分执行流状态，AzkabanWebServer 和 AzkabanExecutorServer 都需要访问数据库。

7.3.3　Azkaban实践

　　Azkaban 内置的任务类型支持 Command 和 Java，在实际中 Command 使用较多，下面以 Command 为例，添加一个有 4 个工作单元的立即执行的任务。

　　任务预期是打印 test1 →打印 test2 和 test3（并发）→打印 test4。

　　通过 Azkaban 创建任务和执行任务非常简单，都是在 Web UI 进行任务添加、配置、执行的。以本任务为例，操作的具体流程如图 7-26 所示。

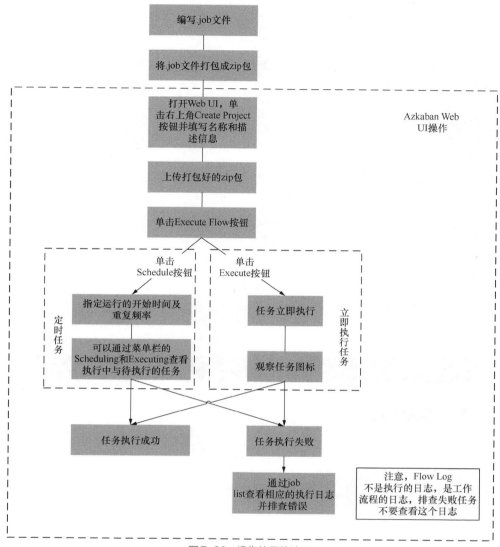

图7-26　操作的具体流程

（1）编写 .job 文件。假设有 4 个工作单元，那就需要有 4 个 .job 文件，这 4 个工作单元的依赖关系如图 7-27 所示。根据依赖关系决定先后执行顺序。最开始的工作单元不依赖任何工作单元，一般命名为 start，对应的文件名为 start.job，后一个工作单元通过参数 dependencies 添加依赖的上游 .job 文件的名字，最后一个工作单元一般命名为 end，对应的文件名为 end.job，工作单元的名字和 .job 文件名要一致。

（2）将 4 个 .job 文件编写好后打包到一个 zip 包里，注意，这里一定要打包在一个 zip 包里。

（3）打开 Web UI，单击右上角的 Create Project 按钮，创建项目，并填写名称和描述信息，如图 7-28 所示。

（4）上传打包好的 zip 包，如图 7-29 所示。

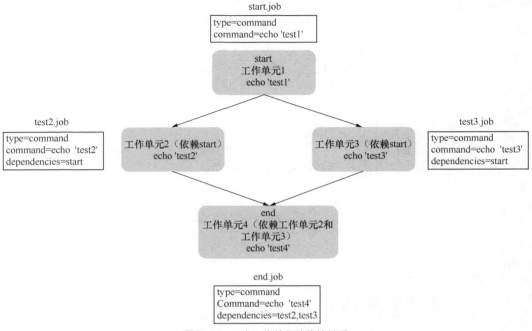

图 7-27　4 个工作单元的依赖关系

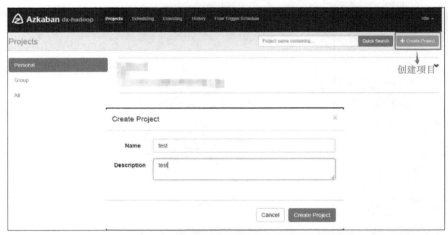

图 7-28　创建项目并填写名称和描述信息

图 7-29　上传 zip 包

（5）单击 Execute Flow 按钮，如图 7-30 所示，执行工作流。

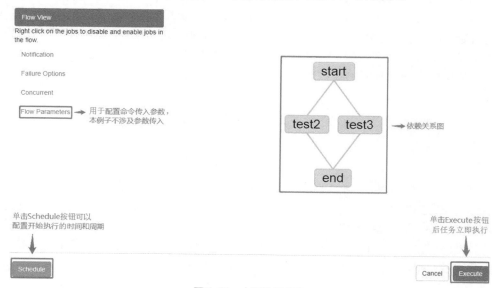

图7-30 单击Execute Flow按钮

（6）单击右下角的 Execute 按钮，立即执行任务，如图 7-31 所示。

图7-31 立即执行任务

（7）观察任务图标，查看任务执行情况，如图 7-32 所示。

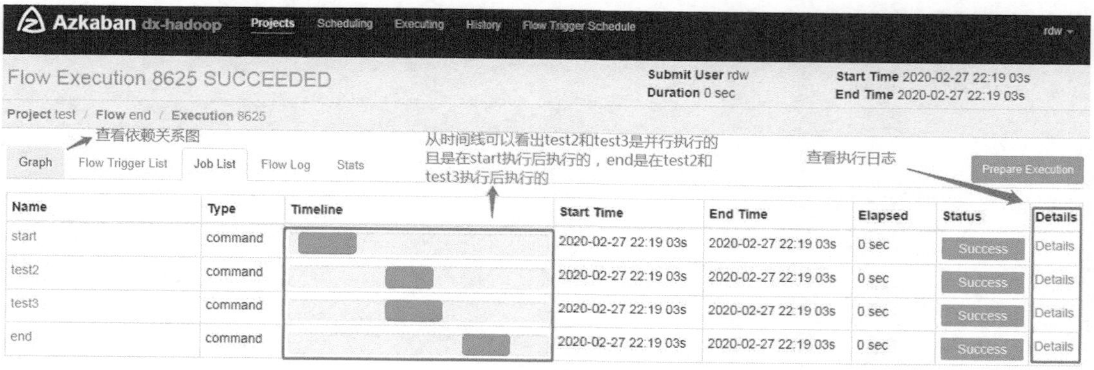

图7-32 查看任务执行情况

上述 Azkaban 案例比较简单，只输出信息，实际在大数据应用中，.job 文件的命令通常为执行 Shell 脚本的命令，脚本中包含 SQL 文件的执行语句。通常任务执行时需要传入参数，任务会以固定周期运行。其他案例的操作步骤、原理与该案例类似，只要命令正确，保证使用文件路径正确，Azkaban 的使用并不复杂。

在实际业务中，数据仓库人员开发的 SQL 脚本、Shell 脚本、MapReduce 脚本等都会在 Azkaban 上调度，数据在数据仓库中各层之间的流转都是通过调度脚本控制的。其中的数据更新方式分为两种——增量更新和全量更新。

- 增量更新：数据会有一份最原始的全量数据，自第一次运行这一天后数据每天增量更新，增量更新的数据放在当天的分区。
- 全量更新：分为两种。一种是每个分区都是当天最新的全量数据，保留历史轨迹；另一种是不按分区存储，永远只有一份最新的全量，没有历史数据。

数据一般都是按照天更新的，对应的调度周期就是天。当然，也有按照月更新的数据，周期通常根据不同的业务模块来定。无论是哪种更新方式、更新周期多长，调度系统配置的任务执行的开始时间一般都设置在凌晨，因为凌晨时集群资源相对空闲。Azkaban 可以配置邮件提醒的功能，这样即使在凌晨运行任务也可以收到任务的执行警告、提醒。对 Azkaban 任务的监控通常需要考虑任务的时效性、任务有没有在设定时间点正确执行、运行时长是否符合预期。

7.4　本章小结

本章主要介绍了大数据测试工具、数据质量监控平台及数据调度平台，实际业务中使用的平台远远不止这些平台，还有元数据平台、数据开发平台、数据中台等。企业会根据自身需求及开发水平，选择直接使用现有开源组件或基于开源组件进行二次开发，以构建起一套可靠的数据服务系统。同时，大数据类平台的建设大大降低了数据挖掘的难度，提高了数据挖掘的效率及准确性，为机器学习建模奠定了坚实可靠的数据基础。

第三部分　模型测试

第8章 机器学习测试基础

从前面的章节我们可以了解到机器学习模型代表一类软件，该类软件从给定的数据集中学习，然后根据学习到的规律对新数据集进行预测。换句话说，它使用历史数据集训练机器学习模型，以便对新数据集进行预测。为了更好地保证服务质量，机器学习模型部署到线上之前需要经过测试，本章将重点介绍机器学习模型测试的一些基础知识。

8.1 机器学习生命周期

假如一个用户向银行申请贷款，银行该如何对这个用户进行评估？很明显，银行首先需要调查清楚该用户的资金储备和信用历史等，然后再决定是否向其放款。基于以上场景，我们开始构建机器学习过程。在这一过程中通常有数据工程师、模型算法工程师、开发工程师和测试工程师的参与。数据工程师负责数据的收集和清洗，模型算法工程师负责模型的建立，开发工程师负责模型的部署，测试工程师则参与几乎整个机器学习生命周期。整个机器学习生命周期如图 8-1 所示，灰色部分表示测试工程师参与的环节。

图8-1 机器学习生命周期

1. 定义问题

使用机器学习中的术语表述上述用户申请贷款的例子时，可用二分类法评估用户的信用：信用好可以放款，信用差则拒绝放款。针对评估用户的信用问题，我们有哪些解决方案？人工审核或者采用机器学习的方式。假如确定采用机器学习的方式，那么真实的业务场景适合哪种机器学习方式，例如有监督学习或者无监督学习？另外，业务对性能有多高的要求？是否需要在线实时计算或者至少要保证多大的并发量？最重要的是，我们应该如何衡量机器学习的结果，这个结果和期望相差多少，如何减小这种差距。第一步便是定义问题，这需要团队成员共同思考，给出各自的建议和理解，确定解决问题的思路。

2. 收集数据

在确定好目标和实现方式后，就要收集数据。在这一过程中，我们需要通过各种渠道收集与问题相关的数据，例如用户的信用逾期数据和订单数据等。另外，还应确认需要多大"体量"的数据，数据将占用多少存储空间，可以通过哪些方式获取这些数据，是否有法律风险，是否被许可使用。获取到数据之后，以什么方式进行存储以方便操作？这些数据在存储设备中是否对敏感信息进行了加密处理？收集数据的数量和质量一定程度上决定了模型预测的效果。通常来说，数据量越大，训练出的模型质量越好。接下来我们还需要对数据集进行划分，以一定的比例将其划分为训练集和测试集。举个例子，若以 7:3 的比例划分，则数据集的 7/10 作为训练数据，剩下的 3/10 是测试数据。

3．特征工程

第 2 步中获取到的原始数据由于可能存在空值或者错误值等，通常是不能直接应用于模型的，因此需要将其通过业务理解、数据变换、特征交叉与组合的方式转化成模型训练和预测可直接使用的特征。如图 8-2 所示，特征就是原始数据经过挖掘处理后的数值表示，获取特征的过程称为特征工程。

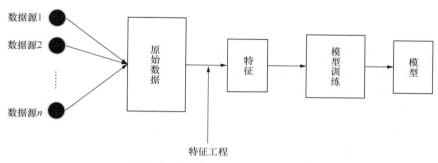

图8-2　机器学习中的特征工程阶段

数据探索表示基于实际业务场景理解数据的内容，发现数据和问题的关系，例如，收入越高还款能力越强，逾期风险越小。

数据清洗表示对获取到的原始数据进行标准化处理。一般对脏数据（有逻辑错误的数据、格式或者内容错误的数据和一些与问题并不相关的数据等）进行调整或者删除。此外，原始数据中还可能含有大量的空值，我们应该根据字段的重要性，删除空值字段或者填充数值。

一般清洗过后未经处理的数据是正负样本失衡的，例如，使用 85% 为女生的样本调研人们对球鞋的喜爱程度，或者使用 85% 为男生的样本调研人们对化妆品的喜爱程度，因此需要对清洗后的样本进行采样。采样方法有随机采样和分层采样。由于随机采样的隐患比较多，因此采用较多的为分层采样。

特征挖掘表示基于业务需求、收集到的数据和技术（压缩感知、稀疏编码等），构造出能够帮助描述问题的特征。例如，银行在判断是否向某个用户放款时，可以使用 30 天内信用卡是否逾期作为一维特征。

特征选择就是挑选出能够深刻描述研究问题特征的过程。如果在构造的特征中多数特征不合适（与研究问题没有很大的相关性），那么模型训练的困难和成本将会提高，甚至训练过程中会出现一些影响模型性能的错误。

4．训练模型

准备好特征之后，将进入真正的"机器学习"部分。

1）模型选择

实际中有很多不同类型的模型，例如逻辑回归、随机森林和神经网络等。我们可以根据实际的数据结构和业务需求对模型进行初步的筛选。如果数据是时序数据，则擅长学习时序关系的模型是比较好的选择；如果是图片数据，那么卷积神经网络会更合适。当然，也可以使用原始的参数训练很多的模型，对于每一个训练出的模型都评估它们的表现来确定最终使用的模型。

2）调参

选定一种模型后，为了使模型预测达到期望的效果，我们需要调参来优化模型。事实上，调参的方法并不能一概而论，更多地取决于模型算法工程师以往的经验。这些经验可能来源于以下几个方面。

- 对模型评估指标的理解。
- 对数据和业务的经验。
- 通过不断地评估模型，选择使模型效果最优的参数。

调参的目的是提高模型的某个评估指标，例如，要提高模型在未知数据上的预测准确率，通常用泛化误差（generalization error）来衡量。为了达到这个目的，我们需要考虑模型对于未知数据进行预测的准确率都受到哪些因素的影响，有针对性地去调节某个参数。最简单的调参方式是在学习曲线上找出最优值，以便能够将准确率修正到一个比较高的水平。例如，对于随机森林的调参，为了降低复杂度，可以将那些对复杂度影响大的参数挑选出来，研究它们的单调性，然后专门调整那些能最大限度地让复杂度降低的参数。对于那些非单调的参数，或者会让复杂度升高的参数，我们应视情况而使用。

3）模型评估

在建模过程中，由于只使用了有限的数据，因此模型很可能会出现过拟合或者欠拟合的问题。为了解决这两个问题，我们需要一整套方法及评估指标来对模型进行评估，其中评估方法用于评估模型的泛化能力，而性能指标则用于评估单个模型性能的高低。

在模型评估时，经常要对数据集进行划分（分为训练数据集和测试数据集），划分数据集通常要保证两个条件。

- 训练数据集和测试数据集的分布要与样本的真实分布一致，即训练集和测试集都要保证是从样本中独立采样得到的。
- 训练数据集和测试数据集要互斥，即两个子集之间没有交集。

基于划分方式的不同，评估方法可以分为留出法、交叉验证法及自助法。基于不同方法的特点，在样本量较多的情况下，一般选择留出法或交叉验证法来对数据进行分类，在样本较少的情况下采用自助法。针对分类、回归、排序、序列预测等不同类型的机器学习问题，模型性能评估的标准也有所不同。

分类问题中最常用的两个性能度量标准是准确率和错误率。这两个标准是分类问题中简单、直观的评价标准。但它们都存在一个问题，即在类别不平衡的情况下，它们都无法有效评价模型的泛化能力。如果此时有 99% 的负样本，那么当模型预测中所有样本都是负样本的时候，可以得到 99% 的准确率。由于此种隐患的存在，我们又构造了其他相对公平的评估标准，如精确率、召回率、ROC 和 AUC 等。

对于回归问题，常用的性能度量标准有均方误差（MSE）、均方根误差（RMSE）和平均绝对误差（MAE）等，具体标准的定义将在第 10 章给出。

在机器学习领域中，对模型进行评估非常重要，只有选择和问题相匹配的评估方法，才能快速发现算法模型或者训练过程的问题，从而通过迭代对模型进行优化。

5. 部署

机器学习生命周期的最后一步是部署。如果上述模型能够按照我们的要求以可接受的速度生成准确的结果，那么就可以将该模型部署到实际系统中。将模型接入生产环境就算部署完成了吗？我们要清醒地意识到，随着数据的更新或者时间的迁移，模型效果会越来越差，在达到一定偏差后，需要对模型重新进行训练。因此，线上部署模型之后，还需要对其进行相应的监控以便及时发现问题。

到目前为止，我们从定义问题、收集数据、特征工程、训练模型到部署模型几个方面，全面梳理了业务项目中机器学习的生命周期。由于应用场景的不同，我们所做的工作可能有些许差别，但大同小异，都离不开"数据－特征－模型"这一线路。例如，我们会对问题进行定义，围绕问题会对数据进行探索，模型部署到生产环境中后会监控模型的表现等。

8.2　机器学习测试难点

从机器学习的生命周期中不难发现，模型是从数据中抽象出来的用以描述客观世界的数学模型。它基于对历史数据的学习，对新数据进行预测。目前模型已经被广泛应用于研究或者商业活动中。

我们希望模型的预测越准确越好，然而，影响模型预测能力的因素有很多，例如数据、特征、算法等。实际中很多模型都是由模型开发工程师自己开发并测试的，没有测试工程师对模型的质量进行监督和保障，这样就很难发现其中隐藏的问题。理想情况下，应该由质量保障团队像测试传统软件一样测试机器学习模型。

如图 8-3 所示，机器学习与传统软件不同，后者的行为基于不同的输入预先确定。在传统软件中，运算逻辑是一开始就确定好的，给定一个输入便会有相应确定的输出，输出是否正确，我们可以手动根据运算逻辑来检查。而在机器学习中，输入的是数据及其标签，输出的是模型，模型对新数据进行预测（见图 8-4）。模型的训练基于大量数据，且训练过程是黑盒形式的，无法人工检验其训练效果。

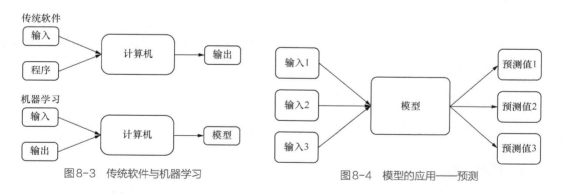

图8-3　传统软件与机器学习　　　　　图8-4　模型的应用——预测

概括来说，模型测试的难点集中在以下几点。

- 数据获取：模型的训练和验证都需要大量的数据，如何获取到数据是一个最基本的问题。
- 数据质量：一般来说，数据质量越高，训练出的模型预测效果越好，如何评价和保障数据质量，是模型测试的另一个难点。

- 特征质量：特征直接影响到模型的预测效果。特征维数过多，模型可能会过拟合；特征维数过少，模型可能会欠拟合。
- 结果验证：由于模型训练是黑盒形式的，因此我们无法确认输入对应输出的逻辑是否准确。
- 线上服务效果验证：通过 8.1 节我们了解到模型部署上线后，随着时间的变化，模型的预测效果可能会出现偏差，如何实时跟踪这些变化，保证服务正常，也是测试工程师需要关注的重点。

除此之外，相对于传统软件，在机器学习过程中问题抽象度高，难分析，且机器学习模型迭代慢、优化慢，因此，它对测试工程师的技能要求较高。虽然对机器学习过程进行测试有难度，但并不意味着不能做测试。

8.3　机器学习测试重点

在测试之前我们可能会有以下一些疑问。

- 模型能力达到什么样的标准才可以部署到生产环境中？
- 如何设计测试用例才能以最小的成本完成上述标准的测试？
- 如何获取测试数据？
- 训练数据是不是和测试数据完全不一致？其质量如何？
- 如何评估特征的质量？
- 测试数据能否很好地反映出模型的能力？
- 模型的性能和健壮性是否良好？
- 模型上线后，测试工程师如何跟踪模型的效果？

类似的问题还有很多，宏观上测试工程师可以从数据质量、特征质量和模型质量方面着手测试机器学习模型，如图 8-5 所示。

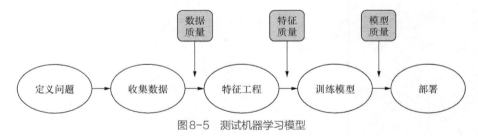

图8-5　测试机器学习模型

1.　数据质量

数据是建立机器学习的第一步，也是最容易被忽视的。一般来说，数据集包含了用于机器学习训练和检测的全部数据，这些都是历史数据，在使用之前首先要保证其可用。为了实现这个目标，测试工程师可做以下几点工作。

- 统计数据的相关信息，如平均数、中位数和空值等。
- 从源头梳理数据与业务的关系，检查是否存在逻辑错误。
- 构建测试（使用脚本），检查上述统计信息和关系，并定期运行。

2．特征质量

特征是机器学习中最重要的部分，是用于预测结果的变量。

测试工程师可从以下几点了解和测试特征，如图 8-6 所示。

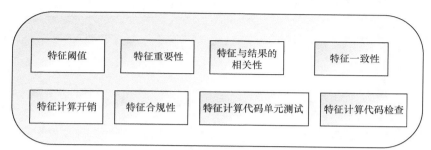

图8-6　测试特征

- 特征阈值。可以发现每个特征的期望值都落在给定的阈值内（下限与上限之间）。这需要通过与产品经理或者模型算法工程师合作来确定。测试工程师需要围绕预期/阈值设计测试用例。例如，假设人类年龄的阈值下限为 0，上限为 100。阈值之外的数据需要重新评估。虽然有些人超过 100 岁，但数量较少。
- 特征重要性。对特征重要性进行分析有助于我们发现对模型预测准确率有重大贡献的特征。在特征维数较多的时候，可根据特征重要程度剔除一些不重要的特征，提升特征计算的效率。
- 特征与结果的相关性。将特征与预测结果进行比较，确定特征与结果变量之间关系的变化，这有助于提高模型的可解释性。
- 特征一致性。特征分为线上线下一致性和前后一致性。线上线下一致性是指在在线和离线不同的环境中使用相同的数据计算的特征理论上一致。前后一致性指的是取不同天的数据，回溯到某一天时计算出的特征一致。
- 特征计算开销。可以从 3 个方面——RAM 消耗、对上层数据的依赖性和计算时间评估特征计算的开销。
- 特征合规性。特征的计算要合乎业务需要并且不能违背商业准则。例如，如果与客户的业务协议中提到不得将其月度发票用于任何分析，则必须确保将其作为测试检查的一部分。
- 特征计算代码单元测试。特征计算一般比较烦琐，因此测试工程师需要开发强有力的工具以自动执行相关代码的单元测试。
- 特征计算代码检查。应使用手动和自动方式审查计算特征的代码，如静态代码分析工具可用于评估代码的质量。

3．模型质量

训练后的模型最后要应用于生产环境中，测试工程师可以从软件测试的几个角度来对模型的质量进行评估，如图 8-7 所示。

- 正确性。模型应该利用适当的特征选择策略（如特征重要性等）筛选出最重要的特征。此外，模型的预测准确性应达到一定的标准。即使在使用过程中出现模型预测准确率下降的情况，我们也应该能及时收到模型预测报警。

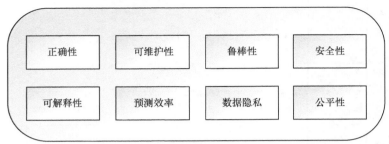

图8-7   对模型的质量进行评估

- 可维护性。模型应易于更新，在设计模型时就应该考虑到其对上游的依赖，例如，删除模型原特征或者添加新的特征。
- 鲁棒性。模型应考虑周全，不能因业务发展或病毒攻击造成意外数据的输入而引起算法的错误。
- 安全性。模型预测有很长的一个过程，因此测试工程师需要对模型的安全性进行测试和监控。
  - 数据流安全：从数据收集、数据清洗、数据采样到生成特征的整个过程中，对数据的访问权限进行控制，避免对数据的未授权访问。
  - 数据 / 特征合规性：有些收集到的数据或对数据执行各种操作产生的特征是不可以直接使用的。
- 可解释性。一个好的模型应该有较好的可解释性，即模型的预测结果是如何根据输入变量的值而变化的。
- 预测效率。与同类模型相比，计算机对具有较高质量的模型往往执行速度更快，占用的计算机资源更少。测试工程师应充分衡量执行模型所需的时间和资源。
- 数据隐私。在模型训练和服务过程中，对使用到或者产生的敏感数据应该进行“打码”处理。
- 公平性。可信赖的机器学习模型的一个重要特性是确保决策公平。当一个给定的样本仅仅在“受保护属性”（如年龄、性别或者种族等）上与另一个样本不同时，机器学习模型对这两个样本做出的决策应该是一致的。

8.4   模型工程服务测试

模型训练好后，需要将其部署或者内嵌到决策框架（系统）中。如 8.3 节所述，在模型部署之前，数据、特征以及模型都需要有基本的质量保障，决策框架如图 8-8 所示（数据解析的内容见第 5 ～ 7 章）。最终生成的数据并不是全都可以直接用来训练模型的，还需要执行一些转换或者数学计算等工作，即特征计算。这里我们按照模块进行划分，例如，将一个人的基本身份信息特征计算作为一个模块，教育信息特征计算作为另一个模块，这样一来就形成了计算特征的特征库。在进行某个模型的部署后，会伴随着模型版本迭代或者其他模型的上线等，各种各样的模型就组成了模型库。

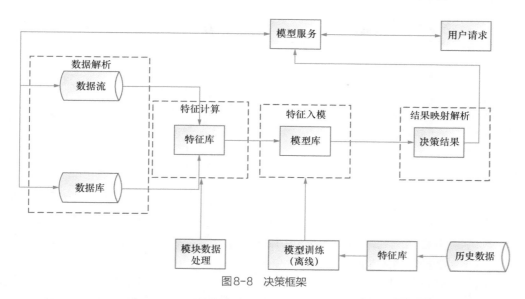

图8-8　决策框架

为了便于各模块的调用、管理和维护，各大模块都被封装成服务接口形式。而模型服务负责对这些模块接口进行调用，比如调用特征库模块的某个子模块获取特征，调用模型库的特定模型进行决策等。

数据解析是基础，特征库基于数据解析，而模型库依赖于特征库。因此，整个模型服务也应该按照框架流程进行测试和部署。模型服务测试与传统软件的测试有很多相似之处，但是也有一些差别。传统软件的测试一般分为单元测试、集成测试、系统测试等。这里我们依照传统软件的测试步骤，对模型服务测试的过程进行划分，分析传统软件测试与模型服务测试的相同点和差异。

8.4.1　单元测试

单元测试（即对程序的基本组成单元进行测试）主要采用白盒测试等方法。白盒测试也叫结构测试或逻辑驱动测试，通过审核代码逻辑设计，按照代码流程测试内部结构，确保代码中的每个分支都能按照预期正确工作，并返回相应结果。之所以称作白盒测试，就是因为测试人员需要了解代码内部的逻辑，并根据内部逻辑对每一个分支进行覆盖测试。除了保障程序中基本单元的功能逻辑无误，白盒测试还要确保程序设计健壮及易扩展，流程及配置正确、规范，注释清晰明了，算法高效等，即执行静态代码检查。

在单元测试阶段，模型服务测试与传统软件测试基本相同，没有特殊差异，主要包含以下测试点。

- 项目规范检查。启动一个项目，必然要事先设定代码开发的技术规范。大到项目的架构设计，小到代码缩进或者变量命名等，都有一定的规范约束，否则不便于后续维护和开发。开发要按照技术规范来执行，测试同样要参照技术规范，从而验证项目的代码是否符合规定，这也是进行代码检查的一部分。
- 静态代码检查。根据业务需求以及框架设计等对代码进行检查，这样能够发现一些隐藏的 Bug，如配置错误、无用代码分支（永远不会触发）、类设计缺陷等。
- 代码逻辑覆盖。进行代码检查的时候要覆盖每一个分支点，确保代码分支没有风险问题，且要注意编程语言的特性（例如，Python 属于动态语言，可以直接使用变量，无须声明变量类型）。在下面这段代码中，我们没有定义变量 status，在没有跳转到 else 分支时，程序不会报错，当跳转到该分支时，才会指出该变量未定义。

```
1  flag=True
2  if  flag :
3      print "yes"
4  else :
5      print status
6
7  #结果输出：
8  # yes
```

- 算法高效性分析。传统软件对性能一般都有很高的要求，而模型服务涉及大量的数学计算，对性能有更高的要求。因此在进行单元测试时，需要关注每一个算法的高效性，例如多层循环的优化、使用缓存等。
- 服务异常处理。服务需要具备高稳定性，因此应该对可能出现的各种异常进行相应的处理（如返回错误信息、抛出异常等），确保程序能够长期稳定运行。

一般编程语言都带有单元测试框架，如 Python 中的单元测试框架 unittest 的使用很简单。首先导入 unittest 包，然后创建一个继承自 unittest.TestCase 的测试类，并在该类中定义以 test_ 开头的测试方法，在该方法中调用需要测试的方法即可。

8.4.2   集成测试

集成测试（即对执行过单元测试的各模块进行联调）可以确保模块间调用的正确性。该阶段使用灰盒测试方法。灰盒测试介于白盒测试与黑盒测试之间，与白盒测试一样需要关注模块内部的逻辑，但是关注度比白盒测试要少一些，一般不会具体到模块内部的实现，而只关注运行状态。

在集成测试阶段，模型服务测试与传统软件测试基本相同，但是也有一些差异。接口测试是集成测试阶段非常关键的一步，在集成到接口层面时，需要在接口功能、接口 diff、数据校验等方面进行测试。

- 接口功能测试。借用各种工具（如 Postman、JMeter 等）或者编写代码模拟 HTTP 请求的发送与接收功能，通过对比请求结果与预期结果来验证该接口功能正确与否。而当我们能够抽象出接口的共同点之后，接口自动化测试就是一个很不错的选择。
- 接口 diff 测试。接口 diff 测试是接口功能测试的补充，是指在不同的版本或者环境下，对比相同接口的返回结果。例如，当模型进行版本迭代或者进行接口改造时，可以在测试环境和准线上环境中分别部署服务接口，进行接口 diff 测试，这有助于对结果进行分析验证。
- 数据校验。模型服务测试与传统软件测试也有一些不同之处。以图 8-8 所示决策框架为例，数据解析、特征计算等都是子模块，集成测试用于确保它们之间的调用的正确性和稳定性。传统软件程序中接口模块返回的数据一般较小（例如，返回一个变量值、一个字符串或者一个类对象等），很容易就能确认子模块接口是否返回正确的值。而模型服务接口在很多的情况下会返回成千上万个字段信息，如从数据解析模块到特征库模块的调用会传输一个人的所有信息（包括基本信息、教育信息、工作履历、往来业务信息等各种信息块），而每一个信息块又包含众多数据（如身高、体重等）。在获取到这些接口返回结果后，我们要验证返回数据的质（返回数据格式正确、易解析）与量（返回数据要全）。数据解析模块对返回的数据进行解析之后再去调用特征库，诚然，特征库接口返回的格式与数据解析模块返回的数据格式一般是不一样的，因此还需要进行特征解析，最后再调用模型库进行决策。

8.4.3　系统测试

系统测试（即对集成好的整个服务系统进行测试）一般采用黑盒测试。它不再关注具体代码逻辑，而是聚焦于系统的业务功能、可靠性、性能和部署稳定性等方面。

1．业务功能

业务功能是需求的最终表现。传统软件一般对用户界面与后端的交互进行全流程功能测试，从界面设计、功能实现方面与需求进行对比分析，而模型服务多对外输出模型的直接决策结果或者映射解析后的结果。例如在风控系统中，系统的输出为模型分或者模型分映射的等级（评分卡）。因此模型服务输出的格式、调用模型的结果等都需要进行校验。

2．可靠性

在系统的可靠性方面，模型服务测试与传统软件测试有较大不同。传统软件测试在系统测试阶段更多地聚焦于功能实现是否与需求一致，且能够发现系统中的漏洞。而模型是在离线环境下训练的，在线上环境中有可能会表现得不稳定甚至很差，具体原因见 8.5 节。因此在模型上线前或者上线过程中需要进行线上线下一致性验证、模型线上稳定性验证等。

线上线下一致性验证，使用同一批样本分别在离线与在线环境下请求模型服务系统对模型决策结果进行比对分析。而模型稳定性使用与离线训练完全不同的线上样本请求模型，并根据模型的决策结果对模型进行评估，例如，计算模型的 KS 值等。模型的评估指标具体见第 10 章。线上线下模型的决策结果以及模型的稳定性不能有太大差距。

3．性能

性能测试用于模拟正常值、峰值，以及异常负载条件，通过大量请求来统计和分析系统的各项性能指标。在一般软件测试中我们会关注如下一些性能指标。

- 响应时间。从客户端发起请求到后端服务执行相关计算等操作，并将结果返回整个过程所需的时间。我们常常需要关注一批样本中的最长、最短以及平均响应时间，还有响应时间的分布。
- 并发用户数。它是在同一时间向服务器发起接口请求的在线用户的数量，我们常常关注系统的最佳并发用户数以及最大并发用户数。
- 吞吐量、吞吐率。吞吐量是指网络传输的数据量，吞吐率指单位时间内网络传输的数据量。
- 事务。事务是一系列操作的集合。TPS（Transaction Per Second）即每秒处理的事务数。
- 资源占用。它包括 CPU 使用率以及内存使用率等。在高并发状态下，需要监控服务机器的硬件资源占用情况，可以通过 vmstat 以及 top 等命令查看系统资源占用状态。一般情况下，CPU 使用率的可接受上限为 85%，内存占用率不超过 75%。

传统软件测试中，系统响应时间一般不会有太大偏差。而在模型服务测试中，由于涉及大量数据的特征计算、特征入模计算等过程，所以整个流程比一般接口要长，且每一个样本从请求数据开始到特征计算，再到入模决策所需要的时间是有较大不同的。系统的响应时间性能是首要考虑的指标，而且需要统计响应时间的分布范围，确保绝大部分请求能够在较短时间内返回决策结果。

性能测试常用的工具有很多（如 JMeter、WebLoad 等），网上有很多相关教程，这里不再赘述。当然，我们也可以手动编写代码进行性能方面的统计和分析。由于模型测试中需要收集大量不同且分布随机的样本，要在线上环境或者类线上环境进行测试，且要统计响应时间的分布等，因此手动编写脚本成了最便捷的方式。后文中的模型评估平台（见第 11 章）就是一个具体实践，该实践包括可靠性中的模型一致性和稳定性评估等。

4．部署稳定性

这里稳定性指的是在上线过程中减少甚至避免出现一些问题。一般情况下，我们上线一个新服务后，需要将原来的服务停掉，然后启动新的服务。在此期间，服务是中断的。如果新服务中有 Bug，则执行回滚操作时会导致更长时间的服务中断。为此出现了多种服务发布方式，例如，蓝绿部署、滚动发布、灰度发布等。这里它们对传统软件与模型服务都适用。

蓝绿部署的原理比较简单，即在上线新版本服务时，先不对旧版本服务进行操作，而是在另外相同数目的机器上部署新版本服务。新版本服务启动后，首先将流量切换到新版本服务，然后停掉旧版本服务。可以看出，蓝绿部署有更多的硬件要求。

滚动发布对硬件要求较低。滚动发布是指先在额外的一台机器上部署新版本服务，然后停掉一台老版本服务机器，并在该机器上部署新版本服务，依此类推，直到所有机器上全都部署了新版本服务。但是如果新版本服务需要在线上环境进行进一步的测试，则会影响到线上服务的稳定性，且难以确定问题的位置。

灰度发布也叫金丝雀发布，起源于矿井工人利用金丝雀对瓦斯的敏感性来确认矿井下瓦斯浓度。灰度发布并不直接将流量切换至新版本服务，而是先部署一个新版本服务，由测试人员进行线上测试和回归，确认没有问题后将少量流量切换至新版本服务，并进行观察。这些都没有问题后，再逐渐将全部流量切换至新版本服务。

通过对比可以发现，灰度发布方式可以更大限度地减少线上问题。整个过程可以描述为沙盒、小流量、全部流量。先进行沙盒部署（线上环境，但是没有流量），可以进行上述一致性以及性能测试等测试工作。在沙盒阶段没有问题后，将少量流量切入，观察线上服务的稳定性，直至切换为全部流量。

8.5　A/B 测试

A/B 测试并不是一个新概念，在国内外互联网行业中已经有了很广泛的应用。下面我们将从 A/B 测试的定义、要做 A/B 测试的原因，以及 A/B 测试在机器学习模型中的应用 3 个方面进行阐述。

8.5.1　A/B 测试

A/B 测试本质上是使用数据来驱动决策。关于一个决策（例如，登录页面的设计、注册引导方式或者后端算法服务），传统方式更倾向于根据主观经验进行决策，但是经验并不一定是完全正确的，且一旦决策失误系统会影响到用户体验，导致损失大量用户。而 A/B 测试就是用于辅助决策的，我们通过分析 A/B 测试的结果，设计出两个甚至多个版本，按照线上流量或者其他方式对多个版本进行划分，最终通过客户反馈效果或者收益大小（通用的说法是转化率）等方式来决定使用哪个版本。图 8-9 所示为 A/B 测试。

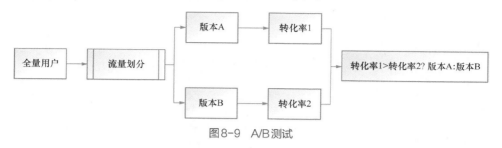

图8-9　A/B 测试

A/B 测试的思想其实来源于生活，并且是行之有效的方法。医疗领域的临床试验、传统制造业中的小批量市场测试等都是 A/B 测试的应用。而在互联网领域，因为 A/B 测试服务于线上，所以每天都会有大量的访问数据产生。A/B 测试的最终决策取决于大量的数据。在一定程度上，它能更好地代表了客户的使用意愿。

8.5.2　做 A/B 测试的原因

前面我们了解到 A/B 测试有着广泛的应用，那么为什么要在上线新产品或者服务前做 A/B 测试呢？主要有以下几个原因。

（1）降低经验主义决策的风险。

通常情况下，根据以往经验进行决策能够取得不错的效果，但是难免会有所疏漏。例如，针对用户引导页面的设计，按照经验来说，我们可能觉得页面绚丽一些能够更好地吸引用户的注意力，但是这忽略了一个问题，即在短时间内眼睛所能捕获的信息是有限的，因此简约风格的页面设计有可能更符合用户的心理预期。而使用 A/B 测试进行小流量测试可以解决这样的问题。

（2）降低开发维护成本。

如果不采用 A/B 测试，直接将某版本产品上线，则会有风险问题。特别是在当前互联网行业同质化竞争激烈的情况下，改版失误很可能造成用户永久性流失。如果上线后该版本的产品达不到预期效果，则后续需要采集相关数据进行分析，然后重新决定使用哪个版本。这样开发和维护成本更大，且较容易流失大量客户。

（3）缩短项目周期。

当存在多个方案时，常规流程是首先轮流上线各个方案，然后收集相关数据并进行分析。这样一来整个项目周期会很长，而且在此期间用户使用产品的意愿很可能会发生变化，导致最终产品的方案不再适用。而使用 A/B 测试方法可以对多个方案同时进行分析，完美避开常规流程存在的问题，大大缩短了项目开发周期。

8.5.3　A/B 测试在机器学习模型中的应用

机器学习模型是基于数据驱动的，一旦进行服务化部署，其性能（确切地说是模型预测或分类的准确性）是逐渐衰减的。这种现象在机器学习领域叫作概念漂移（concept drift）。如图 8-10 所示，随着时间的推移，底层数据会有一些变动，从而导致原模型决策结果不稳定。

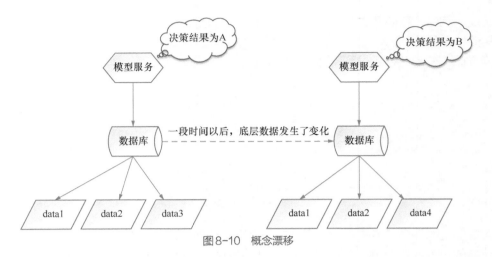

图 8-10　概念漂移

为了保障模型服务的稳定性，需要对模型进行频繁的版本迭代。而 A/B 测试在该过程中具有很好的应用，机器学习模型的流程如图 8-11 所示。在线服务当前使用模型 A 进行决策，当要进行模型版本迭代时，需要在离线环境下训练出新的模型 B，然后将其部署到线上环境，进行 A/B 测试。

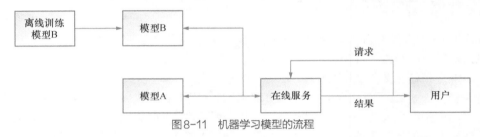

图 8-11　机器学习模型的流程

在离线环境下，针对训练好的模型已经对各种指标进行了评估，部署到线上时有必要再进行 A/B 测试吗？答案是肯定的。离线环境与线上环境并不完全一致，而模型离线评估的结果是线上部署服务时最理想的结果，而且在离线状态下训练的模型可能存在过拟合的现象。除此之外，有一些商业指标（如模型通过率的阈值设定等）只有在线上才能统计分析。

根据机器学习模型的流程，A/B 测试主要包含两种形式。

- 模型 B "陪跑"，不进行决策。即调用线上服务时，依旧使用模型 A 进行决策，决策后直接返回结果，并使用相同的数据调用模型 B，将结果记录入日志，后续再统计分析，划定阈值等。
- 模型 A 和模型 B 按照流量划分，同时进行决策。即调用线上服务时，一部分流量调用模型 A，一部分调用模型 B。此时流量可以随机划分，但要避免特殊群体同时调用某个模型，而且要保证同一个用户每次请求的都是同一个模型。

对新训练的模型进行 A/B 测试之后，如果符合要求，就可以将之前的版本替换掉。

8.6　本章小结

本章介绍了机器学习生命周期中各阶段的质量保障切入点，包括数据收集、特征工程、模型训练以及部署 4 个阶段。图 8-12 所示为机器学习测试的全流程。

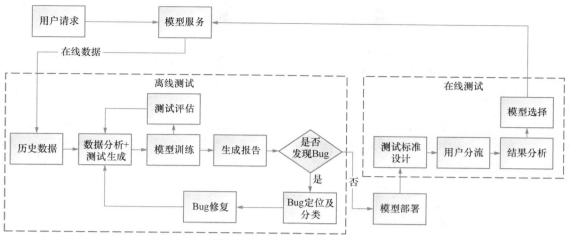

图8-12 机器学习测试的全流程

在整个机器学习生命周期中，我们着重关注数据、特征和模型的处理。数据是机器学习的基础，特征是数据数值化的表示并且容易被机器识别，模型是使用数据训练出来的规律。此外，在将模型嵌入服务框架中时也需要做一些功能以及模型稳定性等方面的测试。对比传统软件和机器学习的不同点，我们了解到对机器学习的测试是有挑战性的，因为它对新数据的预测没有确定的值。但是有挑战性才更要做。

通过对前文（见第 5 ~ 7 章）的阅读，我们已经领略了大数据测试的"风采"。在第 9 章和第 10 章的内容中，我们可以尽享特征和模型评测的"盛宴"。

第9章 特征专项测试

随着大数据技术的快速发展，机器学习和人工智能已经渗透到科技生活的各个方面。作为连接数据和模型的桥梁，特征工程在机器学习生命周期中有着重要的作用。本章主要介绍特征工程的基础知识和特征测试方法。

9.1 特征工程简介

数据和特征决定了机器学习实现的上限，而模型和算法只用于辅助逼近这个上限。可以说特征工程是成功实现机器学习的关键。

特征工程用于将数据转换为表示潜在问题的特征，以供机器学习算法使用，从而提高机器学习的性能。特征工程的目的是最大限度地从原始数据中提取出特征以供算法和模型使用。实现特征工程的过程如图9-1所示。

图9-1 实现特征工程的过程

9.1.1 数据探索

由于特征是原始数据通过一系列处理转换而来的，因此在获取到一个新的数据集后，首要任务是确认数据的形式，通常将数据划分成下面两种形式 [7]。

- 结构化（有组织）数据。可以将其看作关系型数据库中的一张表，一般可以用表的形式进行组织，每列都有清晰的定义，包含数值型和类别型两种基本类型。每一行数据表示一个样本的信息。如使用科学仪器报告的气象数据就是高度结构化的，因为存在表的行列结构。
- 非结构化（无组织）数据。它是不遵循表示组织结构（例如，表）的数据，通常非结构化数据在我们看来是一团数据，或只有一个特征（列）。图像、音视频及文本数据等都是常见的非结构化数据，因为其包含的信息无法用一个简单的数值表示，也没有清晰的类别定义，并且每个数据的大小互不相同。

结构化数据通常分成以下两类。

- 定量数据。它通常用来表示某种东西的数量或一些可量化的数据，本质上是数值，也就是我们常说的数值型特征。例如，某天的温度就是定量的，身高也是定量的。
- 定性数据。它通常用来描述某种东西的性质，本质上来说是类别。它常称为类别型特征，一般而言，类别数不会特别多，例如，阴天或晴天就是定性的数据。

有时，数据可以同时是定量和定性的。例如酒店的评分（1～5星）虽然可以用数字表示，但是这个数字也可以代表类别。由于定量数据和定性数据之间的模糊性，我们会使用一个更深层次的方法进行表述，称为数据的 4 个等级。

- 定类等级。定类等级是数据的第一个等级，其结构最弱，这个等级中的数据只按名称分类，例如，性别（男、女），民族（汉族、苗族等）等数据都是定性的。这个等级上的数据不可以执行任何定量的数学运算（如加、减、乘、除等），但可以进行类别数量统计，也可计算每种类别的占比。
- 定序等级。这个等级继承了定类等级的所有属性，而且数据可以自然排序，例如，考试成绩等级（A/B/C/D）、年龄段（老 / 中 / 青）、文化程度（博士 / 硕士 / 学士 / 高中 / 初中等）。和定类等级一样，定序等级的天然数据属性仍然是类别。但是和定类等级相比，定序等级多了一些新的功能。在定序等级中，可以进行比较和排序，而且可以计算中位数和百分位数。
- 定距等级。数据不仅可以排序，而且数值之间的差异也有意义。也就是说，在定距等级中，可以进行加减运算。例如，常见的温度、智商等的差值是有真实意义的数据。定距等级是定量数据，除计算众数、中位数及百分位数，还可以计算均值和标准差。
- 定比等级。这个等级上处理的也是定量数据，数据之间不仅可以进行加减运算，还可以进行乘除运算。示例包括常见的工资收入、身高、体重等。

理解数据的不同等级对于特征工程是非常必要的。当需要构建新特征或修复旧特征时，我们必须根据数据的情况，合理地处理每一列数据。

9.1.2　数据预处理

在实际工程应用中，数据来源较多，数据格式、数据完整性、数值合理性等不尽相同，对数据的质量无法直观地进行判断。因此在进行特征构建前需要对数据进行预处理，一般包含两个方面——数据清洗和特征预处理。

1. 数据清洗

数据清洗（data cleaning）是对数据进行重新审查和校验的过程，目的在于删除重复信息、纠正存在的错误，并保障数据一致性。数据清洗是数据预处理的第一步，也是保证后续结果正确的重要一环。若无法保证数据的正确性，我们可能会得到错误的结果，并直接影响机器学习效果。数据清洗主要包含的内容如图 9-2 所示。

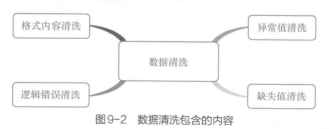

图9-2　数据清洗包含的内容

1）格式内容清洗

在实际生产应用中，数据多由人工收集或用户填写，所以很有可能在格式和内容上存在一些问题。另外，不同版本的程序、从不同数据源采集的数据格式和内容可能存在不一致的情况。因此在数据清洗时，需要对数据的格式内容进行处理。

对于数据格式内容的清洗，基本思想就是将格式统一，以及对特殊内容进行过滤等。容易产生格式内容不一致的信息如表 9-1 所示。

表9-1   容易产生格式内容不一致的信息

信息	不一致的情况
时间和日期	不一致的日期格式，如"2020-01-01""2020/01/01""20200101"
	时间有的用秒表示，有的用毫秒表示
	包含无效时间，如0等
数值	格式不同，如20000、2E4等
特殊字符	存在空格与"——""\"等特殊字符

2）逻辑错误清洗

数据的逻辑错误一般是通过业务理解、常识等发现的。常见的处理场景包括以下几个方面。

- 数据重复清洗：对于两条或多条完全相同的数据，可以只保留一条。
- 不合理值清洗：从生活常识或业务逻辑等中发现不合理的数值，如籍贯为汉族等。
- 矛盾内容修复：数据中有些字段可以相互验证，如身份证号码为xxxx19800101xxxx，年龄为18岁，明显这两个信息存在矛盾。此时需要根据字段的数据来源判定哪个字段提供的信息更可靠，去除或重构不可靠的字段。

3）缺失值清洗

数据缺失是实际应用中常见的情况，常见的缺失值处理方法有以下3种。

- 直接使用含有缺失值的特征数据：当仅有少量样本缺失该特征的时候可以尝试使用。
- 删除数据：将存在缺失信息的数据对象删除，该方法简单易行，当存在缺失值的数据对象占比较小时，这非常有效；但当缺失数据的对象占比较大时，这种方法可能导致数据发生偏离。
- 填充缺失值：使用一定量的数据对缺少的值进行填充，这是最常用的一种方法。

常见的缺失值填充方法有以下几种。

- 统计填充：对于缺失值，尤其是数值类型的特征，一般根据所有样本关于这维特征的统计值（如平均数、中位数、众数、最大值、最小值等）进行填充，这是一种简单且常用的方式。
- 统一填充：对于含有缺失值的特征，把所有缺失值统一填充为自定义值，常用的统一填充值有"空""0""正无穷""负无穷"等。
- 预测填充：我们可以利用不存在缺失值的数据在预测模型上预测缺失值，也就是说，先用预测模型把数据填充，再做进一步的工作，如统计、学习等，虽然这种方法比较复杂，但是最后得到的结果比较好。
- 多重插补：待插补的值是随机的，通常估计出待插补的值，再加上不同的噪声，形成多组可选插补值，然后根据某种依据，选取最合适的插补值。

在对缺失值进行处理时，要综合数据缺失比例和数据重要性，分别制定策略，如图9-3所示。

4）异常值清洗

异常值是指样本中的个别特征值，其数值明显偏离其余的观测值。异常值通常也可称为离群点。如我们观测记录某地每天的温度，在一个月内数据基本维持在20℃左右，发现某天记录的数据达到50℃。这可能是由于记录错误或检测设备异常而出现的该结果，可认为该天记录的数据为异常值。

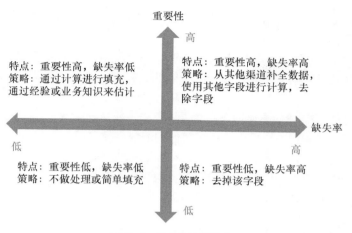

图9-3　缺失值处理策略

检测离群点或异常值是特征工程的核心问题之一。常用的异常值检测方法有以下几种。

- 利用标准差。在统计学中，如果数据分布近似于正态分布，那么大约有 68.2% 的数据值会在 $[\mu-\sigma，\mu+\sigma)$ 范围内，大约有 95.4% 的数据值会在 $[\mu-2\sigma，\mu+2\sigma]$ 范围内，大约 99.7% 的数据值会在 $[\mu-3\sigma，\mu+3\sigma]$ 内，如图 9-4 所示。因此，如果任何数据不在 $[\mu-3\sigma，\mu+3\sigma]$ 范围内，那么该点很有可能是异常值。

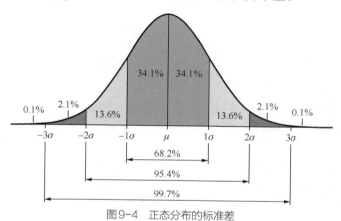

图9-4　正态分布的标准差

- 利用箱形图。如图 9-5 所示，箱形图是通过数据四分位数形成的图形化描述。这是一种非常简单但有效地可视化离群点的检测方式，任何在上下边界之外的数据点都可以是异常值。详细介绍可参考 9.2.1 节内容。

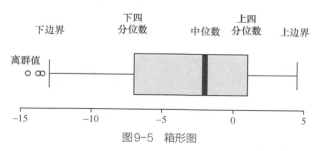

图9-5　箱形图

- 利用 DBScan 聚类。DBScan 是一种把数据聚成组的聚类算法。它同样也可用于单维或多维数据的基于密度的异常检测。其他聚类算法（如 K 均值和层次聚类）也可用于检测离群点。

如图 9-6 所示，边界点 b 与核心点 c 位于同一个簇中，但前者距离簇的中心要远得多。其他任何点都称为噪声点，它们是不属于任何簇的数据点。因此这些点可能是异常的，对此需要进一步研究。

对于异常值的处理通常应遵循以下几个原则。

- 删除有异常值的记录：直接将有异常值的记录删除。
- 视为缺失值：将异常值视为缺失值，利用处理缺失值的方法进行处理。
- 修正平均值：可用前后两个观测值的平均值修正该异常值。
- 不处理：直接在具有异常值的数据集上进行数据挖掘。

2. 特征预处理

特征预处理通常用于对数据进行转换，以增强数据的效果，其常见方法如图 9-7 所示。

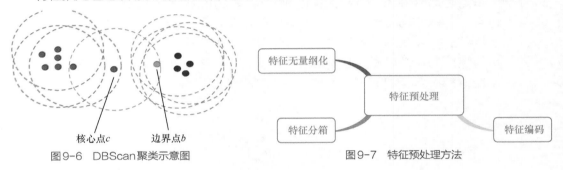

图9-6　DBScan聚类示意图

图9-7　特征预处理方法

1）特征无量纲化

无量纲化用于将不同规格的数据转换到同一规格，以消除不同量级的数据对机器学习算法的影响。常见的无量纲化方法有标准化和正则化。

数据标准化通常分为两种，一种将原数据变换为服从标准正态分布的数据，另一种将数据缩放到 0 ～ 1，也称归一化。主要方法有 z 分数标准化和 min-max 标准化。

z 分数标准化是最常见的标准化技术，利用统计学里简单的 z 分数（标准分数）思想，重新缩放输出，使其均值为 0、标准方差为 1，z 分数标准化的示例如图 9-8 所示。计算公式如下。

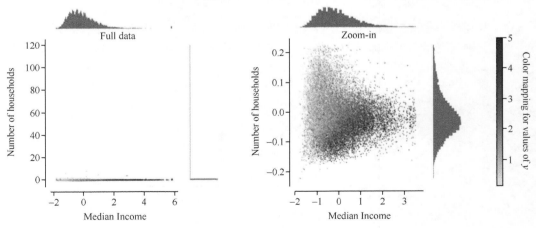

图9-8　z分数标准化的示例

$$z = (x - \mu) / \sigma \tag{9.1}$$

其中，z 是输出值；x 是特征原来的值；μ 是该特征的均值；σ 是特征的标准差。

min-max 标准化和 z 分数标准化类似，因为它也用一个公式替换列中的每个值，所以缩放后的数据范围为 0 ～ 1，min-max 标准化的示例如图 9-9 所示。计算公式为如下。

$$m = (x - x_{\min}) / (x_{\max} - x_{\min}) \tag{9.2}$$

其中，m 是输出值；x 是特征原来的值；$x_{\min}$ 是特征的最小值；$x_{\max}$ 是特征的最大值。

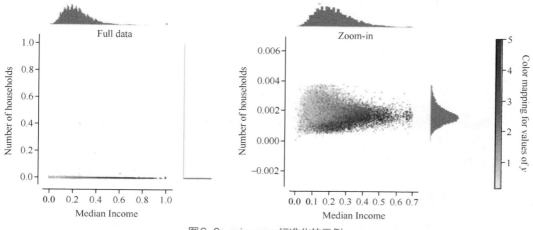

图9-9 min-max标准化的示例

数据正则化不再对数据列进行操作，而是对每行样本进行处理。其主要思想是对每个样本计算 p 范数，然后将该样本中每个元素除以该范数，这样的处理结果使得每个处理后的样本 p 范数等于 1。常使用的有 L1 范数和 L2 范数。

2）特征分箱

特征分箱的主要思想是对连续型特征进行离散化处理。这样处理的好处如下。

- 离散特征的增加和减少都很容易，易于模型迭代。
- 稀疏向量的运算速度快。
- 离散化后的特征有很强的鲁棒性，如将年龄特征处理成大于 30 岁为 1，小于 30 岁为 0，当有异常数据"年龄为 300"时，经过该操作后并不会对模型造成很大的干扰。

常见的分箱方法有以下几种。

- 等距分箱。将数据按照数值大小均分为 N 等份，若 A、B 为最小和最大值，则每个区间长度为 $w=(B-A)/N$，区间大小是相等的，但每个区间内的数量可能不等，如图 9-10 所示。
- 等频分箱。将数据分成 N 等份，每个区间中的个数是一样的（如 $N=10$），每个区间应该包含大约 10% 的数据，区间大小可能不相等，如图 9-11 所示。
- 二值化。二值化的核心在于设定一个阈值，大于阈值的值为 1，其余的值为 0。

其他分箱方法还有卡方分箱、聚类分箱、最小熵法分箱等，在此不多做介绍。

3）特征编码

对类别型特征通常会进行特征编码。特征数据经常会出现用中文表示的情况，对于这样的数据，机器学习算法是无法进行识别训练的，因此对这种非数值型的类别特征一般会进行编码。常用的编码方式有标签编码（label-encoding）和独热编码（one-hot encoding）。

- 标签编码是指对类别特征进行编号，编码值范围为 0 到类别数。这种编码方式占用的内存小，但其结果隐含了一种排序关系。如对于颜色特征（红／黄／蓝），使用标签编码后，红 =1，黄 =2，蓝 =3，这样机器可能会学习到"红＜黄＜蓝"，而我们的本意只是将颜色进行区分并无比较大小之意。

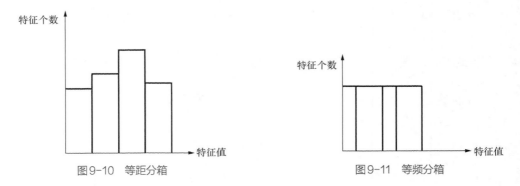

　　　　　图 9-10　等距分箱　　　　　　　　　　　图 9-11　等频分箱

- 独热编码是指将原始类别特征转换成多维度的变量，用（0，1）这种方式的新特征值替代旧值。上面的颜色特征采用独热编码可以转换为红色（１００）、黄色（０１０）、蓝色（００１），这样不会出现偏序性。

9.1.3　特征构建

　　特征构建是指通过研究原始数据样本，结合机器学习实战经验和相关领域的专业知识，思考问题的潜在形式和数据结构，人工造出新的特征，而这些特征对于模型训练是有益的并且具有一定的工程意义。常见的特征构建操作分为两类——转换和聚合。

　　转换一般从一列或多列数据中构造新的特征，如对于时间列数据"2020-01-01"可以抽取月份特征"01"。聚合一般基于某个类别或 id 值对数据进行分组，再对数据进行统计操作（如可以将某个客户的多条贷款记录分为一组，统计该客户的平均贷款金额作为新的特征）。

　　常见的转换和聚合操作如表 9-2 所示。

表 9-2　常见的转换和聚合操作

内容	操作
转换	单列数据加、减、乘、除以一个常数
	基于单列特征转换，求 n 次方等
	基于比例特征、绝对值特征、最值特征等转换
聚合（分组统计）	求中位数、均值、众数、最值、标准差、方差、频数等

9.1.4　特征选择

　　数据经过清洗和构建之后，我们可能会得到大量的特征。如果不考虑特征效果，全部使其进入模型训练，经常会出现维度灾难的问题，甚至会降低模型的准确性。因此，在进入模型训练前，需要对特征进行选择，排查无效冗余的特征。常见的特征选择方法有以下几种[8]。

- Wrapper 方法。其主要思想是将特征选择看作一个搜索寻优方法，将特征分成不同的组合，并对组合进行评价，再与其他的组合进行比较。这样就将特征选择看作一个优化方法，可以使用很多的优化算法来解决，如遗传算法、粒子群算法、人工蜂群算法等。

- Embedded 方法。其主要思想是指在确定模型的过程中，挑选出对模型训练有重要意义的属性。顾名思义，Embedded 指特征选择算法是学习算法的一部分，已经被整合进机器学习算法里了。最具代表性的是决策树算法，决策树算法本身就是在做特征选择。

- Filter 方法。Filter 方法就是对特征打分，再根据阈值选择特征。Filter 方法独立于模型本身，它的结果比 Wrapper 方法更有普适性。主要方法有卡方检验、信息增益、相关系数等。

9.2 特征测试方法

通过第 8 章我们已经了解到，在整个机器学习生命周期中，特征工程在模型训练之前，因此特征的质量会影响机器学习模型的效果。

与传统的 Web 或 App 测试方法相似，在进行特征测试时，也需要进行单元测试、接口测试等，以保证特征计算逻辑和特征阈值的准确性。但这些测试方法无法评估特征的效果。如在金融风控业务中需要区分好坏账户，但仅凭单条或几条样本计算出的特征值，无法知道这些特征是否具有区分好坏账户的效果。因此，在特征测试过程中，需要评估特征效果，通常可以对特征指标进行分析。

在实际工程中，特征架构通常分为在线和离线两部分。在线特征对外提供实时服务，如服务于用户画像类产品或服务于线上模型；离线特征一般用于训练模型，通常将离线训练的模型部署到线上。常见特征架构如图 9-12 所示。

图9-12 常见特征架构

由图 9-12 所示的特征架构可以看出，对于在线和离线的特征服务，虽然特征计算部分是一样的，但是由于数据来源不一致，因此可能会出现对于同一样本在线和离线计算出的特征不一致的情况。而离线特征用于模型训练过程，如果在线和离线特征不一致，那么将会导致用于对外服务的在线模型效果和训练时的效果有差异，不能达到预期目标。因此，在特征测试过程中，保障特征稳定性也是非常重要的。

9.2.1 特征指标分析

特征的质量决定了机器学习模型的效果。可以借助特征指标分析来保障特征质量。本节主要对特征通用评估指标，以及在金融风控业务中常用的评估指标进行介绍。

1．通用评估指标

通用评估指标主要是一些统计类型指标。连续型特征评估指标一般如表 9-3 所示。

表9-3　连续型特征评估指标

连续型特征评估指标	指标说明
coverage	特征在样本中的覆盖率
zero_ratio	零值率
class_num	数值种类
avg_val	均值
min_val	最小值
seg_25	四分之一分位点，下四分位数
med	中位数
seg_75	四分之三分位点，上四分位数
max_val	最大值
low_limit	离群值下边界
up_limit	离群值上边界
low_ratio	超离群值下边界比例
up_ratio	超离群值上边界比例
kurt	峰度
skew	偏度
var	方差
std	标准差

覆盖率（coverage）表示有值的样本与总样本数的比值。该指标在特征测试中的指导意义是，对于覆盖率偏低的特征，可从原始数据质量或特征计算逻辑方面排查问题。

零值率（zero_ratio）表示特征值为 0 的样本与总样本数的比值。若特征的零值率偏高或偏低，可从原始数据或特征计算逻辑方面排查问题。例如，当性别分类中男性编码为 0、女性编码为 1 时，对于 10000 个样本，若计算出该维特征的零值率为 100%（或 0%），那我们可首先查看原始数据。如果原始数据全部为男性，则证明所有样本性别一致，该维特征无意义；如果原始数据的性别中存在女性，则需要判断特征计算逻辑和编码是否准确。

数值种类（class_num）通常用于表示离散特征的数值种类，可观察该维特征的类别数是否与离散化类别数一致。

均值（avg_val）通常用于表示连续类型特征的平均值，可直观显示该批样本中特征的平均水平。

四分位数是统计学中分位数的一种，统计方式是将所有数值由小到大排序，通过 3 个点将全部数据等分为 4 部分，其中每部分包含 25% 的数据。显然，处于中间的四分位数就是中位数，下四分位数是所有数据由小到大排列后处于 25% 位置的数，上四分位数是处于

75% 位置的数。根据四分位数的特点，我们可分析的特征指标有最小值（min_val）、下四分位数（seg_25）、中位数（med）、上四分位数（seg_75），最大值（max_val）。中位数比均值更稳定，不受偏态分布的影响。通过最大值和最小值可查看特征的极值情况，也可以通过极值来判断特征计算是否符合逻辑。四分位数不受特征极端情况的影响，相比极值而言也更稳定。

　　离群值（outlier）指在数据中有一个或几个数据与其他数值相比差异较大。国际上以低于箱形图（boxplot）下箱体 1.5 倍四分位间距（IQR）或高于箱形图上箱体 1.5 倍四分位间距作为离群值的判定依据。基于此，对于特征分析，我们可以分析以下指标。

- 离群值下边界（low_limit）。表示离群值的下边界点，小于该边界点的数值是下边界离群值，其计算公式如下。

$$\text{low\_limit} = \text{seg\_25} - \alpha(\text{seg\_75} - \text{seg\_25}) \tag{9.3}$$

- 离群值上边界（up_limit）。表示离群值的上边界点，大于该边界点的数值是上边界离群值，其计算公式如下。

$$\text{up\_limit} = \text{seg\_75} + \alpha(\text{seg\_75} - \text{seg\_25}) \tag{9.4}$$

　　其中，α 通常取 1.5。

- 超离群值下 / 上边界比例（low/up_ratio）。表示超出离群值下 / 上边界点的样本占总样本的百分比。若比例偏高，则表示该维特征中的差异性数据较多，应排查特征计算逻辑或考虑该维特征是否需要保留。

　　方差（var）和标准差（std）是重要的数据分散程度度量指标，其中标准差是方差的平方根。计算公式如下。

$$\text{var} = \frac{1}{n-1} \sum_{i=1}^{n} (x_i - \overline{x})^2 \tag{9.5}$$

$$\text{std} = \sqrt{\text{var}} = \sqrt{\frac{1}{n-1} \sum_{i=1}^{n} (x_i - \overline{x})^2} \tag{9.6}$$

其中，n 表示样本总量；x_i 是第 i 个样本；$\overline{x}$ 表示样本均值。

　　偏度（skew）是统计数据分布偏斜方向和程度的度量，表示概率分布密度曲线相对于平均值不对称程度的特征数。直观来看，它就是概率、分布密度函数曲线尾部的相对长度。其计算公式如下。

$$s = \frac{1}{n} \sum_{i=1}^{n} \left[\left(\frac{X_i - \mu}{\sigma} \right)^3 \right] \tag{9.7}$$

其中，x_i 是第 i 个样本；μ 是均值；σ 是标准差。偏度的取值范围为（$-\infty$, $+\infty$）。

　　当偏度小于 0 时，称分布具有负偏态，也称左偏态。此时位于平均值左边的数据比位于右边的少，直观表现为左边的尾部相对于右边的尾部要长。因为有少数变量值很小，所以使曲线左侧的尾部拖得很长。当偏度等于 0 时，可以认为分布是对称的，数据均匀地分布在均值两侧。当偏度大于 0 时，称分布具有正偏态，也称右偏态。此时位于均值右边的数据比位于左边的少，直观表现为右边的尾部相对于左边的尾部要长。因为有少数变量值很大，所以使曲线右侧的尾部拖得很长。

　　若已知分布有可能在偏度上偏离正态分布，可用偏离程度来检验分布的正态性，正态分布与偏态分布如图 9-13 所示。右偏时，一般均值 > 中位数 > 众数；左偏时，众数 > 中位数 > 均值。对于正态分布，三者相等。

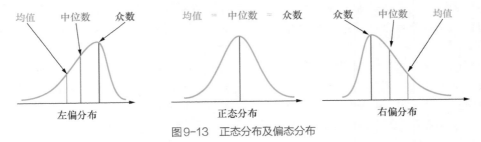

图9-13 正态分布及偏态分布

峰度（kurt）与偏度类似，是描述总体中所有值的分布形态的陡缓程度的统计量，表示概率密度分布曲线在平均值处峰值高低的特征数。直观来看，峰度反映了峰部的尖度。其计算公式为

$$k = \frac{1}{n} \sum_{i=1}^{n} \left[\left(\frac{X_i - \mu}{\sigma} \right)^4 \right] \qquad (9.8)$$

其中，n 表示样本总量；x_i 是第 i 个样本；μ 是均值；σ 是标准差。

峰度的取值范围为 $[1, +\infty)$，全服从正态分布的数据的峰度值为 3。峰度值越大，概率分布图越高；峰度值越小，概率分布图越矮，如图 9-14 所示。

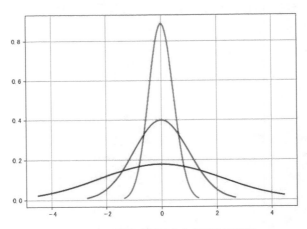

图9-14 不同峰度的正态分布对比示意图

对于类别型特征，通用评估指标一般如表 9-4 所示。

表9-4 类别型特征的通用评估指标

评估指标	说明	指导意义
coverage	特征在样本中的覆盖率	有值样本与总样本数的比值；若覆盖率偏低，可考虑是否保留该维特征
class_num	数值种类	表示该维特征共有多少类别数量
class_ratio_high	占比最高的类别	查看该维特征所有类别中数量最多的类别
class_ratio_low	占比最低的类别	查看该维特征所有类别中数量最低的类别

2. 效果评估指标

在金融风控模型中，通常采用监督学习算法来建模，即训练数据样本均带有标签。在特征挖掘过程中，特征的具体表现效果同样也是通过带标签的样本进行评估的。评估特征效果的指标如表 9-5 所示。

表9-5 评估特征效果的指标

指标	说明
PSI	评估特征稳定性
KS值	评估特征对风险的区分能力
IV	评估特征预测能力

1）群体稳定性指标（Population Stability Index，PSI）

在金融风控业务中，稳定性压倒一切。原因在于，一套风控模型正式上线运行后往往需要很久（通常一年以上）才会被替换下线。如果模型不稳定，意味着模型不可控，对于业务本身而言，这就是一种不确定性风险，会直接影响决策的合理性。而特征的稳定性决定着模型是否可控，因此对特征的稳定性进行评估是必不可少的。实际应用中通常采用 PSI 去反映特征变化的波动情况。

在计算 PSI 时，需要有两个样本——实际（actual）样本和预期（expected）样本。在金融风控的特征工程场景中，通常以两个不同时期的样本作为实际样本和预期样本。如采用2019 年 9 月的样本作为预期样本，2019 年 12 月的样本作为实际样本，从而衡量在不同时间段的特征稳定性，以评估特征的好坏。其计算公式如下。

$$\text{PSI} = \sum_{i=1}^{n} (A_i - E_i)\ln(A_i / E_i) \tag{9.9}$$

其中，i 是分箱序号；n 为预期样本的观察时段；A_i 为实际占比；E_i 为预期占比。

具体计算步骤如下。

（1）将变量预期分布进行分箱离散化，统计各个分箱里的样本占比。

（2）对于相同分箱区间，统计实际分布在各分箱内的样本占比。

（3）按照 PSI 计算公式，得到最终的 PSI。

其计算过程如表 9-6 所示。

表9-6 PSI计算过程

分箱编号	分箱区间	实际分布占比	预期分布占比	$A_i - E_i$	A_i / E_i	$\ln(A_i / E_i)$	$(A_i - E_i)\ln(A/E)$
1	000~169	7%	8%	−1%	0.8750	−0.13353	0.0013
2	170~179	8%	10%	−2%	0.8000	−0.22314	0.0045
3	180~189	7%	9%	−2%	0.7778	−0.25131	0.0050
4	190~199	9%	13%	−4%	0.6923	−0.36772	0.0147
5	200~209	11%	11%	0%	1.0000	0.00000	0.0000
6	210~219	11%	10%	1%	1.1000	0.09531	0.0010
7	220~229	10%	9%	1%	1.1111	0.10536	0.0011
8	230~239	12%	10%	2%	1.2000	0.18232	0.0036
9	240~249	11%	11%	0%	1.0000	0.00000	0.0000
10	[250,+∞]	14%	9%	5%	1.5556	0.44183	0.0221

最终，PSI=0.0533。

计算 PSI 后，需要根据 PSI 的大小来判断稳定性。衡量标准如表 9-7 所示。

表 9-7   衡量标准

PSI 范围	稳定性	建议事项
(0, 0.1]	高	没有变化或者很少有变化
(0.1, 0.25]	略不稳定	有变化，需要继续监控后续变化
(0.25, +∞)	不稳定	发生大变化，应进行特征项分析

2）洛伦兹（Kolmogorov-Smirnov，KS）值

KS 值用来衡量特征对于风险的区分能力。指标衡量的是好坏样本累计分布之间的差值，好坏样本累计差异越大，KS 值越大，风险区分能力越强。KS 曲线如图 9-15 所示。

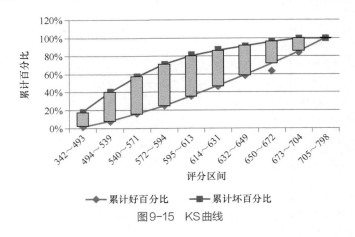

图 9-15   KS 曲线

KS 值的计算步骤如下。

（1）将特征值进行区间分割，计算每个数值区间的好坏账户数。

（2）计算每个数值区间中累计的好账户数占总好账户数的比值（good%）和累计的坏账户数占总坏账户数的比值（bad%）。

（3）计算每个数值区间中累计的坏账户占比与累计的好账户占比差的绝对值，然后对这些绝对值取最大值即得到该特征的 KS 值。

KS 值的范围为 0% ～ 100%，关于 KS 值的评估标准通常如表 9-8 所示。

表 9-8   关于 KS 指标的评估标准

KS 值的范围	区分能力
[0%, 20%)	差
(20%, 40%]	一般
(40%, 50%]	好
(50%, 75%]	非常好
(75%, 100%]	过高，需要谨慎进行验证

3）信息价值（Information Value，IV）

在实际建模中，衍生了许多特征变量之后，首先需要对衍生变量的预测能力进行一个快

速、初步的评估。针对二分类问题（如信贷风险模型中好坏账户的预测与评分），我们一般用 IV 来衡量特征变量的预测能力，然后再筛选出 IV 高于某个阈值的特征来进行下一步的建模工作。

在介绍具体的 IV 计算方法之前，我们首先需要认识和理解另一个概念——证据权重（Weight of Evidence，WOE），因为 IV 的计算是以 WOE 为基础的。

WOE 是原始自变量的一种编码形式。要对一个变量进行 WOE 编码，首先需要把这个变量进行分组处理（也叫离散化、分箱），分组后，对于第 i 组，WOE 的计算公式如下。

$$\text{WOE}_i = \ln\left(\frac{p_{y_i}}{p_{n_i}}\right) = \ln\left(\frac{y_i / y_{\text{T}}}{n_i / n_{\text{T}}}\right) \tag{9.10}$$

其中，p_{y_i} 是正样本在该组中的比例；p_{n_i} 指负样本在该组中的比例；y_i 是该组中的正样本数量，n_i 是该组中负样本数量；y_{T} 是总的正样本数；n_{T} 是总的负样本数。

WOE 实际上是"当前分组中正样本占所有正样本的比例"和"当前分组中负样本占所有负样本的比例"的差值。

对于分组后的变量，第 i 组的 WOE 已经介绍过。同样，对于分组 i，也会有一个对应的 IV，计算公式为

$$\text{IV}_i = (p_{y_i} - p_{n_i})\,\text{WOE}_i = (p_{y_i} - p_{n_i})\ln\left(\frac{p_{y_i}}{p_{n_i}}\right) \tag{9.11}$$

根据变量在各分组上的 IV，得到整个变量的 IV。

$$\text{IV} = \sum_{i=1}^{n}\text{IV}_i = \sum_{i=1}^{n}(p_{y_i} - p_{n_i})\,\text{WOE}_i \tag{9.12}$$

其中，n 为分组变量个数。

IV 与预测能力的关系如表 9-9 所示。

表9-9　IV 与预测能力的关系

IV	预测能力
[0,0.02)	无预测能力，舍弃
[0.02, 0.1)	较弱的预测能力
[0.1,0.3)	预测能力一般
[0.3,0.5)	预测能力较强
[0.5,+∞)	预测能力极强，需要检查

3. 特征相关性分析

在训练模型时，通常把多维特征同时引入模型，因此特征间的关系很重要。通常使用相关系数去衡量变量间的相关关系。对于连续特征，一般使用皮尔逊相关系数；对于离散特征，一般使用卡方检验。

1）皮尔逊相关系数

两个变量之间的皮尔逊相关系数定义为两个变量之间的协方差和标准差的商。

$$\rho_{X,Y} = \frac{\text{cov}(X,Y)}{\sigma_X \sigma_Y} = \frac{E[(X - \mu_X)(Y - \mu_Y)]}{\sigma_X \sigma_Y} \tag{9.13}$$

式中，X、Y 表示随机变量；μ_X、μ_Y 分别是 X、Y 的均值；σ_X、σ_Y 分别是 X、Y 的方差。

式（9.13）是对皮尔逊相关系数在统计学上的定义。实际上，我们通过样本统计对皮尔逊相关系数进行估计，定义样本皮尔逊相关系数。

$$\gamma = \frac{\sum_{i=1}^{n}(X_i - \overline{X})(Y_i - \overline{Y})}{\sqrt{\sum_{i=1}^{n}(X_i - \overline{X})^2}\sqrt{\sum_{i=1}^{n}(Y_i - \overline{Y})^2}} \qquad (9.14)$$

皮尔逊相关系数的变化范围为 -1 ～ 1。若 r 为 1，意味着两个变量 X 和 Y 可以很好地由直线方程来描述，且 Y 随着 X 的增加而增加；若 r 为 -1，意味着 Y 随着 X 的增加而减少；若 r 为 0，意味着两个变量之间没有线性关系。

2）卡方检验

卡方检验是一种假设检验方法，属于非参数检验的范畴，可以用来衡量分类变量的关联性。其根本思想是比较期望频数和实际频数的吻合程度。最基本的就是皮尔逊卡方检验，计算公式如下。

$$\chi^2 = \sum_{i=1}^{n}\frac{(O_i - E_i)^2}{E_i} \qquad (9.15)$$

其中，n 表示试验次数；O_i 代表实际频数；E_i 代表期望频数。

9.2.2　特征稳定性测试

对于图 9-12 所示的架构，通常要测试以下稳定性。

- 离线特征回溯稳定性。离线特征使用存量数据进行计算，存量数据一般每天进行更新。在金融风控业务中，对于离线特征，通常采用可回溯的形式。也就是说，可以使用指定日期的存量数据去生成特征。对于回溯的数据，一般会根据特征业务的情况来获取。如果回溯的数据不稳定，即在不同时间回溯相同日期的数据得到的结果不一致，那么特征也会不一致。造成这种情况的原因可能是回溯有逻辑错误、数据存在穿越情况[①]、数据更新方式与回溯情况不一致等，通常在数据层面不易发现这些问题。对于离线特征稳定性的测试，可以使用相同的样本数据，在不同的日期回溯同一天的特征数据，再比较两个结果的差异。

- 离线 / 在线特征稳定性。由于模型训练使用的是离线数据，而在线特征服务使用的是线上数据，因此要保证线上模型的效果与训练时的模型效果一致，就需要在线使用的特征与离线特征一致。在金融领域中，离线数据通常是可回溯的。也就是说，我们可以使用指定日期的数据去生成特征。而在线特征服务用的是当天实时数据，因此对于一致性的测试可以用样本去批量请求在线特征服务，得到特征结果。对于离线特征的获取，使用相同的样本去获取指定日期（该日期为请求在线特征服务的日期）的特征，再对特征结果进行比较，查看特征结果和覆盖率是否一致。

- 特征改动前后的稳定性。在线服务可能会存在计算逻辑变动、数据源接口变动或数据库表变动等情况。这种情形下，我们不仅要保证特征服务的可用性，还需要保证改动前后特征的稳定性。因为数据源接口或数据库表的变动，可能会导致特征使用的数据不一致，从而导致线上特征的波动，使模型效果不稳定。对于在线特征稳定性的测

---

① 数据穿越在金融领域经常会发生，通常表现为时间穿越。即将回溯日期之后的数据也作为原始数据来计算特征，这样会使训练模型效果良好，但与实际模型产生的效果可能会存在很大偏差。

试，只需要使用一批相同的样本在同一时间分别请求原特征服务与改动后的特征服务，再将结果进行比较。可计算的指标包括 PSI 等。另外，还要判断特征覆盖率是否一致、整体样本以及每维特征不一致的比例。

9.3　特征测试实践

本节将介绍如何在工程中完成特征测试。

9.3.1　特征指标分析实践

特征指标包括统计性指标（如均值、覆盖率、方差等），以及效果性指标（如 KS 值、IV 等）。在此基础上，我们就可以在测试过程中加以实践。

一种实践方式便是将特征指标分析工具集成为 Python 工具包。之所以推荐这种方式，一方面是因为 Python 本身集成了很多数据分析库，只需要在此基础上封装所需功能即可；另一方面是集成的 Python 工具包易于调用。

在进行工具封装的时候，可以根据前面所介绍的特征指标来分类。简单来说，可以分为基础统计型指标（如覆盖率、极值、均值等），效果类指标（KS、IV），相关性指标（如皮尔逊相关系数、卡方检验等），以及稳定性指标（PSI）。基于此，特征分析工具包如图 9-16 所示。

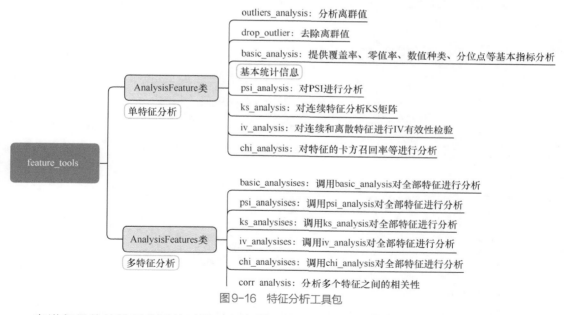

图9-16　特征分析工具包

在进行具体的特征分析的时候，通常借助 Python 中的第三方库 Pandas 和 Sklearn 对数据进行处理。

1. 统计型指标分析

在对数据进行分析之前，首先要将获取到的特征数据转换成 DataFrame 形式，以便分析。

```
dfdata = pd.DataFrame(data,columns = ['feature'])
```

统计覆盖率，即无空值的特征样本数量与样本总数量的比值。

```
1  sample_num = len(dfdata) #样本总数量
2  dfclean = dfdata.dropna() #特征值非空的样本数量
3  cov_ratio = len(dfclean)/float(sample_num)
```

统计零值率，即特征值为 0 的样本数量与样本总数量的比值。

```
1  dfzero = dfclean.loc[dfclean['feature']==0,:] #特征值为0的数量
2  zero_ratio = len(dfzero)/float(sample_num)
```

指标其他统计。

```
1  min_value = dfclean['feature'].min() #最小值
2  mean_value = dfclean['feature'].mean() #均值
3  med = dfclean['feature'].median() #中位数
4  max_value = dfclean['feature'].max() #最大值
5  seg_25 = dfclean['feature'].quantile(0.25) #四分之一分位点
6  seg_75 = dfclean['feature'].quantile(0.75) #四分之三分位点
```

2. 离群值指标分析

离群值的分析处理放在了 outliers_analysis 中。在此函数中，结合 9.2 节介绍的离群值信息，可以输出的指标有离群值下边界（low_limit）、离群值上边界（up_limit）、超离群值下边界比例（low_ratio）、超离群值上边界比例（up_ratio）。具体实现方式如下。

```
1  alpha = 1.5  #离群值判定系数
2  seg_25 = dfclean.quantile(0.25)[0]
3  seg_75 = dfclean.quantile(0.75)[0]
4  up_limit = seg_75 + (seg_75 - seg_25) * alpha #离群值上边界
5  low_limit = seg_25 - (seg_75 - seg_25) * alpha #离群值下边界
6  up_ratio = len(dfclean[dfclean[0]>up_limit])/float(value_num) #超离群值上边界比例
7  low_ratio = len(dfclean[dfclean[0]<low_limit])/float(value_num) #超离群值下边界比例
```

在进行有监督模型训练时，通常测试数据集上对于异常值的处理需要与训练数据集保持一致。

```
1  dfresult = outliers_analysis(X_train,alpha) #获取训练数据集上的离群值上下边界
2  up_limit,low_limit = dfresult['up_limit'][0],dfresult['low_limit'][0]
3  if np.isnan(up_limit) or np.isnan(low_limit):
4  return(X_test)
5  f = lambda x: np.nan if x<low_limit or x>up_limit else x #删除超过离群值边界的数据集
6  return(map(f,X_test)) #对测试数据集采用与训练数据集相同的处理方法
```

3. PSI分析

依据 9.2 节介绍的 PSI 的计算方法，在计算 PSI 的时候，需要明确两个样本信息，即预期样本和实际样本。在金融风控业务中，随着时间的变化，样本客群会不稳定，可以用跨时间的样本分别作为预期样本和实际样本来计算特征、计算样本客群随时间变化的稳定性。另外，风控数据接口的不断变化可能会导致同一批样本的特征在数据接口变化前后出现波动，这时预期样本和实际样本便可分别使用数据接口变化前后的特征。具体代码如下。

```
1   dftrain = pd.DataFrame(train_data,columns = ['x']) #读取预期数据
2   dftest = pd.DataFrame(test_data,columns = ['x']) #读取实际数据
3   dftrain = dftrain.sort_index()
4   dftest = dftest.sort_index() #分别将两组数据排序
5   indexmax = len(dftrain)-1
6   quantile_points = [dftrain['x'][int(np.ceil(float(indexmax*i)/parts))] for i in
    range(0,parts+1)]
7   cut_points = list(pd.Series(quantile_points).drop_duplicates().values)
8   train_frequencies = __get_hist(list(dftrain['x'].values),cut_points)
9   test_frequencies = __get_hist(list(dftest['x'].values),cut_points)
10  psi_value = sum([(test_frequencies [i] - train_frequencies [i])*math.log(test
    f[i]/train_frequencies [i]) for i in range(len(test_frequencies ))]) #计算PSI
11  def __get_hist(data,cut_points):
12      #计算给定数据和分割点数据的区间分布频率
13      cnts = [len([x for x in data if x>=cut_points[i-1] and x<cut_points[i]]) for i in
14      range(2,len(cut_points)-2)]
15      allcnts = [len([x for x in data if x<cut_points[1]])] + cnts +\
16              [len([x for x in data if x>=cut_points[-2]])]
17      frequencies = [float(x)/len(data) for x in allcnts]
18      return(frequencies)
```

4. KS值分析

9.2 节已经介绍过 KS 值的基本信息和计算方法。在工程实践中，针对具体应用数据，在计算前我们还需要对数据进行一些处理以达到计算目的。计算 KS 值的过程如图 9-17 所示。

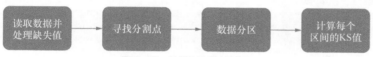

图9-17　计算KS值的过程

代码如下。

```
1   df = pd.DataFrame(data,columns = ['feature']) #特征数据
2   df['label'] = label #样本标签
3   #对非缺失值寻找分割点
4   df.index = df['feature']
5   df = df.sort_index()
6   df.index = range(len(df))
7   indexmax = len(df)-1
8   quantile_points = [df['feature'][int(np.ceil(float(indexmax*i)/parts))] for i in
    range(parts+1)]
9   cut_points = list(pd.Series(quantile_points).drop_duplicates().values)
10
11  points_num = len(cut_points)   #处理非空数据，将样本根据分割点进行整理
12  Ldf = [0]*(points_num-1)
13  for i in range(0,points_num-2):
14      Ldf[i] = df.loc[(df['feature']>=cut_points[i]) & (df['feature']<cut_poin ts[i+1]),:]
15  Ldf[points_num-2] = df.loc[(df['feature']>=cut_points[points_num-2]) \
16                      & (df['feature']<=cut_points[points_num-1]),:]
17  dfks = pd.DataFrame(np.zeros((points_num -1,10)),columns = colnames)
18  total_overdue = len(df[df['label']>=0.5])
19  total_normal = len(df[df['label']<0.5]) #计算总的正负样本数
20  #计算KS值
21  for i in range(0,points_num-1):
22      dfks.loc[i,'feature_interval'] = '[{},{})'.format(np.round(cut_points[i],5),
        np.round(cut_points[i+1],5))
```

```
23    dfks.loc[i,'order_num'] = len(Ldf[i])
24    dfks.loc[i,'order_ratio'] = round(len(Ldf[i])*notnan_ratio/float(len(df)),2)
25    dfks.loc[i,'overdue_num'] = len(Ldf[i].query('label>=0.5'))
26    dfks.loc[i,'overdue_ratio'] = round(float(dfks.loc[i,'overdue_num'])/len(Ldf[i]),5)
27    dfks.loc[i,'normal_num'] = len(Ldf[i].query('label<0.5'))
28    dfks.loc[i,'normal_ratio'] = round(float(dfks.loc[i,'normal_num'])/len(Ldf[i]),2)
29    dfks.loc[i,'overdue_cum_ratio'] = round(sum(dfks['overdue_num'])/float
      (total_overdue) if total_overdue else np.nan,5)  #累计负样本比例
30    dfks.loc[i,'normal_cum_ratio'] = round(sum(dfks['normal_num'])/float(total_
      normal) if total_normal else np.nan,5) #累计正样本比例
31    dfks.loc[i,'ks_value'] = round(np.abs(dfks.loc[i,'overdue_cum_ratio'] -dfks.loc
      [i,'normal_cum_ratio']),5)
```

5. IV 分析

在工程实践中，IV 的计算步骤与 KS 值大同小异。前期均需要对数据进行缺失值处理、分箱操作。不同之处在于，计算 KS 时要累计正负样本的比例，而计算 IV 时需要求当前区间内正负样本的比例，同时最终的计算公式也是有差异的。所以，对于处理部分，我们不多做介绍，只简单展示计算部分的代码。

```
1   for i in range(0,points_num-1):
2       dfiv.loc[i,'feature_interval'] = '[{},{})'.format(cut_points[i],cut_points[i+1])
3       dfiv.loc[i,'order_num'] = len(Ldf[i])
4       dfiv.loc[i,'order_ratio'] = len(Ldf[i])*notnan_ratio/float(len(df))
5       dfiv.loc[i,'overdue_num'] = len(Ldf[i][Ldf[i]['label'] >= 0.5 ])
6       dfiv.loc[i,'overdue_ratio'] = float(dfiv.loc[i,'overdue_num'])/len(Ldf[i])
7       dfiv.loc[i,'overdue_interval_ratio'] = float(dfiv.loc[i,'overdue_num'])/total_
        overdue if total_overdue else np.nan #当前区间中的负样本比例
8       dfiv.loc[i,'normal_num'] = len(Ldf[i][Ldf[i]['label'] < 0.5 ])
9       dfiv.loc[i,'normal_ratio'] = float(dfiv.loc[i,'normal_num'])/len(Ldf[i])
10      dfiv.loc[i,'normal_interval_ratio'] = float(dfiv.loc[i,'normal_num'])/total_normal
        if total_normal else np.nan #当前区间中的正样本比例
11
12  iv_value = __iv(dfiv['overdue_interval_ratio'],dfiv['normal_interval_ratio']) #IV计算
13
14  def __iv(overdue,normal):
15      overduer = [x if x>0 else 1e-10 for x in overdue] # 修改异常值
16      normalr = [x if x>0 else 1e-10 for x in normal] # 修改异常值
17      iv_value = sum([(overduer[i] - normalr[i])*math.log(float(overduer[i])/normalr[i])
        for i in range(len(normalr))])
18      return(iv_value)
```

6. 相关性指标分析

关于相关性指标分析，9.2 节已经介绍了皮尔逊相关系数和卡方检验，对于这两个指标的计算，直接使用 Python 自带的函数即可实现，具体代码如下。

```
1   from sklearn import feature_selection
2
3   data = [1.0,2,3,4,5,6,4,3,2,1,2,9,10,100,np.nan,0,7,8,10,6] #特征值
4   label = [0,1,1,0,0,0,0,0,0,1,0,1,0,1,0,0,0,0,1,1] #样本标签
5   #转换数据为DataFrame格式
6   df = pd.DataFrame(data, columns=['feature'])
7   df['label'] = label
8   p=df.corr() #计算皮尔逊相关系数
9   #卡方检验
10  chi2, chi2_pvalue = feature_selection.chi2(df['feature'].values.reshape(-1,1),
    df['label'])
```

9.3.2　特征可视化实践

到目前为止，我们已经掌握了对特征指标进行分析的技能，但对于一些基础指标（如特征值分布情况、离群值或特征相关性）而言，输出结果均为数值，不便于直观地查看，所以在此基础上，我们可以用图表的形式进行可视化。

常用的可视化图表有直方图、密度图、饼图等，可以利用它们来展示特征数据分布情况。推荐使用 Python 中的画图库 Matplotlib 和 Seaborn，用这两个库中的各种图形化展示功能可满足我们的需求。

1. 直方图

直方图（见图 9-18）可用来表示数据的分布情况，横坐标通常表示数据分布区间，纵坐标可表示不同区间的数据量或不同区间的数据占比。默认可使用 Matplotlib 库中的 `hist` 函数绘制直方图。代码如下。

```
1  import seaborn as sns
2  import numpy as np
3  from numpy.random import randn
4  import matplotlib as mpl
5  import matplotlib.pyplot as plt
6  from scipy import stats
7
8  np.random.seed(1425)
9
10 data = randn(75)
11 plt.hist(data,histtype='bar')
12 plt.show()
```

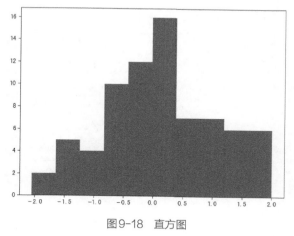

图9-18　直方图

2. 密度图

Seaborn 库中提供的核密度估计图函数 `kdeplot` 用来展示数据的密度，其密度图如图 9-19所示。具体实现代码如下。

```
1  import seaborn
2  seaborn.kdeplot(data,data2=None,shade=False,vertical=False,kernel='gau',
3  bw='scott',gridsize=100,cut=3,clip=None,legend=True,cumulative=False,shade_
4  lowest=True,cbar=False, cbar_ax=None, cbar_kws=None, ax=None, *kwargs)
```

```
5  data=np.random.randn(100)    #随机生成100个符合正态分布的sns.kdeplot(x)数
6  sns.kdeplot(data)
7  plt.show()
```

其中各参数的作用如下。

shade 若为 True，则在 kde 曲线下面的区域中进行阴影处理，color 控制曲线及阴影的颜色。

vertical 表示沿 x 轴进行绘制还是沿 y 轴进行绘制。

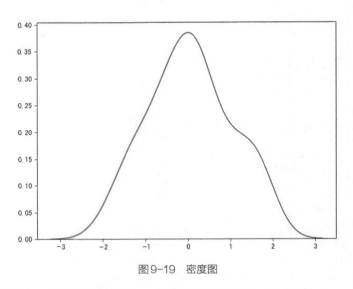

图9-19   密度图

kdeplot 也支持二元数据图像展示，二元密度图如图 9-20 所示。

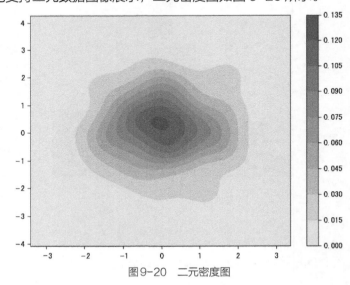

图9-20   二元密度图

3. 饼图

饼图（见图 9-21）多用于类别数据的可视化展示，可直观形象地展示每种类别的占比和具体数量。

具体代码如下。

```
1  data = [0.16881,0.14966,0.07471,0.06992,0.04762,0.03541,0.02925,0.02411,0.02316,
   0.01409,0.36326]
2  labels = ['Java','C','C++','Python','Visual Basic .NET','C#','PHP','JavaScript',
   'SQL','Assembly langugage','else']
3
4  #将Python分离出来
5  explode =[0,0,0,0.3,0,0,0,0,0,0,0]
6
7  #将横、纵坐标轴进行标准化处理，保证饼图是一个圆，否则为椭圆
8  plt.axes(aspect='equal')
9
10 #控制x轴和y轴的范围（用于控制圆心、半径）
11 plt.xlim(0,8)
12 plt.ylim(0,8)
13
14 #不显示边框
15 plt.gca().spines['right'].set_color('none')
16 plt.gca().spines['top'].set_color('none')
17 plt.gca().spines['left'].set_color('none')
18 plt.gca().spines['bottom'].set_color('none')
19
20 #绘制饼图
21 plt.pie(x=data, #绘制数据
22 labels=labels,#添加编程语言标签
23 explode=explode,#突出显示Python
24 autopct='%.3f%%',#设置百分比的格式，保留3位小数
25 pctdistance=0.8, #设置百分比标签和圆心的距离
26 labeldistance=1.0,#设置标签和圆心的距离
27 startangle=180,#设置饼图的初始角度
28 center=(4,4),#设置饼图的圆心（相当于x轴和y轴的范围）
29 radius=3.8,#设置饼图的半径（相当于x轴和y轴的范围）
30 counterclock= False,#指定是否为逆时针方向，False表示顺时针方向
31 wedgeprops= {'linewidth':1,'edgecolor':'green'},#设置饼图内外边界的属性值
32 textprops= {'fontsize':12,'color':'black'},#设置文本标签的属性值
33 frame=1) #指定是否显示饼图外围的圆圈，1表示显示
34
35 #不显示x轴、y轴的刻度值
36 plt.xticks(())
37 plt.yticks(())
38
39 plt.show()
```

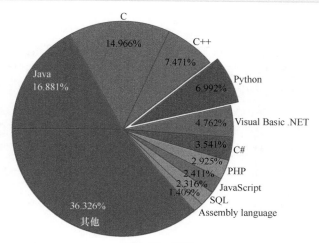

图9-21 饼图

4. 箱型图

箱型图（见图 9-22）可反映数据的离散趋势、集中趋势。具体实现代码如下。

```
1  data=np.random.randn(100)
2  sns.boxplot(data,orient='v')
3  plt.show()
```

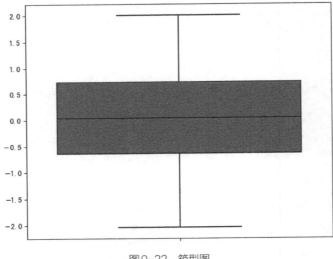

图9-22　箱型图

5. 多特征相关性可视化

对于特征相关性，我们已经了解到可以用皮尔逊相关系数或卡方检验来表示。在可视化实践中，Seaborn 中的 `jointplot` 函数可提供多种图形的组合展示，并计算多个变量间的相关系数。二元数据组合如图 9-23 所示。

```
1  x = stats.gamma(2).rvs(5000)
2  y = stats.gamma(50).rvs(5000)
3  with sns.axes_style("dark"):
4      sns.jointplot(x, y, kind="hex",stat_func=stats.pearsonr)
5  plt.show()
```

`jointplot` 展示的图表只适合表示两个特征间的相关性，对于多维特征的相关性展示有局限性，在工程实践中如果将特征分别进行两两绘图会比较麻烦。为了展示多个特征间的相关性，推荐使用 Yellowbrick 可视化分析工具包。

Yellowbrick 是一套名为 Visualizers 的视觉诊断工具，扩展了 Scikit-Learn API 以允许我们监督模型的选择过程。简而言之，Yellowbrick 将 Scikit-Learn 库与 Matplotlib 库结合在一起，并以传统 Scikit-Learn 库的方式对特征和模型进行可视化。其中特征可视化包括的功能有以下几个。

- 对单个或成对特征排序以检测关系。
- 围绕原型图分离实例。
- 基于主成分分析映射实例。
- 基于模型性能对特征进行排序。

本书只介绍如何使用 Yellowbrick 进行特征相关性可视化，如图 9-24 所示。

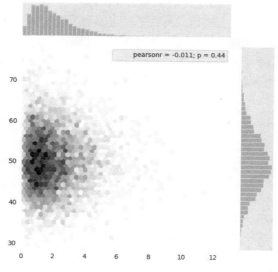

图9-23 二元数据组合

具体实现代码如下。

```
1  from yellowbrick.features import Rank2D
2  from sklearn.datasets import load_iris
3  data=load_iris()
4  visualizer = Rank2D(features=data['feature_names'], algorithm='covariance')
5  visualizer.fit(data['data'], data['target']) # 填充数据
6  visualizer.transform(data['data']) # 数据变换
7  visualizer.poof() # 画图
```

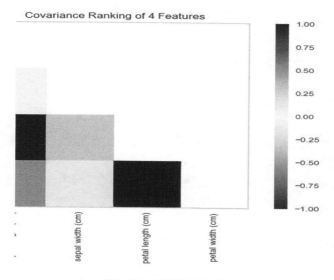

图9-24 特征相关性可视化

9.3.3 特征稳定性测试实践

在 9.2 节中，我们已经了解到特征稳定性的重要性，以及特征稳定性的测试方法。在实际

工程实践中，对于特征稳定性的测试，同样分为在线稳定性测试、在线 / 离线稳定性测试，以及离线回溯数据稳定性测试。如果实际业务中的特征没有离线部分，或全部特征都是由离线计算完成并缓存后供在线服务使用的，那么不用考虑在线 / 离线的稳定性。

关于稳定性测试的指标，除了前面介绍的 PSI，还可以从实际业务出发，对比不同环境下得到的特征的异同。在金融风控业务中，可以设计图 9-25 所示的特征稳定性测试架构。

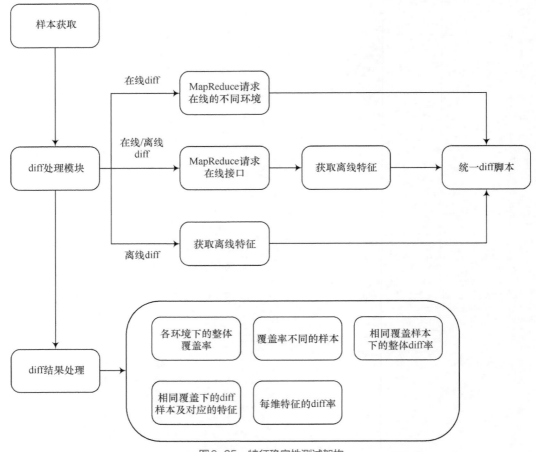

图 9-25　特征稳定性测试架构

其中，在样本获取部分，可根据实际业务情况去获取对应的样本，尽量采用近期在线服务的实际样本，以保证样本的实时性和有效性。

diff 处理模块为稳定性测试的核心，主要用于从不同的环境中获取特征，并对特征进行对比计算。对于在线特征，本架构设计采用 MapReduce 离线定时任务去获取。对于特征稳定性测试，通常采用大量样本进行测试，使用 MapReduce 主要是为了加快在线特征的获取，但也要设置好并发量，避免影响线上服务。对于离线部分的特征，则需要根据实际的架构体系和业务情况去获取，在此不过多介绍。

统一的 diff 脚本则对不同类型的特征稳定性测试进行处理，这就要求不论是在线还是离线的特征，在进行 diff 处理前都需要转换成相同的格式。本架构中将在线和离线特征均处理成 DataFrame 格式，以方便使用 Pandas 库对数据进行操作。同时通过 diff 处理，整合结果格式，最后输出覆盖率、样本及特征 diff，以及各维特征 diff 率等信息。

在对在线特征结果进行处理时，可参照离线特征的形式。大多离线特征通过 MapReduce

计算后得到的是类似于表格类型的结果，而在线结果大多是 JSON 格式。在此，我们将每个在线结果均以离线形式进行存储。

假设线上数据格式如下所示。

```
1  s1  {"feature":{"fea1":123,"fea2":345,"fea3":128.2,"fea4":1}}
2  s2  {"feature":{"fea1":234,"fea2":345,"fea3":128.2,"fea4":1}}
3  s3  {"feature":{"fea1":90,"fea2":345,"fea3":128.2,"fea4":1}}
4  s4  {"feature":{"fea1":42,"fea2":345,"fea3":128.2,"fea4":1}}
5  s5  {"feature":{"fea1":894,"fea2":345,"fea3":128.2,"fea4":1}}
6  s6  {"feature":{"fea1":282,"fea2":345,"fea3":128.2,"fea4":1}}
7  s7  {"feature":{"fea1":482,"fea2":345,"fea3":128.2,"fea4":1}}
```

其中，s1 ～ s7 为样本；feature 数据为线上的特征，以 "\t" 进行分隔；fea1 等代表具体的特征名。将这些数据转换为表格数据并存储，实现代码如下。

```
1  import json
2  import pandas as pd
3  import traceback
4  import sys
5
6  #用来生成DataFrame形式的数据
7  data=[]
8  for line in open("online_data"):
9      data_tmp={}
10     line=line.strip().replace("\n","").split("\\t")
11     sample,res=line
12     data_tmp['sample']=sample
13     try:
14         res = json.loads(res)
15     except Exception as e:
16         print "loads res1 to json error %s %s " % (line[2], traceback.format_exc())
17         res = {}
18
19         # 判断errorcode
20     feature_online = res.get("feature", {})
21     # 添加字段
22     feature_online.update(data_tmp)
23     data.append(feature_online)
24
25  #转换结果文件，且去掉重复数据
26  df_data=pd.DataFrame(data).dropna()
27  meta=df_data.columns.values.tolist()
28  #输出meta信息
29  print "\t".join(meta)
30
31  #转换数据
32  fea_val=df_data.values
33  try:
34      for value in fea_val:
35          print "\t".join(value.tolist())
36  except Exception as e:
37      sys.stderr.write('calculate feature diff error %s %s'% (e,traceback.format_exc()))
```

转换后，数据格式为表格类型。

```
1  fea1     fea2     fea3     fea4     sample
2  123      345      128.2    1        s1
3  234      345      128.2    1        s2
```

4	90	345	128.2	1	s3
5	42	345	128.2	1	s4
6	894	345	128.2	1	s5
7	282	345	128.2	1	s6
8	482	345	128.2	1	s7

　　在处理两份表格形式的特征数据时，要充分利用 Pandas 库来计算不同环境下的 diff 情况。同时通过 Pandas 库进行数据格式转换，将以样本为主的数据转换成以特征为主，从而计算特征的 diff 率。具体实现如下。

```
1   # -*-coding:utf-8 -*-
2   import sys
3   reload(sys)
4   sys.setdefaultencoding('utf8')
5   import os
6   import pandas as pd
7   import traceback
8   import json
9   data_path1=sys.argv[1]
10  data_path2=sys.argv[2]
11
12  try:
13      #将各特征转换成DataFrame形式
14      online_result=pd.read_csv(data_path1,sep="\t")
15      offline_result=pd.read_csv(data_path2,sep="\t")
16
17      #查找两个结果中的sample，后面计算差集和交集
18      sample_online=set(online_result["sample"].values)
19      sample_offline=set(offline_result["sample"].values)
20
21      #sample差集
22      on_off_diff=sample_online-sample_offline#线上有而线下没有
23      off_on_diff=sample_offline-sample_online#线下有而线上没有
24
25      #sample交集，只计算交集的diff
26      sample_all=sample_online&sample_offline
27      #获取通过sample的数据，并按sample排序
28      offline_data=offline_result[offline_result["sample"].isin(sample_all)].sort_values
        ("sample")
29      online_data=online_result[online_result["sample"].isin(sample_all)].sort_
        values("sample")
30
31      #获取特征meta信息
32      feature_name=list(set(online_result.columns)-set(["sample_all"]))
33
34      #求共同数据下的diff数据
35      df_diff=abs(online_data[feature_name].astype("float64")-offline_data[feature_
        name].astype("float64"))
36      df_diff=df_diff>0.00001
37
38      df_diff["col_sum"]=df_diff.apply(lambda x: x.sum(),axis=1)
39      df_diff["col_hit"]=df_diff["col_sum"]>0
40
41      df_diff["sample"]=online_data["sample"]
42
43      #统计共同覆盖率下的结果数
44      cov_single=len(df_diff)
45      #共同覆盖率下的diff率
46      cov_diff_ratio=df_diff["col_hit"].sum()/float(cov_single)
```

```
47
48      #有diff的pd数据
49      diff_data=df_diff[df_diff["col_sum"]>0].reset_index()
50
51      #初始化样本结果
52      diff_sample=[]
53      for sample in diff_data[["sample"]].values:
54          tmp={}
55          tmp["sample"]=sample[0]
56          tmp["feature_name"]=[]
57          diff_sample.append(tmp)
58
59      #计算各维特征的diff率
60      #计算出有diff样本的特征名
61      feature_diff={}
62      for col in feature_name:
63          if df_diff[col].sum()>0:
64              feature_diff[col]=df_diff[col].sum()/float(cov_single)
65              index=diff_data[diff_data[col]==True].index.values
66              for i in index:
67                  diff_sample[i]["feature_name"].append(col)
68
69      #覆盖率diff样本
70      cov_res=[]
71      if on_off_diff:
72          on_off_sample=online_result[online_result["sample"].isin(list(on_off_
            diff))]["sample"].values
73          for sample in on_off_sample:
74              tmp={}
75              tmp["sample"]=sample[0]
76              cov_res.append(tmp)
77      if off_on_diff:
78          off_on_sample=offline_result[offline_result["sample"].isin(list(off_on_
            diff))]["sample"].values
79          for sample in off_on_sample:
80              tmp={}
81              tmp["sample"]=sample[0]
82              cov_res.append(tmp)
83
84      #最终输出结果
85      #各环境下有结果样本数\t覆盖率diff样本\t共同覆盖下的diff率\tdiff样本及样本对应的特征
        #\t各维特征diff率
86      print "%s\t%s\t%s\t%s\t%s\t%s" % (len(online_result),len(offline_result),
        json.dumps(cov_res),cov_diff_ratio,json.dumps(diff_sample),json.dumps(feature_diff))
87      except Exception as e:
88          sys.stderr.write("calculate feature diff error %s %s" % (e, traceback.format_exc()))
```

至此，我们已经完成了特征稳定性测试的实践。对于此架构，当不方便使用脚本形式测试时，可以此为基础，进行 Web 平台服务封装，以方便使用和查看结果。

9.3.4　特征监控实践

对于线上服务的质量保障，监控是很重要的一个手段，它可以帮助我们尽快地发现线上问题并做出预警。一个成熟的线上系统离不开覆盖全面的监控措施。同样，作为连接数据和模型的一个很重要的环节，机器学习的特征部分是线上应用的一部分，也需要各个方面的监控。

对于图 9-12 所示的特征架构，可以从以下几个方面设计监控方案。

1）离线 / 在线一致性监控

保障特征稳定性是保证模型效果的前提，因此首先需要监控的便是离线特征和在线特征的一致性。图 9-26 所示为离线 / 在线一致性监控流程。

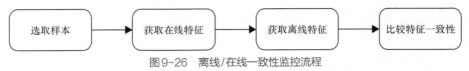

图9-26　离线/在线一致性监控流程

其中比较重要的环节便是获取在线和离线特征。对于数据时效性为 *T*+1 的离线架构来说，为保证计算离线特征时使用的是与在线特征相同日期的数据，需要在获取在线特征后的第二天请求离线数据，这样才能保证获取特征时使用的数据是一致的。

而在比较特征一致性时，可通过覆盖率、PSI 等指标进行分析。对 PSI 波动大于一定阈值的特征进行报警。

2）在线特征稳定性监控

不论特征的架构如何变化，最终对外提供服务的还是在线特征部分，所以保证在线特征的稳定性就是保障模型实时效果的稳定性。在金融风控业务中，一个风控模型可能会长时间对外提供服务。而在这期间，使用服务的客群可能在不断发生变化，明显的表现就是这些客群对应的特征数据发生了变化。因此我们需要对在线特征进行稳定性监控，监控流程与离线 / 在线一致性的监控流程相同，只是将特征获取阶段改为在不同日期获取线上特征，再比较特征的指标。

3）特征统计指标

除了监控特征稳定性，还可以对一些简单的统计指标进行监控，如覆盖率、零值率等。只有特征数据存在，才能进行风控，因此覆盖率是我们对外提供服务的基础。在实际工作中，对线上样本进行采样，计算每天的覆盖率，当某天的覆盖率波动较大时，需要引起我们的警惕。

9.4　本章小结

本章主要介绍了特征工程的基础知识、特征测试方法与特征测试的工程实践。通过这些介绍，相信读者对机器学习中的特征工程以及特征的质量保障都有了一定的认识。

在特征工程中，通过对数据的理解识别出特征数据种类；数据清洗对缺失值和异常值等进行处理，以达到消除特征噪声的目的；特征构建能使我们丰富特征种类，而与之相对的特征选择则用于筛选出信息增益强的特征以优化模型训练效果，防止模型过拟合。

关于特征测试方法，本章介绍了常见的特征工程化架构，明确了特征测试的意义。关于特征指标分析的测试，介绍了常用的统计类分析指标（在金融风控场景中常用的效果类指标有 KS 值、IV 等），以及特征相关性指标。这些特征指标都可以直接用来衡量特征效果，因此也用大量篇幅对特征指标分析的工具进行了详细的阐述。

关于特征稳定性测试部分，根据特征架构及实际应用场景，本章介绍了离线 / 在线等环境特征的稳定性保障的方法，并给出了详细的工程实践和衡量方法。

最后，基于实际应用场景，本章给出了几点关于特征监控实践方面的经验，主要用于保证特征的稳定性。这种稳定性涉及离线 / 在线的一致性、覆盖率变化监控，以及在线服务的特征稳定性监控，可帮助读者实时感知特征的变化情况，更好地保障线上服务。

第 10 章　模型算法评估与测试

前面几章已经介绍了机器学习项目的生命周期，并讲述了大数据和特征测试的手段及方法。在机器学习项目中，当数据和特征准备妥当以后，接下来便使用机器学习模型算法来拟合历史数据、生成预测模型，最后通过工程技术手段进行部署并投入使用。机器学习模型算法的好坏会直接影响最终模型服务的质量，因此，针对机器学习模型算法的评估与测试在机器学习项目中是不可或缺的，本章将对机器学习模型算法的评估与测试进行详细介绍。

10.1　模型算法评估基础

10.1.1　模型算法评估概述

为了保障机器学习项目的质量，我们需要对机器学习模型算法进行评估、测试，评价模型算法的好坏，发现模型算法存在的缺陷。在进行模型算法评估的时候，我们既要考虑算法的学术正确性，还要考虑其在业务应用中的表现。

在机器学习应用中，很多公司会采用离线与在线两套数据和环境进行离线开发训练，然后提供在线服务。图 10-1 所示为机器学习模型算法的离线评估与在线评估，图中只给出了一些比较重要的模块。我们会在离线环境使用离线数据训练、调优、选择模型算法，

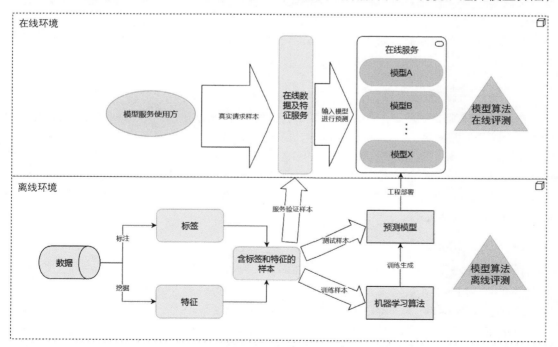

图10-1　机器学习模型算法的离线评估与在线评估

在离线的评测通过后才会部署到在线环境。模型部署到在线环境以后，我们不仅需要验证服务部署的正确性，还需要使用在线真实流量对多个不同模型实施 A/B 测试，以此来比较这些模型的优劣。

因此，我们便需要利用学术性方法进行离线评估和在业务环境中进行在线评估。很多时候我们会首先在离线环境中对模型算法进行学术性评估，采用合适的评估指标来评价和比较模型算法的优劣，使用测试方法（如蜕变测试、鲁棒性测试等）发现模型算法中可能存在的缺陷。由于离线数据是在更新变化的，因此在评测的时候还会关注离线数据在不同时间点的前后一致性问题。正常情况下，预测结果和实际指标在不同时间点应该是一致的。模型算法在离线确认无误以后就会部署到线上，所以我们还需要关注模型算法的在线 / 离线一致性。在进行离线评估时，我们使用训练样本和测试样本来训练与评估机器学习模型算法，以使模型算法的偏差与方差都尽可能小。在进行在线评估时，除了验证在线部署的正确性，还要从业务的角度来评估模型。此外，还要关注在线模型算法的指标，保障在线服务的稳定。

10.1.2　样本数据划分策略

我们在对模型进行评估时，需要使用样本数据来计算描述模型预测效果的评估指标。样本数据的不同选取方法和划分策略，最终会导致模型算法评估指标的不同。此时我们需要选择合适的划分策略来正确地反映模型的效果。本节将介绍一些常用的样本数据划分策略。

1．重新替代验证

首先将所有样本数据都用于模型训练，然后再使用这些样本数据和模型进行预测，通过预测结果与实际值的比较来评估错误率，该错误称为重新替换错误，这种验证方法称为重新替代（resubstitution）验证。

显然，用于评估的样本与训练模型的样本是同一份样本数据，通过这种方法评估出来的结果有一定的片面性，并不能说明模型算法的泛化能力，评估结论很难让我们信服。

2．留出法验证

为了避免重新替代验证可能存在的缺陷，我们可以使用留出（hold-out）法验证将数据分为两个不同的数据集，分别标记为训练数据集和测试数据集，训练数据集与测试数据集划分的比例可以是 6:4、7:3 或 8:2 等。在这种分配方式下，在训练数据集和测试数据集中有可能会出现不同类别样本的分布不一致。为了解决这个问题，在划分训练数据集和测试数据集时，可以将不同类别的数据平均分配，使训练数据集和测试数据集中的数据分布与原数据样本集相近，此过程称为分层抽样。

3．K 折交叉验证

在 K 折交叉验证（K-fold cross-validation）中，假设全部数据集可分为 K 折，选用（$K-1$）折用于训练，剩下的 1 折用于测试，如此迭代 K 次，然后计算评估指标的平均值。因此，这种划分方法也可以称为重复保留方法，图 10-2 所示为 K 折交叉验证。

其优点是在整个验证过程中全体数据集都曾用于训练和测试，获得的模型算法的评估指标是每次迭代的错误率的平均值，它更接近于真实的指标。

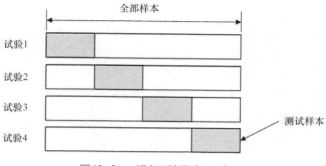

图10-2 K折交叉验证（K=4）

4. 留一法交叉验证

在留一法交叉验证（leave one out cross-validation）中，除1条记录外，其他数据均用于训练，然后使用这1条记录测试。如果有 N 条记录，则此过程重复 N 次。该方法的优点是全体数据集都曾用于训练和测试，同样模型算法的评估指标是每次迭代结果的平均值；缺点是整体验证过程的重复次数较高，时间长，资源消耗较大。图10-3 所示的是留一法交叉验证。

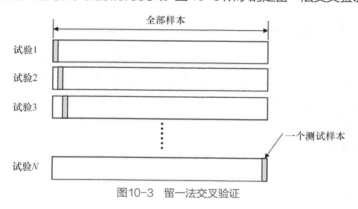

图10-3 留一法交叉验证

5. 随机二次抽样验证

在随机二次抽样（random subsampling）验证中，从数据集中随机选择多组数据，并将其组合成测试数据集，其余数据组成训练数据集。其中模型算法的错误率是每次迭代的错误率的平均值，图10-4 所示为随机二次抽样验证。

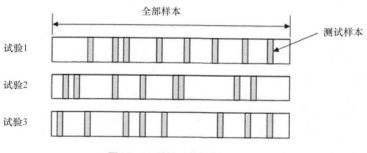

图10-4 随机二次抽样验证

6. 自助采样验证

在自助采样验证中，训练数据集是通过从数据集中随机选择的，未进入训练数据集的数据用于测试。与 K 折交叉验证不同，评估指标的计算结果可能会随折数的不同而变化。模型算法的指标是每次迭代指标的平均值。图 10-5 所示为自助采样验证。

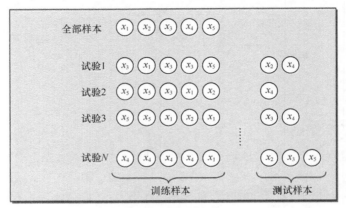

图10-5　自助采样验证

10.1.3　统计学指标与统计图

我们可以通过计算一些统计学指标来描述模型算法的预测结果，或者绘制各种统计图来更直观、全面地了解模型算法的输出。对于模型算法的输出，我们可以直接对数值类型的结果进行统计，或者使用一些手段（如进行数值编码、映射转换等方法）将非数值类型的结果转换为数值类型再进行统计计算。下面介绍常用的统计学指标与统计图。

1. 统计学指标

常用的统计学指标有最大值、最小值、算术平均数、分位数、中位数、众数、方差及标准差等，其中分位数包括四分位数、十分位数、百分位数等。这些指标的计算方法比较简单，可参考前面的介绍，此处不赘述。

2. 统计图

常用的统计图如下。

- 条形图（bar chart），主要用于表示离散型的数学数值，即计数量。它以条形长短或高度来表示各事物间的数量大小与数量之间的差异情况。
- 直方图（histogram chart），又名等距直方图。它以矩形面积来表示连续型随机变量的分布图形。
- 曲线图（line chart），用于表示连续型数值。要表示两个变量之间的函数关系，或描述某种现象在时间上的发展趋势，或一种变量随另一种变量变化的情形，用曲线图表示是较好的方法。
- 饼状图（pie chart），用圆形内扇形面积的大小来说明总体结构的图形。其中要显示的信息以相对数（如百分数）为主。
- 散点图（scatter chart），又称点图。它是以圆点的大小以及大小圆点的多少或疏密表示统计资料的数量大小和变化趋势的图形。它通过圆点分布的形态可以表示两种现象间的相关程度。

各种统计图的说明及画法可详见第 3 章中的介绍。图 10-6（a）～（d）展示了一些描绘模型结果的统计图（分别为条形图、直方图、曲线图和饼状图）。

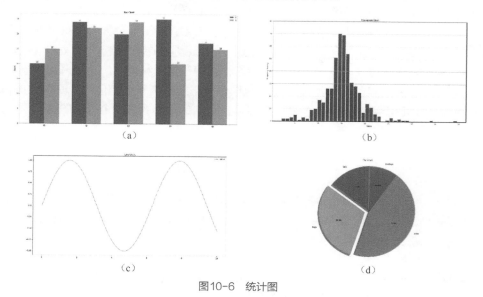

图10-6　统计图

10.1.4　模型算法评估指标

模型算法的评估指标有很多，我们应该选择一些能够描述业务情况或可以表现业务波动的评估指标。这样通过观察评估指标就能判断模型算法的效果，从而进行模型算法的升级与迭代。接下来我们将分别介绍回归模型、分类模型和聚类模型的常用评估指标。

1. 回归模型的评估指标

在建立回归模型时需要对模型算法的效果进行评估，选择哪一种指标作为评估指标会影响最终模型的效果。对于回归模型，我们常用以下几种指标。

1）平均绝对误差

平均绝对误差（Mean Absolute Error，MAE）又称为平均绝对离差，是所有单个观测值与算术平均值偏差的绝对值的平均值。平均绝对误差可以避免误差相互抵消的问题，因而可以准确反映实际预测误差的大小。MAE 用来描述预测值和真实值的差值，其数值越小越好。假设 y_i 是第 i 个样本的真实值，$\hat{y}_i$ 是相对应的预测值，则 n 个样本的 MAE 可由式（10.1）给出的方式来计算。

$$\text{MAE} = \frac{1}{n}\sum\nolimits_{i=1}^{n}\left|\hat{y}_i - y_i\right| \tag{10.1}$$

2）均方误差

均方误差（Mean Squared Error，MSE）计算的是预测值和实际值的误差平方。假设 y_i 是第 i 个样本的真实值，$\hat{y}_i$ 是相对应的预测值，则 n 个样本的 MSE 可使用式（10.2）来计算。

$$\text{MSE} = \frac{1}{n}\sum\nolimits_{i=1}^{n}(\hat{y}_i - y_i)^2 \tag{10.2}$$

它可以评价数据的变化程度，MSE 的值越小说明预测模型具有更高的精确度。由于

MSE 与目标变量的量纲不一致，因此为了保证量纲一致性，我们需要对 MSE 进行开方，即求均方根误差。

3）均方根误差

均方根误差（Root Mean Squared Error，RMSE）也称为标准误差，是预测值与真实值偏差的平方与观测次数 n 比值的平方根。在实际测量中，观测次数 n 总是有限的，真实值只能用最可信赖（最佳）值来代替。均方根误差对一组测量中的特大或特小误差非常敏感，所以它能够很好地反映出测量的精密度。这正是均方根误差在工程测量中广泛被采用的原因。标准差用来衡量一组数据自身的离散程度，而均方根误差是用来衡量观测值同真实值之间偏差的，它们的研究对象和研究目的不同，但是计算过程类似。假设 y_i 是第 i 个样本的真实值，$\hat{y}_i$ 是相应的观测值，则 n 个样本的 RMSE 如下所示。

$$RMSE = \sqrt{\frac{1}{n}\sum_{i=1}^{n}(\hat{y}_i - y_i)^2} \tag{10.3}$$

RMSE 相当于 L2 范数，MAE 相当于 L1 范数。次数越高，计算结果就越与较大的值有关，而忽略较小的值。这就是 RMSE 对异常值更敏感的原因。由于有一个预测值与真实值相差很大，因此 RMSE 会很大。

4）均值平方对数误差

如果 $\hat{y}_i$ 是第 i 个样本的预测值，y_i 是相应的真实值，则在 n 个样本上均值平方对数误差（Mean Squared Log Error，MSLE）的定义如下。

$$MSLE = \frac{1}{n}\sum_{i=0}^{n-1}(\ln(1+y_i) - \ln(1+\hat{y}_i))^2 \tag{10.4}$$

当目标（例如人口数量、商品在一段时间内的平均销售额等）具有指数增长的趋势时，最适合使用这一指标。需要注意的是，该度量对低于真实值的预测更加敏感。

5）中位数绝对误差

中位数绝对误差（Median Absolute Error，MedAE）非常有趣，因为它可以减弱异常值的影响，并通过取目标值和预测值之间的所有绝对差值的中值来计算损失。假设 $\hat{y}_i$ 是第 i 个样本的预测值，y_i 是相应的真实值，则在 n 个样本上中值绝对误差的计算方法如下所示。

$$MedAE = median(|y_1 - \hat{y}_1|, \cdots, |y_n - \hat{y}_n|) \tag{10.5}$$

6）R^2

R^2 又称为决定系数。它判断的是预测模型和真实数据的拟合程度，最佳值为 1，同时可为负值。假设 y_i 是第 i 样本的真实值，$\hat{y}_i$ 是相对应的预测值，则 n 个样本的 R^2 的计算方法如下所示。

$$R^2 = 1 - \frac{\sum_{i=1}^{n}(y_i - \hat{y}_i)^2}{\sum_{i=1}^{n}(y_i - \bar{y})^2} \tag{10.6}$$

其中，$\bar{y} = \frac{1}{n}\sum_{i=1}^{n}y_i$。从中可以看出，计算出来的决定系数越接近 1，预测值越接近真实样本，这说明模型算法的拟合效果越好。

2. 分类模型的评估指标

对于分类模型，我们常用以下几种指标进行评估。

1）混淆矩阵

评价一个分类模型算法最简单也最常用的指标就是准确率，但是在没有任何前提下使用准确率作为评估指标，往往不能反映模型算法性能的好坏。例如，在不平衡的数据集上，正样本占总数的 95%，负样本占总数的 5%；如果有一个模型算法把所有样本全部判断为正，则该模型算法也能达到 95% 的准确率，但是这个模型算法没有任何意义。

因此，对于分类模型算法，我们需要从不同的方面判断它的性能。在对比不同模型算法的性能时，使用不同的性能度量往往会导致不同的评价结果。下面我们将以二分类模型算法为例，介绍分类模型算法的评估指标。

混淆矩阵能够比较全面地反映分类模型算法的性能，并且从混淆矩阵中能够衍生出很多个指标。表 10-1 所示为二分类模型算法预测结果的混淆矩阵，其中释义如下。

表10-1 二分类模型算法预测结果的混淆矩阵

真实情况	预测结果	
	正例	负例
正例	TP（真正例）	FN（假负例）
负例	FP（假正例）	TN（真负例）

- TP：样本实际为正例，预测为正例。
- FP：样本实际为负例，但预测为正例。
- FN：样本实际为正例，但预测为负例。
- TN：样本实际为负例，预测为负例。

由混淆矩阵又可衍生出以下几种指标。

- 查准率（Precision，又称精准率）。$P = \dfrac{\text{TP}}{\text{TP} + \text{FP}}$，它表示的是在预测为正的样本中，实际为正的样本所占的比例。

- 查全率（Recall，又称召回率）。$R = \dfrac{\text{TP}}{\text{TP} + \text{FN}}$，它表示的是实际为正的样本被正确预测的比例。

- 正确率（Accuracy，又称准确率）。$A = \dfrac{\text{TP} + \text{TN}}{\text{TP} + \text{FP} + \text{TN} + \text{FN}}$，它表示的是所有样本被正确预测的比例。

2）F_1 分数

F_1 分数是 P 和 R 的加权调和平均数，并假设两者一样重要，其计算公式如下。

$$F_1 \text{ 分数} = \frac{2PR}{P + R} \tag{10.7}$$

事实上，查准率和查全率是一对矛盾的度量。一般来说，查准率高时，查全率往往偏低；而查全率高时，查准率往往偏低。通常只有在一些简单任务中，才可能使查全率和查准率都很高。F_1 分数综合了上述二者，因此它是一个非常重要的分类模型算法评估指标，是使用最广泛的指标之一。

3）AUC

曲线下面积（Area Under Curve，AUC）在二分类问题中是模型算法评估阶段最重要的评估指标之一，计算的是受试者工作特征（Receiver Operating Characteristic，ROC）曲线下的面积，表示的是正确判断正例样本的得分高于负例样本的概率。根据混淆矩阵，我们可以得到另外两个指标。

- 真正例率（True Positive Rate，TPR）。$TPR = \dfrac{TP}{TP + FN}$。

- 假正例率（False Positive Rate，FPR）。$FPR = \dfrac{FP}{TN + FP}$。

另外，真正例率是正确预测到的正例数与实际正例数的比值，所以又称为灵敏度。对于灵敏度，有一个特异度，它是正确预测到的负例数与实际负例数的比值，$NPV = \dfrac{TN}{TN + FN}$。

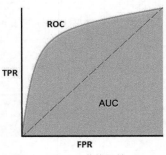

我们以 TPR 作为纵轴，以 FPR 作为横轴，绘制 ROC 曲线，而 AUC 则是 ROC 曲线下的面积。AUC 值的取值范围一般为 0.5～1（若小于 0.5，可将模型取反进行预测），当值为 1 时表示完美的分类模型，当值为 0.5 时对应于图 10-7 中对角线的"随机猜测模型"，即进行随机预测。

AUC 值是一个概率值，当我们随机挑选正例样本以及负例样本的时候，当前的分类算法根据计算得到的得分值将这个正例样本排在负例样本前面的概率就是 AUC 值。AUC 值越大，当前分类算法越有可能将正例样本排在负例样本前面，从而能够更好地分类。例如，一个模型的 AUC 值是 0.7，这表示给定一个正例样本和一个负例样本，在 70% 的情况下，模型对正例样本的打分（概率）高于对负例样本的打分。

图10-7　ROC曲线下的AUC

对于二分类问题，为什么我们不直接使用准确率来对模型算法进行评价呢？这是因为机器学习中的很多模型对于分类问题的预测结果是概率值，即属于某个类别的概率。如果计算准确率，就要把概率转化为类别，这就需要设定一个阈值，概率大于某个阈值的属于一类，概率小于某个阈值的属于另一类，而阈值的设定直接影响了准确率的计算。也就是说，AUC 值越高，阈值分割所能达到的准确率越高，模型算法的效果越好。

4）KS 曲线

KS（Kolmogorov-Smirnov，KS）曲线又称为洛伦兹曲线，是评估分类模型区分能力非常重要的指标。我们分别以 TPR 和 FPR 作为纵轴，以确定类别的阈值作为横轴，可以画出图 10-8 所示的两条曲线。KS 曲线表示两条曲线在每一个阈值下差值中的最大值，KS值即 TPR 与 FPR 差的最大值。

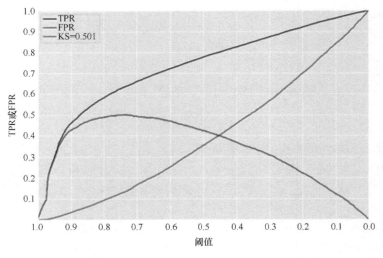

图10-8　KS曲线

KS 值可以反映模型的最优区分效果，此时所取的阈值一般作为定义好坏用户的最优阈值。KS 值越大，模型的预测准确性越好。KS 值的取值范围是 0 ～ 1，一般若 KS 值 > 0.2，即可认为模型有比较好的预测准确性。模型区分样本的能力与 KS 值的关系如表 10-2 所示。

表10-2 模型区分样本的能力与KS值的关系

KS值	模型能力
[0, 0.2)	模型无鉴别能力
[0.2, 0.4)	模型可以勉强接受
[0.4, 0.5)	模型具有区分能力
[0.5, 0.6)	模型有很好的区分能力
[0.6, 0.75)	模型有非常好的区分能力
[0.75, 1)	模型异常，很有可能有问题

因为 KS 值能找出模型中差异最大的一个分段，所以它适合用于划定概率的类别界限，即确定分类阈值。但是 KS 值只能反映出哪个分段中模型区分样本的能力是最大的，而不能从总体上反映出所有分段的效果，因此 AUC 值更好。一般来说，如果任务更关注负例样本，那么区分度肯定就很重要。此时 KS 值比 AUC 值更合适用于模型评估，如果没什么特别要求，那么建议使用 AUC 值。

5）群体稳定性指标

群体稳定性指标（Population Stability Index，PSI）可衡量样本集在模型上的分布差异，是最常见的模型稳定性评估指标。PSI 是对两个数值分布的一种对比性描述，主要对比两个数值分布的相似度，值越小说明两个数值分布越相似。PSI 的计算思路是按一定规律进行排序、分档后，针对不同群体的样本或者不同时间的样本，关注各个分段区间内的数量与总数量的占比是否有显著变化。在实际应用中，经常会通过这一指标来评估模型输出分布的稳定性。PSI 的详细计算及不同值域范围的意义可见第 9 章。

3. 聚类模型的评估指标

根据是否利用数据集样本中真实的类别标签信息（真实的样本分布信息），聚类模型的评估指标可分为外部评估指标和内部评估指标。外部评估指标通过比较聚类结果与真实分布的匹配程度，对聚类结果进行评价；内部评估指标没有使用原始数据分布的先验信息，常通过评价聚类结果的优劣来发现数据集的内部结构和分布状态，是发现数据集最佳聚类的常用办法。下面首先介绍几种比较常用的聚类模型外部评估指标。

1）纯度

纯度（purity）是最简单的聚类算法评估标准，指的是聚类结果的每个类簇中类别纯度的平均值，具体计算方法如式（10.8）所示。

$$p(\Omega, C) = \frac{1}{N} \sum_k \max_l |\omega_k \cap c_l| \tag{10.8}$$

其中，N 表示总样本的对象个数；$\Omega = \{\omega_1, \omega_2, \cdots, \omega_k\}$ 表示聚类的集合；ω_k 表示第 k 个聚类的集合；$C = \{c_1, c_2, \cdots, c_l\}$ 表示真实类别的集合；c_l 表示第 l 个真实类别。纯度的取值范围为 [0,1]，显然，纯度值越接近 1，聚类效果越好。该方法的优势是计算方便、快速，劣势是无法权衡聚类质量与类簇个数之间的关系，无法对退化的聚类模型给出正确的评价（如将每个样本对象单独聚成一类，所有类簇的纯度将都为 1）。

2）F_1 分数

使用外部评估指标的前提是数据应带有类别标签，因此我们可以使用 F_1 分数对聚类模型的结果进行评估。详细内容请参考本章前面,此处不赘述。

3)归一化互信息

归一化互信息(Normalized Mutual Information,NMI)经常用来衡量两个聚类结果的吻合程度。类簇划分 Ω 与真实类别划分 C 之间的归一化互信息计算公式如式(10.9)所示。

$$\text{NMI}(\Omega,C) = \frac{\sum_{k=1}^{K}\sum_{l=1}^{L}\omega_k^l \log\left(\frac{N\omega_k^l}{\omega^k c^l}\right)}{\sqrt{\left(\sum_{k=1}^{K}\omega^k \log\left(\frac{\omega^k}{N}\right)\right)\left(\sum_{l=1}^{L}c^l \log\left(\frac{c^l}{N}\right)\right)}} \tag{10.9}$$

其中,K 表示类聚个数;L 表示类别数据个数;ω^k、c^l 分别为聚类模型划分的第 k 个类簇中样本对象的个数和真实类别划分的第 l 个类别数据中样本对象的个数;ω_k^l 是聚类结果中第 k 个类簇与真实类别划分中第 l 个类别共同拥有的样本对象的个数。归一化互信息的值域范围为 $[0,1]$,当其值为最小值 0 时,表示类簇相对于类别划分是随机的。也就是说,在两者独立的情况下,Ω 给 C 未带来任何有用的信息;其值越接近 1,说明聚类的效果越接近真实的类别划分,即聚类效果越好。

4)兰德指数与杰卡德指数

在类簇划分为 Ω、真实类别划分为 C 的条件下,我们可以通过比较 Ω 与 C 的邻近矩阵来评价聚类的质量。兰德指数(Rand Index,RI)如式(10.10)所示,杰卡德指数(Jaccard Index,JI)的计算如式(10.11)所示。

$$\text{RI} = \frac{a+d}{a+b+c+d} \tag{10.10}$$

$$\text{JI} = \frac{a}{a+b+c} \tag{10.11}$$

其中,a 表示两个样本对象在 Ω 中属于同一簇且在 C 中为同一类;b 表示两个样本对象属于 Ω 中的同一簇,但在 C 中为不同类;c 表示两个样本对象不属于 Ω 中的同一簇,而在 C 中属于同一类;d 表示两个样本对象不属于 Ω 中的同一簇,且在 C 中为不同类。这两个评估指标的值越大,说明聚类结果与真实类别划分越相近,聚类效果越好。

下面介绍 3 种比较常用的聚类模型内部评估指标。

1)CH 指数

CH 指数(Calinski Harabasz Index)通过计算类簇中各点与类簇中心的距离平方和来度量类簇内的紧密度,通过计算各类簇中心与数据集中心点的距离平方和来度量数据集的分离度,最后再由分离度与紧密度的比值得到该指标。CH 指数的计算公式如式(10.12)所示。

$$\text{CH}(K) = \frac{\text{tr}(B)/(K-1)}{\text{tr}(W)/(N-K)} \tag{10.12}$$

其中,$\text{tr}(B) = \sum_{j=1}^{k}\left\|z_j - \bar{z}\right\|^2$ 是类簇间距离差矩阵的迹;$\text{tr}(W) = \sum_{j=1}^{k}\sum_{x^{(i)} \in \bar{z}k}\left\|x_i - z_j\right\|^2$ 表示类簇内离差矩阵的迹;$\bar{z}$ 是整个数据集的均值;z_j 是第 j 个类簇 ω_j 的均值;N 代表类簇个数;K 代表当前的类簇。CH 指数的值越大代表类簇自身越紧密,类簇与类簇之间越分散,即聚类结果更优。

2)轮廓系数

轮廓系数(silhouette coefficient)的计算方法如式(10.13)所示。

$$\text{sc}(o) = \frac{q(o) - p(o)}{\max\{p(o), q(o)\}} \tag{10.13}$$

其中，o 代表类簇 Ω_i 中的样本对象；$p(o)$ 代表样本对象 o 与在同一类簇中的其他样本对象的平均距离；$q(o)$ 代表样本对象 o 与距离最近的类簇中所有样本点的平均距离；$\mathrm{sc}(o)$ 代表 o 的轮廓系数。根据此定义，便可以得到 $p(o)$ 与 $q(o)$ 的计算公式，如式（10.14）所示。

$$p(o) = \frac{\sum_{s \in \Omega_i, o \neq s} \mathrm{dist}(o,s)}{|\Omega_i| - 1}, \; q(o) = \min_{\Omega_j : 1 \leqslant j < k} \left\{ \frac{\sum_{s \in \Omega_i} \mathrm{dist}(o,s)}{|\Omega_j|} \right\} \tag{10.14}$$

所以整个数据集 U 的轮廓系数等于该数据集中每一个样本对象的轮廓系数的平均值，具体计算方法如式（10.15）所示。

$$\mathrm{SC} = \frac{\sum_{i=1, o_i \in U}^{n, o_n \in U} \mathrm{sc}(o_i)}{n} \tag{10.15}$$

整个数据集的轮廓系数越大，说明聚类效果越好；当 SC 为负数时，说明聚类效果很差。

3）戴维森堡丁指数

戴维森堡丁指数（Davies Bouldin index）用类簇内样本对象到其类簇中心的距离估计类内的紧致度，用类簇中心之间的距离表示类间的分离性，戴维森堡丁指数的计算方法如式（10.16）所示。

$$\mathrm{DB} = \frac{1}{k} \sum_{i=1}^{k} \max_{i \neq j} \left(\frac{\overline{\Omega_i} + \overline{\Omega_j}}{\|u_i - u_j\|_2} \right) \tag{10.16}$$

其中，$\overline{\Omega_i}$ 与 $\overline{\Omega_j}$ 分别是类簇 Ω_i 和类簇 Ω_j 中样本对象之间的平均距离；u_i 与 u_j 分别表示类簇 Ω_i 和类簇 Ω_j 的中心。戴维森堡丁指数的下限是 0，值越小意味着类内距离越小，类间距离越大，聚类结果越好。但观察计算公式可以发现，该指标使用了欧氏距离，所以对于环状分布聚类的评估能力很差。

10.2 模型算法的测试方法

上一节介绍了机器学习模型算法评估的样本划分策略和指标计算方法。本节将介绍一些模型算法的测试方法，以及模型在线测试的手段。我们可以通过应用这些测试方法和手段来发现机器学习模型算法中可能存在的缺陷。

10.2.1 模型蜕变测试

1. 蜕变测试概述

常规软件应用程序的测试存在测试断言，这表示可以通过测试人员或测试机制（例如自动测试）针对预期值验证软件应用程序的输出是否符合事实。但是在模型算法测试中，由于时间和人力等的限制，缺乏由模型算法测试确定的测试断言。此时需要某种不依赖于测试断言的测试，这就是蜕变测试出现的背景。

蜕变测试（Metamorphic Testing，MT）是利用模型算法内含属性的测试方法，其思想是假设以某种方式修改了那些与属性相关的输入，则可以在给定原始输入和输出的情况下预测新的输出。依据被测软件的领域知识和软件的实现方法建立蜕变关系，利用蜕变关系来生成新的测试用例，这些测试用例可用于测试模型，通过验证蜕变关系是否保持不变来决定本次模型测试是否通过。

蜕变关系（Metamorphic Relation，MR）表示一组与模型算法中多对输入和输出相关的属性，即在多次执行目标程序时，输入与输出之间期望遵循的关系。

早在 1998 年，澳大利亚斯威本科大学的 Chen 等便提出了蜕变测试的概念。"oracle"或"oracle 测试"问题表示程序的执行结果不能预知的现象，即不知道预期结果。为了解决 oracle 问题，Chen 等提出了蜕变测试的概念。对于该方法，Chen 认为测试过程中没有发现错误的测试用例（即执行成功的测试用例）同样蕴涵着有用的信息，它们可以用来构造新的用例以对程序进行更加深入的检测。蜕变测试技术通过检查这些成功用例及由它们构造的新用例所对应的程序执行结果之间的关系来测试程序，无须构造预期输出。这种测试条件与理论恰好可以应用到模型算法的测试中，根据一定的蜕变关系来制订测试计划，提高算法测试的覆盖率[9]。

蜕变测试可用于机器学习模型的黑盒测试。对于机器学习模型的情况也一样，预先没有预期值，输出是某种预测。由于机器学习模型的结果是可预测的，而预测值本身是难以预先确定的，如果机器学习模型的输入和输出之间能建立某种蜕变关系，那么可以运用蜕变测试来进行机器学习模型的黑盒测试。蜕变测试具有 3 个显著的特点。

- 为了检验模型的执行结果，测试时需要构造蜕变关系。
- 为了从多方面判定模型功能的正确性，通常需要为待测模型构造多条蜕变关系。
- 为了获得原始测试用例，蜕变测试需要与其他测试用例生成的策略结合使用。

模型蜕变测试流程如图 10-9 所示，假设图中模型是年龄与患病概率的关系模型，输入的年龄（模型的特征）与模型算法系统的输出相关。模型算法的输出 Y 是患有疾病的人的可能性估计，输入参数是年龄 X。随着年龄的增长并赋予其他重要特征，患该疾病的人的可能性也会增加。因此，在输入 X（年龄）和输出 Y（患病可能性的估计）之间便建立了蜕变关系。

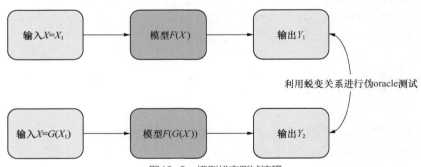

图10-9   模型蜕变测试流程

在图 10-9 中，输出 Y_1 与 Y_2 对应的输入分别是 X_1 与 $G(X_1)$，其中 $G(X)$ 是变换函数，例如 $G(X)=X+5$。假设患这种疾病的可能性有随年龄增加 5 岁而增加的特性，那么将 X 值增加 5 应该导致 Y 值增加。因此，可以按以下方式计划出一组测试用例（测试计划）。

假设年龄 $X_1=30$，模型输出（似然估计为 Y_1）为 0.35，基于这一已知的模型预测结果，可以指定如下测试计划。

第一个测试案例：对于年龄 $X_2=50$，Y_2 的值应大于 Y_1。

第二个测试案例：对于年龄 $X_3=40$，Y_3 的值应大于 Y_1 且小于 Y_2。

第三个测试案例：对于年龄 $X_4=20$，Y_4 的值应小于 Y_1。

上述便是使用蜕变关系进行模型测试的例子。为了制订在模型算法上进行质量检查的蜕变测试计划，一般需要执行以下操作。

首先，算法（数据模型）工程师或测试工程师需要与产品经理合作，了解使用模型算法解决的实际业务问题。此外，测试工程师还需要与算法（数据模型）工程师合作，了解模型细节，例如模型算法的功能、原理等。基于以上信息，需要仔细考虑测试用例并将其作为测试计划的一部分。产品经理和算法（数据模型）工程师也需要确认与审查相同的内容，然后使用编程脚本来实现测试过程的自动化。

2. 模型蜕变关系

实施蜕变测试最难、最核心的工作就是发掘模型算法中所存在的蜕变关系。除由实际业务经验获得的蜕变关系，还有一些通用的蜕变关系[10]。

- 蜕变关系 -0：一致仿射变换（consistence with affine transformation）。一致仿射变换（$f(x) = kx + b$），即线性变换，对于原始训练数据集和测试数据集中的每一个特征值进行线性变换，衍生数据集上的预测结果期望保持不变。

- 蜕变关系 -1.1：类别标签乱序（permutation of class labels）。假设函数 Perm() 实现类别标签的一对一映射。若原始测试数据 T_i 的预测结果为 L_i，则衍生数据集上该条测试数据的预测结果期望为 Perm(L_i)。

- 蜕变关系 -1.2：属性乱序（permutation of the attribute）。对于原始数据集的属性进行乱序操作，衍生数据集的预测结果期望不变。

- 蜕变关系 -2.1：增加无信息属性（addition of uninformative attributes）。无信息属性是指该属性与每一个类别的关联强度是相同的。对原始数据集增加一列无信息属性，若原始测试数据 T_i 的预测结果为 L_i，则衍生数据集上该条测试数据的预测结果期望为 L_i。

- 蜕变关系 -2.2：增加有信息属性（addition of informative attributes）。若原始测试数据 T_i 的预测结果为 L_i，为原始数据集增加一列属性，其属性值满足与类别 L_i 强关联，与其余类别的关联强度平均，则衍生数据集上该条测试数据的预测结果期望为 L_i。

- 蜕变关系 -3.1：一致重复预测（consistence with re-prediction）。若原始测试数据 T_i 的预测结果为 L_i，将数据 T_i 和标签 L_i 加入原始训练数据集，则在衍生训练集上重训模型后，T_i 的预测结果期望为 L_i。

- 蜕变关系 -3.2：附加训练样本（additional training sample）。若原始测试数据 T_i 的预测结果为 L_i，复制原始训练集中类别为 L_i 的数据，则在衍生训练集上重训模型后，T_i 的预测结果期望为 L_i。

- 蜕变关系 -4.1：通过复制样本增加类别（addition of classes by duplicating samples）。若原始测试数据 T_i 的预测结果为 L_i，复制原始训练集中一些类别不为 L_i 的记录（例如，L_i 的类别为 A，复制其他类别的样本记录并用 * 号标记为新增类别，则原始训练数据集 $<A,A,B,B,C,C>$ 可能衍生为 $<A,A,B,B,C,C,B*,C*>$），则在衍生训练数据集上重训模型后，T_i 的预测结果期望为 L_i。

- 蜕变关系 -4.2：通过重定义标签增加类别（addition of classes by re-labeling samples）。若原始测试数据 T_i 的预测结果为 L_i，为原始训练集中一些类别不为 L_i 的记录重新定义类别（例如，L_i 的类别为 A，为其他类别的样本记录重新定义类别并用 * 号表示，则原始训练数据集 $<A,A,B,B,B,C,C,C>$ 可能衍生为 $<A,A,B,B,B*,C,C*,C*>$），则在衍生训练数据集上重训模型后，T_i 的预测结果期望为 L_i。

- 蜕变关系 -5.1：删减类别（removal of classes）。若原始测试数据 T_i 的预测结果为 L_i，将原始训练数据集中类别不为 L_i 的某一种类别记录全部删除（例如，L_i 的类别为 A，将某种其他类别的样本记录删除，则原始训练数据集 $<A,A,B,B,C,C>$ 可能衍生为 $<A,A,B,B>$），则在衍生训练数据集上重训模型后，T_i 的预测结果期望为 L_i。
- 蜕变关系 -5.2：删减样本（removal of samples）。若原始测试数据 T_i 的预测结果为 L_i，将原始训练数据集中部分类别不为 L_i 的记录删除（例如，L_i 的类别为 A，则原始训练数据集 $<A,A,B,B,C,C>$ 可能衍生为 $<A,A,B,B,C>$），则在衍生训练数据集上重训模型后，T_i 的预测结果期望为 L_i。

3. 蜕变测试在模型算法测试中的应用

如前所述，一旦确定了一个或多个蜕变关系，就可以构造用于验证模型算法正确性的测试用例。这些测试用例可以基于以下条件成为自动化的一部分。

- 独立的测试用例，测试输入输出对。
- 逻辑上较新的测试用例，它们是成功执行最后一个测试用例的结果。

这与常规测试不同，常规测试中成功的测试用例不会导致新的测试用例。在执行测试时，根据一定的逻辑与当前测试用例的结果，生成新的测试用例，并进行有穷尽的递归，直至递归结束得到最终的蜕变测试结论。

此外，可以使用编程语言来编写脚本以实现自动化，并作为构建和部署自动化持续集成 / 交付工作流步骤的一部分来运行。

10.2.2　模型模糊测试

1. 模糊测试概述

模糊测试（fuzz test）是一种黑盒测试，使用随机数据作为系统的输入，如果应用程序执行失败，那么需要解决由此引发的问题与缺陷。简而言之，意外或随机输入可能会导致意外结果，通过使用大量的测试用例，尽可能多地发现有可能出问题的地方。用于输入的随机数据和不合法的数据称为模糊数据。例如，在传统软件测试的文本阅读器中，我们需要使用程序打开文件，这时可以将整个文件打乱，而不是仅替换其中的一部分，也可以将该文件限制为 ASCII 文本或非零字节。总之，尽可能多地增加文件的多样性，从而尽可能多地发现文本阅读器程序可能存在的缺陷。

模糊测试最初由 Barton Miller 于 1989 年提出。在模糊测试中，用随机坏数据攻击一个程序或系统，然后观察程序或系统哪里遭到了破坏。模糊测试的技巧在于，它是不符合逻辑的。模糊测试可以自动执行，不需要猜测哪个数据会导致异常，而是将尽可能多的随机、杂乱的数据输入程序中（思想与 Monkey Test 类似），以确认程序的稳定性、健壮性、兼容性。通过使用模糊测试验证出的异常对于我们来说是很出乎意料的，因为任何按逻辑思考的人都不会想到这种异常。模糊测试是一项简单的技术，但它应用到模型测试中后能够揭示出模型算法中的重要 Bug。在进行模糊测试时，大致过程如下。

（1）准备模型算法的一份正常输入。

（2）生成模糊数据测试用例，用随机数据替换该输入中的某些部分。

（3）将模糊数据输入模型算法。

（4）分析模型算法中模糊数据输入对应的输出结果。

这些测试用例是随机的。在对一个模型算法执行模糊测试前，首先要确定输入点，然后把输入数据传递进去。这些输入数据有可能是一个文件、一个数据包、测试表里面的一个项。总之，它是一种数据，需要定义、构造这种随机数据，其中可以用任意多种方式生成随机数据。

2. 模糊测试在模型算法测试中的应用

前面介绍的是模糊测试在传统软件测试中的概念、思想和方法论，我们可以将模糊测试迁移到机器学习模型算法测试中。

一般来讲，在使用模糊测试对模型算法进行测试时，要经过以下几个步骤。

（1）确定模型算法的输入，包括格式、类型。

（2）根据正确的输入，通过随机或半随机的方式生成大量新的输入数据。

（3）将生成的输入数据传入被测试的模型算法中。

（4）当模型算法接收到输入以后，检测模型算法的状态（如是否能够响应、响应是否正确、资源占用情况等），并记录输出结果。

（5）根据被测模型算法的状态记录和输出结果，分析判断模型算法中是否存在潜在的异常。

模糊测试可以检测到的错误类型有以下几种。

- 断言失败和内存泄露：模糊测试广泛用于模型算法存在漏洞而影响内存安全的情形。此类问题是一种非常严重的缺陷漏洞，可能会导致模型算法因异常而崩溃。
- 无效输入：在模糊测试中，模糊器用于生成无效输入，该无效输入用于测试错误的例程，这对于不控制输入的模型算法很重要。简单的模糊测试是一种自动执行否定测试的方法。
- "正确"的错误：模糊测试也可以用于检测某些类型的"看似正确性"错误，例如，输入格式、输入数据类型等。

在模型算法测试中执行模糊测试具有以下优点。

- 提升了模型算法的安全性。
- 可检查模型算法的漏洞，是一种"性价比较高"的测试技术。
- 可发现是严重的错误，而且是容易被攻击的错误。
- 如果由于时间和资源的限制，测试人员没有注意到一些错误，那么在模糊测试中会发现这些错误，这是对人工测试的一种补充。

当然，模糊测试也存在一定的缺点。

- 无法检测出所有的安全威胁或 Bug。
- 只能检测到模型算法中简单的错误或威胁。

10.2.3 模型鲁棒性测试

1. 模型鲁棒性测试概述

鲁棒性也就是所说的健壮性，在进行模型算法测试时，我们还要关注模型算法对异常情形产生的异常输入的处理能力，甚至是服务过程中的容灾能力。简单讲就是模型算法在一些异常情况下是否可以有比较好的效果，我们需要考虑算法处理不确定性的能力。例如，在人脸识别中，在运动产生模糊和佩戴眼镜、发型变化或光照不足等情况下，判断模型的识别结果正确与否。算法鲁棒性的要求，简单来说就是在"好的时候"效果要好，在"坏的时候"

效果也不能太坏。

举个例子，一个家用清洁机器人通常会清洁无宠物的房屋。如果将机器人放到饲养宠物的办公室，在清洁过程中遇到宠物，该机器人以前从未"见过"宠物，因此会继续用肥皂清洗宠物，这样就会导致不良后果。再举个例子，在 AlphaGo 和李世石对决中，李世石是赢了一盘的。李世石九段下出了"神之一手"，DeepMind 团队透露：错误发生在第 79 手，但 AlphaGo 直到第 87 手才发觉，其间它始终认为自己仍然领先。正所谓"一着不慎，满盘皆输"。这里指出了一个关键问题——鲁棒性。

因此，模型算法乃至模型算法服务的鲁棒性直接影响到业务方使用过程中的稳定性，是模型算法测试中需要关注的一个重点。进行模型鲁棒性测试的目的如下。

- 使模型满足高风险应用。
- 使模型对未知情形进行合理的预测。

模型在异常情形下产生的非正常、不合理的输出，会直接影响用户对产品的体验。在高风险的应用场景（如自动驾驶、疾病诊断的应用）中，有时会缺少人工监督，因此模型算法已经被赋予了重要的自主决策权，模型的预测结果甚至会直接关系到人们的性命。模型算法必须对嘈杂或变化的环境、错误指定的目标，以及错误的实现具有鲁棒性，以使此类干扰不会导致系统采取具有灾难性后果的行动，例如撞车和误诊。此外，在实际应用中模型不会只面对我们人类认知范畴内的所有情形，因此还需要关注模型对未知情况的处理能力。

在进行模型鲁棒性测试时，要估算指定模型中模块的所有可能组合，报告估算模型分布的关键统计数据，并确定经验上最有影响力的模型细节，确保数据不确定性与模型不确定性之间的自然平衡。通常的标准误差和置信区间反映了数据的不确定性，表明在重复采样中估计值有多少变化。同样重要的是探查模型内部，拆解建模对象并查看哪些因素对于获得当前结果至关重要。

2．常用的模型算法鲁棒性测试方法

我们在进行模型算法的鲁棒性测试时可以分两步。首先，在所有可能的控制组合中估计模型分布，以及指定可能的功能形式、变量定义、标准错误和评估指标，这使我们可以模拟模型的不同条件，并对产生的不同结果进行度量。然后，进行模型影响分析，显示每种模型依赖成分如何影响模型的结果。

本着上述理念，模型算法的鲁棒性测试方法就是用尽可能多的异常数据来进行测试，这些异常数据应该覆盖模型运行中所有不同的情形。通常我们会从两个角度来评估模型的鲁棒性——模型算法自身的输入 / 输出和模型算法依赖的服务。

从模型算法自身的输入 / 输出角度来看，为了测试模型算法的鲁棒性，我们会构造一些异常的模型输入，从而观测模型的输出是否符合要求。比较常见的输入构造方法有以下几种。

- 特征值在合理阈值外。
- 增加或减少特征数量。
- 更改输入格式，如改变输入结构体、构造不同的分隔符。
- 更改数据类型，如 Double 类型输入更改为 String 类型。

通过前文我们已经了解了模型算法服务的完整生命周期。在模型部署到线上并实际提供服务时，模型服务很可能会依赖各种其他流程与服务，如原始数据采集、数据加工和存储、特征计算等。我们可以从模型算法依赖的服务出发，模拟这些服务的异常、崩溃等情形。根

据之前提到的模型效果评估指标，计算正常情形与异常情形下对应的 F_1 分数、PSI、KS 值等指标，对比正常和异常情形下指标的变化可以体现出这些异常情形对模型预测效果的影响。综合考虑某一异常情况出现的频率及对应的影响，确认模型算法在该异常情形下的变化及程度是否符合我们的预期、是否在业务方的可接受范围内，以此来评估模型的鲁棒性。显然，我们肯定会认为在同一异常情形下，对效果影响较小的算法更优，这也说明该模型算法的鲁棒性越强。

通过对模型算法的鲁棒性进行测试、评估，可以获知该模型在对外服务时的效果下限，并指导算法的优化与改进，确保最终部署的模型算法的质量，在业务应用上达到更好的效果。

例如，通过使用 KS 值进行评估，模拟在某种条件下对特征产生的某种影响，获取在这种异常条件下影响结果的代码。

```
1  load model, sample
2  label = get_label(sample)
3  features = get_feature(sample)
4  ks_normal = model.get_ks(features, label)
5  features_anomalous = simulate_abnormality (features)
6  ks_ anomalous = model.get_ks(features_ anomalous, label)
7  result = compare(ks_normal, ks_anomalous)
```

10.2.4 模型安全测试

1. 模型安全测试概述

尽管由机器学习算法驱动的系统可以增强人类的决策能力并改善结果，但它们并非无懈可击，并且可能容易受到对抗性攻击。这会引起安全隐患，有可能降低人们对系统的信心。尽管技术社区不断发现并修复软件系统中的漏洞，但这对以机器学习为动力的系统攻击带来了新的挑战。例如，攻击者可能会通过注入经过精心设计的样本来破坏训练数据，从而最终损害系统安全性。他们可以通过研究机器学习系统的输出来窃取机器学习模型，也可以通过引入噪声或对抗性干扰来"愚弄"模型算法。

当进行模型安全测试时，通常模型算法被攻击的方式有两种——试探性攻击和对抗性攻击。在试探性攻击中，攻击者的目的通常是通过一定的方法窃取模型，或通过某种手段恢复一部分训练机器学习模型所用的数据来推断用户的某些敏感信息。对抗性攻击对数据源进行细微修改，让人感知不到，但机器学习模型接受该数据后会做出错误的判断。

2. 安全测试在模型算法测试中的应用

举个例子，现代机器学习系统在识别图像中的对象、注释视频、将语音转换为文本或在不同语言之间进行翻译等认知任务上达到了很高的水平。这些突破性结果中有许多是基于深度神经网络（Deep Neural Network，DNN）的。深度神经网络是一种复杂的机器学习模型，与人脑中相互连接的神经元具有某些相似性。深度神经网络能够处理高维输入（例如，高分辨率图像中的数百万个像素），以各种抽象级别表示这些输入中的模式，并将这些表示方式与高级语义概念相关联。深度神经网络的一个吸引人的特性是，尽管它们通常是高度准确的，但容易受到所谓对抗性示例的攻击。对抗性示例是指由深度神经网络故意修改的输入（如图像）产生所需的响应。图 10-10 给出了一个示例。在大熊猫的图像上添加了少量的对抗性噪声，导致深度神经网络将该图像错误地归类为卷尾猴。通常，对抗性示例的目标是产生错误分类或特定的错误预测，这些会使攻击者受益。目前模型安全还是较新的领域，如对抗性样本的构造。

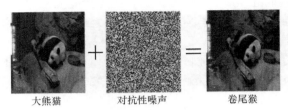

大熊猫　　　　　　对抗性噪声　　　　　　卷尾猴

图10-10　神经网络对抗性攻击示例

此外，数据几乎是每个机构、公司最重要的资产。关于安全我们还需要关注模型算法中输出数据的安全。首先，要确定模型的输出是否违反了法律法规中数据合规性的要求，若有这方面要求，我们需要关注模型的输出是否进行了脱敏、标准化等处理。其次，我们需要确认模型使用者是否可以通过调用大样本获取大量数据，以避免造成损失。

10.2.5　模型可解释性测试

1. 模型可解释性概述

机器学习模型的可解释性越高，人们就越容易理解为什么做出某些决定或预测。模型可解释性是指对模型内部机制的理解以及对模型结果的理解。其重要性体现在两方面：在建模阶段辅助开发人员理解模型，进行模型的对比选择，必要时优化调整模型；在投入运行阶段，向业务方解释模型的内部机制，对模型结果进行解释。例如，商品推荐模型需要解释为何向这个用户推荐某个商品。

在一般规律中，模型的复杂度和准确性往往是正相关的，越高的复杂度意味着模型越无法实现可解释性。在过去的几年中，计算机视觉领域中深度学习的进步导致人们普遍认为，针对任何既定的数据科学问题，最准确的模型必须是复杂且无法解释的。这种想法源于机器学习在社会中的用途。当前的机器学习应用是广告推荐、网络搜索之类的低风险决策，这些决策不会对人类的生活造成深远的影响。在技术上可解释的模型与黑盒模型是等效的，但是可解释模型比黑盒模型更符合"道德"标准。可解释模型会被约束以更好地理解如何进行预测。在某些情况下，我们可以很清楚地看到变量是如何联系起来形成最终预测结果的。最终的预测结果可能只是简短逻辑语句中几个变量的组合，或者使用线性模型对变量求加权和。

在一些传统、重要的场景（诸如诊断疾病、驾驶汽车等）下应用模型算法来实现智能化时，模型服务的使用方需要了解模型算法的可解释性，以此建立对模型决策结果的信任。在业务中，我们希望了解患病预测模型为什么会判定某人没有患病，或者自动驾驶模型为什么会在直行时变换车道。因此，在对模型算法进行测试时，对于简单、可解释的模型，我们还要关注模型的解释性是否合理。在实施模型的可解释性测试之前需要对业务、数据、模型算法有非常深入的理解。模型可解释性的作用与价值如下所示。

- 调试模型。一般真实业务场景中会有很多不可信赖的因素，我们没有能够全面覆盖脏数据。当我们遇到了用现有业务知识无法解释的数据的时候，了解模型预测的模式，

　　可以帮助我们快速定位问题。
- 指导数据采集和特征工程的方向。特征工程通常是提升模型准确率最有效的方法之一。特征工程通常涉及反复地操作原始数据，用不同的方法来得到新的特征。我们了解了模型预测的逻辑和业务背景知识后，便可以更好地确定什么样的数据可以应用到业务中以挖掘特征，更好地体会什么样的特征会更有利于业务和模型的应用。
- 指导决策。一些决策是模型自动做出来的，例如，亚马逊官网不会用人工来决定在页面上展示给我们哪些商品。但很多重要的决策是由人来做出的，对于这些决策，模型的洞察力会比模型的预测结果更有价值。
- 建立人与模型之间的信任。很多人在做重要决策的时候不会轻易地相信模型，除非我们验证过模型的一些基本特性。实际上，把模型的可解释性展示出来后，如果可以匹配上人们对问题的理解，那么这将会建立起人们对模型的信任。

2. 可解释性在模型算法测试中的应用

　　模型可解释性的主要内容包括基于"白盒"模型的内在可解释性，以及基于"黑盒"模型推断的可解释性。

　　1）基于"白盒"模型的内在可解释性

　　可以使用内在可解释的机器学习算法，如表 10-3 所示。根据目前研究阶段的成果可知，可解释的算法有通用的线性模型（包括线性回归）、决策树算法、朴素贝叶斯算法、K 近邻算法等。例如，因为深度神经网络等复杂的模型能够在多个层次进行抽象推断，所以它们可以处理因变量与自变量之间非常复杂的关系，即输入与输出之间的学习过程高度非线性、不单调，参数之间相互影响。这远超过人类可直接理解的范畴。这种复杂性使模型成为"黑盒"，我们无法获知所有产生模型预测结果的这些特征之间的关系，所以只能用准确率、错误率等评价标准来评估模型的可信性。

表10-3　内在可解释的机器学习算法

算法	是否是线性的	是否具有单调性	特征是否交互
线性回归算法	是	是	否
逻辑回归算法	否	是	否
决策树算法	否	部分具有	是
RuleFit算法	是	否	是
朴素贝叶斯算法	否	是	否
K近邻算法	否	否	否

　　2）基于"黑盒"模型推断的可解释性

　　该类基于模型推断的可解释性一般将包含机器学习模型的系统看作黑盒，从而能够保证解释模型与方法和原机器学习系统之间是解耦的，保持解释层的模型无关性。下面介绍几种与模型无关的可解释性构建方法。

- 部分依赖绘图（Partial Dependence Plot，PDP）。针对复杂模型，部分依赖绘图计算中可以考虑所有样本点，在保持样本中其他特征的原始值不变的条件下，计算特征（一般是 1～2 个）在所有可能值情况下的模型预测均值，从而全局化地描述该特征对模型预测的边际影响。它能够可视化特征的重要性，描述特征与目标结果之间的关系。通过 PDP 展示的结果非常直观，并且全局性地分析了特征对模型输出的影响，但是可解释性的可信度在很大程度上依赖特征之间的相关性。PDP 没有考虑特征之间的相关性，在通过遍历某特征值求均值的过程中不可避免地引入了一些不可能存在的点，导致最终结果出现偏差。图 10-11 展示了功率、重量与油耗之间 PDP 的 3D 可视化结果。

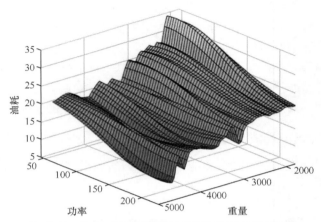

图10-11　功率、重量和油耗之间 PDP 的 3D 可视化结果

- 特征归因（feature attribution）。特征归因是分析模型决策依赖指定特征的程度的一种度量。该方法同样符合人类直觉——特征重要性越高，模型预测越"依赖"该特征，从而能够直观发现特征对结果的影响。值得注意的一个问题是，许多 Boosting 方法及框架（如 XGBoost、LightGBM，以及 CatBoost 等）都能够提供模型的特征重要性（feature importance）参数。此类模型在构建过程中获得的特征指数能够反映模型在训练数据上对特征的依赖，有效地辅助特征工程。这可归属于建模前的可解释性部分，用于辅助模型的构建。但此类特征重要性不能够回答模型如何在任务中做出决策这个问题。这些方法获取的特征重要性完全依赖于训练数据集，而训练数据集很难真实反映实际环境下的数据分布。
- 全局代理模型（global surrogate model）。全局代理模型能够提供整个模型的可解释性，而不是仅针对某个或某些样本实例的解释。一种朴素的思路是，将原始数据集中的实际标签替换为黑盒模型中的预测标签，生成新的样本集，并在该样本集上训练一个内在可解释的模型。显然，该方法能够直观地解释复杂模型的决策流程，但是这不可避免地丢失了模型的预测性能。因为代理模型直接学习的是关于黑盒模型的知识，而不是原始数据本身的知识。代理模型的核心思想可以概括为使用简单可解释的模型模拟复杂模型的行为，即学习模型的一种可解释压缩表示。深度学习中模型蒸馏（distilling）等压缩技术也是生成代理模型的可用方法，其关键是如何限制模型架构，保证最终代理模型的可解释性。

模型可解释性测试是一个用于评估解释方法的科学评估体系，尤其是在计算机视觉领域。许多解释方法的评估还依赖于人类的认知，因而只能定性评估，无法对解释方法的性能进行量化，也无法对同类型的研究工作进行精确的比较。由于人类认知的局限性，人们只能理解结果中揭示的显性知识，通常无法理解其隐性知识，因此无法保证基于认知的评估方法的可靠性。模型可解释性测试是非常有前景的研究领域，该领域已经成为国内外学者的研究热点，并且取得了许多瞩目的研究成果。但到目前为止，模型可解释性研究还处于初级阶段，依然有许多关键问题尚待解决 [11]。

10.2.6　模型在线测试

1.　模型在线验证的测试

当模型算法通过离线评估以后，便会部署到线上。部署完成以后，我们需要对模型提供的服务的正确性进行检查和验证。此阶段的在线验证测试是机器学习项目中最重要的测试步骤之一，因为此次验证的结果将直接说明该模型服务是否符合预期，直接决定它是否可以正式交付并对外提供服务。模型部署完成后的验证测试一般从两方面进行。

- 模型部署的工程代码的正确性。通过使用一批样本对在线模型服务进行调用，可以获取到对应模型的在线预测结果。对调用结果进行统计（如值域、分布等）来分析模型的部署是否正确。模型部署的正确性验证测试更多地关注工程部署代码是否正确。这也是机器学习项目交付前的最终验收。
- 模型效果的在线 / 离线一致性。模型算法会经过离线环境的开发训练。因为模型算法已经通过了离线环境的评估测试，所以我们可以使用与离线测评相同的一批样本，获取在线模型服务对应的结果。通过分析在线模型结果的分布情况、效果是否与之前的离线评测结果一致，可以知道在线模型服务是否符合预期。

2.　模型服务的 A/B 测试

有些时候，我们需要使用在线真实流量来评价、比较两个或多个模型的优劣，A/B 测试无疑是最佳选择。模型服务的 A/B 测试为同一个预测目标训练、部署多个模型，在同一时间维度下分别让组成成分相同或相似的样本使用其中一个模型，收集各样本组的业务数据，最后根据显著性检验分析，评估出最好的模型并正式采用。在使用 A/B 测试进行模型比较时，不仅可以使用前面介绍的评估指标，还可以使用一些能够评价业务的指标。虽然我们在模型离线阶段已经进行了评估，但仍要进行在线模型服务 A/B 测试，其原因如下所示。

- 离线评估无法完全消除模型过拟合的影响。因为离线效果评估常常不可避免地受到过拟合问题的影响，所以离线评估结果无法完全替代在线评估结果。
- 离线评估无法完全还原在线的工程环境。在线的工程环境包括数据延迟、数据缺失、标签缺失等情况。因此，离线评估的结果是理想工程环境下最好的结果。
- 在线系统的某些业务指标在离线评估中无法计算。离线模型评估的指标包括准确率、召回率和 ROC 曲线等。在线系统更关注一些业务指标（如点击率、成交率、通过率等），这些指标无法在离线评估中给出。

使用相同或相似的样本，我们会得到两种不同的 A/B 测试策略。

- 使用相同样本策略的模型服务 A/B 测试。图 10-12 所示为使用相同样本的模型服务 A/B 测试。从图中可以观察到，同一个样本在多个模型上获得了预测结果，但只选取其中的一个作为最终结果进行决策，这相当于其他模型仅在帮助收集信息。在任意预测、决策结果不影响后续样本真实结果的情况下，可以在获取样本的真实结果后，比较各个模型的各项指标来选取最优模型。

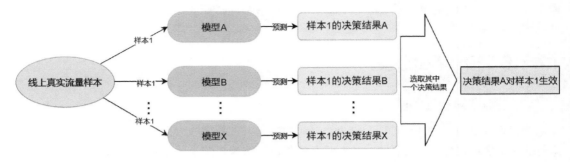

图10-12   使用相同样本的模型服务 A/B 测试

- 使用相似样本策略的模型服务 A/B 测试。图 10-13 所示为使用相似样本的模型服务
  A/B 测试。图中不同样本会被随机分配给不同的模型并直接得到对应的预测结果与决
  策。该策略不仅要确保样本的独立性和采样方式的无偏性，这需要确保只有在在线真
  实样本量足够大的情形下才能够逼近各模型在无偏样本下的表现。在近似同分布的情
  况下，我们可以通过计算指标对各模型进行比较。

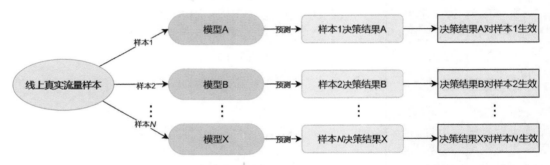

图10-13   使用相似样本的模型服务 A/B 测试

使用相同样本策略与相似样本策略的模型服务 A/B 测试的比较如下。

- 使用相同样本策略的模型服务 A/B 测试的预测结果更稳定，每个样本都使用同一个模
  型作为最终决策，不会过多地影响模型服务的使用方。在对模型进行更新、升级时，
  可以优先考虑此种策略。
- 在样本量足够大的情况下，使用相似样本策略的模型服务 A/B 测试更贴近评估各模型
  所需结果的真实值，因为每个模型都将预测结果真正作用到了样本上。对于不同预测
  结果会影响样本实际结果的场景，使用相似样本策略的模型服务 A/B 测试效果更佳。

10.2.7   模型监控与迭代

1. 模型效果的监控

　　尽管通过模型算法效果评估、蜕变测试、鲁棒性测试、安全测试等可以排除许多风险，但是
很难在测试评估阶段就解决所有问题。部署机器学习系统以后，我们需要使用工具来持续监控和
调整机器学习系统。对模型算法的质量保障的最后一步从监控和强制执行两个角度进行。

　　一方面，模型监控包括检查系统的所有方法，以便通过人工检查（汇总统计信息）和自动
检查（扫描大量活动记录）来分析与预测模型状况。另一方面，设计用于控制和限制机器学习

系统行为的机制来减少系统异常，以保证机器学习系统不会在服务过程中失控。

机器学习系统的实施方式和数据处理方式在各种应用场景中不尽相同，因此在不同的应用场景下，我们需要使用的模型监控方法和策略会有所不同。精心设计的监控手段和工具可以评估机器学习系统做出的预测、决策的质量。例如，医学机器学习系统在理想情况下会完成诊断以及得出结论，医生应在采用机器学习系统给出的诊断前检查其推理过程。此外，为了了解更复杂的机器学习系统，我们甚至可以采用自动方法，使用"机器心理理论"来构建行为模型。

最后，我们希望能够在必要时关闭机器学习系统，这是可中断性的问题。设计可靠的离线开关非常具有挑战性；但是此类中断（尤其是在频繁发生时）最终改变了原始任务，导致机器学习系统从经验中得出了错误的结论。

如何进行模型监控以及应对问题呢？机器学习系统发布到线上后，模型在线上持续运行，需要根据不同的应用场景以固定时间间隔（可以是实时、隔天、隔周或隔月等）检测模型算法的表现，通过各种评估指标对模型进行评估，对各指标设置对应的阈值。当达到阈值时立即发送警报给相关人员，以进行跟进、解决与修复。在模型服务过程中，难免会遇到未知的、无法快速解决的异常，此时我们需要有强制执行系统，通过服务降级的方式来应对。

2.　模型迭代的测试

随着运行时间的推移、业务与数据的变化，模型的效果会衰退，有可能不能很好地拟合当前的数据。此时便需要用新数据进行训练以得到新模型，对旧模型进行替换与迭代。

在对模型算法进行迭代时，除了对新模型进行相关的常规评测，还要关注另外一个问题——模型产出的只是预测值（或概率值），至于要怎么使用预测值，阈值设为多少是与模型本身没关系的，这些应由业务调用方自行决定。进行模型迭代时预测值一定会发生变化，因此我们需要保证这种变化不会影响到调用方，或者及时通知调用方进行相应更改。例如，旧模型的预测值是均匀分布在 $0 \sim 1$ 的；而新模型预测值的分布比较极端，预测值大多集中分布在 $0 \sim 0.1$ 和 $0.9 \sim 1$，这就会出现问题。因为业务调用方当初根据旧模型的预测值均匀分布在 $0 \sim 1$ 设置了阈值，所以调用方如果不重新调整阈值就会造成业务上的异常。因此，在更新模型的时候还需要进行预测值的分布统计以及对比新、旧模型预测值的 PSI 评估（也叫预测值的稳定性测试）。一般来讲，在进行模型迭代时，我们不允许预测值出现很大的变化。

10.3　不同应用场景下模型算法的评测

本章已经介绍了一些机器学习模型算法的通用评估指标，可以通过这些评估指标来对模型算法进行评估。本章还介绍了一些机器学习模型算法的测试方法，可以实施这些测试方法来发现机器学习模型算法中存在的缺陷。本节将介绍 3 个典型业务场景中的机器学习模型算法评测。

10.3.1　图像分类场景下的模型算法评测

1.　图像分类场景简介

随着社会的发展，图像数据的增长速度越来越快，继续使用人工进行图像分类变得越来越不现实。图像、视频等多媒体信息在图像传播技术快速发展的今天数量十分庞大，人们需要对大量的多媒体信息进行管理，这使图像分类技术得到了迅猛的发展并且取得了质的飞跃。基于图像分类技术的应用也应运而生，如某电商 App 中拍照搜索商品的功能、Google 用图搜索的 Web 应用。此外，诸如智能机器人、人脸识别、交互式游戏、智能视频监控等很多领域会使用到图像分类。

2.　图像分类场景下的模型算法评测

图像分类是一个非常典型的分类算法问题。我们可以通过将带标签的图像样本输入分类模型，统计出图像分类模型预测结果中对应的真正例、真负例、假正例、假负例的数量。在此基础上，计算模型的准确率、精准率、召回率和 F_1 分数。另外，我们可以绘制 ROC 曲线和计算 AUC 值，根据上述这些指标衡量图像分类模型效果的好坏。

图像分类场景下需要重点关注分类算法的健壮性。我们可以通过各种处理手段对图像样本进行变换，常用的方法有图像旋转、加入噪声、调节图像亮度、添加复杂背景、仿射变换等。在扩充测试样本的同时，使用评估指标来评测图像分类模型的健壮性。

10.3.2　推荐场景下的模型算法评测

1.　推荐场景简介

推荐场景是一个信息处理场景，是预测一个用户对某种事物的偏好并进行推荐的场景。它通过分析用户历史行为、用户信息与被推荐对象信息等数据，尽可能将最优、最相关的对象推荐给各个用户，从而达到满足用户需求、提高用户体验的目的。推荐应用目前也是在机器学习应用领域中实施效果最好的应用之一。目前在各传统软件、互联网公司中，推荐应用几乎无处不在。在诸如新闻、内容、金融、电商、广告、社交等不同的推荐应用场景中，推荐应用在本质上是相似的。只是在不同的业务中，我们所要推荐的对象不同，可能是视频文章、理财产品、商品货物、广告资讯等，同时各对象的数据内容和特征维度有所不同。各大公司也都有使用机器学习推荐算法来帮助发展业务的例子。

2.　推荐场景下的模型算法评测

在推荐场景中，我们会分析用户的历史行为、被推荐对象的特征，以及当前用户的信息，根据这些数据规律进行推荐。而标签一般来讲是针对被推荐对象的。若推荐对象被采纳，标记为正例 1；否则，标记为负例 0。

在推荐业务场景中，我们在保障质量时，可以使用 MAE、RMSE 指标来度量推荐结果与用户实际值之间的偏差。MAE 和 RMSE 越低，推荐给用户的对象准确性就越高。此外，无论我们在算法实现上使用了什么样的算法、什么样的流程，最终体现到业务上都是推荐与不推荐该对象两种情形。因此，我们可以使用评估分类算法的指标（如精准率、召回率、F_1 分数、AUC 值等）来评估该推荐应用，由此可以发现算法系统中是否存在重大缺陷，计算过程此处不赘述。关于推荐系统，人们会关注以下通用评估指标。

1）采纳率

在推荐应用场景中，一个最重要的指标便是采纳率（Adoption Rate，AR），实际业务中经常使用点击率（Click-Through Rate，CTR）来表示同一概念。这很容易理解，在实际业务中用户点击了某个推荐的对象也就是用户采纳了这个推荐的对象。采纳率表示的意义就是采纳的对象数量与推荐的对象数量的比值。例如，在新闻资讯 App 中，被采纳的对象就是用户点击进入页面并详细阅读的新闻资讯，而通过推荐系统处理后展示给用户的全部新闻资讯即为被推荐对象。该指标的计算公式如下。

$$AR = \frac{采纳的对象数量}{推荐的对象数量} \times 100\%$$ （10.17）

同理在实际业务中，CTR 的计算公式如下。

$$CTR = \frac{点击量}{曝光量} \times 100\%$$ （10.18）

采纳率直接体现了该推荐系统的优劣，比值介于 0 ~ 1，值越大说明推荐的对象更加符合用户的需求与兴趣，算法系统更优。这个指标可用于离线评估和比较多个推荐系统，也可以直接在线上部署 A/B 测试。通过评估两组或多组用户的实时采纳率、采纳率报表等，比较两个或多个推荐系统的优劣。

2）转化率

转化率（Conversion Rate，CR）指用户产生收益行为的次数（Payment Count）与总采纳次数（Adopted Count）的比值。它是一个业务指标，更多地应用在电商、广告、内容付费等场景上，因为它是一个直接描述效益能力的指标。因为转化率是整个业务中各个模块系统共同作用的综合结果，所以不能直接用来评价推荐应用的优劣，但是我们可以通过仅改变推荐应用中的单个变量来比较不同推荐算法的优劣。转化率的计算在不同的公司业务、核算规则中可能会有所不同，其中一种参考的 CR 计算方式如式（10.19）所示。

$$CR = \frac{用户产生收益行为的次数}{总采纳次数} \times 100\%$$ （10.19）

转化率也能体现出推荐算法的优劣，而且是一个与经济效益挂钩的指标，因此尤为重要。

3）平均精确度均值

对于推荐应用所推荐的最终结果，肯定是一组有序的对象。因此，除了要关注推荐对象的质量，我们还要关注推荐结果的顺序。因为当前无论是个人电脑还是各种移动设备，显示屏的大小是有限的，更优的推荐对象应该排在前面，所以可以使用平均精确度均值（mean Average Precision，mAP）来预测目标位置与类别。它首先在一个类别内求平均精确度，然后对所有类别的平均精确度再求平均值。平均精确度（Average Precision，AP）的具体计算方法如式（10.20）所示。

$$AP = \frac{\sum_{k=1}^{n} P(k)\,\mathrm{rel}(k)}{相关对象数量}$$ （10.20）

其中，k 为对象在检索结果队列中的排序位置；$P(k)$ 为前 k 个结果的准确率，即 $P(k) = \frac{相关对象数量}{总对象数量}$；$\mathrm{rel}(k)$ 表示位置 k 的对象是否相关。若相关，$\mathrm{rel}(k)$ 为 1；若不相关，$\mathrm{rel}(k)$ 为 0。在 AP 的基础上，mAP 表示对 N 个对象对应的 AP 求平均值，其计算公式如式（10.21）所示。

$$mAP = \frac{\sum_{o=1}^{N} AP_o}{N}$$ （10.21）

其中，AP_o 表示第 o 对象的平均精确度。

4）归一化折损累计增益

描述推荐应用排序效果的另一个指标是归一化折损累计增益（normalize Discounted Cumulative Gain，nDCG）。首先介绍累计增益（Cumulative Gain，CG），计算方法如式（10.22）所示。

$$CG_p = \sum_{i=1}^{p} rel_i \tag{10.22}$$

其中，p 为对象在搜索结果列表中的排序位置；rel_i 为处在该位置的对象的等级相关性（graded relevance）。CG 的劣势是等级相关性与位置无关，这是不合理的。将一个相关性更高的推荐结果排在相关性较弱的推荐结果前面应该是更佳的，但是 CG 的表现是两者无差异。因此，引入了折损累计增益（Discounted Cumulative Gain，DCG）。

$$DCG_p = \sum_{i=1}^{p} \frac{2^{rel_i}-1}{\log_2 i+1} \tag{10.23}$$

DCG 考虑了位置的影响，对于结果位置越靠前的对象，其相关性表现出对整体排序质量的影响越大。然而，DCG 仍有一个缺点，不同推荐应用返回的搜索结果的数量不同，其 DCG 的值相差很大，是不可比的。因此，需要对 DCG 进行一定程度的归一化，于是有了归一化折损累计增益 nDCG。

$$nDCG_p = \frac{DCG_p}{IDCG_p} \tag{10.24}$$

其中，$IDCG_p$ 为搜索结果按相关性排序之后得到的最大 DCG。

5）覆盖率

推荐应用的覆盖率（Coverage Rate，CR）是一个关注推荐结果长尾效应的指标，它的计算公式如下。

$$CR = \frac{推荐过的对象数量}{对象总数量} \tag{10.25}$$

为了方便理解这个指标的含义，同样以新闻资讯场景来举例，我们知道可能有不计其数的新闻资讯。覆盖率应该是一个在全量用户（样本）上衡量算法的指标，理论上在某个时间范围内所有的新闻资讯都应该被推荐过。在全量用户上，一个推荐应用系统极有可能做不到将所有新闻资讯都推荐过，我们也没办法要求一个推荐系统在对象粒度上将所有新闻资讯都覆盖到。在实际业务和工程资源的限制下，可能无法直接按照全量计算，而且公式中的分子（推荐过的对象数量）与分母（对象总数量）都未必是可以准确统计的。很显然，若直接这样使用这个指标，则收益极低，参考意义也不大。

为了解决这种问题，我们可以对新闻资讯进行人工分类或利用聚类方法将千千万万条的新闻资讯归类为几百类，甚至几十类，所分出的这些类别一定是重要且不可或缺的。例如，新闻资讯可以分类为国内、国际、财经、娱乐、体育等类别。于是可以从对象类别的维度上，利用下面的方法计算类别覆盖率（Class Coverage Rate，CCR）。

$$CCR = \frac{推荐过的对象类别数量}{对象类别总数量} \tag{10.26}$$

一个优秀的推荐应用系统应该可以将所有类别都进行推荐，因此我们需要对那些覆盖率过低甚至为零的重要类别进行关注，确认推荐应用是否存在缺陷。此外推荐系统在线上投入使用后，还可以使用各类别的覆盖率指标进行异常监控。

另外，对于各类别被推荐的覆盖程度，我们也可以通过使用 KS 曲线与基尼系数进行描述，关注各类别被分配到的推荐与曝光机会是否在合理范围内，根据基尼系数的经验值域来评估推荐模型。

6）相似度

在实际业务中，系统为用户推荐了一批对象，但从用户体验的角度上来讲，这些对象不应该都很相似。假如我们在电商的推荐页面上看到的全是鞋类产品，这样的感受一定是很糟糕的。因此，我们需要推荐对象之间的相似度不能过高，而对象间的余弦相似度（相似度之一）可以通过下面方法进行计算，具体计算公式如下。

$$\mathrm{Cosine}(x, y) = \frac{\sum_{i=1}^{n} x_i y_i}{\sqrt{\sum_{i=1}^{n} x_i^2} \sqrt{\sum_{i=1}^{n} y_i^2}} \tag{10.27}$$

其中，x 与 y 为两个对象的某种度量（如特征值）。

此外，我们还可以使用杰卡德指数，该指数的详细说明参见本章相关部分的讲解，此处不再过多介绍。但在当前的应用场景下，我们只需要考虑两个对象的情形，公式如下。

$$\mathrm{JI}(X, Y) = \frac{|X \cap Y|}{|X \cup Y|} \tag{10.28}$$

其中，X 与 Y 为两个对象的特征集合。在离线和在线评测时，关注及监控这些相似度指标也会发现缺陷和异常。

10.3.3 金融风控场景下的模型算法评测

1. 金融风控场景简介

在各种银行、贷款公司、消金公司等金融机构中，通过借款或分期来赚取一定的利息是它们主要的业务模式。开展这类金融借贷业务时一定要进行金融风控评测，对借贷人的借贷请求进行审核与评估。通过预测借贷人的还款能力与意愿，确定放款与否及放款额度，尽可能地降低借贷人逾期还款与坏账的风险，达到业务盈利的目的。目前，已经有很多公司使用机器学习技术进行金融风控，并取得了提高效率、降低逾期坏账等显著效果。在金融风控场景中，机器学习风控系统主要通过分析借贷人的各种信息和数据，预测借贷人的借贷行为与贷后表现。

2. 金融风控场景下的模型算法评测

在金融风控场景中，反欺诈规则与信用评分模型是两个非常重要的应用，本部分的评测主要针对这两种应用。

1）反欺诈规则

在反欺诈规则应用中，主要是通过对有欺诈嫌疑的用户的历史数据进行分析，提取特征规则，根据这些规则对有欺诈嫌疑和倾向的借贷人进行拒绝过滤。该应用用于甄别出有异常欺诈的借贷人。在评估时需要重点关注以下两点：

- 欺诈样本的拒绝率；
- 整体样本的通过率。

显然，我们希望有欺诈嫌疑的用户样本的拒绝率很高。此外，我们还需要让整体的拒绝率不能过高，一是为了不减少正常借贷人的申请，二是为了保证业务的正常开展（通过率过低会使业务放缓乃至停滞）。

2）信用评分模型

在信用评分应用中，主要使用信用评分模型预测借贷人的逾期概率，模型的输出是逾期概率或者信用评分。一般来讲，借贷人的逾期概率越高或信用评分越低，放款后其逾期拖欠，甚至成为坏账的可能性越高。因此，在实际业务中我们会根据整体业务报表、逾期率来调整概率与分数的阈值，平衡放款比例与坏账率，从而实现业务盈利。当我们对信用评分模型进行评估时，主要会关注以下几个方面。

- 分布统计。我们可以将样本对应的预测结果（信用分或概率值）进行可视化，绘制出验证样本对应结果的分布密度曲线。正常来讲，分布密度曲线应该是平滑的且类似于正态分布。此外，还可以计算评分结果的一些统计项（如十分位点、最大值、最小值、中位数、众数等），检查这些值是否在预期的值域内。通过对分布统计进行在线监控，关注分布是否出现偏移，也可以有效地发现模型在服务中是否出现了问题，图 10-14 所示为信用评分模型的分数密度分布曲线。

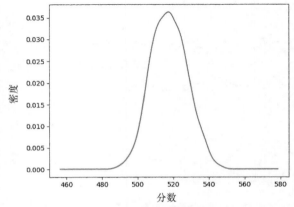

图10-14　信用评分模型的分数密度分布曲线

- KS 值。KS 值是评估模型区分能力的重要指标。我们可以通过有标签样本来验证模型，计算检查 KS 值是否为合理值，现在的模型中 KS 值一般可以达到 0.25 以上。该指标不仅需要在离线评估时验证，还应该在线上进行持续监控。
- PSI。在金融风控领域，我们非常关注信用评分模型中输出结果的分布，以此来评估模型和业务的稳定性。PSI 恰好可以对比两个不同时间段内模型评分结果的分布差异。一般来讲，该值应该在 0.1 以下，这说明模型的稳定性较好。该指标一般用于模型的日常在线监控。此外，在进行模型的切换与迭代时，PSI 也有很好的参考价值。
- 覆盖率。我们可以验证、监控模型的覆盖率。同一个模型在同一客群下，对借贷用户的覆盖率应该是波动不大的。当偏差波动大于阈值时，便需要排查和定位问题。

3. 金融风控场景下的模型算法离线评测工具

在金融风控场景下，我们针对信用评分模型产品开发了一套离线评测工具。使用该工具在离线测试阶段能分析模型的效果与性能，生成模型评测报告，为算法（数据模型）工程师与测试工程师提供参考，同时可以提前发现模型中可能存在的问题。前面已经介绍了一些通用的模型算法测试方法和金融风控场景下的信用评分模型需要关注的要点。因此，该工具主要从信用评分模型产品的以下几个维度进行评测。

- 模型基本信息统计，包括模型类型、模型加载内存占用情况、模型特征使用情况等。
- 模型平均耗时，模型从特征输入到预测输出的平均耗时。
- 模型稳定性，主要验证输入相同时，模型的输出是否全部一致。
- 模型一致性，主要验证模型在在线、离线接口上生成的结果是否一致。
- 模型效果，根据指定样本的特征和标签计算 KS 值。
- 模型结果分布及统计指标，生成模型结果密度分布曲线，以及覆盖率、十分位数、平均值等统计信息。
- 模型健壮性，模拟在线可能出现的单特征模块异常，了解各模块对模型 KS 值的影响情况。

工具可生成模型评测报告，报告中的详细内容如图 10-15 所示。

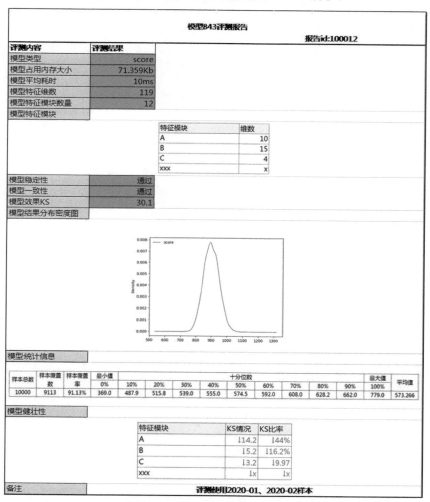

图10-15 信用评分模型的评测报告

10.4 本章小结

本章围绕着机器学习模型算法的评估测试，首先介绍了机器学习模型算法评估与测试的基本概念，在评估过程中对样本分组的策略，以及评价模型算法效果的一些通用指标。然后介绍了对于模型算法可以进行的一些测试方法（如蜕变测试、模糊测试、鲁棒性测试、安全测试和可解释性测试），以及模型部署在线上后需要重点关注的问题。最后，通过在 3 种不同的业务场景下的示例，介绍了在不同的机器学习应用场景下，保障模型算法质量所要关注的指标也不尽相同。因此，在实际应用中，我们需要根据不同的业务场景来发掘有效的评估指标并进行测试实践，由此及时发现问题，保障机器学习模型算法和在线模型服务的质量。

第四部分　模型工程

第 11 章　模型评估平台实践

通过对前面章节的学习，我们知道机器学习项目的质量主要受数据、特征、模型算法这 3 个方面的影响。针对这 3 个方面的质量保障工作，前面章节分别介绍了大数据质量保障手段、特征专项测试方法，以及模型算法评估测试。模型评估平台致力于全面涵盖上述测试手段及方法，并系统化地开展模型评估工作，高质、高效地保障模型效果和性能。围绕着模型稳定性、模型准确性、模型性能等评估指标，本章将详细地介绍平台化的设计思路和技术架构。

11.1　模型评估平台背景

模型评估是模型工程中非常重要的环节。它需要从业者有很强的专业知识背景，目前在大多数公司里，这项工作由模型开发人员自己完成。本节介绍模型评估的现状、特性和解决方案。

1.　模型评估的现状

模型评估的现状如下。

（1）模型评估门槛较高。

机器学习是多领域交叉学科，机器学习从业者需要掌握一定的编程技能、数理统计知识，以及相应的专业领域知识。模型评估是机器学习应用过程中的组成部分，因此对于从业者来说，需要掌握上述的基础理论知识。另外，做好模型评估也需要大量的实践经验，要想成为一名专业的模型评估人员，门槛较高。

（2）模型评估工具通用性差。

通过调研发现，大部分模型评估工具的通用性差。由于在进行模型评估时，除了考虑模型通用性指标，还需要结合业务指标（即模型评估是一项基于实际业务的评估过程）。因此对于大部分工具平台而言，它并不适合拿来即用，但可借鉴其设计思路，然后再结合实际业务情况，开发适合自身的工具平台。

（3）模型评估成本高。

对于传统软件项目测试来说，一般通过少量的用例就可以完成。但是对于模型项目来说，需要构造大量样本用例才能进行。此类项目常见的场景有在底层数据或特征变动、新模型等项目上线时，需要回归验证。对于这类问题，我们首先要在大量样本上进行试验，然后利用指标进行计算和分析，给出评估结果。由于样本规模的增大使得消耗的机器资源增加，同时由于该过程持续时间较长，因此一旦发生异常，整个过程需要重来，这也使得消耗的人力资源增加。

（4）模型评估链路复杂。

一般来说，各公司有在线和离线两套架构，离线环境用于模型的训练，在线环境用于提供模型服务。同时，由于数据、特征、模型服务等独立部署，使得模型工程的链路较长、复杂度高、出错概率大。

2. 模型评估的特性

模型评估是一个难度大但是非常热门的领域。随着越来越多的研究和技术工作者的加入，这个领域也得到快速发展，并朝着平台化的方向发展。平台化的目标就是把模型评估过程变得更加智能化和可视化。任何平台都是业务过程的抽象和具体，都需要结合实际情况来开展。对于实际业务来说，模型评估需要考虑以下几项。

- 系统环境多样性。一般来说，模型效果的评估是在测试集上进行的，对测试集的评估体现了模型的泛化能力，这对实际业务更具有指导意义。因此，常常需要从线上获取一批近期样本作为测试数据集进行测试，以此来评估模型在线上的真实表现，以及其与离线训练的效果差异。模型评估验证一般不会在有业务流量的线上环境进行，大部分公司有沙盒环境和小流量环境。沙盒环境所用的服务、环境、依赖的资源都与线上环境一致，因此在此环境下进行的模型效果评估是真实可靠的。而小流量环境一般用来分级发布，承载了一小部分业务流量，如果在此环境下测试需要特别谨慎。
- 模型工程服务的复杂性。模型工程服务包括底层数据处理服务、特征计算服务和模型计算服务等。模型评估过程依赖这些工程服务，其具体的过程包括对被评估的模型从线上抽取一批样本，对样本数据进行适当的格式转化，然后对样本进行特征计算，将特征计算的结果入模并进行计算，这样就得到了相关样本的模型表现数据。最后，对模型的表现数据进行指标分析，输出模型评估结果。至此，整个流程结束。
- 评估指标的多维性。模型评估需要从多个维度（包括模型稳定性、模型准确性、模型性能）进行，最终得到全面的模型评估报告。评估模型稳定性可以使用PSI，评估模型准确性可以使用在线/离线一致性、模型分（score）的分布、模型分的通过率等指标，评估模型性能可以使用模型工程对外提供的服务接口的性能指标。

3. 模型评估的解决方案

基于上述分析，我们将模型评估的工作流程拆解成相互独立的模块，模块间通过API进行交互，通过任务调度完成整个工作流。基于高内聚、低耦合的思想，我们采用软件体系结构设计中常见的分层结构。整个方案分为数据层、逻辑层、表示层。这种方案的关键目标如下。

- 模型指标覆盖广：专业通用，并与业务指标紧密联系。
- 模型配置简单化：配置简单，可一键化操作，节省人力。
- 模型评估智能化：操作简单，使底层计算逻辑抽象化，自动化验证并实现指标可视化。

11.2 模型评估平台的设计

基于上述的关键目标以及业务场景的需求，模型评估平台需要支持任务调度、指标分析、可视化、报告管理、用户管理、日志管理、邮件管理等功能。本节将从平台需求分析、平台架构设计两个方面进行阐述。

11.2.1 平台需求分析

在金融风控场景中，需要对用户的信用资质进行评估，通过对用户的数据进行分析和建模，得到一个预测用户信用资质的模型。对于这类模型的评估，主要考虑以下几点。

- 模型评估的样本收集。模型产品种类多，模型训练是基于多种数据源和数据流量进行的。模型评估首先要解决样本收集问题。样本收集功能较独立，所以在设计时需要将其解耦，以便可使更多模块（如特征测试）后续接入使用。
- 样本数据的特征计算。有了样本数据后，还需要进行特征工程的处理，将样本转化为特征。此过程需要接入特征计算服务。一般来说，特征计算服务以 API 形式提供。在具体的业务场景中，特征可以通过接入特征计算服务的接口来获得。
- 特征数据的入模计算。在获取到特征数据之后，需要对特征数据进行入模计算。这部分的服务部署一般采用 Web 框架加载模型文件。因为服务采用的是这种形式，所以为了能够接入该服务，平台需要进行参数适配和模块封装。
- 模型结果的指标评估。模型要从稳定性、准确性、性能这 3 个方面进行评估。平台需将评估模型的指标计算逻辑抽象成通用模块，并以接口形式来提供以方便调用，这样可以将大量的指标计算高内聚在一个独立的模块中，通过扩展指标的计算能力，提高平台覆盖范围和评估能力。
- 对评估报告进行管理。模型评估报告生成后，平台需支持报告查看和历史轨迹追溯功能。另外，对于项目流程来说，需要支持邮件推送方式，将模型评估结果发给相关人员。因此报告管理需要考虑报告的发布、查看、推送、追溯功能。
- 模型评估过程可视化。通过直方图、密度图等可视化操作，可以降低数据理解成本。在集成开源的可视化工具包方面，平台需要考虑其通用性和专业性。另外，对于不方便直接调用工具包的指标，在方案设计上，需要考虑前后端交互方式、技术实现成本、前端渲染效果，及加载效率等因素。
- 打造流程闭环。模型评估平台需要通过与模型管理平台、模型部署平台的交互打通整个项目流程，实现模型从开发、评估、版本管理到部署上线的流程闭环。
- 保障数据安全。通过对数据执行加密操作和对用户权限的管控，可以保证数据不会泄露，提高数据安全性。

最后，为了提高模型评估效率，提升线上模型服务质量，缩短项目交付周期，我们通过工程化的方法将需求点进行拆解和模块设计，并最终确定以平台化的方式满足上述需求。

11.2.2　平台架构设计

前面分析了平台的功能需求，并提出以平台化的方式进行功能实现。接下来我们将结合实际业务场景，详细阐述模型评估平台的设计思路和技术架构。模型评估平台主要包括样本管理模块、配置管理模块、任务管理模块、模型评估模块、用户管理模块等。模型评估平台的架构如图 11-1 所示。

模型评估平台的工作原理如下。

- 通过配置管理模块为模型生成一个配置项，存储在数据库中，并且为该模型生成唯一 ID。然后在数据库中生成一条规则信息，并为规则生成唯一 ID（该 ID 唯一标识规则，可通过规则 ID 得到规则的所有信息）。规则包含任务需要的模型基本信息、样本基本信息、验证环境信息。
- 任务管理模块管理整个任务的调度，通过规则信息 ID 获取该任务依赖的模型名称及版本、样本数量、接口地址、任务运行环境等信息。然后生成一个任务，并且为每个任务生成唯一 ID。任务启动后，通过 Hadoop Streaming 执行 MapReduce 任务进行样本处理。处理样本后，调用模型服务（同样采用 MapReduce 方式），最终得到样本的模型表现结果，并将其存储在 HDFS 上。

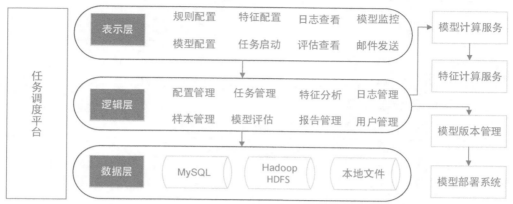

图 11-1 模型评估平台的架构

- 模型评估模块将 HDFS 上的模型表现结果存到本地，并进行指标分析，将指标分析结果保存在 MySQL 数据库中，并为其生成唯一 ID。
- 报告管理模块将模型评估模块生成的指标分析结果进行整理，生成评估报告，并将报告保存在数据库中，同时为其生成唯一 ID。
- 用户管理模块管理公司内部的账号系统，同时为不同用户设置不同的权限，对用户跨组的数据操作和查看权限进行管理。
- 模型开发者确认模型评估报告后，模型评估平台将验证通过的模型版本打包上传到模型版本管理平台。然后通过与模型部署系统的联动，触发模型部署环节，最后通过回调方式更新模型上线的状态。该过程使得模型评估、模型版本管理、模型部署形成闭环。

下文将分别介绍配置管理模块、任务管理模块、模型评估模块、数据存储模块及日志管理模块的主要功能和逻辑。

1. 配置管理模块

配置管理模块主要包括模型信息模块、规则信息管理模块、邮件报告模块。

模型信息模块主要对模型属性进行管理，包括模型信息配置、模型名称、模型版本、模型调用接口、关联模型（对于新模型来说，线上暂时没有相应的调用流量和日志，需要关联一个旧模型来进行前期的样本收集）、关联版本（关联模型的版本）、模型大小。模型信息配置详见表 11-1。

表 11-1 模型信息配置

配置项	内容
模型名称	Model_v2
模型大小	30.2 M
模型版本	V1.0

续表

配置项	内容
模型调用接口	/model/getmodel
关联模型	Model_v1
关联版本	V3.0

　　规则信息管理模块负责整个任务执行中依赖的元信息管理，用户可通过前端的页面进行规则配置。规则包含执行任务调度时所需要的参数信息，如模型名称、模型版本、样本信息和执行环境。任务规则信息配置详见表 11-2。

表11-2　任务规则信息配置

配置项	内容
规则 ID	10001
模型名称	Model_V2
模型版本	V1.0
样本方式	自动获取/手动上传
样本数量	20000
执行环境	离线、在线（沙盒、小流量）

　　邮件报告模块管理邮件和报告两部分。邮件报告包含分析报告主送人和抄送人、邮件标题内容。邮件管理包括邮件组和邮件人配置。不同公司对模型效果评估报告的确认方式不一样，此模块是为了对接项目流程中特有效果确认这个环节而开发的，仅供参考。邮件规则信息配置见表 11-3。

表11-3　邮件规则信息配置

配置项	内容
邮件标题	Model_v2模型评估报告
邮件组	Model_group@*.com
报告 ID	20001
主送人	zhang*@*.com
抄送人	wang*@*.com

2. 任务管理模块

　　任务管理模块是整个系统的核心模块，任务的启动可以通过前端一键式触发。它与规则是多对一的关系，同一个规则可以通过多次启动来生成多个任务，但一个任务只能由一个规则生成。任务间相互独立，各个任务在各自进程上运行，互不影响。任务执行完后，最终生成的评估报告相互独立，任务与报告一一对应。

　　任务的精细管理和有序调度使得模型评估过程顺利进行。通过任务与规则 ID 的关联可得到任务的依赖信息，这些信息包含了任务执行的环境、任务执行所需的数据、任务之间的顺序关系等。利用任务与报告 ID 的关系可得到模型评估报告，评估报告是任务最终的执行结果。任务贯穿在整个流程的生命周期中，任务管理的业务流程如图 11-2 所示。

　　任务管理模块的任务流有两条线。一个是定时调度任务，以方便后期扩展时采用 AirFlow 工作流平台来管理一组具有依赖关系的作业任务。目前定时调度任务主要服务于模型监控，对于模型监控来说，我们需要在采集完模型线上的表现数据后，对模型的业务指标进行计算。然后通过对指标进行可视化展示，实现模型监控功能。一旦模型效果衰减，我们能够及时发现，更新模型。另外一个任务流是实时触发任务，这种任务的应用更广泛。该任务的流程是用户完成模型配置和规则配置后，通过 Web 进行触发。任务一旦启动，会依次进行样本抽取、与依赖服务交互、指标计算分析流程。

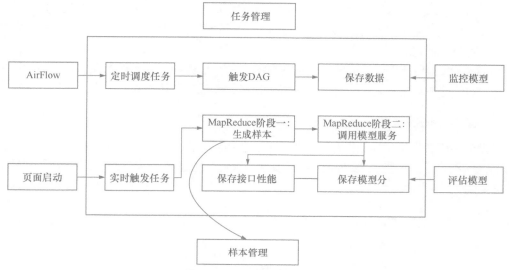

图11-2　任务管理的业务流程

　　任务状态是任务管理中十分重要的元素，贯穿在任务执行的各个阶段。任务管理模块采用多进程任务并发功能。任务之间独立，互不影响，同时在某个任务内通过对不同状态之间的迁移，实现对任务的多样化管理。可以重运行、暂停、结束任务。任务状态分 3 种——初始状态、执行状态和终止状态。任务的状态机如图 11-3 所示。

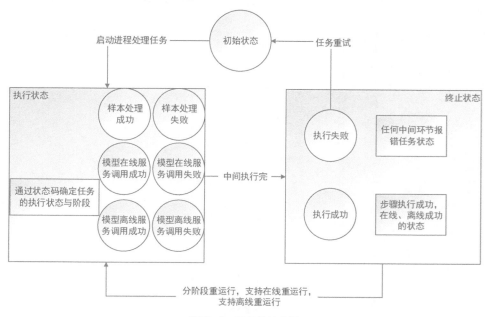

图11-3　任务的状态机

- 初始状态是任务生成后的第一个状态。如果任务没有被进程获取到，它将一直存在于任务池中，等待执行。任务执行顺序是先进先出的模式，按照任务生成时间的先后顺序进行调度。

- 执行状态是任务的中间状态，标记着任务执行的不同阶段，通过状态码可以实时跟踪任务的执行状态。该阶段包括样本处理阶段、在线服务调用阶段、离线服务调用阶段。在每个阶段中，一旦出现异常情况，都会使用对应的状态码进行标记。该阶段不会长期存在，有超时控制。一旦该阶段正常完成或者服务异常，就会进入终止状态。

- 终止状态是任务结束后的一个稳定状态，每个任务最终都会停留在该状态。为了能够对任务进行循环复用，在上层开发的接口，实现了各状态间的切换。

3. 模型评估模块

模型评估模块是模型评估指标的计算中心。根据目前的业务处理逻辑，模型评估主要包括模型离线效果验证、模型在线效果评估、模型一致性验证（离线 / 在线一致性验证）。模型评估架构如图 11-4 所示。

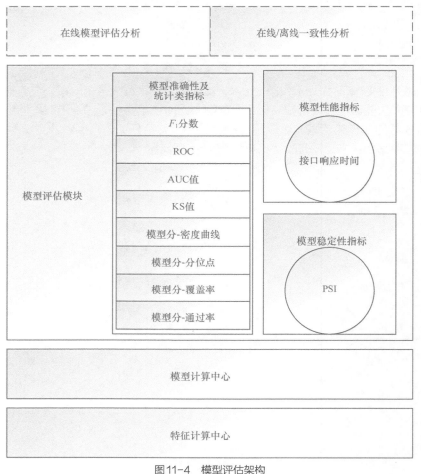

图 11-4   模型评估架构

目前平台内的评估指标包括模型覆盖率、通过率、密度曲线、分位点、接口响应时间、ROC、AUC 值、PSI、KS 值。

该模块的流程如下。

通过任务信息获取对应的样本，使用这批样本请求特征计算中心的服务，并得到对应的特征结果，将特征结果输入模型计算中心后得到模型计算数据，然后对数据进行性能分析、稳定性指标计算、准确性指标计算。

下面是核心指标的计算逻辑。

- 模型覆盖率：模型可预测的用例数与用例总数之比。一般情况下，在线和离线的覆盖率差异不会太大。针对样本进行的模型覆盖率统计能够评估出模型对用户的覆盖程度，取值范围为 0 ~ 1。
- 密度曲线：反映模型分的分布情况。模型分的分布应该符合正态分布，该指标可以作为调整模型通过率阈值的参考，供业务决策方决策。
- 百分位数及统计值：包括百分位数、非空率、非零率、平均值、中间值。百分位数指的是样本总体中在某样本值以下的样本数占总样本数的百分比。例如，若样本值是 50，PR=90，就表示值小于 50 的样本占总样本数的 90%。
- 通过率。基于模型分的上下边界值，按照合理的递增步长将模型分划分在合理的等级范围（递增步长可以根据不同业务标准进行调整）内，并通过每个区间的比例统计评估模型分的分布情况。
- 模型接口响应时间。模型部署一般采用开源 Web 框架加载模型文件，并以接口方式对外提供服务。因此对服务接口性能进行评估能反映整个模型工程对外服务的性能表现。通过对接口响应时间的分析，可以帮助我们发现模型部署上线时的资源配置问题。

4. 数据存储模块

数据存储模块是模型评估中数据存储的基础，对外提供操作存储介质的 API，对内负责与关系数据库、HDFS 和 HBase 交互。其架构如图 11-5 所示。

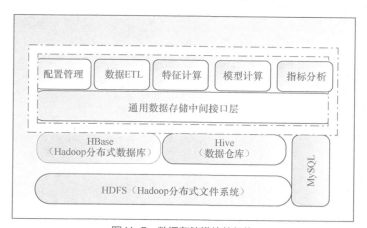

图 11-5　数据存储模块的架构

数据存储模块主要对源数据、程序计算的中间数据及最终结果数据进行管理。

目前的数据有两种。一种是输入配置信息，另一种是中间数据（包括程序计算的临时数据以及模型服务计算的结果数据）。结果数据包括模型指标和性能报表信息。不同数据类型存放在对应的存储介质中。数据存储方式如表 11-4 所示。

表11-4　数据存储方式

不同阶段的数据	数据类型	存储介质
源数据	配置信息	MySQL
中间数据	模型结果数据	HDFS
最终数据	模型指标分析结果	MySQL/HDFS
	样本数据	HDFS

数据库设计包括表设计和索引设计。模型评估平台中主要的表及索引见表 11-5。

表11-5　模型评估平台中主要的表及索引

表名	索引	作用	核心字段
规则表	规则ID	规则保存及查询	模型名称/样本数量
模型表	模型ID、模型名	模型保存及查询	模型名称/模型版本
任务表	任务ID	任务保存及状态查询	任务ID/任务状态
报告表	报告ID	报告存储及查询	报告ID/结果ID
结果表	结果ID	结果源数据存储	结果ID/结果类型

5．日志管理模块

日志管理模块用于收集平台业务的运行情况。日志管理模块主要负责对采集到的不同产品的业务日志进行分析，记录平台本身产生的业务工作流日志，对日志等级进行划分（分为正常业务日志和错误日志）。为了保证日志服务的高可靠性，我们使用了 Flume+Kafka 技术组件。日志管理模块的架构如图 11-6 所示。

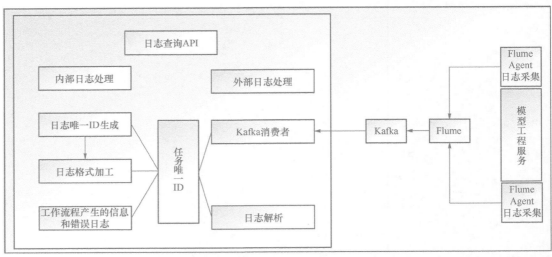

图11-6　日志管理模块的架构

从图 11-6 所示的架构可以看出，Flume 本身具有分布式特性。采用 Flume 框架能够采集到分布式服务中各种类型的日志，容易随着服务的扩容而进行水平扩容。Kafka 是消息队列，这样一个中间件能够使有依赖关系的服务解耦。kafka 可通过异步处理提高系统性能、降低系统耦合性，这也是我们采用这个流行框架的原因。对于日志管理模块来说，其难点在于如何将评估平台的任务日志与模型业务的日志组合、统一，尤其是在大日志量和复杂的线上环境情况下如何做到实时处理，这确实是一个挑战。

11.3　模型评估平台展示

为了更好地理解模型评估平台模块的设计思路，本节会展示核心模块代码及其结果。下面按照模型评估任务的执行顺序依次演示。

11.3.1　模型配置规则

配置规则是任务调度依赖的规则集，规定了模型验证过程中依赖的环境、样本数据，及模型本身的相关信息。配置规则的核心是将规则、模型、任务进行提炼，并赋予不同的属性。这方便了用户操作，同时也有利于系统扩展。

为了配置模型规则，首先需要将待验证的模型基本信息进行配置和保存。

新模型开发完成后，我们需要对其进行评估，并在平台上添加新模型。以新模型添加为例，实现代码如下。

```
1   def addmodel(self):
2       model_list=list()
3       param_list = ['modelName','modelApi','modelVersion' ,'assModel']
4       for value in param_list:
5           model_list.append(self.get_argument(value))
6       sql = "insert into model " \
7           "(model-name,api-url,version, associate-module,)" \
8           "values ('%s','%s','%s','%s')"%(model_list[0],model_list[1],model_list[2],
            int(model_list[3]))
9       try:
10          data = client.insert(sql)
11      except Exception as e:
12          Log.error("model table insert fail")
13          return 1,"model insert error ",None
14      return 0,'model add success ',data
15
```

模型配置完成以后，需要生成一个验证规则，为后期启动任务做准备。规则配置是模型信息、样本信息与执行环境的组合。该配置需支持增、删、改、查，实现代码如下。

```
1   class RuleHandler(tornado.web.RequestHandler):
2       def post(self):
3           url=self.request.uri
4           #根据路由判断操作类型
5           opType=url.split("/")[-1][:4]
6           if opType=="save":
7               status,msg,data=self.saveRule()
8           elif opType=="upda":
9               status,msg,data=self.updateRule()
```

```
10          elif opType=="scan":
11              status,msg,data=self.scanRule()
12          elif opType=="dele":
13              status,msg,data=self.deleteRule()
14          else:
15              res=generate_response(1,'api request failed ',None)
16              self.finish(res)
17          res=generate_response(status, msg,data)
18          self.finish(res)
19
```

以规则添加为例，实现代码如下。

```
1  #规则保存
2  def saverule(self):
3      try :
4          #获取需要保存的规则字段
5          Type=self.get_argument("type")
6          isUpload=self.get_argument("generationMode")
7          sampleNum=self.get_argument("sampleNum")
8          #Type为0代表模型，表示规则类型，后续可扩展
9          if Type=='0':
10             modelName=self.get_argument("modelName")
11             modelVersion=self.get_argument("modelVersion")
12             #参数异常值检查
13             emptyParams=''
14             if modelName=='':
15                 emptyParams+="' 模型名 '"
16             if modelVersion =='':
17                 emptyParams+="' 模型版本 '"
18             if isUpload=='':
19                 emptyParams+="' 样本生成方式 '"
20             if sampleNum=='':
21                 emptyParams+="' 样本数 '"
22             if len(emptyParams)>0:
23                 return 1,"缺少参数，参数{empty}不能为空"\
24                     .format(empty=emptyParams),None
25             sql="insert into rule_config " \
26                 "(model_name,model_version,type,is_upload,sample_num)" \
27                 "values('{ModelName}','{ModelVersion}',{Type},{IsUpload},{SampleNum})"\
28                 .format(ModelName=modelName,ModelVersion=modelVersion,
29                         Type=Type,IsUpload=isUpload,SampleNum=sampleNum)
30     except Exception as e:
31         print "保存规则时获取参数错误 :{exce}".format(exce=e)
32         return 1,"保存规则时获取参数错误:{exce}".format(exce=e),None
33
34     #保存规则数据
35     try:
36         data=client.insert(sql)
37     except Exception as e:
38         print "保存规则入库时发生错误 :{exce}".format(exce=e)
39         return 1,"规则信息保存失败",None
40     return 0,"规则保存成功",data
```

模型配置效果如图 11-7 所示。

规则配置效果如图 11-8 所示。

模型配置

| modelId: | 56 |

模型名称: model_new

模型版本: V2.0

请求api: /api/getinfoby

新/老模型: 新模型

关联模型: model_old

关联版本: V1.0

规则配置

| rule Id: | 101 |

模型名称: model_new

模型版本: v2.0

样本数量: 2000

描述: test for new model

图11-7　模型配置效果　　　　　　图11-8　规则配置效果

11.3.2　模型评估指标

评估模型常用的指标主要有以下几个。

1. 密度曲线

密度曲线是数据值的一种理论图形表示方法，一般呈现连续分布，可直观反映数据的特性。实现代码如下。

```
1  import matplotlib.pyplot as plt
2  def draw_midutu(table,modelName,taskId):
3
4      plt.show(table["new"].plot(kind='kde', label=modelName))
5      plt.legend(loc='upper left', frameon=False)
6      midutu=midutu_in_back_path+str(modelName)+str(taskId)
7      plt.savefig(midutu)
8      plt.close()
9
```

模型分的密度曲线如图 11-9 所示。

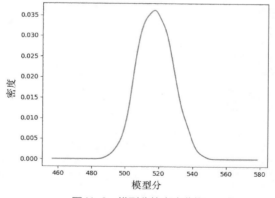

图11-9　模型分的密度曲线

由图 11-9 可得到以下结论，对于这批样本表现来说，模型分分布在 480 ～ 560，其中分数集中分布在 500 ～ 540。其结果分布符合正态分布，与模型预期效果一致。

2．模型分的百分位数及统计分布

模型分的百分位数、非零率、非空率、平均值、中间值指标可以协助我们分析结果是否合理。要计算模型的非空率、非零率、百分位数、平均值、中间值，代码如下。

```
1   def calculate_shifenwei(table,sample_cnt,modelName,cut_part):
2
3       flag = table["new"].isnull()
4       try:
5           nonull_cnt = flag.value_counts()[False]
6       except:
7           nonull_cnt = 0
8           print "new" + "\t0"
9       nonull_ratio = float(nonull_cnt)/sample_cnt
10      table["new"].fillna(0, inplace=True)
11      zero_cnt = len(table[table["new"] == 0])
12      nozero_ratio = float(sample_cnt-zero_cnt)/sample_cnt
13      baifenwei = modelName+"&"+str(nonull_ratio)+"&"+ str(nozero_ratio)+"&"
14      a = np.array(table["new"][flag == False])
15      for i in range(cut_part+1):
16          baifenwei += str((float(np.percentile(a, i*100/float(cut_part)))))
17          baifenwei += "&"
18      #计算mean
19      mean = round(float(table["new"][flag == False].mean()),4)
20      med = round(float(table["new"][flag == False].median()),4)
21      baifenwei += str(mean)
22      baifenwei += "&"
23      baifenwei += str(med)
24      return baifenwei
```

上述程序的运行结果如图 11-10 所示。

nonull_ratio	nozero_ratio3	baifenwei										mean	med
		0%	10%	20%	30%	40%	50%	60%	70%	80%	90%	100%		
1.0	1.0	367.0	491.0	520.0	539.0	559.0	574.0	592.0	610.0	632.0	659.1	798.0	575.385	574.0

图11-10　运行结果

3．模型分的通过率

计算模型分的通过率的代码如下。

```
1   def calculate_passrate(table,sample_cnt):
2       passRate=""
3       for score in score_point:
4           passRate+=str(score)
5           passRate+=":0:"
6           count=len(table[table["new"] > score])
7           rate=round(float(count)*100.0/sample_cnt,4)
8           passRate+=str(count)
9           passRate+=":0.0%:"
10          passRate+=str(rate)
11          passRate+="%:0.0%&"
12      return passRate[:-1]
```

上述程序的运行结果如图 11-11 所示。

分位点	大于该分的样本数	passRate
680	56	5.6%
650	133	13.3%
620	244	24.4%
600	346	34.6%
580	465	46.5%
550	649	64.9%
520	798	79.8%
500	870	87.0%
400	998	99.8%
300	1000	100.0%

图11-11 运行结果

4. 覆盖率

覆盖率是有表现的样本与样本总数的比值，在风控业务领域具有一定的意义。实现代码如下。

```
1  #计算覆盖率
2  DEFAULT_PASS_RATIO = 0.5
3  def calculate_fugailv (case_num,total_num):
4      data['fugailv']=DEFAULT_PASS_RATIO
5      if total_num :
6          data['fugailv']=case_num/(total_num)
7  return data
```

5. 模型稳定性——PSI

PSI（Population Stability Index）可衡量模型分的分布差异，是常见的模型稳定度评估指标。实现代码如下。

```
1  #PSI计算
2  def calculate_psi(on,off,part_num=PART):
3      score_a = pd.read_csv(on)['score']
4      score_b = pd.read_csv(off)['score']
5      score_a = np.array(score_a)
6      score_b = np.array(score_b)
7      null_1 = pd.isnull(score_a)
8      score_a = score_a[null_1 == False]
9      score_a = np.array(score_a.T)
10     score_a.sort()
11     null_2 = pd.isnull(score_b)
12     score_b = score_b[null_2 == False]
13     score_b = np.array(score_b.T)
14     # 在线环境下的模型分处理
15     length = len(score_a)
16     cut_list = [min(score_a)]
17     order_num = []
18     cut_pos_last = -1
19     for i in np.arange(part_num):
20         if i == part_num-1 or score_a[length*(i+1)/part_num-1] != score_a
           [length*(i+2)/part_num-1]:
21             cut_list.append(score_a[length*(i+1)/part_num-1])
22             if i != part_num-1:
```

```
23                          cut_pos = _get_cut_pos(score_a[length*(i+1)/part_num-1],
                                score_a,length*(i+1)/part_num-1, length*(i+2)/part_num-2)
24                  else:
25                          cut_pos = length-1
26                  order_num.append(cut_pos - cut_pos_last)
27                  cut_pos_last = cut_pos
28      order_num = np.array(order_num)
29      order_ratio_1 = order_num / float(length)
30      # 离线环境下的模型分处理
31      length = len(score_b)
32      order_num = []
33      for i in range(len(cut_list)):
34          if i == 0:
35              continue
36          elif i == 1:
37              order_num.append(len(score_b[(score_b <= cut_list[i])]))
38          elif i == len(cut_list)-1:
39              order_num.append(len(score_b[(score_b > cut_list[i-1])]))
40          else:
41              order_num.append(len(score_b[(score_b > cut_list[i-1]) & (score_b
                    <= cut_list[i])]))
42      order_num = np.array(order_num)
43      order_ratio_2 = order_num / float(length)
44      # 计算PSI
45      psi = round(sum([(order_ratio_1[i] - order_ratio_2[i]) * math.log((order_
            ratio_1[i] / order_ratio_2[i]), math.e) for i in range(len(order_ratio_1))]),4)
46       Log.info("PSI value :%0.2f"%(psi))
47        return psi
```

运行结果如下。

```
PSI value : 0.30
```

根据 9.2.1 节的内容，一般认为 PSI 小于 0.1 时模型稳定性很高，介于 0.1～0.25 时模型稳定性一般，大于 0.25 时模型稳定性差。该模型的 PSI 为 0.3，所以建议重新训练该模型。

6. 模型在线/离线 Gap 分布

通过对一批样本的结果进行在线/离线 Gap 分析，可以直观地看到模型在不同环境下的差异，以此评估模型波动是否正常，是否在可接受的范围内。实现代码如下。

```
1   # 根据业务具体情况设定阈值
2   GAP_THR=[10,20]
3   def calculate_gap(on,off,task_id):
4       df_on = pd.read_csv(on,encoding="utf_8_sig")
5       df_off = pd.read_csv(off,encoding="utf_8_sig")
6       #兼容文件头部不可见字符
7       df_on.columns=["name","ph","id","loan_dt","score"]
8       df_off.columns=["name","ph","id","loan_dt","score"]
9       df_merge = pd.merge(df_off, df_on, on="name", how='inner')
10      for col in df_off.columns:
11          if col in KEY_COLUMNS:
12              continue
13          fea_name = [t for t in df_merge.columns if col in t]
14          fea_merge = df_merge[fea_name]
15          fea_off = fea_merge.iloc[:, 0]
16          fea_on = fea_merge.iloc[:, 1]
17          #Gap图
18          gap=fea_on-fea_off
19          gap_is_null=pd.isnull(gap)
20          gap=gap[gap_is_null==False]
21          gap.plot()
```

```
22          # 保存路径待定
23          gap_path=midutu_in_pre_path+"gap"+str(task_id)+".png"
24          plt.savefig(gap_path)
25          plt.close()
26          len_fea_off = len(fea_off[pd.isnull(fea_off) == False])
27          len_fea_on = len(fea_on[pd.isnull(fea_on) == False])
28          # 通过异或判断是否有命中与未命中不匹配
29          f1 = (pd.isnull(fea_off) ^ pd.isnull(fea_on))
30          fea_merge.dropna(inplace=True, how='any')
31          fea_off = fea_merge.iloc[:, 0]
32          fea_on = fea_merge.iloc[:, 1]
33          f2 = np.array(abs(fea_off - fea_on))
34          # 分数差大于10
35          f3 = [1 if e>10 else 0 for e in f2]
36          f4 = [1 if e>20 else 0 for e in f2]
37          len_fea_diff = np.sum(f1) + np.sum(f3)
38          len_fea_diff_2 = np.sum(f1) + np.sum(f4)
39          print '%s\t%d\t%d\t%d\t%f\n' % (col+str(10), len_fea_on, len_fea_off,
            len_fea_diff, 1.0 * len_fea_diff / df_merge.shape[0])
40          print '%s\t%d\t%d\t%d\t%f\n' % (col+str(20), len_fea_on, len_fea_off,
            len_fea_diff_2, 1.0 * len_fea_diff_2 / df_merge.shape[0])
41      return gap_path,1.0 * len_fea_diff / df_merge.shape[0],1.0 * len_fea_diff_2 /
        df_merge.shape[0]
```

上述程序的运行结果如图 11-12 所示。

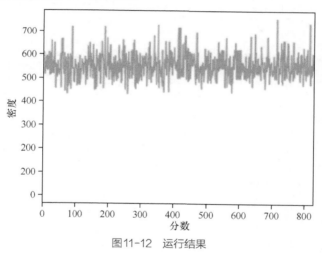

图11-12　运行结果

7. 接口响应时间分布

接口响应时间是衡量服务性能的重要指标。若考虑用户体验，必须将接口响应时间尽可能缩短。接口响应时间分布可直观展示服务的性能。实现代码如下。

```
1  def drawHist(title, times, unit='',name='example.png'):
2      try:
3          arr = np.array(times)
4          req_num = arr.size
5          max_time = arr.max()
6          min_time = arr.min()
7          mean_time = round(arr.mean(),4)
8              print req_num,max_time,min_time,mean_time
9          if unit == 'ms':
10             lt_50_num = (arr[arr < 50]).size
11             lt_50_ratio = round((float(lt_50_num) / req_num) * 100, 3
```

```
12          ge_50_num = (arr[arr >= 50]).size
13          ge_50_ratio = round((float(ge_50_num) / req_num) * 100, 3)
14          ge_100_num = (arr[arr >= 100]).size
15          ge_100_ratio=round((float(ge_100_num) / req_num) * 100, 3)
16          ge_150_num = (arr[arr >= 150]).size
17          ge_150_ratio=round((float(ge_150_num) / req_num)* 100, 3)
18          ge_200_num = (arr[arr >= 200]).size
19          ge_200_ratio =round((float(ge_200_num) /req_num)* 100, 3)
20          ge_300_num = (arr[arr >= 300]).size
21          ge_300_ratio=round((float(ge_300_num) /req_num) * 100, 3)
22          ge_500_num = (arr[arr >= 500]).size
23          ge_500_ratio=round((float(ge_500_num) / req_num) * 100,3)
24          pyplot.hist(times, bins = 100)
25          pyplot.xlabel('response time(millisecond)')
26          pyplot.ylabel('request num')
27          info = 'request total num: ' + str(req_num) + '\n' \
28          + 'max response time(ms): ' + str(max_time) + '\n' \
29          + 'min response time(ms): ' + str(min_time) + '\n' \
30          + 'average response time(ms): ' + str(mean_time) + '\n' \
31          + 'response time(< 50ms) num: ' + str(lt_50_num) + '\n' \
32          + 'response time(< 50ms) ratio: ' + str(lt_50_ratio) + '%' + '\n' \
33           + 'response time(>= 50ms) num: ' + str(ge_50_num) + '\n' \
34          + 'response time(>= 50ms) ratio: ' + str(ge_50_ratio) + '%' + '\n' \
35           + 'response time(>= 100ms) num: '+str(ge_100_num) + '\n' \
36          + 'response time(>= 100ms) ratio: ' + str(ge_100_ratio) + '%' + '\n' \
             + 'response time(>= 150ms) num: ' + str(ge_150_num) + '\n' \
37          + 'response time(>= 150ms) ratio: ' + str(ge_150_ratio) + '%' + '\n' \
38          + 'response time(>= 200ms) num: ' + str(ge_200_num) + '\n' \
39          + 'response time(>= 200ms) ratio: ' + str(ge_200_ratio) + '%' + '\n' \
40          + 'response time(>= 300ms) num: '+ str(ge_300_num) +'\n' \
41          + 'response time(>= 300ms) ratio: ' + str(ge_300_ratio) + '%' + '\n' \
42          + 'response time(>= 500ms) num: '+str(ge_500_num) + '\n' \
43          + 'response time(>= 500ms) ratio: ' + str(ge_500_ratio) + '%'
44      else:
45          print 'unit is not set!'
46          exit()
47          pyplot.text(pyplot.xlim()[1] * 0.5, pyplot.ylim()[1] * 0.2, info, fontsize=10)
48      pyplot.title(title)
49      pyplot.show()
50      pyplot.savefig(name)
51      pyplot.close()
52  except Exception,e:
53      print str(e)
```

上述代码的运行结果如图 11-13 所示。

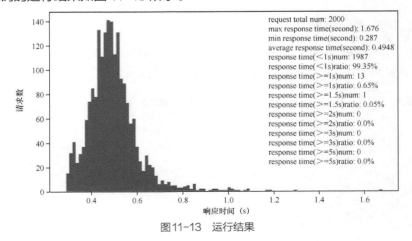

图11-13   运行结果

通过图 11-13 可以清晰地看出，针对这个模型，其接口调用时间集中在 0.4 ～ 0.6s，接口的平均响应时间为 0.4948s，基本上符合预期。

11.3.3　模型评估报告

模型评估报告主要包含两方面的内容——样本分析和模型评估。

- 样本分析，包含样本的时间维度、数量等。
- 模型评估，不仅包含模型分统计类指标（模型分密度曲线、百分位数、平均数、中位数、通过率），模型准确性类指标（AUC 值、KS 值），还包括模型性能类指标（接口响应时间）、模型稳定性指标（PSI），以及与模型关联的特征指标（模型中的特征维数、模型中的特征重要性）。

完整的模型评估报告包含如下内容（以下是某预测模型的验证结果）。

1. 样本分析

样本分析主要是从样本数量和样本的时间维度开展的，如图 11-14 所示。

2. 模型评估

模型分的密度曲线如图 11-15 所示。

样本分析：	
样本数量：2000	
按时间样本分布：	
时间	数量
2019/03/01~2019/03/31	1000
2019/02/01~2019/02/29	1000

图 11-14　样本分析

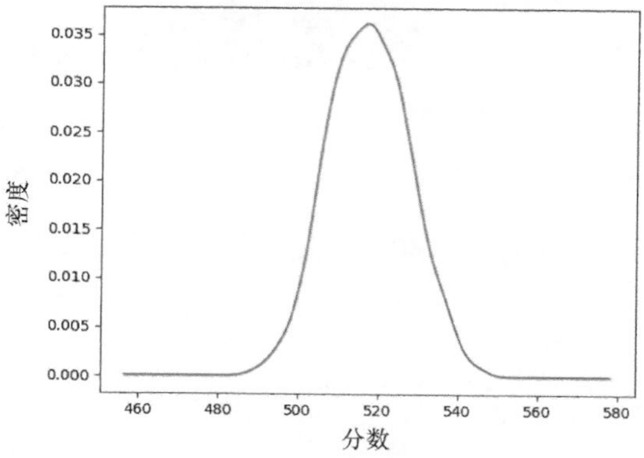

图 11-15　模型分的密度曲线

模型分的通过率如图 11-16 所示。

分位点	大于该分的样本数	通过率
680	56	5.6%
650	133	13.3%
620	244	24.4%
600	346	34.6%
580	465	46.5%
550	649	64.9%
520	798	79.8%
500	870	87.0%
400	998	99.8%
300	1000	100.0%

图 11-16　模型分的通过率

百分位数、平均值、中位数等统计信息如图 11-17 所示。

非空率	非零率	百分位数											平均值	中位数
		0%	10%	20%	30%	40%	50%	60%	70%	80%	90%	100%		
1.0	1.0	387.0	491.0	520.0	539.0	559.0	574.0	592.0	610.0	632.0	659.1	798.0	575.385	574.0

图11-17   百分位数、平均值、中位数等统计信息

接口响应时间的分布如图 11-18 所示。

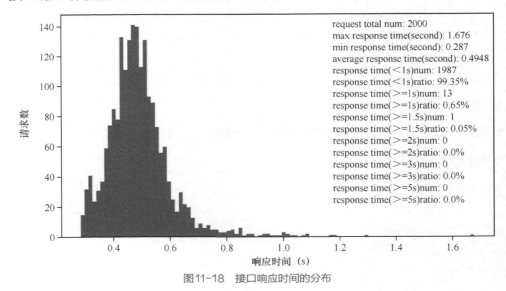

图11-18   接口响应时间的分布

AUC 值（参考 10.1.4 节中的解释）如图 11-19 所示。

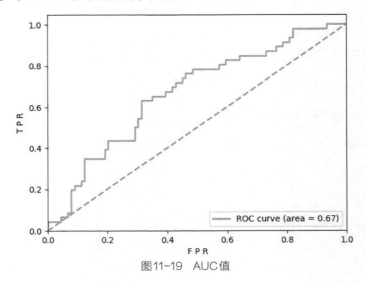

图11-19   AUC 值

模型中的特征维数及占比分析如图 11-20 所示。
模型中的特征重要性分析如图 11-21 所示。

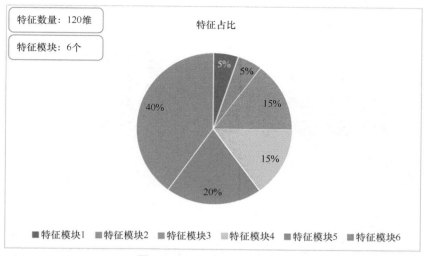

图11-20 特征维数及占比分析

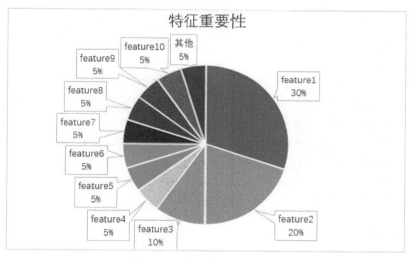

图11-21 模型中的特征重要性

11.4 模型评估平台总结

模型评估平台（Model-Evaluate-Platform，ME）演进主要经历3个阶段，如图11-22所示。

下面按照平台的演进路线，依次介绍各阶段平台的主要工作。

- 脚本工具阶段。这一阶段的主要工作是把重复性和耗时较长的操作提炼成功能独立的模块，然后用脚本的方式将其实现。各脚本间通过手工串联，简化了手工操作，提高了效率。它主要包含线上日志过滤脚本、样本过滤脚本、线上运行的批量脚本、各指标计算脚本。该阶段能够在一定程度上降低人力成本，有一定的容错保障机制，但是还存在一些问题，如数据安全性不高，操作不够便利，学习成本较高，指标不易解读，及验证结果不能集中管理。

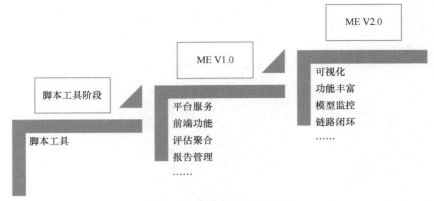

图11-22　模型评估平台的演进

- 平台服务阶段（ME V1.0）。为了解决脚本工具阶段遇到的问题，我们进行了平台化服务建设。通过数据加密和权限控制可以将数据和报告进行集中管理，提高数据安全性。通过 Web 前端化，提高了产品的用户体验；通过后端逻辑的抽象和串联，屏蔽了模型评估各阶段的依赖关系和服务间调用，降低了用户的学习成本。为了提高评估报告流转效率，通过报告管理和邮件管理，将评估报告一键发送给相关人员。
- 平台服务升级版（ME V2.0）。在 ME V1.0 的使用过程中，针对用户的需求再次进行了平台的功能迭代。在这一阶段，主要工作集中在功能丰富、可视化、模型监控和数据链路闭环打通等方面。首先，补充了评估指标——加入了混淆矩阵、F_1 分数、AUC 值、KS 值的分析等。然后，增加了在线 / 离线对比的功能（包块模型一致性验证、离线特征分析功能）。另外，针对监控模型效果，平台增加了定时进行指标评估这个功能。最后，还打通了模型版本管理平台和模型上线平台之间的连接，对业务的闭环提供了支持。

11.4.1　回顾

模型评估平台的实现，降低了模型评估的技术门槛。平台的架构设计考虑了功能的抽象和整合，屏蔽了底层复杂的服务间调用关系。通过简单的规则配置、任务启动、指标评估、可视化，它实现了整个评估流程的智能化，提升了模型评估的效率，缩短了项目周期，提高了模型业务的研发效能。

对于平台开发人员来说，通过持续地对平台进行迭代开发，逐步加深了对业务的理解，提高了需求分析、方案设计，以及解决问题的能力。同时，深入到模型评估领域之后，开发人员对机器学习概念也有了更加具体的理解，这也为通用机器学习平台的建设提供一个可以借鉴的案例。此外，由于模型评估门槛高，要求开发者既要有机器学习的基础知识还要有工程化解决问题的思维，这样才能参与评估平台的开发工作。这强化了工程师的技术实践能力，同时也拓宽了其技术视野和发展方向。

模型评估平台在内部试用推广后，我们持续收集用户需求和反馈，并逐步启动版本迭代，不断丰富和优化平台的功能。在保证模型评估平台通用性的同时，进一步做深度研究和前瞻性分析。

接下来，我们将从模型评估平台特性和平台收益两方面进行阐述。

平台的特性如下。

- 平台具有通用性。它涵盖了模型稳定性、模型准确性和模型性能。
- 平台功能易扩展。模块具有同一属性并要求高内聚和低耦合的特性，例如，对模型准确性概念进行高内聚，使其以面向对象的方式抽象成一个基类。同时，将模型准确性中的具体指标计算进行低耦合，将诸如 TPR、F_1 分数、AUC 值等指标封装成类的方法，每个方法功能独立，以最小的粒度进行划分。
- 平台学习成本低。通过将业务应用划分为界面层、业务逻辑层、数据访问层，屏蔽了复杂的模型评估流程，通过数据、任务、结果的可视化，展示了功能配置简单、易操作、可解释性这些特点。

平台的收益如下。

- 提高组织效能，缩短项目周期。评估时间由平均半天降到 30 分钟以内。
- 提高数据安全性。通过样本管理、加密操作、用户权限管理的操作，提高了数据的安全性。
- 加强数据的沉淀和共享。通过平台统一入口，一方面，数据得到了有效的积累和沉淀；另一方面，有效利用了集群资源，减少了重复操作，使样本数据、特征数据、模型数据可以共享。
- 提高项目团队成员的技术能力。通过平台化、工程化思维方式，提高团队成员分析问题和解决问题的能力。

11.4.2　展望

模型评估平台目前已实现自动化、工具化、服务化、可视化这些功能。但从整体上看，在整个项目迭代过程中，仍有少量环节需要人工介入（操作关联平台），它并未真正实现全流程的智能化。未来我们期望可以实现模型训练、模型评估测试、部署上线、数据反馈等阶段的全流程闭环，并达到持续交付的能力。基于机器学习平台的发展趋势，模型评估平台将朝着以下几个方向发展。

（1）扩展平台的功能。

增加样本智能提取、样本标注等功能，扩展模型评估指标，实现数据共享，实现数据价值最大化。

（2）丰富模型评估手段。

通过集成模型专项测试这种方式，深入模型算法测试领域，增加模型安全性、鲁棒性测试，从多角度保证模型质量，提前发现模型算法可能存在的问题。

（3）实现模型开发过程可视化。

可视化是机器学习领域的热点方向，模型评估隶属于机器学习领域，它的发展也应该与机器学习平台发展的方向一致。目前我们需要接入更多第三方开源库以扩充功能，同时为了扩充可视化的范围，需要从数据、特征与模型训练过程可视化 3 个维度进行考虑。

- 数据可视化。通过对底层数据进行数学统计分析，绘制矩阵图、网格图、柱状图，它们可直观展示数据分布情况，方便使用人员了解底层数据。
- 特征可视化。对特征进行分析，利用特征专项分析方法对特征分析的指标进行可视化。
- 模型训练过程可视化。通过对模型可视化工具的开发和集成，能够将模型的错误率、进度等信息保存下来，再绘制出图表，这样就能直观地看到模型错误率的收敛速度等信息。同时可以支持模型参数智能调优，以提高模型表现，降低误差。对比多个模型的训练历史，能够清晰地看到模型的效果和收敛速度的关系。

（4）实现机器学习平台的闭环。

模型评估平台目前处于模型训练完成后模型线上部署前的阶段，未来会集成模型训练、模型评估、模型部署、数据回流功能。通过对各个环节进行功能分析、实现及对接，实现闭环流程。这部分内容将在后续的章节（第 12 章和第 13 章）中进一步介绍，这为模型评估平台的定位和发展提供了方向。

11.5 本章小结

本章主要介绍了模型评估平台面临的问题以及解决问题的思路。本章首先介绍了模型评估平台的背景，然后介绍了如何结合业务架构与自身技术栈搭建模型评估平台，最后介绍了核心模块的代码等。当然，平台现在并不完美，也需要不断地迭代和优化。通过持续不断的演进，希望平台能够成为模型评估领域一款好用的平台。对于模型的评估工作如何开展，以及从哪些维度进行评估，需要结合公司的实际业务场景进行讨论，各公司有不同的标准，尤其是业务指标的衡量。

第12章　机器学习工程技术

本章主要探讨机器学习工程技术，包含机器学习平台、数据与建模工程技术及部署工程技术。

12.1　机器学习平台概述

随着大数据技术和深度学习领域的技术突破，人工智能迎来了高速发展时期。无论是科研单位还是商业公司，甚至是政府部门，都把人工智能作为未来发展战略的重要方向。现阶段各行各业都在谈论 AI，希望 AI 可以帮助他们实现行业创新。正所谓"工欲善其事，必先利其器"，高效、易用的机器学习平台对于企业来说愈发重要。一个高效的机器学习平台可以为企业提供更好的人工智能算法研发支持，减少内部重复性，提升资源利用率和整体研发效率。

12.1.1　机器学习平台发展历程

图 12-1 简要阐述了机器学习平台（工具）的发展历程，将其划分为"萌芽期""发展初期""快速发展期""面向大数据"及"普及化"共 5 个阶段。

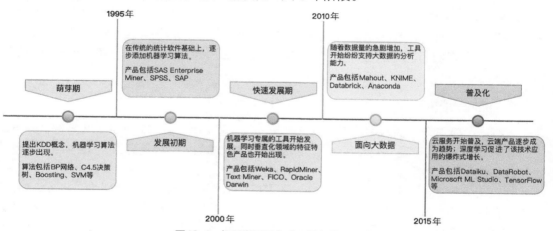

图12-1　机器学习平台（工具）发展历程

1. 萌芽期

1995 年以前，机器学习理论快速发展，产生了一系列重大的算法，但是此时尚没有针对机器学习领域的专属工具。1995 年的国际数据挖掘与知识发现大会上，将知识发现（Knowledge Discovery in Database）这个概念从科研领域推向商业领域。这标志着数据挖掘行业的兴起，此后机器学习的工具开始提及。

2. 发展初期

1995 ~ 2000 年，随着数据挖掘应用的发展，人们逐渐认识到数据挖掘软件需要与以下

3 方面紧密结合。

- 数据库和数据仓库：因为随着数据量的增加，需要利用数据库或者数据仓库技术进行管理，所以数据挖掘系统与数据库和数据仓库就自然结合起来。
- 多种类型的数据挖掘算法：现实领域中的问题是多种多样的，单一或少数的数据挖掘算法难以通用地解决各种复杂问题。
- 数据清洗、转换等预处理工作：现实中的数据基本都是非标准的，脏数据、噪声等都会降低数据质量，干扰模型的效果。

基于上述 3 方面原因，在这段时间内，机器学习工具的基本形式是作为传统统计软件工具的延伸，产品包括 SAS Enterprise Miner、SPSS、SAP 等。因为机器学习本身有很强的统计能力，很多计算公式都来自原有的统计学公式，所以在原有成熟统计软件的基础上添加一些机器学习算法相对比较容易。

3. 快速发展期

2000 ～ 2010 年，随着个人电脑及互联网的普及，数据量开始呈指数级增长，人们越来越渴望使用专业化的工具来实现数据价值的挖掘。一系列的机器学习专属工具（如 Angoss Knowledge SEEKER、Weka、RapidMiner、KNIME 等）开始涌现，同时数据库和数据仓库厂商也开始提供类似的专业化工具，如 Oracle Darwin。

除了通用的机器学习平台大量出现，垂直化领域内的建模平台也有了长足的发展，其中包括 FICO（征信）、KNIME（主要用于医药行业）、Options&Choice（主要用于保险业）、HNC（欺诈行为侦测）、UnicaModel（主要用于市场营销）。这些软件针对行业特点，将专业化的业务特点融合到软件中，实现更便利的操作和更优质的模型，例如，FICO 是专门做评分卡建模的软件，评分卡建模中一个很重要的工作就是分箱，即数据的离散化。FICO 的可视化分箱功能除了支持传统的等频、等距分箱，还支持各种灵活的自定义分箱、基于 WOE 的自动化分箱等。

4. 面向大数据

2010 ～ 2015 年，大数据的应用越来越普及，几乎所有的公司都在拥抱大数据，分布式机器学习工具也相应出现，如 Mahout、Databrick 等。除此之外，已有的机器学习工具也纷纷加入大数据处理功能。

分布式机器学习工具与传统软件的大数据插件虽然都具有大数据分析能力，但它们的本质是有区别的。分布式机器学习工具是真正具备大数据分析能力的产品，因为它的底层存储和模型训练都是基于分布式系统开发的；而大多数传统软件中的大数据插件只支持读取分布式系统的数据，至于模型训练和数据存储仍然是单机版，其处理能力受到服务器的限制。

5. 普及化

从 2015 年至今，随着人工智能技术在图像、语音等方面的发展，几乎每个行业都希望借助 AI 的能力实现创新。

由于深度学习的成功，也出现了一些针对深度学习的架构和产品，如 TensorFlow、MXnet、H2O.ai 等。Python 是这些深度学习架构指定的编程语言，其用户量也得到了快速增长，甚至有些人把 Python 作为人工智能语言。为了让用户有更好的编程体验，免去烦琐的环境配置等工作，Jupyter NoteBook 这种线上交互式编程产品得到越来越多编程爱好者的喜爱。

12.1.2　主流的机器学习平台

如今的机器学习平台基于核心模块和应用场景的不同，又可以称为深度学习平台、人工智能平台、模型训练平台等（以下统称为机器学习平台）。机器学习平台提供业务到产品、数据到模型、端到端、线上化的人工智能应用解决方案。开发者和用户在机器学习平台上能够使用不同的机器学习框架进行大规模的训练，对数据集和模型进行管理和迭代，同时通过 API 和本地部署等方式接入具体业务场景中。

国内外的科技公司纷纷推出机器学习平台，国外有亚马逊、Google、Microsoft 等，国内有阿里巴巴、腾讯、百度、华为等。这些机器学习平台的目标是能够提供海量数据预处理及半自动化标注、大规模分布式训练、自动化模型生成，及模型按需部署能力，从而帮助开发者高效开发和部署模型，管理机器学习工作流。下面将介绍部分机器学习平台。

1. Microsoft Azure

Microsoft Azure 机器学习平台提供了 Web 页面和 SDK。使用它可以快速地训练、部署、管理和跟踪机器学习模型。Azure 机器学习平台可以用于任何类型的机器学习，从传统机器学习到深度学习、监督和非监督学习。它支持多种开源源代码框架（包括 MLFlow、Kubeflow、ONNX、TensorFlow、PyTorch），以及 Python 和 R 等语言。

2. H2O

H2O 是一个开源的、分布式的、线性可扩展的机器学习平台。H2O 支持广泛使用的统计和机器学习算法，并且还具有自动机器学习（Automated Machine Learning，AutoML）功能。H2O 的核心代码是用 Java 编写的，它的 REST API 允许从外部程序或脚本上访问 H2O 的所有功能。该平台包括用于 R、Python、Scala、Java、JSON 和 CoffeeScript/JavaScript 调用的接口，以及内置的 Web 界面。

3. TensorFlow

TensorFlow 是一个端到端开源的机器学习平台。它拥有全面而灵活的生态系统，其中包含各种工具、库和社区资源，使开发者能够轻松地构建和部署由机器学习提供支持的应用。

4. BML

百度机器学习（Baidu Machine Learning，BML）是一款端到端的 AI 开发和部署平台。基于 BML 平台，用户可以一站式完成数据处理、模型训练与评估、服务部署等工作。平台提供了高性能的集群训练环境、算法框架与典型的模型案例，以及操作便捷的预测服务工具。

5. 阿里巴巴 PAI

阿里巴巴机器学习平台（Platform of Artificial Intelligence，PAI）是一款一站式机器学习平台，为传统机器学习和深度学习提供了从数据处理、模型训练、服务部署到预测的一站式服务，如图 12-2 所示。

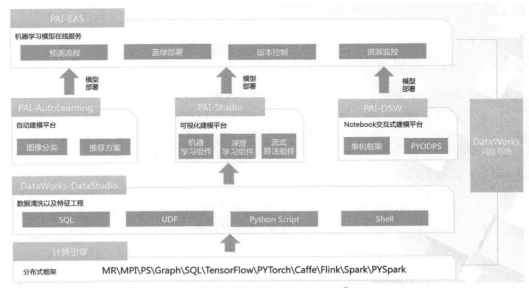

图12-2   阿里巴巴机器学习平台[①]

PAI 平台提供 4 套服务，分别是 PAI-Studio、PAI-DSW、PAI-AutoLearning 和 PAI-EAS。每个服务既可单独使用，也可相互连接。用户可以从数据上传、数据预处理、特征工程、模型训练、模型评估，到最终的模型发布，再到离线或者在线环境一站式地完成建模，有效地提升开发效率。在数据预处理方面，PAI 与阿里巴巴云 DataWorks（一站式大数据智能云研发平台）也是无缝连接的，支持 SQL、UDF、UDAF、MapReduce 等多种数据处理开发方式，灵活性较高。在 PAI 平台上训练模型时，生成的模型可以通过 EAS 部署到线上环境。另外，调度任务区分生产环境以及开发环境，可以做到数据安全隔离。

PAI 底层支持多种计算框架，有流式算法框架 Flink，基于开源版本深度优化的深度学习框架 TensorFlow，支持千亿特征千亿样本的大规模并行化计算框架 Parameter Server，同时也兼容 Spark、PYSpark、MapReduce 等业内主流的开源框架。

12.1.3　机器学习平台的建设

Microsoft 的《机器学习平台建设》对机器学习平台的建设进行了综述，站在需求的角度让我们思考如何找到合适的机器学习平台建设之路。从功能上说，围绕着机器学习的生命周期，机器学习平台最主要的 3 个功能为数据处理、建模、模型部署，如图 12-3 所示。

1.　数据处理

数据处理（即所有和数据相关的工作）包括数据采集、数据存储、数据加工和数据标记几大主要功能。前三者与大数据平台几乎一致，数据标记是机器学习平台所独有的。

数据采集又称为数据获取，是指从企业在线系统、企业离线系统、传感器和智能设备、社交网络和互联网等平台上获取数据的过程。数据存储是指要根据数据的特点选取合适的存储系统。数据加工也称为 ETL，即将数据在不同的数据源间导入 / 导出，并对数据进行聚合、清

---

① 阿里云机器学习平台的产品介绍见其官网。

洗、整理等操作。数据标记是指将人类的知识附加到数据上，产生样本数据（如分类标注），以便训练出能使用新数据推理预测的模型。

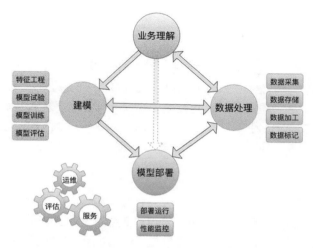

图12-3　机器学习平台的功能模块

2. 建模

建模（即创建模型的过程）包括特征工程、模型试验、模型训练及模型评估。特征工程指通过模型（算法）工程师的知识挖掘出数据更多的特征，将数据进行相应的转换后作为模型的输入。模型试验指尝试各种算法、网络结构及超参来找到能够解决当前问题的最好的模型。模型训练主要指平台的计算过程，好的平台能够有效利用计算资源，提高生产力并节省成本。模型评估指对模型效果和性能表现进行评估，是一个反复的过程，在建模和部署阶段都需要进行。

3. 模型部署

模型部署将模型部署到生产环境中，并提供服务，真正发挥模型的价值。一般来说，模型部署不仅是指将模型复制到生产环境中，还涉及线上模型的管理、性能监控等。

由于机器学习从研究到生产应用都还处于快速发展变化的阶段，因此构建一体化的机器学习平台并非易事，需要数据工程师、算法工程师、架构师、运维工程师、测试工程师等共同参与完成。企业的机器学习工程实践要结合业务和技术综合考虑。在实际应用中，数据、建模及部署可以分别按需进行工程和平台化建设。常见的机器学习平台包括数据处理平台、标注平台、建模平台、训练平台、部署平台和监控平台等，如图12-4所示。

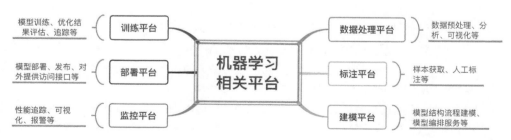

图12-4　常见的机器学习平台

12.2 数据与建模工程技术

12.2.1 数据采集

数据采集即获取数据（包含用户行为数据、传感器数据、社交网络交互数据，及移动互联网等各种类型的结构化、半结构化及非结构化的海量数据）的过程。

大数据时代背景下的数据具有来源广泛、数据类型丰富、数据量巨大且产生速度快等特点。传统的数据采集方法无法胜任，因此基于大数据的采集技术面临着诸多挑战，既要保证数据采集的可靠性和高效性，同时还要避免重复数据。根据数据源的不同，数据采集方法可以分为 3 类。

1．系统日志采集

系统日志采集主要是指收集企业业务平台上日常产生的大量日志数据，供后续离线和在线的数据分析系统使用。高可用、高可靠、高扩展性是日志系统所具有的基本特征。目前常用的开源日志收集系统有 Flume、Scribe、Kafka 等。Flume 是 Cloudera 提供的一个高可用、高可靠、分布式的日志采集、聚合和传输的系统。Scribe 是 Facebook 开源的日志收集系统，为日志的分布式收集、统一处理提供可扩展、高容错的解决方案。

2．网络数据采集

网络数据采集是指通过网络蜘蛛（数据采集机器人）或网站公开 API 等方式从外部网站上获取数据信息的过程，这样可将非结构化数据、半结构化数据从网页中提取出来，并以结构化的方式将其存储为统一格式的本地数据文件。它支持图片、音频、视频等文件的采集，且附件与正文可自动关联。对网络流量的采集则可使用 DPI 或 DFI 等带宽管理技术。

3．其他数据采集

对于企业的生产经营数据或科学研究数据等保密性要求较高的数据，可以通过与企业或研究机构合作，使用特定系统接口等相关方式进行数据采集。

12.2.2 数据存储

机器学习的整个流程几乎都会产生数据。除了数据采集阶段的原始数据，还有加工后的中间数据、训练好的模型等。除了传统的关系型数据库，各种各样的 NoSQL 数据库（如列式数据库、K-V 数据库、文档型数据库、全文搜索引擎、图数据库等）系统也应用广泛。

- 关系型数据库（如 PostgreSQL）适用于存储元数据（文件路径、标签、用户行为等）。除了支持 SQL，它对非结构化 JSON 格式也支持良好。
- 列式数据库是以列相关存储架构方式进行数据存储的数据库，主要适合批量数据的处理和即时查询。基于列式数据库的列存储特性，可以解决某些特定场景下关系型数据库中高 I/O 的问题。常见的列式数据库有 HBase、BigTable 等。
- K-V 数据库指的是使用键值（key-value）存储的数据库，其数据按照键值对的形式进行组织、索引和存储。K-V 存储非常适合不涉及过多数据关系的数据。它能够有效减少读写磁盘的次数，比 SQL 数据库存储拥有更好的读写性能。常见的 K-V 数据库有 Redis、Apache Cassandra、Memcached 等。

- 文档型数据库指用于将半结构化数据存储为文档的一种数据库。文档型数据库通常以 JSON 或 XML 格式存储数据。由于文档数据库的 no-schema 特性，它可以存储和读取任意数据。常见的文档型数据库有 MongoDB、CouchDB 等。
- 全文搜索引擎用于解决关系型数据库中全文搜索较弱的问题。常见的全文搜索引擎有 ElasticSearch、Solr 等。
- 图数据库应用图形理论存储实体之间的关系信息，常见的例子就是社交网络中人与人之间的关系。常见的图数据库有 Neo4j、Arango DB 等。

实际上，选择以上多种存储方案时，要基于业务需求和技术架构，多方面权衡并进行综合性评估。常见的衡量因素包括数据量、并发量、实时性、一致性要求、读写分布、数据类型、安全性和运维成本等。

此外，数据的版本管理也至关重要。版本控制表示哪个版本的数据会被使用。对于已部署的机器学习模型，必须要有对应的训练数据版本。已部署的机器学习模型是由数据和代码共同组成的。没有数据版本的管理，就意味着没有模型版本的管理，这会带来各种问题。数据版本管理平台有 DVC（针对机器学习项目的开源版本管理系统）、Pachyderm（针对数据的版本管理）、Dolt（针对 SQL 数据库的版本管理）。

12.2.3　数据加工

数据加工用来描述数据从生产源到最终存储之间的一系列处理过程，一般经过数据抽取、转换、加载 3 个阶段。其中，数据抽取是指将数据从已有的数据源中提取出来，例如，通过 JDBC/Binlog 等方式获取 MySQL 数据库中的增量数据；数据转换是指对原始数据进行处理，例如，将用户属性中的手机号替换为匿名的唯一 ID，计算每个用户对商品的平均打分，计算每个商品的购买数量，将 B 表中的数据填充到 A 表中形成新的宽表等；数据加载是指将数据写入最终的存储目的地，如数据仓库、关系型数据库、K-V 型 NoSQL 等。

为了实现 ETL（抽取、转换和加载）过程，各个 ETL 工具一般还会进行一些功能上的补充，如工作流、调度引擎、规则引擎、脚本支持、统计信息等。成熟的 ETL 工具（系统）可以提供大量的组件以适配多种异构数据源，支持丰富的数据变换操作，并且处理速度快等。选择合适的 ETL 系统可以达到事半功倍的效果。一方面，企业可以尝试组装开源 ETL 工具以节省成本，同时自定义需要的功能可提供更多的灵活性和支持。另一方面，也可以选择商用解决方案来获得更好的服务。

当前流行的开源 ETL 工具有 Apache Airflow、Apache Kafka、CloverETL、Apache NiFi、Pentaho Kettle 等。

1. Apache Airflow

Apache Airflow 是一个自动编写、调度和提供工作流监控的工具。工作流被编写为任务的有向无环图（DAG），调度程序在工作数组上执行任务，并遵循指定的依赖关系。命令行应用程序允许用户在 DAG 上执行操作，并且在用户界面上允许可视化生产管道，监视进度并排除故障。

2. Apache Kafka

Apache Kafka 是一个分布式流式传输工具，提供发布和订阅记录流，支持容错存储记录流，并允许在产生记录时处理记录流。Kafka 通常用于构建实时流式数据，可以在系统或应用程序之间移动数据，也可以转换或响应数据流。Kafka 可以在一个或多个服务器上的集群中运行，有 4 个核心 API——生产者 API、消费者 API、流 API 和连接器 API。

3. CloverETL

CloverETL 社区版为广大社区免费提供了有基本数据转换功能的可视化工具，允许全速执行数据转换，但它包含的转换组件相当有限。

4. Apache NiFi

Apache NiFi 用于自动化和管理系统之间的信息流，其设计模型让 NiFi 成为能构建强大且可扩展数据流的有效平台。NiFi 的基本设计概念与基于流程编程的核心思想相关，该工具包括高度可配置的基于 Web 的用户界面，支持多种数据来源，具有可扩展性和安全性。

5. Pentaho Kettle

Pentaho Kettle 是 Pentaho 中负责 ETL 操作的组件，使用户能够从任何来源获取、混合、清理和准备数据。Pentaho 还包含在线分析和可视化工具，社区版本是免费的，但提供的功能比付费版本少。

ETL 工具的选取，一般考虑如下方面：

- 对平台的支持程度；
- 对数据源的支持程度；
- 抽取和加载的性能，对业务系统的性能影响，侵入性；
- 数据转换和加工的功能；
- 对管理和调度功能的支持程度；
- 集成性和开放性。

12.2.4　样本数据

样本数据包含了数据以及从数据中期望得到的知识，也称为标记数据。对于有监督学习，必须有样本数据才能训练出模型，从而将知识应用到新数据中。虽然从机器学习的分类上来看还有无监督学习、强化学习等不需要样本数据的场景，但有监督学习的应用更广泛。

数据标记是指在机器学习中，将人类知识赋予到数据上的过程。有了高质量的标记数据，才能训练出好的模型。

常见的标记场景分为三大类——计算机视觉、语音识别和自然语义。其中，计算机视觉包括图片分配、图像语义分割、视频分类、图片框选等；语音识别包括语音清洗、语音转写、语音切分；自然语义包括文本分类、文本清洗、情感标注等。

一般的数据标记操作是让有一定背景知识的人来标记的，然后将数据和标记结果及其关联保存起来。训练时，会将数据和标记结果同时输入机器学习模型中，让模型来学习两者间的关系。除了人工标记，有些领域还可以利用已有数据形成样本数据，例如，机器翻译可以利用大量已有的双语翻译资料。

除此之外，业界也有不少开源的标注工具，它们涵盖了计算机视觉、自然语言等诸多领域。表 12-1 梳理了部分在计算机视觉、自然语言等领域较流行的开源标注工具。

表12-1　开源标注工具

工具	适合场景	说明
labelImg	目标检测（图像）	基于Python和Qt的跨平台目标检测标注工具，操作方便、快捷，应用广泛。采用矩形框标注目标，结果保存至本地
CVAT	目标检测、分割、分类任务（图像和视频）	功能强大，支持图像和视频中的多种标准场景，结果文件支持导出多种格式，支持本地部署
labelme	目标检测、分割、分类任务（图像）	基于Python和Qt的跨平台标注工具，功能较强大
VATIC	目标检测、目标跟踪（视频）	基于Python的视频目标检测、目标跟踪标注工具，轻便实用，应用广泛，结果保存至数据库中
doccano	NLP命名实体识别、文本分类、翻译任务	功能强大，支持多种语言和用户管理，结果保存至SQL数据库中
Chinese-Annotator	NLP命名实体识别、文本分类、关系提取	面向中文的智能文本标注，结果保存至MongoDB中

12.2.5　特征工程

在机器学习应用中，特征工程介于"数据"和"模型"之间。特征工程是利用数据领域的相关知识来创建能够使机器学习算法达到最佳性能的操作过程。特征决定了机器学习模型效果的上限，而算法只是尽可能逼近这个上限，这里的特征就是经过特征工程得到的数据。由此可见，特征工程在机器学习中占有相当重要的地位。特征设计是否有效，特征生成与上线的流程是否高效直接决定了机器学习模型的质量和迭代速度。

特征主要分为离线特征和实时特征两大类。

离线特征主要是指从历史数据中总结和归纳出的特征表示，这类特征的原始数据一般存储在持久化的数据存储介质（如分布式存储 Hive、HBase 或关系型数据库 MySQL 等）中。离线特征的生成过程主要包括特征计算和定时调度两个主要步骤。实时特征的生成更关注样本以及和项目关联的对象在近期内的行为特征表示。要保证离线和在线的特征一致性。

当模型和特征上线后，要取得和离线实验一样的效果，保证线上特征数据的持续正确是非常必要的。特征监控从整体来看可以分为过程监控和结果监控。过程监控主要关注特征生产过程中可能出现的问题，这需结合特征生产流程在关键节点进行校验监控。结果监控主要是对已经生成的特征按先验知识进行校验和监控。

近年来，随着自动建模的发展，除了传统的人工特征工程，还出现了特征工程自动化。特征自动化是指通过数据集自动创建候选特征，且从中选择若干最佳特征进行训练的一种方式。自动化特征工程的工具有 Feature Tools 和 Tsfresh 等。其中，Feature Tools 是一款开源的特征工程自动化框架，擅长将时态和关系数据集转换为机器学习的特征矩阵，自动实现特征工程。

12.2.6　模型构建

模型构建（建模）包含模型选择、模型试验、超参调优、模型训练、模型评估等。在建模过程中，需要关注以下几点。

1. 软件工程

在机器学习项目中，广泛应用的编程语言是 Python。IDE 工具有很多，如 Vim、Emacs、VS Code、PyCharm、Notebooks，以及 Streamlit（基于 applets 的交互式数据科学工具）。

2. 机器学习框架

一个好的机器学习框架能够降低定义机器学习模型的复杂性，使开发人员轻松构建机器学习模型，而无须深入研究基础算法。常用的机器学习框架有 TensorFlow、Theano、Scikit-learn、Caffe、PyTorch、Spark ML Lib、XGBoost 等。

3. 试验管理

先用简单的方法快速开始，即使用小批量数据训练一个小的模型。如果有效果，则扩展到更大的数据和模型，再进行超参调优。此阶段容易出现很难跟踪和重现数据以及代码运行、参数调试方面的问题，因此选择恰当的试验管理工具很有必要，常用的工具如下。

- TensorBoard，提供可视化以及与机器学习试验相关的工具。
- Losswise，可以对机器学习进行监控。
- Comet，可以追踪代码、试验及机器学习项目的结果。
- Weights&Biases，用于记录和可视化模型训练过程。
- MLFlow Tracking，用于记录参数、代码版本、指标、输出文件，以及实现结果的可视化。

其中，MLFlow Tracking 属于 MLFlow 的一个组件，MLFlow 是一款开源的管理机器学习生命周期的工具。它主要包含 3 个组件——Tracking 跟踪组件（支持记录和查询试验数据，如评估度量指标和参数），Projects 项目组件（提供了可重复运行的简单包装格式），Models 模型组件（提供了用于管理和部署模型的工具）。

MLFlow 中的跟踪组件提供了一组 API 和用户界面，以在运行机器学习代码时记录参数、代码版本、度量指标和输出文件，以便后续进行可视化。通过下面几行简单的代码就可以记录参数、度量指标（metric）等。

```
1   import os
2   from random import random, randint
3
4   from mlflow import log_metric, log_param, log_artifacts
5
6   if __name__ == "__main__":
7       print("Running mlflow_tracking.py")
8
9       log_param("param1", randint(0, 100))
10
11      log_metric("foo", random())
12      log_metric("foo", random() + 1)
13      log_metric("foo", random() + 2)
14
15      if not os.path.exists("outputs"):
16          os.makedirs("outputs")
17      with open("outputs/test.txt", "w") as f:
18          f.write("hello world!")
19
20      log_artifacts("outputs")
```

此外，启动 MLFlow tracking UI 服务后，还可以通过 UI 交互，使用参数实现导出、对比等功能，如图 12-5 所示。

图12-5　MLFlow tracking UI 服务

4. 超参调优

常见的策略有网格搜索、随机搜索、贝叶斯优化、HyperBand。RayTune 是一个 Python 库，能够在任何数据规模下进行超参调优，支持几乎所有机器学习框架，包括 PyTorch、XGBoost、MXNet 和 Keras 等。

5. 模型评估

模型评估（即对模型效果和性能表现的评估）在建模和模型部署阶段都需要进行。关于模型评估的要点在第 10 章和第 11 章进行了较详细的解释。

6. 算力管理

算力是人工智能的三要素之一。算力管理的基本思路是将所有资源集中起来，按需分配。算力管理的方案有很多，例如容器化、虚拟化、任务队列等。业界较流行的方案有 Docker+Kubernetes、Kubeflow、Polyaxon 等。此外，分布式训练也是算法管理的一种方案，因为大数据的处理、模型的训练都十分消耗资源。当业务场景复杂、模型训练时间长或者样本规模超过单台服务器的处理能力时，需要用分布式训练。

7. 可视化

可视化包括结果分布、训练进度、训练效果对比等各方面的可视化。机器学习不像传统的编程，它往往变幻莫测。模型间的细小差别和数据质量、参数微调中的小小改变都可能对最终结果产生巨大的影响。只有当我们用可视化方式跟踪某些特征数据在整个训练过程中的变化，并且纵览模型结构后，才能有效"调校"模型并解决所看到的问题。机器学习的可视化方面也涌现了许多开源工具，如 TensorBoard、Yellowbrick、MLDemos、Manifold 等。

- TensorFlow 中已内置可视化工具 TensorBoard，通过这个工具既可以观察模型的整体结构又可以监控整个模型的训练过程。TensorBoard 的可视化效果如图 12-6 所示。

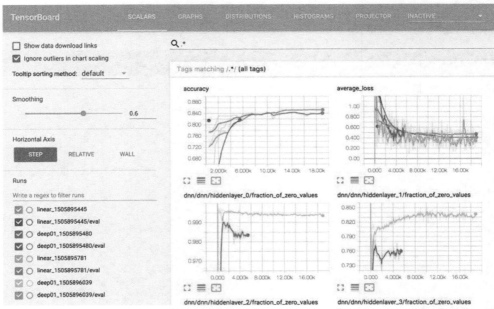

图12-6　TensorBoard的可视化效果[1]

- Yellowbrick 是一套名为"Visualizers"的视觉诊断工具，Yellowbrick 将 Scikit-Learn 与 Matplotlib 结合在一起，以传统 Scikit-Learn 的方式对模型进行可视化。其可视化效果如图 12-7 所示。

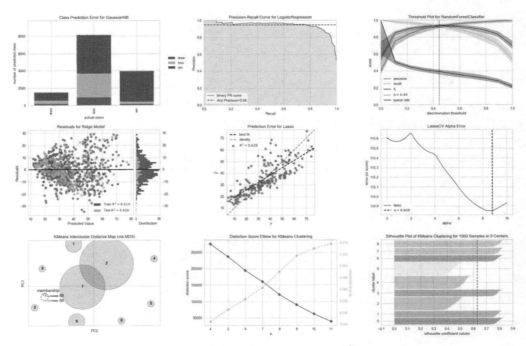

图12-7　Yellowbrick的可视化效果[2]

---

① TensorBoard 工具的详情可访问其官网。
② Yellowbrick 工具的详情可访问其官网。

- MLDemos 是一种用于机器学习算法的开源可视化工具，用于帮助开发者研究和理解多个算法如何运作，以及算法的参数如何影响和修改分类、回归、聚类、降维、动态系统和强化学习等的结果。
- Manifold 是一款机器学习可视化调试工具，可以帮助开发者发现让模型不能准确预测的数据子集，通过不同子集之间的特征分布差异来解释造成模型性能不佳的原因。它为用户提供两大功能视图——性能比较视图和特征分布视图。

12.3 模型部署工程技术

在完成数据处理和模型训练后，最后一个环节是模型部署。本节着重介绍模型部署的方式与模型服务化方面的技术。

12.3.1 模型部署概述

为了将训练好的模型部署、上线，首先需要确认训练模型与接入的应用服务所使用的编程语言是否一致，其次考虑模型应用于产品服务的方式。在调试模型时，大多使用 PyCharm、Spyder 工具中的控制台来输出训练结果，或者使用 Jupyter NoteBook 进行交互。将模型部署于产品常用的方式有两种——基于 HTTP 服务或基于预测标型标记语言（Predictive Model Markup Language，PMML）。其中，基于 HTTP 服务是指在生产环境中部署 Python 环境以及 Python 的机器学习包，然后把数据预处理和模型部分导出为 PKL 文件并部署在 HTTP 服务上。基于 PMML 是指将机器学习模型打包成 PMML 文件，然后部署到生产环境中。

为了降低模型上线（部署）的风险，模型发布可采用分级发布的方式（如预上线、小流量、灰度至全量）。此外，也可采用 A/B 测试等方式。线上模型服务后，需要有一套完整的监控系统以对模型的效果、服务质量、性能指标等进行监控，同时备有有效的回滚、降级、容灾预案机制，保障模型在线上稳定运行。模型项目的流程如图 12-8 所示。

图12-8　模型项目的流程

12.3.2 模型发布方式

模型部署架构和具体的技术组件选型需结合公司已有技术、业界的发展趋势、部署运维成本等因素综合考虑。模型发布的方式同样受多种因素影响。一方面，应考虑是否跨多种编程语言，如接入的产品使用 Java 编程语言，而模型训练采用 Python 语言；另一方面，应考虑是在线预测还是离线预测，如采用在线预测，还要关注性能问题。

图 12-9 所示为某金融公司的风控模型部署架构。其选用 Nginx + uWSGI + Flask 部署，客户端是指移动设备端 App、Web 浏览器或第三方应用。Nginx 是负载均衡器，它的作用是把请求分发到模型服务，提高响应速度。uWSGI 搭配 Nginx 实现响应速度快、内存占用率低、高可用定制、自带详尽日志等功能，支持平滑重启。Flask 完全兼容 WSGI（Web Server Gateway Interface）标准，便于搭建微服务框架，完全基于 Unicode 编码，无须处理编码问题。

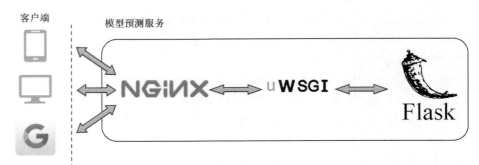

图 12-9　某金融公司的风控模型部署架构

模型部署涉及很多资源合理利用的问题，是选择集群还是分布式部署方式，需要根据公司业务的需求来定。下面介绍模型发布常用的技术栈。

1. 模型发布技术栈简介

1）PMML 标准

PMML 是一种事实标准语言。预测分析模型和数据挖掘模型指的是代数模型术语，这些模型采用统计技术了解大量历史数据中隐藏的模式。预测分析模型使用在模型训练过程中获取的知识来预测新数据中是否有已知的模式。PMML 允许在不同的应用程序之间轻松共享预测分析模型。模型训练可以是单独的系统，通过这个单独的系统把模型生成的 PMML 文件移动到产品系统中，这样就可实现跨平台在线或离线预测。

PMML 是一套基于 XML 的标准，所使用的元素和属性是通过 XML Schema 来定义的。PMML 数据挖掘分析流程如图 12-10 所示。首先输入准备好的数据，其次根据输入的数据进行数据预处理，在源数据字段上产生新的派生字段。之后进行预测模型，预测后处理。最后进行预测值输出。PMML 支持由 Python、R 等语言生成 PMML 文件的模型转换库，也支持 Spark、Java、Python 的模型评估库，以读取 PMML 文件。PMML 的优缺点如表 12-2 所示。

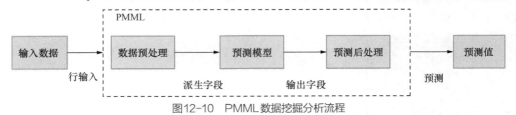

图 12-10　PMML 数据挖掘分析流程

表 12-2　PMML 的优缺点

优缺点	描述
优点	• 跨平台性，PMML 是一种跨平台的语言，几乎兼容所有操作系统和应用平台。 • 共享性，PMML 可以实现模型预测系统与产品系统共享预测分析模型。 • 可读性，PMML 是基于 XML 标准生成的文本文件，该文件可以通过文本编译器打开
缺点	• 目前，PMML 模型未完全实现与数据的隔离。 • 没有对模型性能进行度量的规则。 • 受 PMML 开放性的影响，PMML 文本文件的安全性没有得到保障

2）容器管理

容器（container）是一种轻量级、可移植、自管理的软件，它不依赖任何服务器硬件。它将应用程序及依赖进行打包，可以在任何地方以相同的方式运行。Docker 是使用 Go 语言开发的应用容器引擎，它借鉴了集装箱的思想，目的是可以高效利用系统资源。Docker 把应用程序和依赖打包到一个可移植的镜像中，将镜像文件运行起来，产生的对象就是容器。除 Docker 外，还有一些其他容器管理工具，如 AWS 弹性容器、Azure Kubernetes（AKS）、Diamanti D10、Google GKE 等。

3）负载均衡器

负载均衡器按一定权重把客户端请求分发到集群中的服务器上，避免单一服务器超负荷，从而将请求响应时间最小化、程序吞吐量最大化，达到平分工作压力的效果。常用负载均衡器有 Nginx 和 Apache HTTP Server 两种网络服务器。Nginx 是一个开源网络服务器，具有高性能、内存占用少的特点。它可以生成大量工作进程，每个进程可以处理上千个网络连接，即使在高负载的情况下也可以高效工作。

4）微服务框架

Python 提供的微型 Web 框架有 Flask、Bootle、web2py 等，开发者可以用它们开发响应请求的 API 或者 Web 应用，具体可以根据产品需求和技术架构进行选择。

5）模型部署常用的服务与组件

Gunicore 是一个高性能的 Python WSGI UNIX HTTP 服务器，具有实现简单、轻量级、高性能的特点，与大多数的 Web 框架兼容。

2. 模型服务的部署方式

模型服务的部署方式有多种，此处主要介绍两种。一种是微服务（SOA）部署方式，另一种是使用 TensorFlow Serving 的部署方式。模型应用的场景包括在线预测不跨语言、在线预测跨语言、离线预测不跨语言、离线预测跨语言。对于不同的使用场景和不同的接入产品，选择不同的部署方式，部署模型服务的重点和关注点也有差异。

TensorFlow Serving 是一个针对机器学习模型服务部署的灵活、高性能的服务系统，专为生产环境而设计。在机器学习的推理方面，它在训练和模型关联生命周期之后进行建模，并通过高性能的参考计数查找表为客户提供版本化访问。TensorFlow Serving 在服务器架构不变的情况下，实现了模型服务部署的简单化。它还具有支持多模型服务、新模型热部署、支持 Canarying 新版本和 A/B 测试等特性。另外，TensorFlow Serving 还提供调度服务，可以将推理请求分为几批，以便在 GPU 上联合执行。

1）在线预测不跨语言场景

模型训练与预测使用的编程语言一样，好处是无须进行模型 PMML 标准化，可把训练好的模型导出为 HDF5（Hierarchical Data Formate Version 5）文件。此场景需要考虑如何处理多并发和响应时间的问题。根据项目情况选择合适的高并发 Web 框架部署 SOA 模式的预测服务，加载由模型保存的文件，实现线上预测。可选择的 Python Web 框架有 Flask、Tomado、py2web 等。

例如，模型训练和预测都使用 Python 语言，使用 XGBoost 导出训练模型，使用 XGBoost4j 加载模型，使用 Nginx+uWSGI+Flask 微服务形式进行模型预测服务的部署，从而实现高并发、响应时间短、实时预测的效果。

2）在线预测跨语言场景

若模型训练时使用的编程语言与接入产品所使用的编程语言不一致，则需要考虑使用跨语言解决方案。如果搭建实时小批量数据预测服务，则可采用 SOA 调用预测服务 Python Server。若搭建大数据量的实时预测服务，又涉及跨语言的问题（如从 Java 跨到 R 或 Python 语言），则需要把训练模型进行 PMML 标准化，并导出 PMML 文件，然后把模型封装成一个类，使用 Java 调用这个模型类进行预测。

　　3）离线预测不跨语言场景

　　离线预测一般采用（$T+1$）天的预测方式。在模型预测服务进行部署时无须考虑多并发与时间响应问题，相比离线预测跨语言，其场景简单。虽然实现一个调度脚本就可以进行产品预测，但有必要配置统一的调用服务（AirFlow 或 Celery）。在项目时间紧迫的情况下，也可以使用 Shell 脚本的 Crontab 定时任务工具配置定时任务。

　　4）离线预测跨语言场景

　　离线预测跨语言场景需要解决的是跨语言和调度任务问题。与在线跨预测跨语言场景的处理方式一样，把训练模型转换成 PMML 文件，解决跨语言环境的问题。使用 AirFlow 或 Celery 配置统一的调用服务以进行预测。

3. 模型部署、上线实践

　　下面以"在线识别垃圾邮件"（简称 EMG）项目为例，讲述模型部署、上线实践，这个项目属于在线预测不跨语言场景。用户端输入邮件内容，调用预测接口把邮件内容传给训练好的模型，然后把预测结果呈现在结果页面。对于 EMG 项目，使用朴素贝叶斯定理构建了一个邮件内容分类模型，通过机器学习来检测邮件内容，以判断检测的邮件是垃圾还是非垃圾邮件。EMG 项目的请求流程如图 12-11 所示。

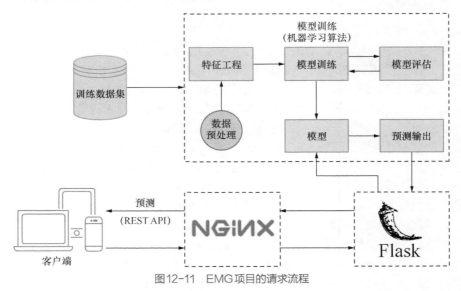

图12-11　EMG 项目的请求流程

　　EMG 项目中，选用 Python 的微型 Flask Web 框架，实现 REST API 接口，调用封装好的模型训练和预测方法，把预测结果呈现在结果页面。EMG 项目的依赖环境与依赖包版本如表 12-3 所示。

表12-3　EMG 项目的依赖环境和依赖包版本

依赖环境与依赖包		版本
依赖环境	Python	3.7
	Flask	1.1.1
	Centos	6.9

依赖环境与依赖包		版本
依赖包	Scikit-learn	0.22.1
	Pandas	1.0.1
	Scipy	1.4.1

下面是模型训练的 `modelTrain` 方法。首先获取离线数据进行离线模型训练，然后导出二进制文件 R3_model.pkl。其代码实现如下所示。

```
1   def modelTrain(data):
2       pt = os.getcwd()  # 获取当前工作目录
3       path = pt + "/data/SMSSpamCollection.txt"
4       # 读取数据集并添加列名，第一列为label，第二列为message
5       df = pd.read_csv(path, delimiter='\t', header=None, skipinitialspace=
        True, names=['label', 'message'])
6       # 将label列映射到数值0或1，0代表"ham"，1代表"spam"
7       df['label'] = df.label.map({'ham': 0, 'spam': 1})
8
9       M = df['message']  # M 代表message列
10      L = df['label']  # L 代表label列
11      # 创建词袋数据结构
12      cv = CountVectorizer()
13      # 使用CountVectorizer的fit_transform方法将文本中的词语转换为词频矩阵
14      M = cv.fit_transform(M)
15      # 将样本数据按比例划分为训练数据集和测试数据集
16      M_train, M_test, L_train, L_test = train_test_split(M, L, test_size=0.33,
        random_state=42)
17
18      mlp = MultinomialNB()  # 朴素贝叶斯分类器
19      mlp.fit(M_train, L_train)  # 训练
20      mlp.score(M_test, L_test)  # 测试准确率
21      # 输出测试集预测值
22      L_pred = mlp.predict(M_test)
23      # 导出模型
24      joblib.dump(mlp, pt + '/model/test_model.pkl')
```

在 Flask 框架中实现对外访问模型的 REST API 接口预测，通过 sklearn 库的 joblib.load 加载已经训练好的模型 R3_model.pkl。把客户端传入的参数格式化后，进行在线预测，并把结果返回。接口代码如下所示。

```
1   @app.route('/predict', methods=['POST'])
2   def predict():
3       pt = os.getcwd()
4       # 获取输入数据
5       message = request.form['message']
6       data = [message]
7       # 加载test_model.pkl模型
8       test_model = open(pt + '/model/test_model.pkl', 'rb')
9       mlp = joblib.load(test_model)
10
11      cv = CountVectorizer()
12      # 转换成数组的特征向量
13      vect = cv.transform(data).toarray()
14      # 输出预测值
15      predic_res = mlp.predict(vect)
16      return render_template('ml_result.html', prediction=predic_res)
```

把 "在线识别垃圾邮件" 系统部署到服务器，提供单机版 Web 应用。选用 Centos 6.9+ Nginx + Python 3.7 进行部署。在部署前准备 Python 3.7 环境，使用 pip 安装 virtualenv，创建一套隔离 Python 的运行环境 emg_env。配置 NGiNX 代理请求转发，在 nginx/conf/ 中新增 emg.conf 文件，重启 Nginx。关于 Nginx 的配置如下所示。

```
1  server{
2    listen 80;
3    listen 443 ssl;
4    server_name www.emg.com;
5
6    access_log logs/emg.log;
7    error_log  logs/emg.error.log;
8    default_type  text/html;
9    ssl_protocols  TLSv1 TLSv1.1 TLSv1.2;
10   index index.html;
11
12   location / {
13       proxy_pass http://127.0.0.1:5000;
14   }
15 }
```

把项目代码同步到服务器。首先使用 source emg_env/bin/activate 启动虚拟环境，然后使用 pip 安装依赖包，最后使用 python -u app.py 启动项目，或者使用 nohub python -u app.py >app.log 2>&1 & 启动项目。访问 EMG 官方网站，之后可在线预测邮件是不是垃圾邮件。"在线识别垃圾邮件" 项目部署完毕，EMG 页面的效果如图 12-12 所示。

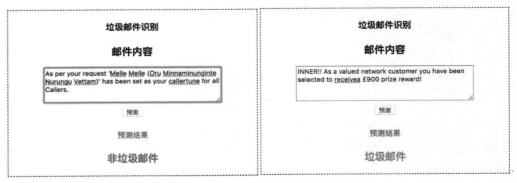

图12-12　EMG页面的效果

12.3.3　模型线上监控

模型部署线上后，模型是否稳定运行直接影响模型预测值的准确性，所以需要实施模型线上监控。

监控一般分为系统级别和业务级别的监控。若再细分，则可以把监控分为应用层、用户层、数据层、网络层等的监控。系统级别的监控内容大致相同，一般监控 CPU、磁盘、内存、网络等方面，由开发或运维工程师跟进监控呈现的问题，并加以解决。业务级别的监控内容与业务性质有关。监控的内容包括接口、框架、服务的响应时间、请求量、错误率等，一般由开发人员跟进并解决这些问题。项目经理和产品经理一般比较关注与用户、产品相关的功能层面的一系列监控。单模型监控与系统级别、业务级别的监控指标有所不同，并且单模型监控有自己关注的指标。

1. 模型线上监控内容

模型线上监控内容一般包含模型本身监控和模型接入产品的业务监控。模型本身监控是指在模型发布后，在线上运行并提供服务，每隔一段时间对模型本身的性能进行监控，根据模型运行效果呈现的指标（AUC值、PSI、KS值、MSE等）来判断模型是否可继续使用。

1）模型本身监控

关于模型本身监控，因为使用某模型的业务复杂性不一致，所以模型监控本身呈现的指标及监控阈值也不相同。一些常用的模型监控指标如表12-4所示。

表12-4　常用的模型监控指标

监控指标	描述
PSI	群体稳定性指数，计算方式见9.2.1节。若PSI大于0且小于0.1时，模型稳定性高；若介于0.1～0.25，模型稳定性一般；若大于0.2，模型稳定性很差，需要修复或训练新的模型
KS值	模型性能监测指标。模型构建之初要求KS值大于0.3，若KS值下降至监控阈值，则需要训练新的模型
召回率	也称为查全率，预测样本中的正例有多少被预测正确，就是预测对的正例数占真正正例数的比值
查准率	也称为精准率，预测对的正例数占预测为正例总量的比值
AUC	两条ROC曲线相交，利用ROC曲线下面的面积进行比较，面积越大表示模型效果越好

2）业务级别

业务级别的监控与业务性质紧密联系，即业务类型不同，监控指标也不同。在金融风控业务项目中涉及的监控指标如表12-5所示。

表12-5　金融风控业务项目中涉及的监控指标

监控指标	描述
Vintage分析	把不同时期的数据放在一起比较，直观地看到数据差异
迁移率	贷款逾期根据逾期的天数分为M0～M7这8个阶段。迁移率就是预测从一个逾期阶段向另一个阶段转化的比例
滚动率	以一个时间点为参考点，观测用户在这个时间点最坏的逾期阶段，跟进其在之后的时间是否有向逾期的其他阶段发展的趋势
首期逾期率	在还款日，在没有按时还款的用户中，第一期逾期未还款的用户占比

2. 容错机制

虽然经过预发布、小流量、灰度、全量阶段充分验证后，模型成功部署、上线，但不能完全保障模型运行一直稳定，总会有些因素可能引起线上请求超时、服务器错误、宕机，甚至崩溃等问题。针对突出的问题，需要准备一套可容错、限流、降级的预防机制，防止发生崩溃，做到快速止损。

容错机制是程序在一定范围内承载系统错误操作发生的异常并且系统依然可以正常运行的预防机制。容错不是无限度的包容，只是预防策略。开发工程师在项目设计或者逻辑实现中，会选择使用隔离处理、降级、补偿、重试等手段进行异常兼容。

12.4　本章小结

本章主要介绍了机器学习的工程技术。本章首先概述了机器学习平台的发展、现状和建设思路，然后介绍了机器学习平台的三大功能（数据处理、建模与模型部署）。另外，本章还数据采集、数据存储、数据加工等方面介绍了数据处理常用的方法与技术，如何通过数据标记得到有价值的样本数据。关于模型部署，本章从模型发布方式到模型线上监控处理方法进行了逐一介绍，并以"在线识别垃圾邮件"项目为例，诠释了模型部署的工程技术。

第13章 机器学习的持续交付

机器学习系统（又常称为机器学习应用程序）在 IT 行业中变得越来越流行，但相比于传统的软件开发（例如 Web 服务、移动应用程序等），此类程序的开发、部署，以及持续改进更加复杂。复杂的原因源于三个方面——代码、模型和数据。通常情况下，机器学习系统的行为效果非常复杂，并且难以预测、测试、解释及改进。面对这种情况，一种有效的工程实践是将持续交付（Continuous Delivery，CD）的原理和实践引入机器学习系统的开发过程中，即实现机器学习的持续交付（Continuous Delivery for Machine Learning，CD4ML）。

13.1 机器学习持续交付的介绍与定义

持续交付在软件工程领域的应用越来越成熟与广泛，相对而言，机器学习持续交付则是一个较新的复合概念。下面重点就持续交付和机器学习持续交付的定义进行充分阐述。

13.1.1 持续交付

持续交付是一种软件工程方法，可以在短时间内生产及交付软件以确保随时可靠地发布软件，并且在发布软件时，可以选择手动进行。它旨在以更快的速度和更高的频率来构建、测试和发布软件，并对生产中的应用程序进行更多的增量更新。该方法有助于减少成本、缩短时间和降低交付变更的风险，且可以提高开发效率。一个简单且可重复的部署过程对于软件持续交付十分重要。

1. 持续集成、持续交付、持续部署的关系

持续交付是建立在持续集成（Continuous Integration，CI）基础上的。持续集成通常是指在开发环境中集成、构建和测试代码，而持续交付主要处理生产部署所需的最后的工作。与持续交付类似，持续部署（Continuous Deployment，CD）也是一种软件工程实践方法，但是它更加强调代码部署到生产环境的过程自动化。

2. 持续集成、持续交付、持续部署

持续集成、持续交付、持续部署这 3 种软件工程实践方法分别如图 13-1、图 13-2 和图 13-3 所示。

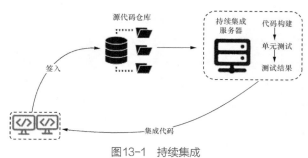

图13-1　持续集成

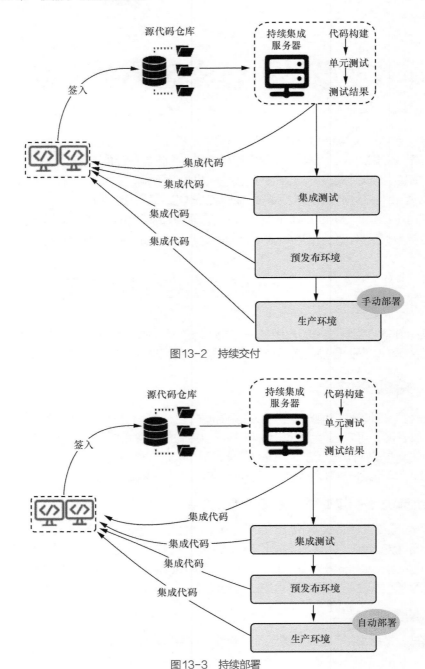

图13-2 持续交付

图13-3 持续部署

3. 持续集成的核心优势

持续集成的核心优势是提高开发人员的工作效率，将重复手动的任务自动化。通过更频繁及高效的集成测试，及时发现并解决软件的缺陷问题。持续交付建立在持续集成的基础上，相对而言，持续交付的核心优势是强调自动化软件发布流程和更快地交付更新。持续集成与持续交付的共同优势可简单概括为以下几点：

- 可靠性高；

- 具有可重复性；
- 速度快；
- 安全性高；
- 版本控制方便；
- 具有丰富的工具套件。

4. 持续集成工具的对比

行业内主流持续集成、持续交付工具的对比如表 13-1 所示。

表13-1 主流持续集成、持续交付工具的对比

	Jenkins	TeamCity	Bamboo	Travis	Circle	Codeship
是否付费	否（开源）	是	是	是	是	是
操作系统	Windows、Linux、macOS	Windows、Linux、macOS、Solaris、FreeBSD…	Windows、Linux、macOS、Solaris	Linux、macOS	Linux、iOS、Android	Windows、macOS
部署方式	本地 / 云	本地	本地 / 云	本地 / 云	云	云
支持容器	√	√	√	√	√	√
插件丰富性	★★★★★	★★★★	★★	★★★★	★★★	★★★★
技术文档	较多	丰富	丰富	较少	丰富	较少
学习成本	低	中	中	低	低	低

13.1.2 机器学习持续交付的定义

在 Google 2015 年发表的著名论文"机器学习系统中隐藏的技术债"中，重点指出了在实际的机器学习系统中，机器学习的代码只占一小部分，围绕机器学习系统有大量的基础架构和流程来支持系统演进。同时，该论文还提及了此类系统容易积累的许多技术债务的来源，其中大部分与数据的依赖关系、模型的复杂性、可再现性、测试、监控等外部变化有较大关系。

除了机器学习系统外，传统软件系统中也存在许多类似的问题。应用持续交付能在自动化、质量等方面具有可靠、可重复且高效的特性，能够快速地将软件产品发布到生产环境。

Jez Humble 和 David Farley 在他们的著作《持续交付》中指出："持续交付具有改变一切（包括新的特性、可控制的改变、各种 Bug 的修复，以及试验项目）的可能性。对于生产环境或者用户，它能够以一种可持续的软件开发方式快速安全地构建项目。"

除了工程代码，对机器学习模型及训练数据进行变更，也需要进行管理并纳入软件交付过程中。机器学习系统的变更及主要原因如图 13-4 所示。

基于图 13-4，我们可以扩展"持续交付"的定义，使其包含机器学习系统中存在的新问题和挑战，我们将这种方法称为"机器学习的持续交付"（CD4ML）。CD4ML 是一种软件工程方法。跨职能团队可以基于代码、数据和模型，用小而安全的方式增量开发机器学习系统，快速且可靠地发布，并缩短发布周期。

CD4ML 的定义包含以下基本原则。

- 遵循软件工程方法：使得团队能够高效地生产高质量的软件。

数据　　　　　　模型　　　　　　代码

- 数据模式变化　　· 算法选择　　　　· 业务需求
- 数据样本变化　　· 模型训练　　　　· Bug修复
- 数据量的变化　　· 模型试验　　　　· 配置变更

图13-4　机器学习系统的变更与主要原因

- 组织跨职能的团队：大数据、算法（数据模型）、工程开发、测试、产品、业务和其他领域中具有不同技能和工作流的工程师以协作的方式合作，强调每个团队成员的职责、技能和优势。
- 基于代码、数据和机器学习模型来开发软件：在开发机器学习软件（机器学习系统）的过程中，不同的技术组件需要不同的工具和工作流，这些工具和工作流必须有相应的版本管理。
- 小而安全的增量开发：软件组件的发布被拆分为小增量，这样可以对结果的变化水平进行评估和控制，从而增加过程的安全性。
- 可复现且可靠的软件发布：虽然模型输出可能无法确定且难以复现，但将机器学习软件（机器学习系统）发布到生产环境中的过程必须是可靠且可复现的，我们应尽可能地利用自动化。
- 随时发布软件：可以随时将机器学习软件（机器学习系统）交付到生产环境，软件服务应始终处于可发布状态。
- 适应周期短：周期短意味着开发周期在几天甚至几小时内，而不是几周、几个月甚至几年。过程自动化是实现这一目标的关键。可以创建一个效果监控反馈，使我们能通过生产环境中的行为表现来调整模型。

13.2　机器学习持续交付的主要挑战

在现代软件开发中，我们越来越期望新的功能特性能迅速地响应市场业务的需求，以满足业务发展的需要。这尤其适用于消费者应用程序，例如移动端、Web、桌面应用程序等。越来越多的互联网公司、传统软件公司开始引入持续交付实践，安全可靠地提高软件交付的效率。相对于移动端产品的高效开发交付，开发机器学习系统，投入生产环境且提供稳定可靠的服务是一件较难的事情。机器学习持续交付实践存在着诸多挑战，主要的挑战有两类——组织流程的挑战、复杂技术的挑战。

13.2.1　组织流程的挑战

伴随 AI 技术的蓬勃发展，越来越多的科技公司调整业务重心，将"以数据为驱动"或"以 AI 为驱动"作为工作重心。机器学习可用于关键业务的应用程序中，并与传统软件技术栈更紧密地集成在一起。将算法模型和数据工程纳入软件开发过程显得十分重要，这可以避免有效协作的障碍和信息孤岛的问题。但是与传统软件开发模式相比，这种调整也带来了组织结构及协作流程的挑战。

开发机器学习系统需要不同团队工程师合作，但他们的目标、方法和工作流程存在一定差异。

- 大数据工程师进行数据 ETL（抽取、转换、加载），保证数据质量（准确、完整、一致、有效、及时性）。
- 算法（数据模型）工程师探索数据信息，挖掘特征并进行模型训练，且要保证模型效果的表现。基于统计思想，使用定义假设并根据数据验证或拒绝假设来采用合适的模型。试验过程会用到数据可视化、成熟的模型库、并行大规模训练框架等工具。
- 开发工程师主要对训练好的模型做上层的服务接口开发，提供服务以确保模型能尽可能可靠、安全、高效和可扩展地运行。
- 测试工程师负责保证数据的准确性、模型效果及一致性（在线与离线）、服务接口功能的正确性、模型上线后的监控等过程。
- 产品业务（产品经理及业务商务）基于业务目标定义 KPI，评估机器学习系统是否达到期望的业务结果，指导算法（数据模型）的研究和探索，并帮助机器学习系统在业务产品层面成功实施。

从不同团队中工程师的工作职责内容来看，我们能了解到不同的团队处在开发流程的不同部分，如图 13-5 所示。这容易出现边界不清晰、期望不明确等问题。例如，大数据工程师侧重数据 ETL 过程的质量保证，而对数据字段的业务信息理解不多；算法（数据模型）工程师侧重对数据进行特征挖掘和模型训练及改进，对数据质量的保障关注不多。一旦出现由业务数据变化引起的数据质量问题，彼此之间会出现较大的分歧。各方对于数据质量、规则等边界定义不清晰，缺乏有效管控的措施。又例如算法（数据模型）工程师擅长进行数据分析及模型训练，工程开发能力相对较弱。模型项目开发过程中需要进行各种验证，且一般基于离线环境做模型试验。对于训练好的模型，大多以手工方式把模型部署到生产环境，模型上线后较难快速更新。对于开发工程师而言，集成模型服务并发布到生产环境不是一件容易的事情，模型项目的整体交付经常容易出现延期。团队的工程开发能力与项目流程意识对于模型项目的高效迭代显得十分重要。

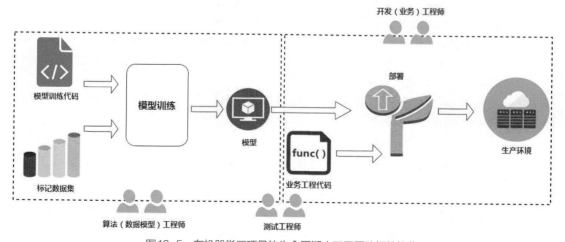

图13-5 在机器学习项目的生命周期中不同团队间的协作

解决组织流程的挑战不在本章的讨论范围之内，但是我们仍可以借鉴敏捷和 DevOps 的经验，并建立跨职能和面向结果的团队，加强不同团队工程师之间的协作（见图 13-6），打造端到端的（闭环）机器学习系统，如图 13-6 所示。

图13-6   不同团队工程师的协作

13.2.2   复杂技术的挑战

相对于组织流程的挑战而言，复杂技术的挑战更棘手。它主要体现在不同文件的版本管理，模型的大小，过程的可重复和可审核，模型的理解和可解释性，以及模型效果的监控等多个方面。

- 不同文件的版本管理：我们不仅需要管理代码版本，还需要管理数据集、机器学习模型及相关参数和超参。它们需要在不同阶段进行管理，做好版本控制和升级，直到部署生产应用。实现版本控制、质量控制且保证可靠性和可重复性是一件很难的事情。
- 模型的大小：训练数据和机器学习模型占用的内存空间通常非常大，比一般软件代码多几个数量级。
- 过程的可重复和可审核：由于使用不同的工具并遵循不同的开发流程，很难实现端到端的自动化。模型训练过程的可重复性及模型问题的排查定位是更棘手的技术问题。
- 模型的理解和可解释性：模型的业务应用是以输出决策判断为目标的。可解释性是指人类能够理解决策的原因。模型的可解释性越高，人们就越容易理解为什么做出某些决策或预测。但在很多情况下，模型的可解释性较难实现。
- 模型效果的监控：用标准、可重复的方式跟踪监控模型效果。随着时间的推移，样本数据会发生变化，模型效果也会发生相应的衰减变化。及时自动地监控和发现问题，对于保证模型服务的稳定性十分重要。

本章的余下部分将探讨复杂技术挑战的解决方案。我们会详细解释如何一步一步构建机器学习的管道（pipeline），深入解读机器学习管道中主流的技术组件。

13.3   如何构建机器学习管道

在计算机科学领域，管道的概念可以抽象地解释为将一件需要重复做的事情切割成不同的阶段，每个阶段由独立的单元负责，一个单元的输出是下一个单元的输入，可以把多个输出到输入的步骤进行组合，灵活地调节和配置。这个运行过程可以形象地类比为流水线。管道在传统软件开发的持续交付实践应用中较成熟。从版本控制、代码变更到软件发布，整个过程以一种可靠且可重复的方式进行构建。

13.3.1　机器学习管道概述

机器学习管道也称为"模型训练管道"，由模型训练的几个步骤组成，是将数据和代码作为输入并把训练过的机器学习模型作为输出的过程。该过程通常涉及数据清理和预处理、特征工程、模型和算法选择、模型训练和评估。机器学习管道应当是循环和迭代的，且每一步都具备可重复性，从而不断提高模型的准确性，构建出更好的机器学习模型，并获取大的业务价值。

机器学习管道包含几个关键阶段，如下所述。

- 问题定义：定义我们需要解决的业务问题。
- 数据提取：确定并收集我们要使用的数据。
- 数据准备：大部分数据是原始数据和非结构化数据，数据的口径、规则及同步过程很少是全部正确的。对于这些数据问题，通常我们会填充丢失的值、删除重复的记录或者规范修复数据。如列中相同值的不同表示形式是典型的数据问题。数据准备阶段也包含特征挖掘和评估分析工作，也就是特征工程。
- 数据拆分：拆分不同的数据子集，将训练数据集用于训练模型，将验证数据集用于模型评估。最后进一步评估模型在测试数据集中新数据上的性能表现。
- 模型训练：使用训练数据集进行模型训练，让机器学习算法识别其中的模式信息。
- 模型评估：使用测试和验证数据集评估模型的性能表现，以了解模型预测的准确性。这是一个反复的过程，并且可能需要测试各种算法，直到找到一个足以解决业务问题的模型。
- 模型部署：完成模型评估与选择后，一般会将模型包装一层服务接口，并通过某种API开放服务调用，之后整体集成到工程框架中。
- 模型性能监控：对模型性能表现进行监控以观察模型在真实数据中的表现，并收集新数据以进行进一步的优化改进。

这一系列的过程如图13-7所示。

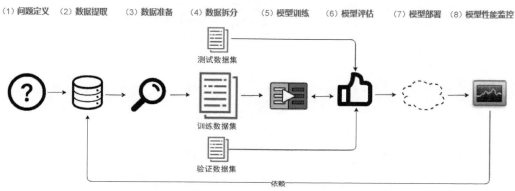

图13-7　机器学习管道包括的过程

13.3.2　构建机器学习管道

对于一些传统软件系统中的业务场景，管道涉及长时间的批处理动作（如收集数据）。通过消息队列发送数据并对其进行处理，以便为第二天的操作预先计算出结果及给予支持。虽然这在某些传统业务场景（如数据报表等）中有效，但在涉及机器学习系统的互联网业务场景中则存在不足。

在互联网业务场景中，有较多对功能和预测时间敏感的实时业务场景，例如，百度的搜索引擎、微博的热点推荐、滴滴的到达时间预估等。对于这类实时场景中的机器学习系统，其机器学习管道流程如图 13-8 所示。

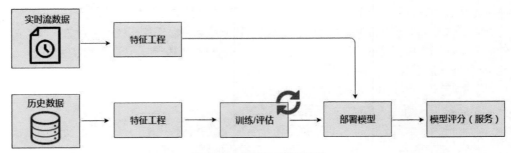

图13-8 机器学习管道流程

图 13-8 包含了两个定义明确的技术组件。

- 在线模型分析组件：第一行代表应用程序的操作组件，即模型用于实时决策的组件。
- 离线数据发现组件：第二行代表学习组件，用于对历史数据进行分析且以批处理模式创建机器学习模型。

我们使用简化的图来进一步分析机器学习系统管道流程的内部工作原理。

1. 数据提取

数据提取流程如图 13-9 所示。

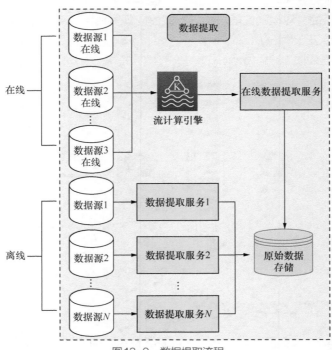

图13-9 数据提取流程

将输入数据传递到数据存储中是任何机器学习工作流程的第一步，关键是让数据可以持久保存而无须进行任何转换，从而让我们对原始数据集进行不可变的记录。数据可以从各种数据源中获取、通过请求（发布／订阅）获得，或者通过其他服务进行流传输。

1）离线

在离线层，数据通过数据提取服务（一种复合编排服务）写入原始数据存储（数据仓库）中，该服务将实现数据的持久化。

在内部，数据提取服务与数据存储进行交互。当数据保存在数据库中时，会将唯一的批次 ID 分配给数据集来实现高效查询及端到端的数据沿袭和可追溯性。数据沿袭包括数据来源、数据发生的时间及随时间推移的位置。数据沿袭提供了可见性，同时简化了数据分析中对数据错误的追溯流程。

- 每个数据集都有专用的管道，因此所有数据集都可以独立且并发地处理。
- 在每个管道内，对数据进行分区，可以利用服务器的多核处理器或者多个服务器来完成数据提取服务。

将数据准备工作水平和垂直地分布在多个管道中，可缩短完成离线数据提取的总时间。离线数据提取如图 13-10 所示。

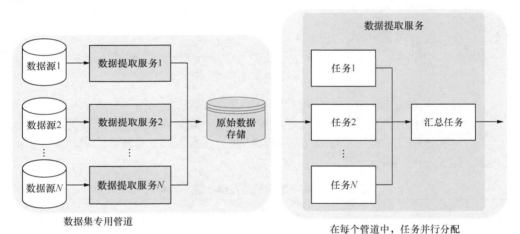

图13-10　离线数据提取

数据提取服务会按调度计划（每天一次或多次）或在触发器上定期运行，运行中会将生产者（即数据源）与消费者（即数据提取管道）分离开。当数据源可用时，生产者系统将消息发布给代理，并且嵌入式通知服务通过触发来响应订阅。通知服务会向代理广播已成功处理的数据源并将其保存在数据库中。

2）在线

对于在线层，在线数据提取服务是流传输架构的入口。它通过提供高吞吐量与低延迟功能来解耦和管理数据流（从数据源到处理和存储组件的数据流）。它一般用作企业级的"数据总线"。数据保存在原始数据存储中，原始数据存储同时也是下一个在线流服务的传递层，用于进一步对数据进行实时处理。

在数据提取阶段，在线层使用的技术可以是 Apache Kafka（发布／订阅消息系统）和 Apache Flume（数据收集系统，将数据收集并存储至数据库），但具体使用什么技术取决于我们的业务场景。

2. 数据准备

从数据提取到数据准备的流程如图 13-11 所示。

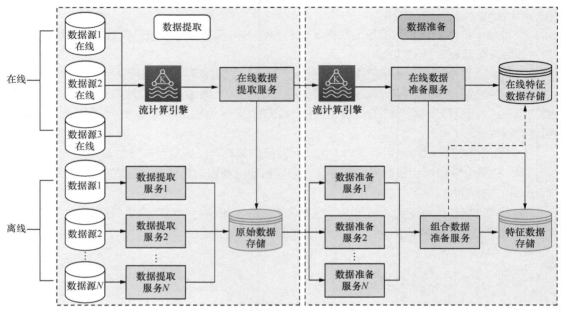

图 13-11　从数据提取到数据准备的流程

提取数据后，系统将生成一个分布式管道用于评估数据的状况，如查找格式差异、离群值、趋势、不正确值、丢失或偏斜的数据，并纠正整个数据准备过程中的任何异常情况。此外，数据准备的流程还包括特征工程的过程。特征工程的过程主要有 3 个阶段——提取、转换和选择，如表 13-2 所示。

表 13-2　特征工程的过程包括的主要阶段

阶段	输入	输出
提取	原始数据	特征
转换	特征	特征
选择	特征列表 List<Feature>	特征列表 List<Feature>

特征工程是机器学习项目中最复杂的部分，引入正确的设计模式对特征工程的实现至关重要。就代码设计而言，使用"工厂方法"设计模式系统可根据一些常见的抽象特征行为来生成特征，使用"策略"设计模式可允许系统在运行时选择正确的特征。

1）离线

对于离线层，数据准备服务是在数据提取服务完成后触发的。它获取原始数据，并实现所有特征工程的业务逻辑，再将生成的特征保存在特征数据存储中。数据准备服务也适用于专用管道和并行化处理。

在离线层，关于数据准备服务，另外一种可选技术方案是，组合多个数据源的特征，用"加入 / 同步"任务来汇总所有中间事件并创建一些新的组合特征。由通知服务向代理广播数据准备服务过程已完成，并且特征可用。当数据准备服务完成时，特征也将被复制到在线特征数据存储中，以便系统可低延迟地查询特征并进行实时预测。

2）在线

对于在线层，原始数据从数据提取管道传输到在线数据准备服务中。生成的特征存储到在线特征数据存储（内存数据存储）中，系统可以在预测时低延迟地读取特征数据，也可以保存在长期特征数据存储中，用于将来的模型训练。另外，可通过从长期特征数据存储中加载特征并"预热"到在线特征数据存储（内存数据存储）中。

在数据准备阶段，对于在线层使用的技术，可以选择常用的流式计算引擎 Apache Spark。

在离线追溯时，如果对离线提取和数据准备服务交互进行追溯，我们可梳理出以下内容。

（1）一个或多个数据生产者（数据源）将事件发布到消息代理指定的"可用源数据"主题中。若该数据已准备就绪，则可以使用。

（2）数据提取服务订阅"可用数据源"主题。

（3）数据提取服务在接收到相应事件后，调用数据。

（4）数据提取服务将调用的数据以原始格式保存在数据存储中。

（5）数据提取服务的流程完成后，它将向"原始数据提取"主题引发一个新事件，通知原始数据已准备就绪。

（6）数据准备服务订阅"原始数据提取"主题。

（7）数据准备服务接收到相应事件后，调用原始数据。

（8）数据准备服务准备数据并通过特征工程生成新特征，将生成的新特征保存在数据存储中。

数据准备服务的流程完成后，它将使"特征生成"主题触发新事件，以通知该特征已生成。

离线数据提取和数据准备服务交互的详细流程如图 13-12 所示。

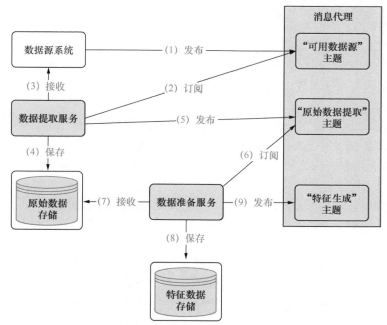

图13-12　离线数据提取和数据准备服务交互的详细流程

3. 数据拆分

数据拆分是将所有数据集分割到同质或相似属性的子数据集中，以便系统可以很容易地请求访问。分割数据子集可用于训练模型，并进一步验证模型对新数据的性能表现。从数据提取到数据拆分的流程如图 13-13 所示。

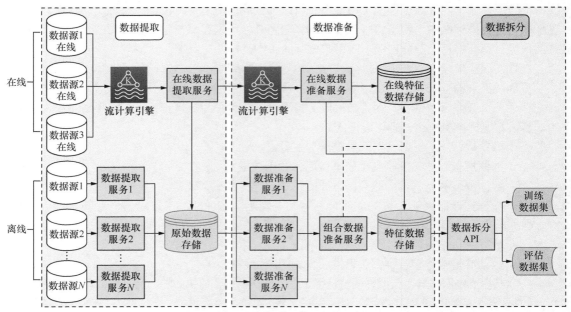

图13-13　从数据提取到数据拆分的流程

机器学习系统的基本目标是保证模型预测的质量，即对尚未经过训练的数据提供准确的模型预测。将现有的带标记的数据划分为训练数据集和评估数据集，训练数据集和评估数据集可以用作"未来 / 未知"数据的替代。

最常见的数据集拆分策略如下。

- 使用默认比值或自定义比值将数据集划分为两个子集，按顺序进行（源数据中的顺序）以确保没有重叠。例如，使用前 70% 的数据进行训练，使用后 30% 的数据进行测试。
- 使用默认比值或自定义比值通过随机数将数据集划分为两个子集。例如，从源数据中随机选择 60% 进行训练，并选择余下的 40% 进行测试。
- 使用以上两种方法之一（顺序或随机），也可以对每个数据集中的数据记录进行"混洗"（乱序）。
- 当需要对数据集拆分进行明确控制时，可使用自定义的策略来拆分数据。

数据集拆分本身并不是一个单独的机器学习管道，但必须有 API 或服务来实现数据拆分任务。模型训练和评估管道必须能够调用此 API 来获取所请求的数据集。在代码设计模式方面，"策略"设计模式是合适的，有助于在调用服务时选择正确的算法。此外，还需要动态调整数据比值或生成随机数的能力。API 必须能够返回"带有或不带有""标签 / 表现"的数据，以分别用于模型训练和模型评估。当调用者传入的参数导致数据分布不均匀时，系统应抛出警告且与数据集一起返回。

4. 模型训练

使用训练数据集让机器学习算法识别其中的模式。从数据提取到模型训练的流程如图 13-14 所示。

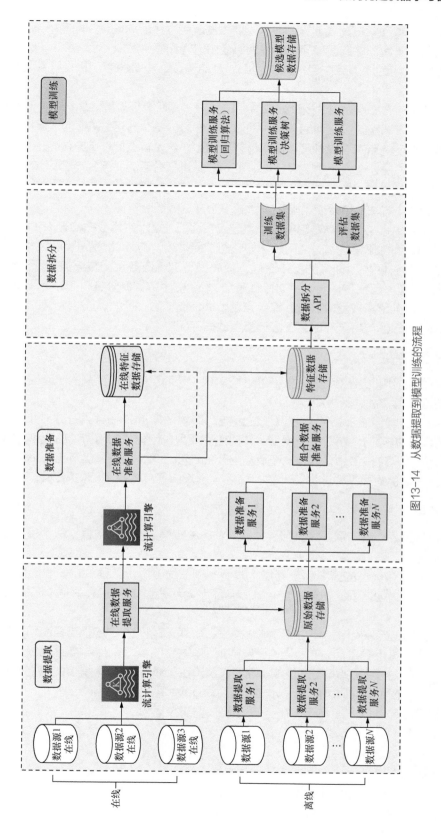

图13-14 从数据提取到模型训练的流程

模型训练管道通常指离线训练，训练周期根据应用程序起的关键性而有所不同，从每隔几小时一次到每天一次。除调度程序，模型训练还由时间和事件触发。

模型训练使用的模型算法包括线性回归、K 均值法、决策树等。模型训练包括如下所示的方法。

- 最简单的方法是为每个模型建立专用的管道，即所有模型同时运行。
- 另一个方法是并行化训练数据，即对数据分区，每个分区都有模型的副本。仅对那些需要实例的所有字段才可以使用计算的模型，这是首选的训练方法。
- 第三种方法是使模型本身并行化，即对模型进行分区，并且每个分区负责部分参数的更新。这是线性模型（例如 LR、SVM）训练的理想选择。
- 最后一个方法是结合使用上述一个或多个方法的混合方法。

模型在训练时，必须考虑容错能力，且还应在训练分区上启用数据检查点和故障转移。例如，如果模型训练由于某些临时性问题（如超时）而失败，则可以重新训练每个分区。

我们进一步分解模型训练的工作流程。首先模型训练服务从配置服务获取训练配置参数（例如，模型类型、超参数、要使用的特征等），然后使用数据拆分 API 请求获取训练数据集，把它们并行发送到所有模型中进行训练。当模型训练完毕后，模型、原始配置、学习参数、训练集和时间的元数据都将全部保存在候选模型数据存储中。

5. 模型评估

模型评估使用测试数据集评估模型的性能表现，从而了解模型预测的准确性。从数据提取到模型评估的流程如图 13-15 所示。

在模型评估管道设计方面，模型评估服务可请求数据拆分服务 API 来获取评估数据集，且从候选模型数据存储中获取每个模型，并对这些模型应用相关的模型评估程序，将模型的评估结果回传至模型存储库中。这是一个反复迭代的过程，可将超参调优及正则化技术应用到最终模型中，把最优的模型标记为可部署。最后，通知服务广播模型已做好部署准备。

6. 模型部署

选定好模型后，通常需要将其部署并嵌入业务决策框架中。从数据提取到模型部署流程如图 13-16 所示。

选择表现"最优"的模型用于离线（异步）和在线（同步）预测。一般选择部署多个模型，以实现新旧模型之间的安全过渡。即在部署新模型到位前，旧模型的服务需继续满足预测请求。

在传统的模型部署过程中，主要面临的挑战是编写模型操作的编程语言和用于开发模型的编程语言不同。将用 Python 或 R 语言开发的模型移植到 C++ 和 Java 等编写模型操作的编程语言中时，通常会导致原始模型的性能（速度和准确性）降低。有几种常用方法可解决该问题。

- 用新语言重写代码（即从 Python 转换为 Java）。
- 创建自定义 DSL（特定域指定的语言）来描述模型。
- 微服务（通过 RESTful API 访问）。
- API 优先的方法。
- 容器化。
- 序列化模型并加载到内存的键值存储中。

下面进一步解释以下两个方面的具体含义。

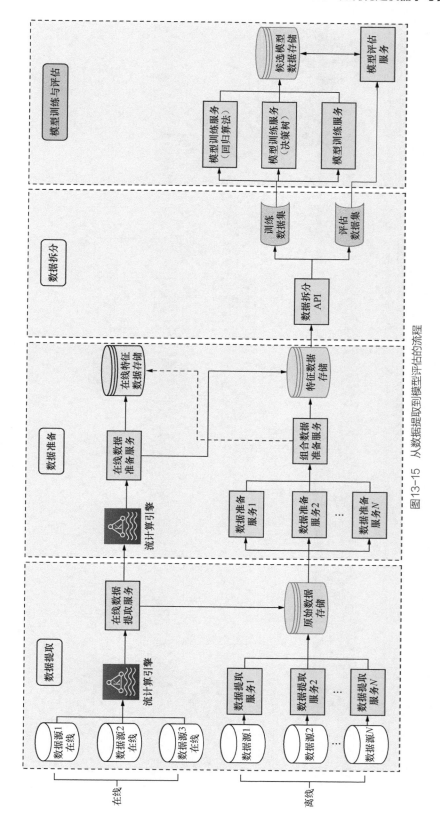

图13-15 从数据提取到模型评估的流程

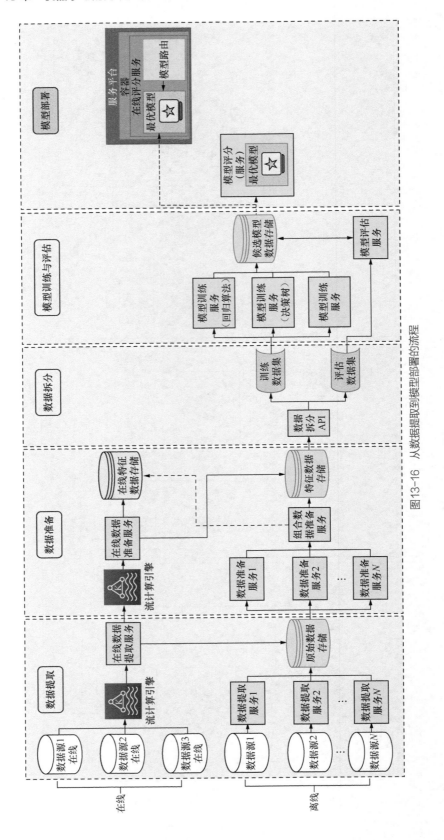

图13-16 从数据提取到模型部署的流程

1）离线

在离线模式下，可以将模型部署到容器中并作为微服务来运行，根据需要或按调度计划来创建预测。

在模型外层创建包装器以便控制可用的功能。在发出批处理预测请求后，我们可以将包装器作为单独的进程动态地加载到内存中，在调用预测函数完成预测后，从内存中卸载并释放资源（句柄）。

另外，还可把模型封装成 API，直接当作预测服务来提供调用。

机器学习模型是无状态的，在可伸缩性方面，我们可以创建多个并行管道来适应负载压力。

2）在线

在在线模式下，可以将预测模型部署在服务器集群的容器中，使用服务器集群进行分布式部署，以确保负载均衡，并实现可伸缩性、低延迟和高吞吐量。客户端可以将预测请求作为网络远程过程调用（RPC）来发送。

键 – 值数据库（如 Redis）支持模型及其参数的存储，这可以较大地提高模型的性能。

在实际的模型部署中，可以通过持续交付实现自动化——打包所需文件，基于可靠的测试套件来验证模型，最后将模型部署到运行的容器中。对于模型的测试，除基本的单元测试，还需要加强数据质量分析、特征专项测试、模型评估测试等，可参考第 7 ~ 9 章的内容。在模型测试通过后，我们将模型应用程序部署到生产服务环境中。

7. 模型评分

模型评分是将机器学习模型应用于新数据集，发现有助于解决业务问题的推理预测的过程，又称为模型服务。从数据提取到模型评分的流程如图 13-17 所示。

模型评分（model scoring）和模型服务（model serving）是行业中可互换使用的两个术语。模型评分中的评分也称为预测，是在给定一些新输入数据的情况下，基于经过训练的机器学习模型生成值（分数）的过程。生成的值或分数可表示对未来数据的预测，也可以表示可能的类别或结果。分数的含义取决于我们提供的数据类型及创建的模型类型。

模型评分是在给定模型和一些新输入数据后生成新值的过程，使用通用术语“评分”而不是“预测”，是因为它可能生成不同类型的值，这些值如下。

- 推荐项目的清单。
- 用于时间序列模型和回归模型的数值。
- 概率值，即新输入值属于某个现有类别的可能性。
- 与新项目最相似的类别或群集的名称。
- 用于分类模型的预测类或结果。

部署模型后，模型评分可根据之前的管道或直接利用从服务加载、获取的特征数据进行评分。提供预测时，模型在离线和在线模式下的表现应一致。

1）离线

对于离线层，模型评分可针对高吞吐量、大数据量进行预测。应用程序发送异步请求来启动评分过程（等到评分计算完成后才能访问评分结果），模型评分过程中准备数据、生成特征，还可从特征数据存储中获取额外的特征。在进行模型评分后，保存结果至评分数据存储中。然后给代理发送消息，通知应用程序模型评分已完成。应用程序监听该事件，并在收到通知时获取分数。

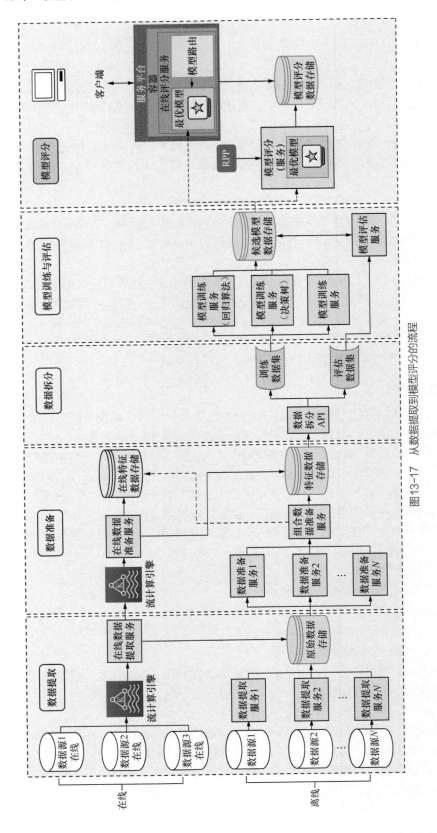

图13-17　从数据提取到模型评分的流程

2）在线

对于在线层，客户端向在线模型评分发送请求，系统选择要调用的模型版本，模型路由器检查该请求并将其发送到相应的模型。该请求的处理过程类似于离线层，在线模型评分流程中，接到请求后将准备数据、生成特征，之后有选择地从特征数据存储中获取额外的特征。在进行模型评分后，保存结果至评分数据存储设备中，然后通过网络回传给客户端。

根据实际使用情况，分数也可以异步传递给客户端，即独立于请求。其步骤如下所示。

（1）推送。生成分数后，将分数作为通知推送给调用者。

（2）轮询。生成分数后，将分数存储在低读取延迟的数据库中，调用者定期轮询数据库以获取可用的预测分数。

为了最大限度地减少系统在收到请求时进行模型评分所需的时间，可采用以下两种方法。

- 将输入的特征存储在低读取延迟的在线特征数据存储（内存数据存储）中。
- 在离线批处理模型评分作业中，将预先计算出的预测结果进行缓存以便于访问。这种方法的使用取决于实际业务场景，因为离线预测可能与实际不相关。

8. 模型性能监控

应对模型进行持续监控，观察模型在真实业务场景中的性能表现，并进行相应的校准及优化。从数据提取到模型性能监控的流程如图 13-18 所示。

任何机器学习的解决方案都需要一个明确的性能监控解决方案。模型服务应用程序的数据信息应包括以下几项。

- 模型型号标识符（模型版本）。
- 部署日期 / 时间。
- 模型服务调用的次数。
- 平均 / 最小 / 最大的模型服务响应耗时。
- 所使用特征的分布。
- 预测与实际 / 观察到的结果。

以上数据信息是模型的元数据，它在模型评分过程中进行计算，然后将其用于模型性能监控。模型性能监控是另一个离线管道。在接收到一个新的预测请求时，通知模型性能监控服务进行性能评估，保存结果后发出相关通知。模型性能监控是通过将模型评分流程得出的分数与训练集生成的结果进行比较来进行的。模型性能监控的实现可采用不同的方法，其中较流行的方法是日志分析（Kibana、Grafana、Splunk 等）。

为了确保机器学习系统的内置恢复能力，新模型中较差的性能表现会导致覆盖先前旧模型生成的分数。如果新模型的响应超时而无法计算，则该模型应该由先前旧模型取代，而不是服务阻塞。此外，需要对模型性能表现的连续准确性进行测量，模型性能表现应沿着相同的性能曲线变化。我们可以通过恢复到先前的模型处理任何模型服务降级的问题。关于模型服务的降级设计，可使用责任链模式将不同版本的模型链接在一起。

模型性能监控是一个持续的过程，模型预测性能下降后可能需要对模型进行重新训练。我们需要机器学习模型提供准确的预测 / 建议，以推动业务的发展。

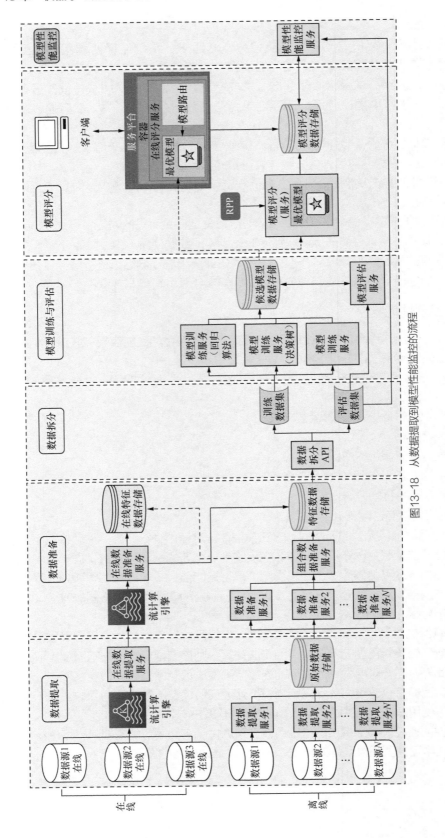

图 13-18 从数据提取到模型性能监控的流程

13.3.3 管道设计的关注点

像其他任何程序一样，机器学习程序也具有一些跨层 / 管道的通用功能。即使在单个层中，也可以跨所有模块 / 服务来使用功能。

在本节讲解的技术架构设计中，需要重点关注的知识点如下：

- 消息通知；
- 任务调度；
- 日志框架（和报警机制）；
- 异常管理；
- 配置服务；
- 数据服务（公开数据存储中的查询）；
- 审核；
- 数据沿袭；
- 缓存存储。

综合本章前面的技术与重要的关注点，可以实现一个端到端的（闭环）机器学习系统，如图 13-19 所示。

13.3.4 管道的技术组件

在前面的内容中，我们已对机器学习管道的设计做了详细分析。那么关于机器学习管道的技术组件，又该如何选型呢？本节将对机器学习管道的技术组件进行介绍。

通过对前面章节的阅读，我们了解到机器学习管道的构成包含诸多技术组件。按不同模块类别拆分，可以简单地将其划分为三大块——数据、开发 & 训练 & 评估、测试和部署。在数据部分，我们重点要解决的技术问题有数据来源、数据标记、数据存储、数据版本管理，及数据调度工作流。对于开发 & 训练 & 评估部分，首先需要做好工程技术选型及架构设计，其次选择合适的计算资源管理方案，之后尤其要做好机器学习框架的选型、参数调优、试验管理和分布式训练等。在机器学习管道的构建过程中，完备充分的测试可以保障模型服务质量，模型部署的服务化和模型监控是支撑模型服务稳定性的关键。机器学习管道技术组件的分类如图 13-20 所示。

伴随 AI 的蓬勃发展，与机器学习相关的工具集和框架平台如雨后春笋般出现，国内外涌现出许多优秀的机器学习平台，选择合适的机器学习平台对于机器学习管道建设能起到事半功倍的效果。图 13-21 所示为机器学习管道的全栈技术组件。

关于机器学习技术组件相关机器学习平台的功能、原理和应用，可详见第 12 章的内容，此处不再赘述。

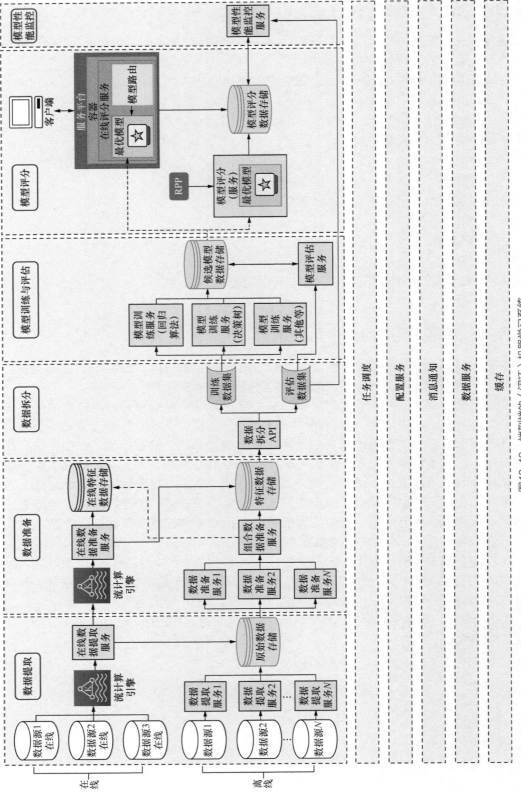

图13-19   端到端的（闭环）机器学习系统

图13-20　机器学习管道技术组件的分类

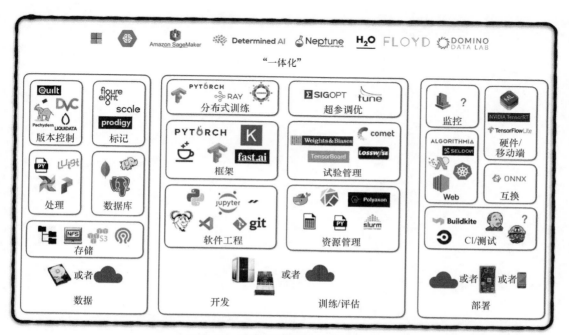

图13-21　机器学习管道的全栈技术组件

13.4　本章小结

　　机器学习持续交付的过程涉及数据处理、试验训练、模型部署、生产环境的监控等，是一个端到端流程的自动化过程。这一过程的实现能极大地提升技术竞争优势，推动业务战略的落地。综上所述，我们不难发现，成功实现机器学习持续交付的关键之一是在数据架构中应用平台思想。这可以让团队快速地构建和发布新的机器学习产品，而无须重新或重复构建通用组件。

第五部分　AI In Test

第 14 章　AI 在测试领域的探索与实践

现在，AI 技术的应用无处不在，逐步影响着人类社会的方方面面。软件测试作为保证软件工程质量的一个重要环节，从最初的手工测试到不断演变的各种自动化测试，再到云测试服务，其智能化的脚步也越来越快。本章将结合业界部分公司利用 AI 在软件测试领域内的探索和实践来分析具体的案例，并介绍部分国内外主流的 AI 测试工具，帮助读者了解 AI 在测试领域的应用现状及未来的发展趋势。

14.1　测试发展面临的挑战

随着 IT 技术的发展，测试也历经了不少的变革，从最初验证软件的可工作状态，到强调释放生产力的自动化诉求，从封闭式的自动化能力到基于社区模式的开放式能力建设，再到通过更加全面的流程研发体系构建持续集成的自动化能力。不同阶段有着不同的问题，而如今测试发展面临的主要挑战有以下几个方面。

1. 软件产品越来越复杂

软件的运行场景越来越复杂，除了操作系统和设备不同，生活中我们所使用的 App 产品还会在各种复杂的场景中运行，例如在 Wi-Fi、2G、3G、4G、5G 等网络状态，以及处在移动或静止等状态。这些复杂的场景都是传统软件未曾面临的，这些也成为当前测试的一个难点。

软件的功能越来越复杂，现在一款 App 可能会处理很多传统软件不曾面临的复杂信息，例如手势、GPS 坐标、加速度、摄像头、推送通知、其他互操作设备、云端存储、网络交互、移动支付等。对这些复杂信息的处理增加了软件的复杂度，同时也增加了测试的难度。

2. 测试过程耗时较长

日常的测试工作是较多的，不仅包括测试用例的编写及执行、测试数据及相关环境的准备，还涉及大量的兼容性验证及各种特殊场景的校验。测试过程中也可能发生需求变更，并且底层设计不可预估。

其中，测试的碎片化问题也是导致耗时的原因之一。长期以来，终端碎片化问题比较严重，如设备繁杂、品牌众多、版本各异、分辨率不统一等。这些问题不仅给开发人员造成了巨大的障碍，而且增加了测试的成本。

目前，很多的测试工作还是通过人工完成的，缺少必要的自动化测试手段。如果需要加快测试速度，那么只能通过增加成本来实现。除此之外，业务需求不稳定、不清晰，或者业务逻辑本身就比较复杂，这些都会增加测试成本，从而影响测试进度。

3. 测试技术相对滞后

以自动化测试为例，用户场景越复杂，问题就越难以及时发现和追踪，这些都是测试人员难以控制的。虽然自动化测试已发展得相对成熟，但是部分公司的自动化测试的投资回报率并不高。层出不穷的软件新版本、不断出现的新特性和功能，让测试人员疲于编写测试脚本。普通的自动化测试虽然能够通过机器的模拟代替一些人工完成的重复性的测试工作，但实际上其投资回报率不高。

4. 测试结果较片面

产品要做到快速交付，就需要测试团队投入更多的精力和使用更短的时间完成测试。时间和精力有限，可能造成部分测试场景覆盖不足，测试结果片面，从而使软件带有潜在缺陷。

随着软件开发时间的延长，功能点的个数可能会呈指数级增长。新的功能和状态与现有的功能进行交互，而测试只能一次增加一个，且只能线性增长，这中间存在测试无法覆盖的盲区。同时，当软件功能发生变化的时候，测试用例也要做出修改，维护自动化测试用例也是软件测试隐藏的成本。图 14-1 展示了测试覆盖率与时间的关系。当系统越来越复杂时，测试无法覆盖的盲区会变大（见图 14-1）。由此可见，软件测试覆盖率还有很大提升空间。

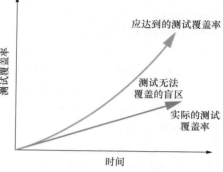

图14-1　测试覆盖率与时间的关系

面对这些挑战，催生了对软件测试的新思考，那便是如何让软件测试变得更简单。

随着 AI 在各行各业的应用，它在测试领域也崭露头角。下一节将介绍当前 AI 在测试领域的应用及优势。

14.2　AI 在测试领域的应用及优势

AI 在测试领域的相关应用如图 14-2 所示，包括智能化测试和主要算法应用。

智能化测试	主要算法应用
测试用例自动生成 测试有效性验证 测试用例执行优先级 缺陷的挖掘和定位 ……	深度神经网络 决策树学习 归纳逻辑编程聚类 贝叶斯网络 ……

图14-2　AI 在测试领域的相关应用

AI 技术在测试领域应用的常见场景如下。

1. 单元测试

单元测试对于确保每一次都能构建出稳定和具备可测性的软件非常重要，但单元测试的构建和维护本身面临很大的挑战。在业界，可以使用 RPA 这类 AI 赋能的单元测试工具来帮助开发人员更加有效地维护单元测试用例，利用 AI 技术对代码进行分析和学习，从而有效地减少那些无用的用例集，维护一个更加可靠和稳定的单元测试用例库。

2. API 测试

在敏捷开发模式下，测试人员会面临多变的 UI，因此接口测试的有效性和效率就显得尤其重要。在此领域使用基于 AI 技术的工具能帮助测试人员将手工 UI 测试自动转换为 API 测试，从而帮助我们更加高效地构建起复杂和完善的 API 测试策略。

3. UI测试

目前 UI 自动化测试的主要思想还是如何把手工测试用例转换为自动化测试用例。AI 技术在此场景下大多运用在结果识别以及多场景的适配测试上,从而降低对 UI 自动化的维护和兼容适配成本。

AI 在上述几种场景中的应用优势已非常明显,它使测试变得更加精准、智能、高效。

(1)AI 使误差变得更小。

利用 AI 中的机器学习可以通过不断地对源代码进行学习分析,并应用所学知识在一段时间内发现偏差,且向我们发出警报,从而提供更准确的测试结果。通过消除人为错误,将不准确的测试数量降到最低,可以节省测试时间。这也使软件测试人员有更多的时间专注于机器学习无法实现的测试。

(2)AI 使自动化技术更智能。

借助 AI 在许多领域内的自动化应用,测试人员无须更新测试用例,便可以不断跟踪和更改测试用例。测试自动化中的 AI 可以在某种程度上自动校正测试,一次即可自动维护所有受影响的测试用例。

自动化技术的普及帮测试人员减少了部分日常重复性工作,而 AI 则可以更加高效地完成这些重复性操作,并且使测试流程更加自动化。于是,测试人员可以转去做一些更人性化、更具创造性的事情,例如,搭建特殊的测试环境以识别应用程序问题,针对目前的痛点问题提出并尝试一些新的解决方案等,而这些正是测试人员所擅长的。

(3)AI 使测试更简单、高效。

当测试数据大量累积后,自动化测试配合云计算技术能够针对不同领域的应用从用户角度进行预验证,并根据大数据提前为迭代变化做准备。

AI 测试技术是灵活的,它会自动发现产品中的每一个新特性,并对其进行评估,以确定它是一个 Bug 还是一个新特性。基于 AI 的测试能从最终使用者的角度分析应用、记录性能,并在短时间内构建和执行大量的测试用例。

开发测试人员可以在机器中输入大量数据以测试各种功能。机器可以自行调整,学会利用其获得的测试经验,为人类的参与提供建议。更重要的是,AI 将比人类测试人员在许多领域做得更好,因为它会使人为误差最小化。

14.3　业界智能化测试案例介绍

利用 AI 技术辅助完成测试,目前已成为一种新的趋势。在各种自动化测试工具蓬勃发展的今天,除了简单的数据测试能够靠计算机自动完成,复杂测试用例的编写仍旧由人作为主导。而自动化测试工具只能按编写的测试用例自动执行程序并得出测试结果。将 AI 应用到测试中,目的便是代替人来编写出更多有效的测试用例,从而发现程序中的错误。基于此,我们希望通过运用机器学习的方法,由测试人员提供大量的输入和输出数据来训练模型,最终由模型学会根据特定需求去自动生成测试用例和执行测试,并对测试结果进行分析。这将大大减少人工测试的工作量,大幅提高工作效率。目前人工智能已经在软件测试的某些特定领域(如游戏测试、自动化测试、UI 测试、性能测试及兼容性测试等)有了实际应用。

14.3.1 AI在测试效能方面的探索

目前，效能越来越受到各大公司的重视，其中不仅包括效率上的体现，还包含质量上的体现。在DevOps和敏捷开发普及的今天，软件开发的节奏越来越快，对软件测试的要求也越来越高，如何更高效地持续开展测试，是目前我们必须要考虑的问题。下面将简要介绍业界利用AI在测试效能方面探索的案例。

1. 利用LSTM系统和AI生成与管理测试用例

在360公司，系统函数比较多，编写新测试用例需要参考原有的一些案例，这给编写新的测试用例带来了很多困难。在此背景之下，360公司研发了LSTM系统，利用AI辅助生成和管理测试用例，具体模型如图14-3所示。

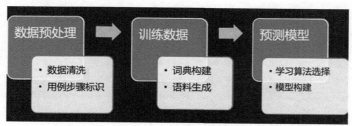

图14-3 360公司研发的LSTM系统的模型

在数据处理阶段去掉一些脏数据，统计函数的使用频率，去除低频函数，并对函数进行编号，为算法的学习提供数据支持。利用迁移学习、机器学习、深度学习等进行自动学习和分析，产生新的测试案例，这极大地简化了测试人员编写用例的复杂度，提高了整个测试的效率。

2. 提升测试覆盖率方面的探索

业界在质量和成本之间一直都采取相对保守的做法，更高的测试覆盖率就意味着更多的人力成本，即使在使用一些高级测试人员的情况下，测试依然无法全面覆盖深层次的功能交互。

基于模型测试（Model Based Testing，MBT）方法的引入很好地解决了软件功能测试中覆盖率不够高的问题，与自动化系统的集成实现了软件测试全流程的自动化，从而全面提升了测试的效率。MBT的流程如图14-4所示。

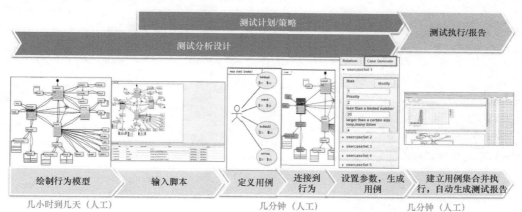

图14-4 MBT的流程

3. 算法在自测评估方面的应用

自测一直是开发流程中比较重要的一环，自测是否充分会严重影响软件交付的整个过程。一直以来，没有较好的自测评估方法。京东通过引入相关算法模型，在自测评估方向上进行了一些实践和探索，具体的自测评估方案见图 14-5。

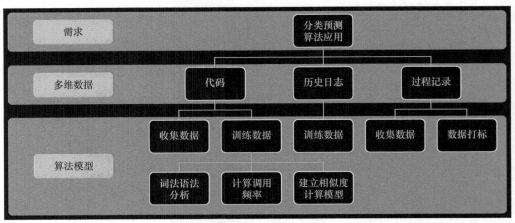

图14-5　自测评估方案

图 14-6 所示为预测流程，对代码的语法树和日志进行分析，找出改动方法在日志中的调用，然后通过模型计算出结果值，并与预设的阈值进行比较，从而判断是否达到自测的效果。这套方案的引入减少了日常沟通的时间，开发自测不仅缩短了交付时间，还减少了测试人员的工作量，避免了一些不必要的退回流程，为测试效率的提升做出了较大贡献。

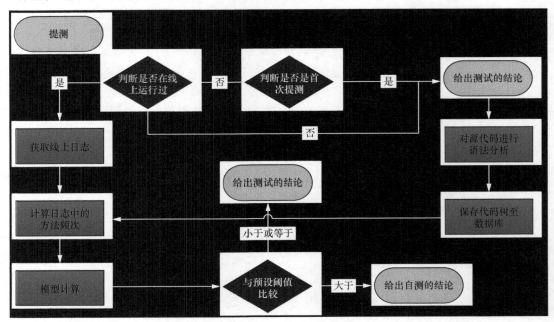

图14-6　预测流程

4. API测试在智能测试时代的探索

百度在 API 持续集成测试方面投入较多，原有的接口测试平台在稳定性和效果上存在一些问题，如测试用例数量的激增、用例维护不够及时等。这些现象恶性循环，最终可能会导致测试结果可信度降低。时间周期和质量保障手段是矛盾的，大批量用例的执行，导致在流水线中的时间占比越来越高。如何在高覆盖率、高质量、高效率的前提下降低成本是一个需要解决的问题。智能化的探索在用例编写和执行上有了较大的改善，引入用例智能化方案前后的对比如图 14-7 所示。

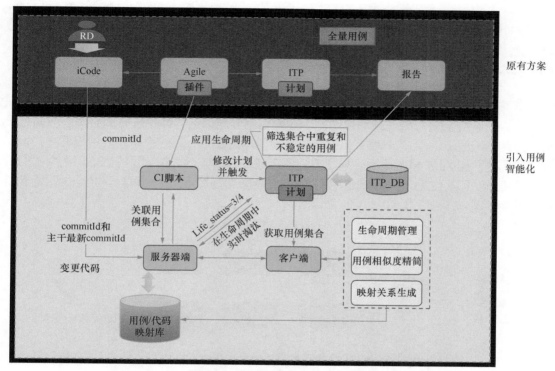

图14-7　引入智能化方案前后的对比

　　类似的应用和探索在业内还有很多，读者可以进一步学习了解，开发和寻找更适合自己的解决方案。

14.3.2　AI在自动化测试方面的实践

　　自动化测试在测试领域是一个比较重要的方向，行业内诞生了非常多的相关软件和框架，像我们熟知的 QTP、Selenium、Appium。还有一些基于图形化的自动化测试框架，这些框架虽然给测试带来了便利，但同时也存在非常多的问题。

- 学习成本高：掌握这些测试框架，需要测试人员具备一定的开发能力。
- 维护成本高：业务逻辑更新后修改脚本花费的时间比较多。
- 跨平台能力差：在使用框架开发自动化测试时，必须考虑如何让脚本具有复用性。
- 稳定性相对较差。

　　能否用一个简单的方法将自动化测试运行起来？如何尽可能地降低维护成本？能不能实现跨平台性和应用的复用？这些是我们在做自动化测试时一直思考的问题。可喜的是，随着深度学习的兴起，一些问题在量变基础上开始产生了一定的质变。例如，深度学习在视觉领域（例如，图像的处理和文字的处理方面）确实取得了进展，能够把整个自动化测试水平提升一个台阶。阿里巴巴、腾讯、百度、网易等互联网公司在这方面都有一些成果性的输出。其中在移动端比较具有代表性的 AI 自动化测试实践有爱奇艺团队的 Aion 测试框架、腾讯游戏 QA 团队的 AI 自动化测试系统等。下面我们简单来介绍这些系统的基本原理及设计理念。

1. Aion 测试框架

在对比了传统图像处理和纯深度学习的方案以后，Aion 采用了将两种技术进行融合的方案。在 Aion 里，会先利用图像处理技术进行分块切割，然后利用图像分类进行分块的类别识别，再进行子元素的提取，最后利用 OCR 和图像分类技术识别对应的属性并填充到子元素的属性中，从而生成二级的视图树。有了这个二级视图树以后，就可以完成团队想要的单击和验证操作了。

Aion 的处理过程如图 14-8 所示。首先截取屏幕，对场景进行判断。场景判断会用到一些 AI 分类识别，识别当前界面有没有弹出对话，或者识别它是否是登录页场景。场景识别完成以后，就会进行传统的图像切割，图像切割完成以后，会进行布局分类。布局分类也会应用到一些 AI 技术。分类完以后，进行子元素的提取，对这个子元素进行填充，填充时会应用到一些 AI 技术。最后，视图树构建完成之后，使用之前编写的测试用例里面的条件进行匹配。匹配之后，执行测试用例，这就是整个 Aion 的核心流程。Aion 也无缝支持传统框架。

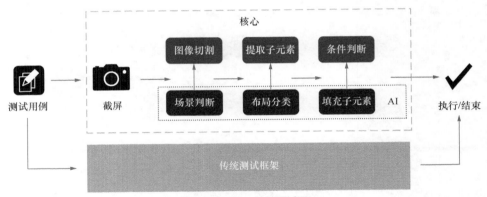

图14-8　Aion 的处理过程

1）Aion 的深度学习优化

Aion 选用的是 MobileNetV2 模型，这个模型的好处是，在满足一定准确率的情况下，执行效率特别高。Aion 的执行效果如图 14-9 所示。

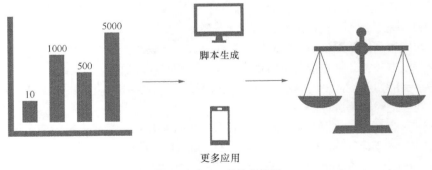

图14-9　Aion 的执行效果

在提升准确率方面，Aion 从迁移训练的 Top-Layer 方式切换到 Fine-tune 方式，这个过程中依然会碰到训练素材不足的问题。除此之外，团队还采用多原图和多模型并用的方式提升整体的测试准确率。

2）Aion 的优势

作为一款基于全新技术方案的测试框架，和传统框架相比，Aion 的优势是比较明显的。

- 可见即可得，易于理解和开发。
- 对系统框架依赖弱，跨平台。
- 稳定性强，不用担心 ID 混淆的问题。
- 分类少，层次浅，视图捕获简单。
- 无缝支持传统框架。

2. AI 自动化测试实践

游戏自动化测试一直是业界较难开展的一个场景。一方面，游戏场景多，行为复杂，传统的手工测试很难覆盖所有场景；另一方面，一款移动端游戏需要兼容不同的手机型号和软件版本，正式上线之前不仅要完成大量的兼容性测试，还急需自动化解决方案。在此背景之下，腾讯开发了一套基于深度学习的 AI 自动游戏系统。它可以通过迭代训练，让机器自己做出动作决策，从而完成一系列的游戏操作。腾讯的 AI 自动游戏系统主要由 4 个部分组成，整体框架如图 14-10 所示。

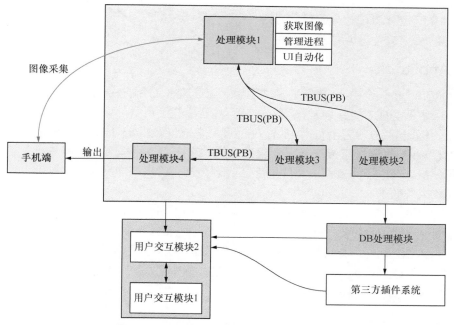

图14-10　腾讯的AI自动游戏系统的整体框架

- 处理模块 1：负责和手机交互，实现 UI 自动化操作和管理，记录结果和存储等。
- 处理模块 2：负责游戏 UI 的识别。
- 处理模块 3：负责识别一局游戏内的物体和数据等。
- 处理模块 4：采用深度学习算法给出游戏中下一个动作的决策。

相关游戏在平台上运行以后，实测数据有很明显的提升。机器通过学习，AI 在玩游戏的时候，不但能动态获取各项性能数据，而且坚持的时间越来越长。在需要重复的工作或者变更涉及较多场景的情况下，AI 自动化测试能够帮我们轻松应对。

通过以上介绍我们可以看到，目前 AI 对于自动化测试用例的生成及测试的执行有很大帮助。通过文字识别、图像及图标识别，使整个测试的执行变得更加稳定，兼容性更好。

14.4   主流 AI 测试工具简介

多数情况下，AI 工具在使用感受与直观判断上类似于普通软件，这类产品依靠常规代码完成与用户的交互、数据管理或者系统集成等任务。区别在于，AI 工具的核心是一组经过训练的数据模型。这些模型能够解释图像、转录语音、生成自然语言，并执行复杂任务，帮助我们优化或解决一些传统软件无法解决的问题。本节会介绍当前比较流行的多款 AI 测试工具或平台。

1. TestCraft

TestCraft 是一个基于 AI 的自动化测试平台，可在 Selenium 上进行回归和连续测试。它还用于监控 Web 应用程序。AI 技术的作用是通过自动克服应用程序中的更改来缩短维护时间和降低维护成本。TestCraft 的方便之处在于，测试人员可以通过拖放操作直观地创建基于 Selenium 的自动化测试，并在多个浏览器和工作环境中同时运行它们，无须编码技能。目前这个工具不是免费的，但可以免费试用。

2. Applitools

Applitools 是一个由 AI 赋能的测试工具。它通过视觉 AI 进行智能功能测试和 UI 测试，帮助企业以更低的成本更快地发布项目。它不需要事先进行各种设置，且不需要明确地调用所有元素，但能够发现应用程序中的潜在错误。它提供了基于可视化 AI 的端到端软件测试平台，而且 AI 和机器学习算法是完全自适应的，它扫描应用程序的屏幕并像人的大脑一样对其进行分析。在该工具发展的路线图上，计划在现有的机器学习技术的基础上添加一些很强的功能，大致如下。

- 利用基于 ML/AI 的自动维护功能（能够将来自不同页面 / 浏览器 / 设备的相似更改分组在一起）。
- 修改比较算法，以便能够识别出哪些更改是有意义及值得注意的。
- 能够自动了解哪些更改可能是错误的更改，而不是所需的更改，并区分差异的优先级。

更多的 AI 技术正在集成到 Applitools 中。

3. Appvance IQ

如图 14-11 所示，Appvance IQ 是 Appvance 公司的产品。它自称是一个真正由 AI 驱动的自动化测试解决方案，它能在 1 分钟内产生近 1000 个回归测试用例，主打的是"效率"二字，核心是希望解决回归测试的痛点。此外，其独特的一次写入功能允许使用单个脚本来驱动所有测试。根据应用程序的映射和实际用户活动分析，使用机器学习和认知自动生成自动化测试脚本。

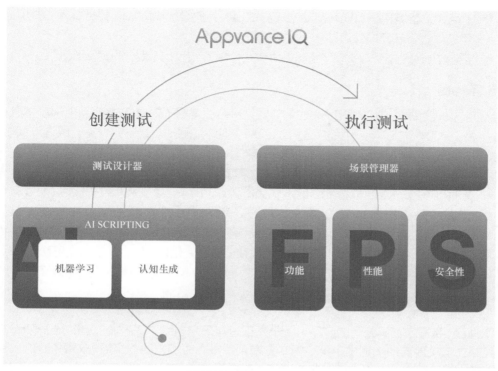

图14-11　Appvance IQ

　　为了生成脚本，首先要生成应用程序蓝图。由机器学习引擎创建的应用程序蓝图封装了对被测应用程序的来龙去脉的深入理解。蓝图随后能够集成关于真实用户如何浏览应用程序的大数据分析结果。

　　脚本生成的过程是认知的过程，可以准确地表示用户做了什么或试图做什么。它使用应用程序蓝图作为被测应用程序中可能的指导，并且使用服务器日志作为实际用户活动的大数据源。

　　由 AI 驱动的脚本生成是软件测试的一项重大突破，将极大降低脚本开发的工作量。AI 创建的脚本组合既是用户驱动的，又比手动创建的脚本更全面。

4. Test.ai

　　Test.ai（前身为 Appdiff）被视为一种将 AI 大脑添加到 Selenium 和 Appium 中的工具，以一种类似于 Cucumber 的 BDD 语法的简单格式定义测试。Test.ai 在任何应用程序中可动态识别屏幕和元素，并自动驱动应用程序执行测试用例。它可以替换脚本的开发，让自动化测试更加轻松，而且 AI 可以处理测试输入，这是手工无法相比的。

5. Eggplant

　　Eggplant 工具使用 AI 和深度学习来从界面上寻找缺陷，能够自动生成测试用例，大幅度提高测试效率和覆盖率。其特点如下。

- 通过用户的眼睛进行测试。分析实际屏幕而不是代码，使用智能图像和文本识别来测试应用程序的逻辑、动态的用户界面，并进行真正的端到端测试。
- 能够测试功能、性能、可用性、所有与用户体验相关的关键产品属性。通过用户的眼睛验证这种体验，可以更简单、更直观地进行测试。

- 使用人工智能和机器学习自动生成测试用例，执行优化测试以发现 Bug，并覆盖各种用户体验，从而增强自动化测试的执行力度。
- 完全量化的质量管理实现了跨职能协作，弥合了产品所有者与质量保证部门之间的差距。

6. Mabl

Mabl 是一群前 Google 雇员研发的 AI 测试平台，侧重于对应用或网站进行功能测试。在 Mabl 平台上，我们通过与应用程序进行交互来"训练"测试。录制完成后，经训练而生成的测试将在预定时间自动执行。Mabl 的特点如下。

- 没有脚本的自动化测试，并且能和 CI 集成。
- 无基础设施。Mabl 以 SaaS 的方式提供服务，用户无须安装和维护任何本地基础设施。
- 可以消除不稳定的测试（flaky test）。就像其他基于 AI 的自动化测试工具一样，Mabl 可以自动检测应用程序中的元素是否已更改，并动态更新测试以补偿这些更改。
- 可以不断比较测试结果和测试历史，以快速检测变化和回归，从而产生更稳定的版本。
- 可以与第三方集成。Mabl 与 Jenkins、lack、Jira 等第三方工具均能很好地集成。

7. ReTest

ReTest 是一家德国公司的产品，源于人工智能研究项目，使用人工智能猴子来自动测试应用程序。与其他自动化测试工具不同，它在创建脚本时不需要选择被测对象的 ID，会自动处理等待时间，在执行过程中脚本非常稳定。如果属性或元素是不稳定的，那么可以在执行测试后简单地标记它们。该工具号称是专门为测试人员设计的，能有效地消除对用户编程技能的要求，测试人员只需要了解领域知识、待测试软件的工作原理，并具备认定缺陷的能力。

8. Sauce Labs

Sauce Labs 是一个云测平台，支持 PC 与手机浏览器的兼容性测试，能够利用机器学习来针对测试数据进行分析，从而更好地理解测试行为，主动帮助客户改进测试自动化。此工具的研发人员相信，在测试中使用已知的模式匹配和不同的 AI 技术是非常有用的。

除了上面介绍的工具外，还有很多厂商也在自己现有的工具中加入了 AI。从上述 AI 测试工具来看，我们不难发现，目前业界在测试领域使用的 AI 技术大致可以分为几类。

- 利用计算机视觉技术对测试结果进行辅助检测。
- 利用自然语言处理技术对测试对象进行分析，或者对测试数据进行分析，从而辅助测试决策和脚本优化。
- 利用机器学习技术或者深度学习技术，对采用计算机视觉和自然语言处理技术所获得的数据进行深度加工，从而解决自动化脚本问题，或者快速创建大量自动化脚本。

14.5　本章小结

AI 无疑已成为软件测试及质量保证中的重要组成部分，它让测试人员有时间更好地了解业务需求，并对不断变化的业务做出更快的反应。此外，测试人员现在需要分析越来越多的数据，并尽量使用更少的时间，同时却要求误差不断降低。机器学习和预测分析之类的自动化工具提供了解决这些挑战的方法。AI 与软件测试的交集如图 14-12 所示。

- AI 驱动测试：开发测试工具。
- 测试 AI 系统：设计测试 AI 系统。
- 自我测试：设计能够自我测试和自我修复的软件。

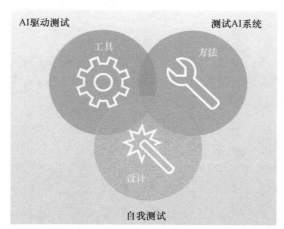

图14-12　AI与软件测试的交集

过去，我们利用 AI 针对特定的测试问题开发工具和框架，解决现有的一些问题。未来希望软件中的 AI 能帮我们解决一些更高级的问题，例如测试生成、可用性自测、安全性测试和边缘案例的测试等。

第 15 章　AI 时代测试工程师的未来

第 14 章介绍了 AI 在测试领域是如何大展拳脚的，那 AI 又会对测试行业未来的发展产生什么样的影响呢？本章将前瞻性地分析 AI 对测试行业发展的影响，说明 AI 时代测试工程师的定位，讲解测试工程的 AI 学习路线。

15.1　AI 对测试行业的影响

本节介绍 AI 对测试行业的一些影响。

1.　测试变得更简单了

通过上一章的介绍，我们了解到，AI 在 UI 自动化测试、接口自动化测试、测试用例维护补充等方面能提供了很多帮助，解决了很多问题。机器学习本身最擅长的是通过数据训练来完成新情况的处理，这意味着测试人员将不再需要大量手工编写自动化测试用例和执行测试，而是利用 AI 自动创建测试用例并执行。测试人员的主要工作不再是执行测试，甚至也不是设计自动化测试用例，而是提供输入 / 输出数据来训练 AI，让 AI 自动生成测试用例并执行。

2.　帮助发现更多的软件 Bug

AI 机器人一边测试，一边时刻不停地输入新增数据且不断地学习，测试能力会越来越强，因而能够发现更多的 Bug。与此同时，对于迭代频繁的软件开发而言，当发现一个 Bug 后，测试人员常常需要确定这个 Bug 是什么时候引入的，这往往需要耗费大量的精力和时间，而 AI 机器人能够持续地跟踪软件开发过程，找出 Bug 引入的时间，从而为开发人员提供有效的信息。

AI 是一种新的编程范式，需要测试人员具备数据分析、统计学、大数据、机器学习等知识，因此 AI 测试人员的稀缺将成为 AI 企业的现实问题。AI 的全流程测试不仅是测试团队的任务，还需要算法开发人员、系统运维人员的共同参与。

目前 AI 帮助我们解决了部分问题，但我们仍然需要适应并应对由 AI 测试带来的挑战。我们相信未来能够实现自我评估、自我测试的自循环 AI 测试系统将会出现，并为 AI 的广泛应用提供质量保证。

接下来我们再来看一看 AI 对测试工程师本身的发展有什么影响。

虽然 AI 的加入替代了部分需要手动测试的工作，但针对 AI 所产生的安全问题及准确性问题也已成为不可忽视的重要问题。在 AI 的实际发展过程中，必须依赖软件测试技术，准确找出自身存在的缺陷，继而对其进行修改和完善，以保证程序健康稳固地发展。在此背景下，测试行业将会得到极大的发展。在未来发展过程中，随着 AI 的进一步发展和成熟，相关高素质测试人才的缺口将会进一步增大。

另外，随着 AI 在各行业的广泛应用，软件会变得越来越复杂，更具交互性。虽然测试核心的理念不会变，但传统的测试方法已无法完成这类软件的测试，测试工具、技术、流程等都会由此发生改变。这对测试人员也提出了更高的要求，测试工程师必须适应这些变化并积极学习新的技能。

面对这些变化，测试工程师又该做出哪些改变呢？

（1）有紧迫感，不断学习新技能。

对于功能测试人员，其日常工作都是用手工测试完成的，其中不乏一些重复的工作。随着自动化的普及和 AI 的加入，未来的自动化可能会取代我们的工作。因为在重复性任务中机器人或计算机可以更快地完成任务，所以我们应该立即采取行动，更新自己的知识及技能。

（2）与时俱进。

尽管由 AI 驱动的这些变化似乎令人生畏，但好消息是，我们接下来可以从事更多有趣的工作。软件将无处不在，这意味着将需要由高技能的工程师进行大量的测试。例如，在一个高度自动化的系统测试过程中，我们只需要启动系统，程序就会实时在被测软件上运行各种自动化测试用例，并不断学习和丰富测试用例。在此期间，我们就可以与时俱进，考虑一些新的模型或者策略，不断地更新系统，让系统更加完善和智能。

（3）拥抱变化。

面对技术的不断更新，我们要紧跟技术前沿，运用新的技术并使其发挥更大的价值。使用 AI 将会增强测试人员的专业技能，并为业务增长做出贡献。

15.2　AI 时代测试工程师的定位

随着 AI 的不断发展和应用的不断普及，预测计算机将"接管"大部分测试执行工作，很多公司将能够实施智能化测试，但这也要求测试工程师具备新的技能，如提高算法分析能力、模型评估能力，以及用神经网络等 AI 技术解决测试问题的能力，逐步适应软件测试领域所需的新工作。2019 ～ 2020 年的世界质量报告中提出了测试工程师的 3 种新角色。

（1）AI 测试专家。

作为 AI 方向的测试专家，除了具有传统的测试技能，还要学会构建机器学习算法，理解数学模型，并研究自然语言处理范例，掌握 AI 软件常用的测试方法等。

（2）AI 测试架构师。

作为 AI 方向的测试架构师，通过对数据流、数学优化和机器人技术的广泛理解，在整个业务系统生命周期中找到实施 AI 质量保证实践的方法并推广应用。

（3）数据测试分析师。

作为测试团队的一部分，数据测试分析师过滤数据，使用统计数据进行预测和分析，以构建基于 AI 的质量策略所需的模型。

预计未来部分测试工程师将转型为自动化测试团队中的成员，他们将担任监督角色，并"指导"AI 执行一系列测试。AI 所做的工作可能会占据重复测试工作的 70%。测试工程师仍然需要负责工具、工作流建模和环境设置的工作。以后，AI 可能不仅是执行重复测试工作的助手，而且是测试工程师监控测试进度、拟订测试计划和把控质量的好帮手。

总之，AI 的普及势必会取代部分简单和重复的测试工作。现如今，很多测试团队也在工作中引入了 AI 技术，测试工程师如果没有技术优势，将很难在 AI 时代生存。因此，我们应该紧跟技术的发展，不断充实自己。下面我们将探讨测试工程师的 AI 学习路线。

15.3　测试工程师的 AI 学习路线

一个新兴产业的崛起势必造成在相关领域出现巨大的人才缺口。高薪和机遇的双重诱惑让众多人才想要跨入 AI 的大门。作为一名普通的测试人员，要想转型涉足 AI 技术，我们应该具备什么技能，又该如何规划我们的学习呢？

想要跨入 AI 的大门，首先我们要端正自己的态度。学习过程中，我们会面对大量复杂的数学公式；在实际项目中会面对数据的缺乏，以及艰辛的调参工作等情况。如果仅因为 AI 目前比较热门，为了学习而学习，那么很容易中途放弃。当然，想要学习 AI 并不是没有门路，关键要有合适的学习方法。面对海量的学习资源，如果缺乏一个系统的学习体系，会让我们觉得无从下手。关于如何学习 AI 和机器学习，我们总结了一些学习经验，希望可以给读者带来一些启发。图 15-1 所示为 AI 学习路线。

图 15-1　AI学习路线

1. AI学习路线

要学习一门技术，首先需要对这个领域有充分的了解，培养学习的兴趣，然后结合一些实践项目选择一门由浅入深的课程来不断地学习和实践。

1）学习与 AI 相关的基础知识

首先，学习数学方面的知识。

数学基础知识蕴含着处理人工智能问题的基本思想与方法，也是理解复杂算法的基础。建议学习的内容包括

- 线性代数；
- 概率论与数理统计；
- 最优化理论；
- 信息论；
- 形式逻辑；
- 离散数学。

其次，掌握一门编程语言。

掌握编程语言并熟练应用是非常重要的。Python 在人工智能领域应用非常广，Python 是一种解释型、面向对象、动态数据类型的高级程序设计语言，也是很多程序员的入门编程语言。本书前面章节介绍过 Python，在此不赘述。建议学习的 Python 内容包括：

- Python 基础及相关开发包；
- 数据质量分析；
- 数据清理和准备；
- 数据处理，例如排序、过滤、汇总和其他功能；
- 数据可视化。

在学习完相关的编程基础知识后，就可以进一步学习与 AI 相关的知识点了（例如，与大数据相关的技术、与机器学习相关的算法），并在学习后通过项目实践进一步加深理解。

2）AI 学习 + 开源项目练习

测试人员必须掌握大数据技术。每个机器学习工程师都必须知道如何使用大数据系统，且能够有效地存储、访问和处理大数据。关于大数据技术，应该学习的内容包括：

- 大数据概述和生态系统；
- 大数据预处理，包括数据清理、数据集成、数据转换、数据归约；
- 大数据技术组件，包括 HDFS、MapReduce、Pig 和 Hive 等；
- 大数据分析，包括可视化分析、数据挖掘、预测性分析等。

机器学习算法中包含以下几个方面。

- 与特征工程相关的内容：数据预处理、特征分析。
- 监督学习：支持向量机、决策树、朴素贝叶斯分类、K 近邻算法等。
- 非监督学习：主成分分析、奇异值分析、K 均值聚类等。
- 强化学习：Q-learning 等。

关于初级项目的建议如下。

- 选择一些开源项目进行实践，用机器学习解决具体问题（如图片识别等）。
- 把机器学习当作一个黑盒子来处理，选择一个应用方向，可以是图像（计算机视觉）、音频（语音识别）或者文本（自然语言处理），推荐读者选择图像领域，GitHub 上相关的开源项目较多。

3）项目实践 + 深入学习

我们对机器学习算法及应用领域有了基础的认识后，接下来可以深入学习并研究机器学习算法。参考机器学习项目的流程，不断地尝试使用各种算法进行模型训练。

参与 AI 方面的项目，解决实际业务问题，在项目实战中深入理解机器学习原理。

2. AI 学习资源推荐

关于数学及统计基础，可参考下面的图书。

- 《线性代数应该这样学》。
- 《概率论与数理统计》。
- 《数学分析新讲》。

关于大数据，可参考下面的图书。

- 《大数据之路：阿里巴巴大数据实践》。
- 《Hadoop 权威指南（第 3 版）》。
- 《大数据的冲击》。
- 《Hive 编程指南》。
- 《Spark 机器学习：核心技术与实践》。

关于机器学习，可参考下面的图书。

- 《机器学习》。
- 《TensorFlow 实战》。

关于深度学习，可参考下面的图书。

- 《深度学习》。
- 《Python 深度学习》。

除了学习以上图书，较好的学习方式仍然是通过项目实践进行技术积累，建议多参与 AI

方面的项目，尝试构建一个端到端的 AI 应用案例，把机器学习原理应用到实际中。

15.4　本章小结

　　本章主要介绍了 AI 对测试工程师及其行业的一些影响，并分析了在 AI 时代测试工程师该如何发展。很多人认为新技术（如 AI）在当下的应用并不成熟，或没有很好的应用场景，而选择忽略 AI 或对其关注不够。殊不知，AI 已至。它在测试领域也有了不少的尝试和探索，我们需要加强关注并不断地学习，紧跟技术革新的步伐，才能在 AI 测试的道路上走得踏实和长远。

参考文献

[1] 雷明 . 机器学习——原理、算法与应用 [M]. 北京 : 清华大学出版社 , 2019.

[2] 张良均，等 . Python 数据分析与挖掘实战 [M]. 北京 : 机械工业出版社 , 2015.

[3] 陈红波，等 . 数据分析从入门到进阶 [M]. 北京 : 机械工业出版社 , 2019.

[4] McKinney W. 利用 Python 进行数据分析 (原书第 2 版)[M]. 2 版 . 徐敬一，译 . 北京 : 机械工业出版社 , 2018.

[5] Müller A C，Guido S. Python 机器学习基础教程 [M]. 张亮，译 . 北京 : 人民邮电出版社 , 2018.

[6] 周志华 . 机器学习 [M]. 北京 : 清华大学出版社 , 2016.

[7] Sinan Ozdemir, Divya Susarla. *Feature Engineering Made Easy*[M]. Birmingham:Packt Publishing, 2018.

[8] Alice Zheng, Amanda Casari. *Feature Engineering for Machine Learning*[M]. Sebastopol:O'Reilly Media, 2018.

[9] 董国伟，徐宝文，陈林，等 . 蜕变测试技术综述 [J]. 计算机科学与探索 , 2009(02):22-35.

[10] Xie Xiaoyuan, Ho Joshua W K, Murphy Christian, et al. *Testing and Validating Machine Learning Classifiers by Metamorphic Testing*[J]. The Journal of systems and software, 2011, 84(4).

[11] 纪守领，李进锋，杜天宇，等 . 机器学习模型可解释性方法、应用与安全研究综述 [J]. 计算机研究与发展 , 2019, 56(10).